离散数学引论

（第 3 版）

王义和　编著

哈尔滨工业大学出版社

内 容 简 介

本书内容包括三部分:集合论、图论、近世代数。全书共分十五章,讨论了集合及其运算、映射、关系、无穷集合及其基数、模糊集合论、图的基本概念、树和割集、连通度和匹配、平面图和图的着色、有向图、半群和幺半群、群、环和域、格、布尔代数。每节后配有难度不同的习题。

本书可用作高等学校计算机科学与技术/工程等专业的教材,也可供有关专业的科技人员参考。

图书在版编目(CIP)数据

离散数学引论/王义和编著. —3 版. —哈尔滨:哈尔滨工业大学出版社,2007.7(2024.2 重印)
ISBN 978-7-5603-1443-3

Ⅰ.离… Ⅱ.王… Ⅲ.离散数学 Ⅳ.O158

中国版本图书馆 CIP 数据核字(2007)第 113072 号

责任编辑 王超龙
封面设计 卞秉利
出版发行 哈尔滨工业大学出版社
社 址 哈尔滨市南岗区复华四道街 10 号 邮编 150006
传 真 0451 - 86414749
网 址 http://hitpress.hit.edu.cn
印 刷 哈尔滨市工大节能印刷厂
开 本 850mm×1168mm 1/32 印张 15.625 字数 408 千字
版 次 2000 年 9 月(修订版) 2007 年 7 月第 3 版
 2024 年 2 月第 13 次印刷
书 号 ISBN 978-7-5603-1443-3
定 价 35.00 元

修订版说明(第 2 版)

在这一版中,重新改写了集合论与图论部分,删去了某些较深入的内容,也加入了部分必要的内容,把原来的这两部分的九章改编为十章。近世代数部分只做了少量的修改,其中对独异点(monoid)这个词用幺半群一词代替了。

由于时间紧迫,疏漏和不妥之处请读者指正。

作　者

2000 年 1 月 7 日

第 3 版说明

在这一版中,没有什么本质的修改,只是把 8.1 节中的顶点连通度的记号 $\chi(G)$ 改为 $\kappa(G)$,把 9.4 节中图 G 的色数的记号 $\kappa(G)$ 改为 $\chi(G)$。另外,修改了部分的印刷错误。

作　者

2007 年 7 月 25 日

序　言

编者近几年来,在哈尔滨工业大学计算机软件专业讲授离散数学课程。本书是根据所写的讲义修改而成。

计算机科学是一个年轻的学科。它有两个主要部分:构成计算基础的一些概念和模型;设计计算系统(软件和硬件)的工程技术。在计算机科学的广阔领域中,许多问题还处在萌芽状态,有的处在由工程实践向理论转化的过程中,这就需要一个抽象过程。因此,对未来的计算机科学工作者,就需要有较好的数学训练和抽象能力的培养。离散数学这门课,部分地担负着这样的一项重要任务。所以,在讲授离散数学课程时,除了应该尽量选择那些在后继课程中要直接用到的那些数学概念和有关内容外,还应该选择少量的对培养学生的逻辑思维与提高抽象能力特别有益的内容。因此,清楚地了解一些重要概念和模型,是如何从现实生活及各种不同的学科中抽象出来的——即它们的现实原型,就显得十分重要了。本书中,对一些重要概念和定理,尽量给出直观的或现实的背景,使读者明了这些抽象概念和理论的产生之必然性。

本书内容包括三篇,共分十四章。在集合论部分讨论了集合及其运算、映射、关系、无穷集合及其基数,特别还介绍了当前正在兴起和发展的模糊集合论;在图论部分讨论了图的基本概念、树和割集、连通度和可平面性、有向图;在近世代数部分讨论了半群和独异、群、环和域、格及布尔代数等代数结构。每节后大都配有难度不同的习题以供读者练习之用。在讲授时带"※"的章节及习题可以略去。

我感到本书不足的是未包含数理逻辑部分。在哈工大,数理逻辑历来都是单独作为一门课程开设的。

本书在编写过程中,得到了哈工大计算机软件教研室有关同志的热情支持。特别是得到原航天工业部宋健教授的鼓励。哈工大计算机应用教研室孙希文老师以极其负责的精神审阅了原稿，提出了许多宝贵意见和建议。在此一并表示深切的谢意！

编者水平有限，书中错误和不当之处在所难免，敬请读者批评指正。

编　者

一九八四年九月十七日

目　　录

第一篇　集　合　论

第二篇　图　论

第三篇 近世代数

第十一章 半群和幺半群

第一篇 集 合 论

集合论是德国数学家康托(Geog Cantor,1845～1918)于1874年创立的。这个理论曾被视为无足轻重的,并激起了许多抗议。19世纪90年代后逐渐为数学家们采用,成为分析数学、代数和几何的有力工具。现在,集合论已成为内容充实且应用广泛的一门学科。它在近代数学中占据重要地位,正在影响着整个数学。

而今,集合论是整个数学的基础,在计算机科学中具有十分广泛的应用,成为计算机科学工作者必不可少的基础知识。计算机科学领域中的大多数基本概念和理论,几乎均采用集合论的有关术语来描述和论证。数学的发展历史可以看成是一个煞费苦心或精心制成的数据结构。首先我们有自然数、整数,然后有有理数、代数数,在经过一阵斗争以后,我们又有实数、复数、函数的一般概念等等。最终,人们终于明白,集合论可以作为通用语言,一切必要的数据结构都可以利用集合这个原始数据结构而构造出来。计算机科学家或许可以利用这个经历。

本篇讲述朴素集合论。主要内容包括集合及其运算、映射、关系,特别讲述了康托的无穷集合论。无穷集合论是本篇的难点。最后,介绍了模糊集合的概念及其简单性质。

第一章　　集合及其运算

在本章里,首先非形式地讨论集合论的基本概念:集合及其元素,以及元素与集合间的属于关系,集合的表示方法。然后,利用这些基本概念定义集合的子集、幂集、集合相等。接着定义集合间的运算:并、交、差、对称差、集的余集、笛卡儿乘积,并讨论每种运算所满足的运算规律以及它们之间的联系。最后,介绍有穷集合的基数与基本的计数法则。

1.1　　集合的概念

"集合"是集合论中的一个原始概念,原始概念是不能被精确定义的,因为我们没有比它更原始的概念。因此,我们只给出集合这个概念的一种非形式的描述,说明这个概念的含义。这正如同欧几里德几何中的"点"不加定义,而作为原始概念之一一样。

通常把一些互不相同的东西放在一起所形成的整体就叫做一个集合,简称集。构成集合的每一个东西,称为这个集合的一个成员。构成集合的这些成员可以是具体的东西,也可以是抽象东西。例如,某教室里的所有学生形成的整体就是一个集合。全体自然数构成的整体也是一个集合。程序设计语言 C 的基本字符的全体也形成一个集合。集合的概念是如此的普遍和原始,以致于有许多同义语,如"全体"、"汇集"等等。

当抽象讨论集合时,任何一个东西称为元素,元素是可区分的。构成集合的那些成员就是集的元素。于是,任一元素,对给定的集合,要么这个元素是该集合的一个(成员)元素,要么就不是该集合的一个成员,两者必有一个成立,但不能都成立。通常我们用大写的英文字母或大写的希腊字母代替该集合。如果给定一个集合 A 和一个元

素 a，a 是 A 的一个成员(元素)，即 a 属于 A，就记为 $a \in A$。否则，若 a 不属 A，就记为 $a \bar{\in} A$ 或 $a \neq A$。$a \in A$ 读成"a 属于 A"，而 $a \bar{\in} A$ 读成"a 不属于 A"。

例 1.1 设 N 为全体自然数(正整数)之集，则
$$7 \in N, 2^7 \in N, 1024 \in N$$
而
$$0 \bar{\in} N, \frac{1}{2} \bar{\in} N, \sqrt{2} \bar{\in} N, -3 \bar{\in} N$$

于是，集合是由一些东西(或事物、对象，统称为元素)构成的，构成集合的每个东西叫做集合的成员。集合的成员与集合间有属于关系"$\in$"。这样，集合、元素、属于关系就是集合论中三个原始概念，它们不能精确地形式定义。集合论中的其他概念均可用这三个原始概念加以定义。

有两种方法表示一个集合。最自然的方法是把构成集合的那些元素全列出来，元素之间用逗号"，"隔开，并用花括号"{"与"}"在两边括起来以表示这些元素构成整体。例如，由 1,2,3 三个自然数构成的集合就记成 {1,2,3}，花括号把 1,2,3 括在里面使它们组成一个整体。不过，在集合的概念里我们只要求构成集合的那些元素是互不相同的，而与它们在集合中出现的次序无关。因此，集合中的每个元素只能出现一次，至于先写出哪一个无关紧要。于是，{1,2,3} 与 {3,1,2} 表示了同一个集合。

一般说来，仅由少数元素构成的集合才能用列出它的全部元素的方法表示该集合。对于有穷(也说有限)多个元素，原则上这个方法也是可行的，但元素的个数很大时，列出这些元素在实际上是不可行的。不过在具体问题中借助于其他知识，只列出其几个元素后就可知道组成集合的那些元素。例如，由 26 个小写英文字母 $a, b, c, \cdots, x, y, z$ 构成的集合就可记为
$$\{a, b, c, \cdots, x, y, z\}$$
其中的"$\cdots$"就表示了那些未列出的字母，而不是说"$\cdots$"也是一个元

素。在这里,我们利用小写字母在英文字母表中的顺序的知识,就知道了未列出的那些字母是什么。利用此方法有时甚至可以表示某些由无穷多个元素组成的集合。例如,全体自然数构成的集合 N 就可以写成

$$\{1,2,3,\cdots\}$$

这里借用了人们的已有知识 —— 自然数的顺序,只列出了前三个自然数,其后的自然数用"…"代替。

用上述方法表示集合很直观,哪些元素是集合的成员一望可知,但集合的这种表示方法的表达能力是有局限的。有些集合很难或不能用这种方法表示,例如,区间〔0,1〕中的所有实数组成的集合就不能用这种方法表示。实际上,这个集合是"大于或等于零且小于或等于 1"的一切实数构成的。而在实际应用中,往往把具有某种性质的一些对象集合在一起形成一个集合,为此引入集合的另一表示法,这种方法是用概括集合中各元素的属性来表示集合。设 x 为某类对象的一般表示,$P(x)$ 为关于 x 的一命题,则我们用

$$\{x \mid P(x)\}$$

表示"使 $P(x)$ 成立的对象 x 所组成的集合",其中竖线"|"前写的是对象的一般表示,右边写出它应满足(具有)的属性。

例 1.2 所有偶自然数之集合 E 可记为

$$\{m \mid 2 \mid m \text{ 且 } m \in N\}$$

其中 $2 \mid m$ 表示 2 能整除 m。

例 1.3 〔0,1〕上的所有连续函数之集 $C_{\text{〔0,1〕}}$ 可记成

$$\{f(x) \mid f(x) \text{ 在〔0,1〕上连续}\}$$

易见,集合的第二种表示法较方便,它给出了组成集合的各元素所具有性质,因此它能告诉我们更多的信息。

由有限个元素构成的集合叫做有限集合,或有穷集。由无穷多个元素组成的集合叫做无穷集合。有穷集的一个特例是仅由一个元素形成的集合,称为单元素集。例如,方程

$$x^3 - x^2 + x - 1 = 0$$

的实根构成的集合就是单元素集 $\{1\}$。注意,不要把单元素集 $\{x\}$ 与它的唯一元素 x 混为一谈,否则会引出矛盾。例如,$x \in \{x\}$ 有意义,但 $x \in x$ 是无意义的。

在实际的具体问题中,常涉及具有某种性质的对象全体形成的集合,这样的集合也参加运算。但事先不知道是否存在这种性质的元素,如果后来发现这种元素不存在,那么具有这种性质的元素之集合中就不包含任何元素。于是,有必要引入一个不含任何元素的集合。不含任何元素的集合叫做空集,记为 $\varnothing$。我们假定空集是存在的,例如,方程

$$x^2 + 1 = 0$$

的实根之集是空集。空集的引入可以使许多问题的叙述得以简化。

1.2 子集、集合的相等

"集合"、"元素"、元素与集合间的"属于"关系是三个没有精确定义的原始概念,对它们仅给出了直观的描述,以说明它们的各自含义。本节利用这三个概念定义集合的子集、集合间的包含关系、集合的相等、幂集、集族等概念。

定义 1.2.1 设 A,B 是两个集合,如果集合 A 中的每个元素都是 B 的元素,则称 A 是 B 的子集合,简称子集。这时我们说 A 包含在 B 里,或 B 包含着 A。A 是 B 的子集记为 $A \subseteq B$ 或 $B \supseteq A$。

由定义可知

$A \subseteq B$ 当且仅当对 A 的每个元素 x 均有 $x \in B$。以后常用记号 "$\Leftrightarrow$" 表示"当且仅当";用"$\forall x \cdots$"表示"对所有的 $x \cdots$";"$\exists x \cdots$"表示"存在一个 $x \cdots$"。于是 $\forall x \in A$ 就读作对 A 的所有元素 x。于是,

$$A \subseteq B \Leftrightarrow \forall x \in A, x \in B.$$

或等价地,

$$A \subseteq B \Leftrightarrow 不在 B 中元素必不在 A 中.$$

例 1.2.1 设 N 为所有自然数构成的集合,Q 为一切有理数组成的集合,R 为全体实数之集,C 为全体复数之集,则

$$N \subseteq Q \subseteq R \subseteq C,$$

$$\{1\} \subseteq N, \{1, 1.2, 9.9\} \subseteq Q, \{\sqrt{2}, \pi\} \subseteq R。$$

如果 A 不是 B 的子集,则记为 $A \nsubseteq B$(读为 A 不包含在 B 里),显然,

$$A \nsubseteq B \Leftrightarrow \exists x \in A \text{ 使得 } x \in B。$$

若 A, B, C 是集合,则显然有

1°. $A \subseteq A$。

2°. 若 $A \subseteq B$ 且 $B \subseteq C$,则 $A \subseteq C$。

定义 1.2.2 设 A, B 为集合。如果 $A \subseteq B$ 且 $\exists x \in B$ 使得 $x \in A$,则称 A 是 B 的真子集,记为 $A \subset B$。

例如,$\{a, b\}$ 是 $\{a, b, c\}$ 的真子集。N 是 Q 的真子集,Q 是 R 的真子集,R 为 C 的真子集。

注意符号"$\in$"与"$\subseteq$"在概念上的区别。$\in$ 为元素与集合间的属于关系,而 $\subseteq$ 为集合间的包含关系。

定义 1.2.3 设 A, B 是集合,如果 $A \subseteq B$ 且 $B \subseteq A$,则称 A 与 B 相等,并记成 $A = B$。

这就是说,如果 A 和 B 由完全相同的元素组成时,那么 A 与 B 就是相等的两个集合。两个相等的集合并不意味着它们是用同样的方法定义的。如果 A 与 B 是两个不相等的集合,那么就记为 $A \neq B$。显然,

$$A \neq B \Leftrightarrow A \nsubseteq B \text{ 或 } B \nsubseteq A。$$

$$A \subset B \Leftrightarrow A \subseteq B \text{ 且 } A \neq B。$$

例 1.2.2 设 $A = \{2, 3\}$,B 为方程

$$x^2 - 5x + 6 = 0$$

的根形成的集合,则 $A = B$。

定义 1.2.3 指出了一个重要原则:要证明两个集合相等,唯一的

方法是证明每一个集中的任一元素均是另一个集的元素。这种证明应是靠逻辑推理，而不是依靠直观。证明两个集合相等的方法是本章中必须掌握的方法，它贯穿在本书的各章中。

定理 1.2.1 空集是任一集的子集且空集是唯一的。

〔证〕 设 A 是任一集。由于空集 $\emptyset$ 没有任何元素，所以断言"$\emptyset$ 中每个元素均是 A 的元素。"成立。因此，按子集的定义有 $\emptyset \subseteq A$，即 $\emptyset$ 是 A 的子集。

设 $\emptyset$ 和 $\emptyset'$ 都是空集，则由上可知，$\emptyset \subseteq \emptyset'$ 且 $\emptyset' \subseteq \emptyset$。由定义 1.2.3 得到 $\emptyset = \emptyset'$，从而空集是唯一的。 〔证毕〕

由定理 1.2.1，空集是唯一的，所以用 $\emptyset$ 表示空集是合理的。

由定义 1.2.1 可知，判断 A 是否是集合 B 的子集等价于判断断言"对每个 x，若 $x \in A$，则 $x \in B$"是否成立。如果这个断言成立，则 $A \subseteq B$；否则 $A \nsubseteq B$。而断言"对每个 x，若 $x \in A$，则 $x \in B$"是一个复合语句（命题），"$x \in A$"是前题，"$x \in B$"是结论。前题和结论都是断言，它们之间用联接词"如果…，则…"联接成一个复合命题。在数学中，特别是在数理逻辑中，我们规定一个复合命题是假的，当且仅当前提是真的，结论是假的。利用此规定进行推理是安全的，不会推出假的复合命题。定理 1.2.1 的前半部分的证明就利用了这个规定。

在集合的概念中曾说过，集合是一些事物的总体，而这些东西可以是现实存在的，也可以是抽象的，并没有什么限制。于是，集合也是事物，也可以把一些集合构成一个整体形成一个新的集合。这种以集合为其元素的集合叫做集族。集族并不是一个新概念，只是提醒读者，这个集合的成员也是某些集合。于是，就有了层次。为了思考的清晰起见，我们有

定义 1.2.4 以集合为元素的集合称为集族。

在数学、计算机科学中，甚至在日常生活中常常会遇到集族。例如，在学校中，每个班级的学生形成一个集合，而全校的各个班就形成了一个集族。

设 A_1, A_2, A_3 为集合，则 $\{A_1, A_2, A_3\}$ 为一个集族。若令 $I = \{1, 2,$

3$\}$,则 $\forall i \in I, i$ 确定了一个唯一的集合 A_i。于是,集族 $\{A_1, A_2, A_3\}$ 又常写成 $\{A_i\}_{i \in I}$,即 I 中元素 i 确定的那些集形成的集族。

一般地,若 J 为任一集,对 J 中每个 j 有一个唯一的集与之对应,这个集记为 A_j,那么所有这些 A_j 形成的集族就用 $\{A_j\}_{j \in J}$ 表示,其 J 称为标号集。

定义 1.2.5 集合 S 的所有子集(包括空集 $\emptyset$ 及 S 本身)形成的集族称为 S 的幂集,并记为 2^S,或 $\mathscr{P}(S)$。

于是,$2^S = \{A \mid A \subseteq S\}$。

例 1.2.3 设 $S = \{1, 2, 3\}$,则

$$2^S = \{\emptyset, \{1\}, \{2\}, \{3\}, \{1,2\}, \{1,3\}, \{2,3\}, \{1,2,3\}\},$$

S 有八个子集。

一般说来,若 S 正好有 n 个元素,则 S 有 2^n 个子集。这就是我们为什么采用记号 2^S 的原因。

注意,$2^\emptyset = \{\emptyset\}$。在这里要区分 $\emptyset$ 和 $\{\emptyset\}$,$\emptyset$ 为空集,而 $\{\emptyset\}$ 是一个集族,这个集族仅有一个元素,就是空集。因此,$\emptyset \neq \{\emptyset\}$。但 $\emptyset \in \{\emptyset\}$ 且 $\emptyset \subseteq \{\emptyset\}$。又集 $\{\emptyset, \{\emptyset\}\}$ 含有两个元素。

习　题

1. 写出 ANSI C(美国国家标准协会 C)语言的基本字符集合。

2. 写出 ANSI C 语言的所有关键字所形成的集合(共 32 个)。

3. 写出方程

$$x^2 + 2x + 1 = 0$$

的根所构成的集合。

4. 下列命题中哪些是真的,哪些为假?

$a)$ 对每个集 $A, \emptyset \in A$;

$b)$ 对每个集 $A, \emptyset \subseteq A$;

$c)$ 对每个集 $A, A \in \{A\}$;

$d)$ 对每个集 $A, A \in A$;

$e)$ 对每个集 $A, A \subseteq A$;

f) 对每个集 $A, A \subseteq \{A\}$;

g) 对每个集 $A, A \in 2^A$;

h) 对每个集 $A, A \subseteq 2^A$;

i) 对每个集 $A, \{A\} \subseteq 2^A$;

j) 对每个集 $A, \{A\} \in 2^A$;

k) 对每个集 $A, \emptyset \in 2^A$;

l) 对每个集 $A, \emptyset \subseteq 2^A$;

m) 对每个集 $A, A = \{A\}$;

n) $\emptyset = \{\emptyset\}$;

o) $\{\emptyset\}$ 中没有任何元素;

p) 若 $A \subseteq B$, 则 $2^A \subseteq 2^B$;

q) 若任何集 $A, A = \{x \mid x \in A\}$;

r) 对任何集 $A, \{x \mid x \in A\} = \{y \mid y \in A\}$;

s) 对任何集 $A, y \in A \Leftrightarrow y \in \{x \mid x \in A\}$;

t) 对任何集 $A, \{x \mid x \in A\} \neq \{A \mid A \in A\}$。

5. 设有 n 个集合 $A_1, A_2, \cdots, A_n$ 且

$$A_1 \subseteq A_2 \subseteq \cdots \subseteq A_n \subseteq A_1,$$

试证 $\quad A_1 = A_2 = \cdots = A_n$

6. 设 $S = \{\emptyset, \{\emptyset\}\}$, 试求 $2^S = ?$

7. 设 S 恰有 n 个元素, 证明 2^S 有 2^n 个元素。

1.3 集合的基本运算

在任一数学系统中, 总要引入若干种运算。引入运算的目的不仅在于由已知集合通过运算可以得新的集合, 而且由于引入的运算往往服从某些熟知的规则, 从而又能简化所得到的公式, 而且在很多场合下, 往往能简化科学结论的逻辑结构。本节介绍集合的并、交、差、对称差, 并证明它们满足某些运算规律。

定义 1.3.1　设 A,B 是两个集合,至少属于集合 A 与集合 B 之一的那些元素构成的集合称为 A 与 B 的并集,并记为 $A \cup B$。符号 $\cup$ 称为并运算符。于是,

$$A \cup B = \{x \mid x \in A \text{ 或 } x \in B\}。$$

例 1.3.1　设 $A = \{a,b,c,d\}$, $B = \{b,d,e,f\}$,则 $A \cup B = \{a,b,c,d,e,f\}$。注意,在本例中, b 和 d 既是 A 的元素又是 B 的元素,在 $A \cup B$ 中, b 和 d 各写一次,不能重写,因为 $A \cup B$ 是由互不相同的元素组成的。

例 1.3.2　设 $A = \{1,3,5,\cdots\}$, $B = \{2,4,6,\cdots\}$,则 $A \cup B = \{1,2,3,4,5,6,\cdots\} = N$。

由并集的定义可知,并运算具有下面的一些性质:

定理 1.3.1　设 A,B,C 为任意的三个集合,则

$1°$. 交换律成立,即 $A \cup B = B \cup A$;

$2°$. 结合律成立,即 $(A \cup B) \cup C = A \cup (B \cup C)$;

$3°$. 幂等律成立,即 $A \cup A = A$;

$4°$. $\varnothing \cup A = A$;

$5°$. $A \cup B = B \Leftrightarrow A \subseteq B$。

〔证〕　性质 $1°,3°,4°,5°$ 由定义 1.3.1 立即得到。今证性质 $2°$:设 x 是 $(A \cup B) \cup C$ 的任一元素,则由定义 1.3.1 便有 $x \in A \cup B$ 或 $x \in C$。若 $x \in C$,则由定义知 $x \in B \cup C$,从而 $x \in A \cup (B \cup C)$;若 $x \in A \cup B$,则由定义知 $x \in A$ 或 $x \in B$,从而 $x \in A$ 或 $x \in B \cup C$,故 $x \in A \cup (B \cup C)$。于是, $(A \cup B) \cup C \subseteq A \cup (B \cup C)$。

反之,设 $x \in A \cup (B \cup C)$,则由定义有 $x \in A$ 或 $x \in B \cup C$。若 $x \in A$,则 $x \in A \cup B$,从而 $x \in (A \cup B) \cup C$;若 $x \in B \cup C$,则 $x \in B$ 或 $x \in C$,从而 $x \in A \cup B$ 或 $x \in C$,因此 $x \in (A \cup B) \cup C$。于是,又有 $A \cup (B \cup C) \subseteq (A \cup B) \cup C$。

由集合相等的定义,性质 $2°$ 得证,即

$$(A \cup B) \cup C = A \cup (B \cup C)。 \qquad 〔证毕〕$$

由性质 $2°$, $(A \cup B) \cup C = A \cup (B \cup C)$, $A \cup B \cup C$ 有意义。

类似地，我们可以定义多个集合 $A_1, A_2, \cdots, A_n$ 的并集 $A_1 \bigcup A_2 \bigcup \cdots \bigcup A_n$ 为至少属于 $A_1, A_2, \cdots, A_n$ 中之一的那些元素构成的集合。$A_1 \bigcup A_2 \bigcup \cdots \bigcup A_n$ 常缩写成 $\bigcup\limits_{i=1}^{n} A_i$。

若 $A_1, A_2, \cdots, A_n, \cdots$ 是一个集合的无穷序列，则它们的并集记为 $A_1 \bigcup A_2 \bigcup \cdots \bigcup A_n \bigcup \cdots$，常缩写为 $\bigcup\limits_{n=1}^{\infty} A_n$，其定义为

$$A_1 \bigcup A_2 \bigcup \cdots \bigcup A_n \bigcup \cdots = \bigcup\limits_{n=1}^{\infty} A_n = \{x \mid \exists\, n \in N \text{ 使得 } x \in A_n\},$$

其中 N 是自然数之集。

一般地，若 $\{A_l\}_{l \in I}$ 是任一集族，则集族中那些集之并集记为 $\bigcup\limits_{l \in I} A_l$，并且

$$\bigcup\limits_{l \in I} A_l = \{x \mid \exists\, l \in I \text{ 使得 } x \in A_l\}.$$

集合的并运算，就是把给定集的那些元素放到一起合并成一个集合，在这个合并中，相同的元素只要一个。集合的另一个运算是交运算，它是由给定的集合的公共元素构成的集合。形式上，我们有如下的定义。

定义 1.3.2 设 A 和 B 是任意的两个集合，由既属于 A 又属于 B 的一切元素构成的集合称为 A 与 B 的交集，并记为 $A \bigcap B$。

于是，$A \bigcap B = \{x \mid x \in A \text{ 且 } x \in B\}$。

例 1.3.3 设 $A = \{a, b, c, d, e\}$，$B = \{a, c, e, f\}$，则 $A \bigcap B = \{a, c, e\}$。

例 1.3.4 A 为所有蓝眼睛的男人之集，B 为所有棕色头发男人之集，则 $A \bigcap B$ 就是一切蓝眼睛棕色头发男人之集。

交运算有以下性质：

定理 1.3.2 设 A, B, C 是任意三个集合，则

$6°$. 交换律成立，即 $A \bigcap B = B \bigcap A$；

$7°$. 结合律成立，即 $(A \bigcap B) \bigcap C = A \bigcap (B \bigcap C)$；

$8°$. 幂等律成立，即 $A \bigcap A = A$；

$9°. \emptyset \bigcap A = \emptyset;$

$10°. A \bigcap B = A \Leftrightarrow A \subseteq B。$

〔证〕 由定义 1.3.2,性质 $6°,8°,9°,10°$ 是显然的。而 $7°$ 可仿定理 1.3.1 的 $2°$ 证明之。 〔证毕〕

同样可定义 n 个集合 $A_1, A_2, \cdots, A_n$ 的交集,也可定义集序列 $A_1, A_2, \cdots, A_n, \cdots$ 的那些集的交集,并分别记为或定义为

$$A_1 \bigcap A_2 \bigcap \cdots \bigcap A_n = \bigcap_{i=1}^{n} A_n = \{x \mid \forall i \in \{1, 2, \cdots, n\}, x \in A_i\},$$

$$A_1 \bigcap A_2 \bigcap \cdots \bigcap A_n \bigcap \cdots = \bigcap_{n=1}^{\infty} A_n = \{x \mid \forall n \in N, x \in A_n\}。$$

更一般地,集族 $\{A_l\}_{l \in I}$ 中各集的交记成 $\bigcap_{l \in I} A_l$,其定义为

$$\bigcap_{l \in I} A_l = \{x \mid \forall \xi \in I, x \in A_\xi\}。$$

定理 1.3.1 和定理 1.3.2 各性质是并运算与交运算各自的性质。下面的定理 1.3.3 表明了交运算与并运算之间的联系。

定理 1.3.3 设 A 为任一集合,$\{B_l\}_{l \in I}$ 为任一集族,则

$$A \bigcap \left(\bigcup_{l \in I} B_l \right) = \bigcup_{l \in I} (A \bigcap B_l)$$

$$A \bigcup \left(\bigcap_{l \in I} B_l \right) = \bigcap_{l \in I} (A \bigcup B_l)$$

其中 $I \neq \emptyset$。

〔证〕 只证前一等式成立,后一式的证明留为作业。令 $S = A \bigcap \left(\bigcup_{l \in I} B_l \right), T = \bigcup_{l \in I} (A \bigcap B_l)$。

首先证明 $S \subseteq T$。为此,设 $x \in S$,则由定义 1.3.2 有 $x \in A$ 且 $x \in \bigcup_{l \in I} B_l$。但由并的定义知存在一个 $\xi_0 \in I$ 使得 $x \in B_{\xi_0}$。于是,$x \in A \bigcap B_{\xi_0}$,所以 $x \in \bigcup_{\xi \in I} (A \bigcap B_\xi)$,即 $x \in T$。因此,$S \subseteq T$。

其次,我们来证明 $T \subseteq S$。设 $x \in T$,则必有 $\xi_0 \in I$ 使得 $x \in A \bigcap B_{\xi_0}$,从而 $x \in A$ 且 $x \in B_{\xi_0}$。因此,$x \in \bigcup_{\xi \in I} B_\xi$,故 $x \in A \bigcap \left(\bigcup_{\xi \in I} B_\xi \right)$,即 $T \subseteq S$。

由 $S \subseteq T$ 且 $T \subseteq S$ 及集合相等的定义便有 $S = T$,即 $A \bigcap$

$(\bigcup_{\xi \in I} B_\xi) = \bigcup_{\xi \in I} (A \cap B_\xi)$。 〔证毕〕

定理 1.3.4 设 A, B, C 为任意三个集合,则

11°. 交运算对并运算满足分配律,即

$$A \cap (B \cup C) = (A \cap B) \cup (A \cap C);$$

12°. 并运算对交运算满足分配律,即

$$A \cup (B \cap C) = (A \cup B) \cap (A \cup C)。$$

〔证〕 11° 是定理 1.3.3 的一个特例,故无须证。今用 11° 来证明 12°:由于 $A \subseteq A \cup C$ 及 $A \cap B \subseteq A$,由 11° 便有

$$(A \cup B) \cap (A \cup C) = (A \cap (A \cup C)) \cup (B \cap (A \cup C))$$
$$= A \cup ((B \cap A) \cup (B \cap C))$$
$$= A \cup (B \cap C)。$$

所以,12° 成立。 〔证毕〕

读者可自行证明,假如 12° 式成立,则由 12° 可推出 11° 成立。于是,11° 式成立 $\Leftrightarrow$ 12° 式成立。

定理 1.3.5 对任何集 A, B,吸收律成立:

13°. $A \cap (A \cup B) = A$;

14°. $A \cup (A \cap B) = A$。

〔证〕 显然。 〔证毕〕

定义 1.3.3 设 A, B 为任意集合,如果 $A \cap B = \varnothing$,则称 A 与 B 不相交。若集序列 $A_1, A_2, \cdots, A_n, \cdots$ 的任两集 A_i 和 $A_j (i \neq j)$ 不相交,则称 $A_1, A_2 \cdots, A_n, \cdots$ 是两两不相交的集序列。

定义 1.3.4 设 A 与 B 为两个任意的集合,由属于 A 但不属于 B 的一切元素构成的集合称为 A 与 B 的差集,并记为 $A \setminus B$。

于是,$A \setminus B = \{x \mid x \in A \text{ 且 } x \in B\}$。

例 1.3.5 设 $A = \{1, 2, 3, 4, 5\}$,$B = \{3, 4, 5, 6\}$,则 $A \setminus B = \{1, 2\}$。

下面的定理 1.3.6,把交运算与差运算联系起来。

定理 1.3.6 设 A, B, C 为任意三个集合,则

15°. $A \cap (B \setminus C) = (A \cap B) \setminus (A \cap C)$。

公式 15° 称为交运算对差运算满足分配律。

〔证〕 设 $x \in A \bigcap (B \backslash C)$，则 $x \in A$ 且 $x \in B \backslash C$。于是，$x \in B$ 且 $x \in C$。因此，$x \in A \bigcap B$ 且 $x \in A \bigcap C$。所以，$x \in (A \bigcap B) \backslash (A \bigcap C)$，从而 $A \bigcap (B \backslash C) \subseteq (A \bigcap B) \backslash (A \bigcap C)$。

反之，设 $x \in (A \bigcap B) \backslash (A \bigcap C)$，则 $x \in A \bigcap B$ 且 $x \in A \bigcap C$。因此，$x \in A$ 且 $x \in B$，但 $x \in C$。所以，$x \in B \backslash C$，故 $x \in A \bigcap (B \backslash C)$。于是有 $(A \bigcap B) \backslash (A \bigcap C) \subseteq A \bigcap (B \backslash C)$。

由集合相等的定义便知 15° 成立。 〔证毕〕

例 1.3.6 A, B 同例 1.3.5 中的 A 和 B，则

$$B \backslash A = \{6\} \neq A \backslash B。$$

这表明差运算不满足交换律。若令 $C = \{3,4\}$，则 $(A \backslash B) \backslash C = \{1, 2\} \backslash C = \{1,2\}$，而 $A \backslash (B \backslash C) = A \backslash \{5,6\} = \{1,2,3,4\}$。于是，$(A \backslash B) \backslash C \neq A \backslash (B \backslash C)$，这表明差运算也不满足结合律。

定理 1.3.7 设 A 和 B 是任两个集，则

$$(A \backslash B) \bigcup B = A \Leftrightarrow B \subseteq A。$$

〔证〕 $\Rightarrow$ 显然。

$\Leftarrow$ 设 $B \subseteq A$。显然，$A \backslash B \subseteq A$，故 $(A \backslash B) \bigcup B \subseteq A$。又 $A \subseteq (A \backslash B) \bigcup B$ 是对任何 A, B 都成立的，所以 $(A \backslash B) \bigcup B = A$。

〔证毕〕

定义 1.3.5 设 A 与 B 为任两个集合，$A \backslash B$ 与 $B \backslash A$ 的并集称为 A 与 B 的对称差，记为 $A \triangle B$。

于是，$A \triangle B = (A \backslash B) \bigcup (B \backslash A) = \{x \mid x \in A \bigcup B$ 且 $x \in A \bigcap B\} = \{x \mid x \in A$ 或 $x \in B$ 但 $x \in A \bigcap B\}$。

定理 1.3.8 设 A, B, C 为任意三个集合，则

16°. $A \triangle B = B \triangle A$；

17°. $(A \triangle B) \triangle C = A \triangle (B \triangle C)$；

18°. $A \triangle A = \varnothing$；

19°. $A \triangle \varnothing = A$；

20°. 交运算关于对称差满足分配律，即

$$A \bigcap (B \triangle C) = (A \bigcap B) \triangle (A \bigcap C)。$$

〔证〕16°、18°、19° 是显然的。17° 留为作业。今证 20°：由

$$A \bigcap (B \triangle C) = A \bigcap ((B \setminus C) \bigcup (C \setminus B))$$

$$\overset{11°}{=} (A \bigcap (B \setminus C)) \bigcup (A \bigcap (C \setminus B))$$

$$\overset{15°}{=} ((A \bigcap B) \setminus (A \bigcap C)) \bigcup ((A \bigcap C) \setminus (A \bigcap B))$$

$$\overset{\text{定义}}{=} (A \bigcap B) \triangle (A \bigcap C).$$
〔证毕〕

在许多实际问题中,常以某个集合 S 为出发点,而所涉及的集合都是 S 的子集。这个包含所考虑的所有集的集合 S,称为该问题的全集。这时,常用图示法的方法表示全集的各子集间的包含关系,以及并集、交集、差集和对称差集。在这种图示法中,用矩形中各点表示全集 S 的各个元素,矩形中的圆里的各点表示 S 的子集的各元素。于是,若 $A, B \subseteq S$,则 $A \bigcup B, A \bigcap B, A \setminus B, A \triangle B, A \subseteq B$,可用图 1.3.1 表示,称为文氏图表示。

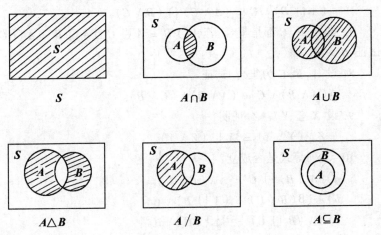

图 1.3.1

用文氏图来表示集合间包含关系及其运算,富于直观性和启发性,有助于思考,但绝不能用作逻辑推理的依据。因为直观是不可靠

的,很难表示各种可能的逻辑情况。然而它的直观性可以帮助我们进行思考,理解概念和定理,找出解决问题的思路。

习 题

1. 设 A,B 是集合。证明

$$(A \setminus B) \bigcup B = (A \bigcup B) \setminus B \Leftrightarrow B = \emptyset。$$

2. 设 A,B 是集合。试证

$$A = \emptyset \Leftrightarrow B = A \triangle B。$$

3. 设 A,B,C 是集合。证明

$$(A \triangle B) \triangle C = A \triangle (B \triangle C)。$$

4. 设 A,B,C 为集合。证明 $A \setminus (B \bigcup C) = (A \setminus B) \setminus C$。

5. 设 A,B,C 为集合。证明

$$(A \bigcup B) \setminus C = (A \setminus C) \bigcup (B \setminus C)。$$

6. 设 A,B,C 为集合。证明

$$(A \bigcap B) \setminus C = (A \setminus C) \bigcap (B \setminus C)。$$

7. 设 A,B,C 都是集合。若 $A \bigcup B = A \bigcup C$ 且 $A \bigcap B = A \bigcap C$,试证 $B = C$。

8. 设 A,B,C 为集合。试证

$$(A \setminus B) \setminus C = (A \setminus B) \setminus (C \setminus B)。$$

9. 设 $X \subseteq Y \subseteq Z$。证明

$$Z \setminus (Y \setminus X) = X \bigcup (Z \setminus Y)。$$

10. 下列等式是否成立?

$a)(A \setminus B) \bigcup C = A \setminus (B \setminus C)$;

$b)A \bigcup (B \setminus C) = (A \bigcup B) \setminus C$;

$c)A \setminus (B \bigcup C) = (A \bigcup C) \setminus B$。

11. 下列命题哪个为真?

$a)$ 对任何集合 A,B,C,如果 $A \bigcap B = B \bigcap C$,则 $A = C$;

$b)$ 设 A,B,C 为任何集合。如果 $A \bigcup B = A \bigcup C$,则 $B = C$;

$c)$ 对任何集合 $A,B,2^{A \bigcup B} = 2^A \bigcup 2^B$;

d) 对任何集合 A, B, $2^{A \cap B} = 2^A \cap 2^B$;

e) 对任何集合 A, B, $2^{A \setminus B} = 2^A \setminus 2^B$;

f) 对任何集合 A, B, $2^{A \triangle B} = 2^A \triangle 2^B$。

12. 设 R, S, T 是任何三个集合, 试证

a) $S \triangle T = (S \cup T) \triangle (S \cap T)$;

b) $R \triangle (S \cap T) \supseteq (R \triangle S) \cap (R \triangle T)$;

c) $(R \triangle S) \cap (R \triangle T) \subseteq R \triangle (S \cup T) \subseteq (R \triangle S) \cup (R \triangle T)$;

d) $R \cup (S \triangle T) \supseteq (R \cup S) \triangle (R \cup T)$。

13. 证明: 习题 12 中的 a), b), c) 里的包含符号"$\supseteq$"不能改为"$\subseteq$"。

14. 设 A 为任一集, $\{B_\xi\}_{\xi \in I}$ 为任一集族($I \neq \varnothing$), 证明

$$A \cup (\bigcap_{\xi \in I} B_\xi) = \bigcap_{\xi \in I} (A \cup B_\xi)。$$

15. 填空: 设 A, B 是两个集合。

a) $x \in A \cup B \Leftrightarrow$ _____;

b) $x \in A \cap B \Leftrightarrow$ _____;

c) $x \in A \setminus B \Leftrightarrow$ _____;

d) $x \in A \triangle B \Leftrightarrow$ _____。

16. 设 A, B, C 为任三个集合。下列集合表达式哪一个等于 $A \setminus (B \cap C)$?

a) $(A \setminus B) \cap (A \setminus C)$; b) $(A \cap B) \setminus (A \cap C)$;

c) $(A \setminus B) \cup (A \setminus C)$; d) $(A \cup B) \setminus (A \cup C)$;

e) $(A \cup B) \cap (A \cup C)$。

1.4　余集、De Morgan 公式

定义 1.4.1　设 S 是一个集合, $A \subseteq S$, 差集 $S \setminus A$ 称为集 A 对集 S 的余集, 记为 A^c, 即 $A^c = S \setminus A$。

在数学的文献中, 余集也称为补集, 并且记号也未统一。有的作者用 $C_S A$ 表示 A 对 S 的余集, 其优点是明确地指出是相对于 S 求 A 的

余集,但不简洁。还有些作者使用 $\bar{A}$、A' 表示 A 的余集。记号 A^c, $\bar{A}$, A' 的优点在于其简洁性,便于在公式中书写。但由于余集的概念是相对于某个集合而言,记号 A^c, $\bar{A}$, A' 没有指明对哪个集求余集。然而,在具体问题中所考虑的集合 A 都是某个集 S 的子集,根据上下文,A 对哪个集求余集是清楚的。于是,记号 A^c, $\bar{A}$, A' 的简洁性优点便突出来。因此,本书使用记号 A^c 表示 A 的余集,其中的 c 为 complement 的第一个字母。在易发生误会时就用 $C_S A$ 注明。

集 A 对 S 的余集 A^c 用文氏图表示时,如图 1.4.1 所示。

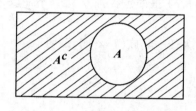

图 1.4.1 A 的余集的文氏图表示

例 1.4.1 设 $S = \{1,2,3,4\}$,$A = \{2,4\}$,则 $A^c = \{1,3\}$。可是 A 对自然数集 N 求余集时,$C_N A = \{1,3,5,6,7,\cdots\}$。

\#

由余集的定义,A 对 S 的余集 A^c 有以下的性质:

$21°$. S 对 S 的余集 S^c 为空集,即
$$C_S S = S^c = \varnothing 。$$

$22°$. $\varnothing^c = S(C_S \varnothing = S)$。

$23°$. $A \bigcap A^c = \varnothing$,即 $C_S A \bigcap A = \varnothing$。

$24°$. $A \bigcup A^c = S$,即 $A \bigcup C_S A = S$。

不难证明:若 A、$B \subseteq S$,则 $A^c = B$ 当且仅当 $23°$、$24°$ 同时成立。

余集对并集、余集对交集有十分重要的关系,归结为如下的两个定理。设 S 为任一集合,I 为标号集,$\forall \xi \in I$ 有 $A_\xi \subseteq S$,则有

定理 1.4.1 并集的余集等于各余集的交集,即
$$\left(\bigcup_{\xi \in I} A_\xi \right)^c = \bigcap_{\xi \in I} A_\xi^c \tag{1}$$

〔证〕 设 $x \in \left(\bigcup_{\xi \in I} A_\xi \right)^c$,则 $x \in S$,且 $x \bar{\in} \bigcup_{\xi \in I} A_\xi$,从而 $\forall \xi \in I, x$

$\bar{\in} A_\xi$。于是,$\forall \xi \in I$ 都有 $x \in A_\xi^c$。因此,$x \in \bigcap_{\xi \in I} A_\xi^c$,故 $\left(\bigcap_{\xi \in I} A_\xi \right)^c \subseteq \bigcup_{\xi \in I} A_\xi^c$。

其次，设 $x \in \bigcap_{\xi \in I} A_\xi^c$，则 $\forall \xi \in I$ 都有 $x \in A_\xi^c$。因此，$\forall \xi \in I$ 都有 $x \in A_\xi$，且 $x \in S$，故 $x \in \bigcup_{\xi \in I} A_\xi$。于是，$x \in (\bigcup_{\xi \in I} A_\xi)^c$。所以，$\bigcap_{\xi \in I} A_\xi^c \subseteq (\bigcup_{\xi \in I} A_\xi)^c$。

由集合相等的定义便有

$$(\bigcup_{\xi \in I} A_\xi)^c = \bigcap_{\xi \in I} A_\xi^c。$$ 〔证毕〕

定理 1.4.2　交集的余集等于各余集的并集，即

$$(\bigcap_{\xi \in I} A_\xi)^c = \bigcup_{\xi \in I} A_\xi^c。 \tag{2}$$

〔证〕　留为作业。

〔证毕〕

公式(1)和(2)称为 De Morgan 公式。在有限的形式下，我们有公式

$25°. (A \bigcup B)^c = A^c \bigcap B^c;$

$26°. (A \bigcap B)^c = A^c \bigcup B^c。$

下面的定理表明余集、差集、对称差之间的联系。

定理 1.4.3　设 A, B 都是 S 的子集，则

$27°. A \setminus B = A \bigcap B^c;$

$28°. A \triangle B = (A \bigcap B^c) \bigcup (B \bigcap A^c);$

$29°. A^c = S \triangle A。$

〔证〕　留为作业。　　　　　　　　　　　　　　　　　　　〔证毕〕

利用公式(1)和(2)，以及公式 21° – 24°，就可推出极重要的对偶原理：若有关集的并、交及余集运算的某一关系式成立，如果将式中的记号

$$\bigcup, \bigcap, \subseteq, \supseteq,$$

分别换成

$$\bigcap, \bigcup, \supseteq, \subseteq,$$

等号保持不变，并将式中每个集换成它的余集，由此得到的关系式一

定成立。

1. 设 A,B,C 为集合，并且 $A \bigcup B = A \bigcup C$，则下列断言哪个成立？

    $a)B = C$ $b)A \bigcap B = A \bigcap C$

    $c)A \bigcap B^c = A \bigcap C^c$ $d)A^c \bigcap B = A^c \bigcap C$。

2. 设 A,B,C 为任意集合，化简

$$(A \bigcap B \bigcap C) \bigcup (A^c \bigcap B \bigcap C) \bigcup (A \bigcap B^c \bigcap C) \bigcup$$
$$(A \bigcap B \bigcap C^c) \bigcup (A^c \bigcap B^c \bigcap C) \bigcup (A \bigcap B^c \bigcap C^c) \bigcup$$
$$(A^c \bigcap B \bigcap C^c)。$$

3. 证明

    $a)A \triangle B = (A \bigcup B) \bigcap (A^c \bigcup B^c)$;

    $b)(A \triangle B)^c = (A \bigcap B) \bigcup (A^c \bigcap B^c)$;

    $c)(A \triangle B)^c = (A^c \bigcup B) \bigcap (A \bigcup B^c)$。

4. 设 $M_1,M_2,\cdots$ 和 $N_1,N_2,\cdots$ 是集合 S 的子集的两个序列，对 $i \neq j, i,j = 1,2,\cdots$ 有 $N_i \bigcap N_j = \varnothing$。令 $Q_1 = M_1$, $Q_n = M_n \bigcap (\bigcup_{k=1}^{n-1} M_k)^c$, $n = 2,3,\cdots$。试证

$$N_n \triangle Q_n \subseteq \bigcup_{i=1}^{n} (N_i \triangle M_i)。$$

5. 设 X 是一个非空集合，$A_n \subseteq X$, $A_{n+1} \subseteq A_n$, $n = 1,2,3,\cdots$。试证对任意的自然数 n,

$$A_n = \bigcup_{m=n}^{\infty} (A_m \bigcap A_{m+1}^c) \bigcup \bigcap_{m=n}^{\infty} A_m。$$

6. 设 V 是任一集合，证明：$\forall S,T,W \in 2^V$ 有

    $S \subseteq T \subseteq W$ 当且仅当 $S \triangle T \subseteq S \triangle W$ 且 $S \subseteq W$。

7. 设 $A_1,A_2,\cdots$，为一集序列，记 $\overline{A}$ 为这样的元素的全体形成的集合：$x \in \overline{A}$ 当且仅当在序列 $A_1,A_2,\cdots$ 中有无穷多项 A_n 含有 x。集合 $\overline{A}$ 称为集序列 $A_1,A_2,\cdots$ 的上极限，记为 $\overline{\lim_{n \to \infty}} A_n$，即 $\overline{\lim_{n \to \infty}} A_n = \overline{A}$。又记 $\underline{A}$

为这样的元素的全体形成的集合:序列 $A_1, A_2, \cdots$ 中只有有限项不含有这样的元素。称 $\underline{A}$ 为集序列 $A_1, A_2, \cdots$ 的下极限并记为 $\varliminf_{n \to \infty} A_n = \underline{A}$。

证明:

$$\varliminf_{n \to \infty} A_n = \bigcup_{n=1}^{\infty} \bigcap_{k=n}^{\infty} A_k,$$

$$\varlimsup_{n \to \infty} A_n = \bigcap_{n=1}^{\infty} \bigcup_{k=n}^{\infty} A_k。$$

8. 证明: $\varliminf_{n \to \infty} A_n \subseteq \varlimsup_{n \to \infty} A_n$。

9. 设有单调上升集序列 $A_1 \subseteq A_2 \subseteq A_3 \subseteq \cdots$,证明: $\varliminf_{n \to \infty} A_n = \varlimsup_{n \to \infty} A_n$。

10. 证明:

$$\underline{A}^c = \varlimsup_{n \to \infty} A_n^c, \quad \bar{A}^c = \varliminf_{n \to \infty} A_n^c。$$

1.5　笛卡儿乘积

　　前面已经讨论了集合的并、交、差、对称差和求余集的运算。这五种运算的共同特点是:如果参加运算的各个集是同一个集的子集,则运算后的结果集仍是这个集的子集。在这里,并、交、差、对称差是二元运算,即参加运算的对象为两个集合,而求余集只要求有一个运算对象,它是一元运算。我们还可把求集 S 的幂集视为一个一元运算,其结果集不再是 S 的子集,而是 S 的所有子集构成的集。本节下面讨论的集合的笛卡儿乘积也是一种二元运算,其结果集不再与运算对象集的类型一样。

　　为了定义笛卡儿乘积的概念,需要引入序对或二元组的概念。两个对象 a 和 b(允许 $a = b$)按一定的次序排列的整体就叫做一个二元组或序对。如果 a 排在 b 的前面,则这个序对就记为 (a, b),a 称为序对 (a, b) 的第一个元素,b 称为第二个元素。注意,序对是由有次序的两个对象组成的,因此序对与含两对象的集合是有区别的。集合

$\{a,b\}$ 的元素间没有次序(先后)关系,$\{a,b\}$ 与 $\{b,a\}$ 是同一个集合。但 (a,b) 与 (b,a) 在 $a \neq b$ 时就应视为不相同。因此,我们规定 $(a,b) = (c,d)$ 当且仅当 $a = c$ 且 $b = d$。这个规定刻划了序对的特征。

上面描述的序对概念是一个直观概念,借助了"次序"这个直观的描述。对我们的今后讨论和应用,这已足够了。不过倒也真是可以应用集论的原始概念把序对定义的集合。

集合 $\{a,\{a,b\}\}$ 称为序对,记为 (a,b)。于是我们就能证明 $\{a,\{a,b\}\} = \{c,\{c,d\}\}$ 当且仅当 $a = c$ 且 $b = d$。于是,这个定义与上面描述的有序对的直观概念有相同的基本性质。

定义 1.5.1　设 A 与 B 为任意两个集合,则称集合

$$\{(a,b) \mid a \in A \text{ 且 } b \in B\}$$

为 A 与 B 的笛卡儿乘积,记为 $A \times B$。

于是,$A \times B = \{(a,b) \mid a \in A \text{ 且 } b \in B\}$。

由此定义可知,$A \times B$ 是由一切这样的序对组成的集合:每个序对的第 1 分量是 A 中的元素,第二分量是 B 中的元素。于是,$A \times B$ 与 A,B 的次序有关。因此,一般地有 $A \times B \neq B \times A$,即交换律不成立。

其次,若 $A \subseteq S, B \subseteq S$,则 $A \bigcup B$、$A \bigcap B$、$A \setminus B$、$A \triangle B$,A^c 都是 S 的子集,但 $A \times B \not\subseteq S$。

例 1.5.1　在平面上建立了直角坐标系后,平面上的点就用实数的序对来表示。平面上的所有点之集就可视为 $R \times R$,其中 R 为实数集。

例 1.5.2　设 $A = \{a,b\}$, $B = \{1,2,3\}$,则
$A \times A = \{(a,a),(a,b),(b,b),(b,a)\}$,
$A \times B = \{(a,1),(a,2),(a,3),(b,1),(b,2),(b,3)\}$,
$B \times A = \{(1,a),(1,b),(2,a),(2,b),(3,a),(3,b)\}$,
$B \times B = \{(1,1),(1,2),(1,3),(2,1),(2,2),$
$\qquad\qquad (2,3),(3,1),(3,2),(3,3)\}$。

显然,$A \times B \neq B \times A$。

由定义 1.5.1 知,对任一集 A,有

$$A \times \varnothing = \varnothing \times A = \varnothing \text{。}$$

其次,笛卡儿乘积也不满足结合律,即

$$(A \times B) \times C \neq A \times (B \times C) \text{。}$$

因为当 $A \neq \varnothing, B \neq \varnothing, C \neq \varnothing$ 时,$(A \times B) \times C$ 的一般元素形如

$$((x, y), z), x \in A, y \in B, z \in C,$$

而 $A \times (B \times C)$ 中元素的一般形式为

$$(x, (y, z))$$

按有序对相等的定义便知结合律不成立。

下面的定理 1.5.1 说明笛卡儿乘积与并、交、差运算之间的联系。

定理 1.5.1 设 A, B, C 为任意三个集合,则笛卡儿乘积运算对并、交、差运算分别满足分配律,即

30°. $A \times (B \cup C) = (A \times B) \cup (A \times C)$;

31°. $A \times (B \cap C) = (A \times B) \cap (A \times C)$;

32°. $A \times (B \setminus C) = (A \times B) \setminus (A \times C)$。

〔证〕 首先证明等式 30°。

设 $(x, y) \in A \times (B \cup C)$,则 $x \in A$ 且 $y \in B \cup C$。因此,$x \in A$ 且 $y \in B$,或者 $x \in A$ 且 $y \in C$。所以,$(x, y) \in A \times B$ 或 $(x, y) \in A \times C$,故 $(x, y) \in (A \times B) \cup (A \times C)$。于是,$A \times (B \cup C) \subseteq (A \times B) \cup (A \times C)$。

反之,设 $(x, y) \in (A \times B) \cup (A \times C)$,则 $(x, y) \in A \times B$ 或 $(x, y) \in A \times C$,从而 $x \in A$ 且 $y \in B$,或者 $x \in A$ 且 $y \in C$。总之,$x \in A$ 且 $y \in B \cup C$。所以,$(x, y) \in A \times (B \cup C)$。于是,

$$(A \times B) \cup (A \times C) \subseteq A \times (B \cup C)$$

因此,$A \times (B \cup C) = (A \times B) \cup (A \times C)$。

等式 31° 和 32° 可以类似地加以证明。

〔证毕〕

有序对也称二元组。我们可把二元组的概念推广,而有三元组、

四元组,乃至 n 元组。例如,三元组就是三个对象按一定次序组成的整体,其第一个元为 x,第二个为 y,第三个为 z,则这个三元组就记为 (x,y,z)。一般地,一个 n 元组是 n 个元素按一定顺序的一个排列组成的整体,若第一个为 x_1,第二个为 x_2,$\cdots$,第 n 个为 x_n,则这个 n 元组就记为 $(x_1,x_2,\cdots,x_n)$。

称两个 n 元组 $(x_1,x_2,\cdots,x_n)$ 与 $(y_1,y_2,\cdots,y_n)$ 是相等的,并记为 $(x_1,x_2,\cdots,x_n) = (y_1,y_2,\cdots,y_n)$,当且仅当 $x_1 = y_1,x_2 = y_2,\cdots,x_n, = y_n$ 同时成立。

例 1.5.3 n 维向量空间中的一个向量可用一个 n 元组表示。程序设计语 C 中的一个一维数组 $S[10]$ 是一个 10 元组。

例 1.5.4 一个 n 次整系数多项式

$$a_0 x^n + a_1 x^{n-1} + \cdots + a_{n-1} x + a_n$$

若约定按降幂排列时,依次写出其系数就得到一个 $n+1$ 元组 $(a_0, a_1,\cdots,a_n)$。于是,一个 n 次多项式就可用一个 $n+1$ 元组表示。而一个 $n+1$ 元组就可视为一个 n 次多项式。在高等代数中两个 n 次多项式相等当且仅当其对应的项之系数相等。这和它们的系数构成的 $n+1$ 元组相等是一样的。在计算机中,存入一个 n 次多项式,本质上就是把系数构成的 $n+1$ 元组存入计算机。不过,根据不同需要在存储方式上可以不同,而且还可存入另外的附加信息,以达到使用方便,效率高之目的。

定义 1.5.2 设 $A_1,A_2,\cdots,A_n(n \geqslant 2)$ 为 n 个集合,集合

$$\{(a_1,a_2,\cdots,a_n) \mid a_i \in A_i, i = 1,2,\cdots,n\}$$

称为 $A_1,A_2,\cdots,A_n$ 的笛卡儿乘积,并记为 $A_1 \times A_2 \times \cdots \times A_n$,或简记为 $\prod\limits_{i=1}^{n} A_i$。

于是,

$$A_1 \times A_2 \times \cdots \times A_n = \prod_{i=1}^{n} A_i$$
$$= \{(a_1,a_2,\cdots,a_n) \mid a_i \in A_i, i = 1,2,\cdots,n\}。$$

当 $A_1 = A_2 = \cdots = A_n = A$ 时，$A_1 \times A_2 \times \cdots \times A_n$ 就简记为 A^n。即

$$A^n = \underbrace{A \times A \times \cdots \times A}_{n\text{个}A}$$

由给定的集合 A，用笛卡儿乘积运算得到集合 $A^1 = A, A^2, A^3, A^4, \cdots, A^n, \cdots$。再用并运算得到集合

$$A^+ = \bigcup_{n=1}^{\infty} A^n \text{ 及 } A^* = \bigcup_{n=0}^{\infty} A^n = \{\varepsilon\} \bigcup A^+,$$

其中 $A^0 = \{\varepsilon\}$，ε 就是 0 元组（ ）。

如果把 A 定义为 26 个英文字母、标点符号及空格所组成的有穷集合 —— 称为字母表，并把 A^n 中的 n 元组 $(a_1, a_2, \cdots, a_n)$ 简写成 $a_1 a_2 \cdots a_n$（称为 A 中符号串或符号行），则 A^+ 就是所有有意义、无意义的英语"单词"、"句子"的集合。而英语语言就是那些正确的句子的集合，从而是 A^+（或 A^*）的一个子集。Chomsky 在研究自然语言时，把语言抽象为一个数学模型：它是一个由（1）一个有穷字母表 Σ，及（2）一个子集 $L \subseteq \Sigma^*$，组成的数学系统。直到今天，几乎所有的语言理论研究都是在这个模型下进行的。这个模型已充分广泛，它包括了各种自然语言、程序设计语言等等。

习　　题

1. 设 $A = \{a, b, c\}, B = \{e, f, g, h\}, C = \{x, y, z\}$。求 $A \times B$，$B \times A, A \times C, A \times B \times C, A^2 \times B$。

2. 设 A, B 为集合。试证：$A \times B = B \times A$ 的充分必要条件是下列三个条件至少一个成立：

（1）$A = \varnothing$；（2）$B = \varnothing$；（3）$A = B$。

3. 设 A, B, C, D 为任意四个集合。证明：

$$(A \bigcap B) \times (C \bigcap D) = (A \times C) \bigcap (B \times D)。$$

4. 设 E_1, E_2, E_3, E_4 为任意集合。试证：

$$(E_1 \times E_2) \backslash (E_3 \times E_4) = ((E_1 \backslash E_3) \times E_2) \bigcup (E_1 \times$$

$(E_2 \setminus E_4))$。

5. 设 $A \subseteq X, B \subseteq Y$,试证:

$$(A \times B)^c = (A^c \times B) \bigcup (A \times B^c) \bigcup (A^c \times B^c)。$$

6. 设 A_1、$A_2 \subseteq A, B_1$、$B_2 \subseteq B$,证明:

$$(A_1 \times B_1)^c = (A_1^c \times B) \bigcup (A_1 \times B_1^c) = (A \times B_1^c) \bigcup (A_1^c \times B_1)。$$

7. 设 A, B, C 为集合,证明:

$$A \times (B \triangle C) = (A \times B) \triangle (A \times C)。$$

8. 设 A, B 为集合。下列命题哪些为真?

$a) (x, y) \in A \times B \Leftrightarrow x \in A$ 且 $y \in B$;

$b) (x, y) \in A \times B \Leftrightarrow x \in A$ 或 $y \in B$;

$c) 2^{A \times B} = 2^A \times 2^B$;

$d)$ 如果 $A \times C = B \times C$,则 $A = B$;

$e)$ 如果 $A \times C = B \times C$ 且 $C \neq \emptyset$,则 $A = B$。

9. 设 A 有 m 个元素,B 有 n 个元素,则 $A \times B$ 是多少个序对组成的?$A \times B$ 有多少个不同的子集?

10. 设 A, B 为集合,$B \neq \emptyset$。试证:如果 $A \times B = B \times A$,则 $A = B$。

1.6 有穷集合的基数

当抽象地研究集合时,集合中的元素的属性是不研究的,或说被抽象掉了。只假定集合是彼此互不相同的一些元素构成的整体,至于这些元素究竟是什么以及元素之间有些什么关系是根本不管的。于是,一个集合中的元素只是一些彼此可区分的抽象符号。因此,一个集合中所包含的元素的"个数"就成为这个抽象集合的重要属性了。它是抽去了元素的属性和元素间的次序关系后所保留下来的属性。如果一个集合中只含有穷多个元素,谈论该集合的元素的个数,自然是有意义的。但当集合中含有无穷多个元素时,怎么能谈论它的元素的个数呢?因为按通常的理解,元素的个数应指一个有限数。而什么是"无穷"、"无限数"?确实我们还不甚清楚。康托的伟大功绩就在于什么是无限数、什么是无穷集合,从而建立无穷集合的理论。在第四章中,我们将介绍这一理论。本节先讨论有限集合的元素的个数概念及有关结果。

集合中元素的个数概念对每个人都熟悉,这是我们在数学里最早遇到的概念之一,即计数的概念。有人可能认为,计数是数学里最基本概念,我们每个人从幼儿园开始就学过了。实际上,计数是一个复杂的概念,它是建立在更基本概念 —— 一对一配对上,在数学上称为一一对应。例如,要知道集合 $\{a,c,b\}$ 有几个元素,我们是用数数(shǔ shù)的方法得到的。我们指着 a 说1,指 c 说2,指 b 说3,这样就数(shǔ)完了这个集合的元素,得到个数3。这过程就把集合 $\{a,c,b\}$ 与 $\{1,2,3\}$ 的元素一对一配对无余,即〔$a,1$〕、〔$c,2$〕、〔$b,3$〕三对,亦即 a 对应于 1,c 对应于 2,b 对应于 3。

定义 1.6.1　设 A 和 B 是两个集合,如果有一个法则 φ 使 $\forall x \in A$,根据法则 φ 在 B 中有唯一的一个 y 与 x 对应,这个 y 常记为 $\varphi(x)$,而且 $\forall y \in B$ 在 A 中也有唯一的 x 使 x 在 φ 下对应于 y。这个法则 φ 称为从 A 到 B 的一个一一对应(一对一配对无余的方法)。

这是在分析中大家熟知的概念。现在我们并不满意这个定义,因为其中包含了尚未定义的概念:"法则"、"对应"。而现在,我们已有条件把这个概念弄得更清楚了。实际上,从 $\{a,c,b\}$ 与 $\{1,2,3\}$ 的元素间配对得到启发,给出如下的定义。

定义 1.6.1′　一个从集合 A 到集合 B 的一一对应是 $A \times B$ 的子集 φ 使之满足

1) $\forall x \in A$,$\exists y \in B$ 使 $(x,y) \in \varphi$;如果
(x,y)、$(x,z) \in \varphi$,则 $y = z$。

2) $\forall y \in B$,$\exists x \in A$ 使得 $(x,y) \in \varphi$,并且如果
(x,y)、$(x',y) \in \varphi$,则 $x = x'$。

如果 $(x,y) \in \varphi$,则把 y 记为 $\varphi(x)$,即 $y = \varphi(x)$。

定义 1.6.2　集合 A 称为有限集,如果 $A = \varnothing$ 或 $A \neq \varnothing$ 且存在一个自然数 n 使得 A 与集合 $\{1,2,\cdots,n\}$ 间存在一个一一对应。数 n

称为 A 的基数, A 的基数记成 $|A|$。空集的基数定义为数0。如果 A 不是有穷集,则称 A 为无穷集。

利用一一对应的概念还可建立基数的比较。如果问教室里的学生多还是椅子多呢?我想不会有人去数一数教室里的学生数和椅子数才给出答案的。在假设每把椅子至多坐一个人时,他环顾一下教室,马上会说椅子多。因为他发现有空椅子,从而学生之集不能与椅子之集间有一一对应,学生之集只能与椅子之集的一个真子集间有一一对应关系。

定义 1.6.3 如果 A 与 B 的一个真子集间有一个一一对应存在,但 A 与 B 之间不存在一一对应,则称 $|A|$ 小于 $|B|$,记为 $|A| < |B|$。

计数的本质是一一对应,由定义1.6.2得到一些计数法则。

定理 1.6.1 (加法法则)设 A, B 为两个不相交的有限集,则 $|A \cup B| = |A| + |B|$。

〔证〕 由定义1.6.2,若 $A = \varnothing$ 或 $B = \varnothing$,则 $|A \cup B| = |A| + |B|$ 成立。今设 $A \neq \varnothing, B \neq \varnothing$,那么由定义1.6.2,从 A 到 $\{1, 2, \cdots, |A|\}$ 有一个一一对应 f,从 B 到 $\{1, 2, \cdots, |B|\}$ 有一个一一对应 g。今构造从 $A \cup B$ 到 $\{1, 2, \cdots, |A| + |B|\}$ 的一一对应 h 如下: $\forall x \in A \cup B$,若 $x \in A$,则 $h(x) = f(x)$;若 $x \in B$,则 $h(x) = g(x) + |A|$。由于 $|A \cap B| = \varnothing$,可以验证 h 为一一对应。由定义1.6.2便知 $|A \cup B| = |A| + |B|$。

〔证毕〕

应用数学归纳法可以证明

定理 1.6.2 设 $A_1, A_2, \cdots, A_n$ 为 n 个两两不相交的有限集,则

$$\left| \bigcup_{i=1}^{n} A_i \right| = \sum_{i=1}^{n} |A_i|。$$

定理 1.6.3 （乘积法则） 设 A,B 为有穷集,则 $|A \times B| = |A| \cdot |B|$。

〔证〕 令 $A = \{a_1, a_2, \cdots, a_m\}$。对 $i = 1, 2, \cdots, m$,令 $A_i = \{(a_i, b) \mid b \in B\}$,则 $A \times B = \bigcup\limits_{i=1}^{m} A_i$ 且 $A_1, \cdots, A_m$ 两两不相交。由定理 1.6.2 便得到

$$|A \times B| = \sum_{i=1}^{m} |A_i| = m \cdot |B| = |A| \cdot |B|。$$

〔证毕〕

应用数学归纳法可以证明

定理 1.6.4 设 $B_1, B_2, \cdots, B_n$ 为 n 个有限集,则

$$|B_1 \times B_2 \times \cdots \times B_n| = |B_1| \cdot |B_2| \cdots \cdot |B_n|。$$

定理 1.6.5 （减法法则或陶汰原理） 设 S 为有穷集,$A \subseteq S$,则 $|A^c| = |S| - |A|$。

〔证〕 由于 $S = A \bigcup A^c$ 且 $A \bigcap A^c = \emptyset$,由加法法则得 $|S| = |A| + |A^c|$,故 $|A^c| = |S| - |A|$。

〔证毕〕

定理 1.6.6 设 A, B 为有限集,则

$$|A \bigcup B| = |A| + |B| - |A \bigcap B|。$$

〔证〕 $A \bigcup B = A \bigcup (B \setminus A)$,$A \bigcap (B \setminus A) = \emptyset$,所以 $|A \bigcup B| = |A| + |B \setminus A|$。又 $B \setminus A = B \setminus (A \bigcap B)$,所以 $B = (B \setminus A) \bigcup (B \bigcap A)$。因此,$|B \setminus A| = |B| - |A \bigcap B|$,代入即得所要证的等式。

〔证毕〕

定理 1.6.7 设 A, B 为有限集,则

$$|A \triangle B| = |A| + |B| - 2|A \bigcap B|。$$

〔证〕 $|A \triangle B| = |(A \bigcup B) \setminus (A \bigcap B)| = |A \bigcup B| - |A \bigcap$

$B \mid = (\mid A \mid + \mid B \mid - \mid A \cap B \mid) - \mid A \cap B \mid = \mid A \mid + \mid B \mid - 2 \mid A \cap B \mid$。

〔证毕〕

进一步推广加法法则,便得到

定理 1.6.8 (逐步陶汰原理形式之一) 设 $A_1, A_2, \cdots, A_n$ 为 n 个有穷集,则

$$\left| \bigcup_{i=1}^{n} A_i \right| = \sum_{i=1}^{n} \mid A_i \mid - \sum_{1 \leqslant i < j \leqslant n} \mid A_i \cap A_j \mid + \sum_{1 \leqslant i < j < k \leqslant n} \mid A_i \cap A_j \cap A_k \mid$$
$$- \cdots + (-1)^{n-1} \mid A_1 \cap A_2 \cap \cdots \cap A_n \mid 。$$

〔证〕 应用数学归纳法,施归纳于 n:

当 $n = 2$ 时就是定理 1.6.6,因此结论成立。

假设定理之结论对 $n-1 \geqslant 2$ 个有限集合成立。往证对 n 个有限集定理的结论也成立。实际上,

$$\left| \bigcup_{i=1}^{n} A_i \right| = \left| \left(\bigcup_{i=1}^{n-1} A_i \right) \cup A_n \right| = \left| \bigcup_{i=1}^{n-1} A_i \right| + \mid A_n \mid -$$
$$\left| \left(\bigcup_{i=1}^{n-1} A_i \right) \cap A_n \right| = \left| \bigcup_{i=1}^{n-1} A_i \right| + \mid A_n \mid -$$
$$\mid (A_1 \cap A_n) \cup (A_2 \cap A_n) \cup \cdots \cup (A_{n-1} \cap A_n) \mid$$

由归纳假设得

$$\mid (A_1 \cap A_n) \cup (A_2 \cap A_n) \cup \cdots \cup (A_{n-1} \cap A_n) \mid =$$
$$= \sum_{i=1}^{n-1} \mid A_i \cap A_n \mid - \sum_{1 \leqslant i < j \leqslant n-1} \mid (A_i \cap A_n) \cap (A_j \cap A_n) \mid +$$
$$\sum_{1 \leqslant i < j < k \leqslant n-1} \mid (A_i \cap A_n) \cap (A_j \cap A_n) \cap (A_k \cap A_n) \mid - \cdots +$$
$$(-1)^{n-2} \mid (A_1 \cap A_n) \cap (A_2 \cap A_n) \cap \cdots \cap (A_{n-1} \cap A_n) \mid$$
$$= \sum_{i=1}^{n-1} \mid A_i \cap A_n \mid - \sum_{1 \leqslant i < j \leqslant n-1} \mid A_i \cap A_j \cap A_n \mid +$$
$$\sum_{1 \leqslant i < j < k \leqslant n-1} \mid A_i \cap A_j \cap A_k \cap A_n \mid$$
$$- \cdots + (-1)^{n-2} \mid A_1 \cap A_2 \cap \cdots \cap A_n \mid 。$$

把后式代入前式即得所要之式。

〔证毕〕

定理 1.6.9 （逐步陶汰原理形式之二） 设 $A_1, A_2, \cdots, A_n$ 都是有限集 S 的子集，则

$$\left| \bigcap_{i=1}^{n} A_i^c \right| = |S| - \sum_{i=1}^{n} |A_i| + \sum_{1 \le i < j \le n} |A_i \bigcap A_j|$$

$$- \sum_{1 \le i < j < k \le n} |A_i \bigcap A_j \bigcap A_k| + \cdots +$$

$$(-1)^n |A_1 \bigcap A_2 \bigcap \cdots \bigcap A_n|。$$

〔证〕 由于 $A_1^c \bigcap A_2^c \bigcap \cdots \bigcap A_n^c = (A_1 \bigcup A_2 \bigcup \cdots \bigcup A_n)^c = S \setminus (A_1 \bigcup A_2 \bigcup \cdots \bigcup A_n)$，由陶汰原理得

$$\left| \bigcap_{i=1}^{n} A_i^c \right| = |S| - \left| \bigcup_{i=1}^{n} A_i \right|。$$

再由定理 1.6.8 即得所要证明之结果。　　　　　　　　　　〔证毕〕

逐步陶汰原理也称为容斥原理。

应用加法法则解题时，要先把计数的对象分为两个不相交的子集。如何分法，具体问题具体分析，但必须使每个集合的元素的个数容易计算。乘法法则要求在应用中，被计数的对象能抽象成若干个集合的笛卡儿乘积的成员。对古典概率的计算感到困难的同学，其中一个主要原因就是不能灵活应用乘法法则。加法法则和乘法法则的应用读者早就熟悉，这里不再举例说明。

应用逐步陶汰原理解题时，其一般程序为：(1) 建立研究对象之集 S；(2) 找出 S 中被计数对象所有的性质 $P_i (i = 1, 2, \cdots, n)$；(3) 用 A_i 表 S 中具有性质 P_i 的那些对象之集；(4) 确定使用的公式。若是求 S 中那些至少有性质 $P_1, \cdots, P_n$ 之一的对象的个数，则应用定理 1.6.8；若是求 S 中不具有 $P_1, \cdots, P_n$ 中任一性质的对象之个数，则应用定理 1.6.9。

例 1.6.1 在 1000 名大学毕业生的调查中，有 804 人掌握了英语，205 人掌握日语，190 人掌握了俄语，125 人既掌握了英语又掌握了日语，57 人既掌握日语又掌握俄语，85 人既掌握英语又掌握俄语。试求这 1000 名大学生中，英语、日语、俄语全掌握的有多少。

解 设 A, B, C 分别为掌握了英语、日语、俄语的人的集合，则

$|A \cup B \cup C| = 1000, A \cap B$ 为既掌握了英语又掌握了日语的人的集；$A \cap C$ 为既掌握了英语又掌握俄语的人之集；$B \cap C$ 为既掌握了日语又掌握了俄语的人的集合。同时掌握英语、日语、俄语的人之集为 $A \cap B \cap C$。由题设

$$|A| = 804, |B| = 250, |C| = 190, |A \cap B| = 125,$$

$$|A \cap C| = 85, |B \cap C| = 57, |A \cup B \cup C| = 1000。$$

由定理 1.6.8 有

$$|A \cap B \cap C| = |A \cup B \cup C| - |A| - |B| - |C| +$$
$$|A \cap B| + |A \cap C| + |B \cap C|$$
$$= 1000 - 804 - 250 - 190 + 125 + 85 + 57$$
$$= 23。$$

于是，英语、日语、俄语全掌握的只有 23 人。

例 1.6.2 试求不超过 1000 的自然数中能被 2 或 3 或 5 整除的数的个数。

解 设 $S = \{1, 2, \cdots, 1000\}$，这是研究对象之集。在 S 上定义性质 P_1, P_2, P_3。$\forall n \in S, n$ 具有性质 P_1（相应地，P_2, P_3）当且仅当 $2 \mid n(3 \mid n, 5 \mid n)$。令 A_i 为 S 中具有性 P_i 的数之集，$i = 1, 2, 3$，则

$$A_1 = \{2, 4, 6, \cdots, 1000\} = \{2k \mid k = 1, 2, \cdots, 500\},$$

$$A_2 = \{3, 6, 9, \cdots, 999\} = \{3k \mid k = 1, 2, \cdots, [\frac{1000}{3}]\},$$

$$A_3 = \{5, 10, 15, \cdots, 1000\} = \{5k \mid k = 1, 2, \cdots, [\frac{1000}{5}]\}。$$

于是，$|A| = 500, |B| = 333, |C| = 200$。又

$$|A_1 \cap A_2| = |\{6k \mid k = 1, 2, \cdots, [\frac{1000}{6}]\}| = 166;$$

$$|A_1 \cap A_3| = |\{10k \mid k = 1, 2, \cdots, [\frac{1000}{10}]\}| = 100;$$

$$|A_2 \cap A_3| = |\{15k \mid k = 1, 2, \cdots, [\frac{1000}{15}]\}| = 66。$$

$$| A_1 \cap A_2 \cap A_3 | = | \{30k \mid k = 1, 2, \cdots, [\frac{1000}{30}]\} | = 33 \text{。}$$

由定理 1.6.8 有

$$| A_1 \cup A_2 \cup A_3 | = (500 + 333 + 200) - (166 + 100 + 66)$$
$$+ 33 = 1033 - 332 + 33 = 734 \text{。}$$

所以,不超过 1000 的自然数中,至少能被 2,3,5 之一整除的数共有 734 个。

例 1.6.3 1,2,3,4,5,6 六个数的全排列中不出现 135 和 46 的排列有多少个?

解 设 S 为六个自然数全排列之集,则我们知道 $| S | = 6!$。

令 A_1 为出现 135 之排列之集,则 $| A_1 | = 4!$。A_2 为出现 46 之排列的集合,则 $| A_2 | = 5!$。于是,$A_1 \cap A_2$ 为既出现 135 又出现 46 的排列之集,从而 $| A_1 \cap A_2 | = 3!$。要求的是 $| A_1^c \cap A_2^c |$。由定理 1.6.9 得到

$$| A_1^c \cap A_2^c | = | S | - | A_1 | - | A_2 | + | A_1 \cap A_2 |$$
$$= 6! - (4! + 5!) + 3!$$
$$= 582 \text{。}$$

习　　题

1. 某班学生中有 45% 正在学德文,65% 正在学法文。问此班中至少有百分之几的学生正在同时学德文和法文?

2. 求 1 到 250 间不能被 2,3,5,7 中任一数整除的数的个数。

3. 设 A, B 是两个有限集,试求 $| 2^{2^{A \times B}} | = ?$

4. 一个人写了十封信和十个信封,然后随机地将信装入信封。试求每封信都装错了信封的概率。

5. 毕业舞会上,小伙子与姑娘跳舞。已知每个小伙子至少与一个姑娘跳过舞,但未能与所有姑娘跳过舞。同样地,每个姑娘也至少

与一个小伙子跳舞,但也未能与所有的小伙子跳过舞。证明:在所有参加舞会的小伙与姑娘中,必可找到两个小伙子和两个姑娘,这两个小伙子中的每一个只与这两个姑娘中的一个跳过舞,而这两个姑娘中的每一个也只与这两个小伙中的一个跳过舞。

第二章 映 射

自 17 世纪起,近代数学产生以来,函数概念一直是处于数学思想的真正核心位置。函数关系这一概念的重要意义远远超出了数学领域。数学和自然科学的绝大部分都受到函数关系的支配,这是不足奇怪的。研究自然现象与技术过程的辩证法告诉我们,对于一个过程或系统中出现的量或事物,不能孤立地来研究它们,而要研究它们之间的相互联系,从事物之间的联系中找出事物之运动规律。这种量与量、事物与事物间的相互联系的数学表现,在最简单的情形下,就是那种单值依赖关系,即函数关系。

在数学分析中,把函数的定义域与值域限制为数集是没有必要的。如果用随便什么属性的集代替数集,我们就得到了函数的最一般概念 —— 我们采用几何术语"映射"来代替它。

本章讨论映射的概念及几种重要的特殊类型的映射、映射的最一般性质、映射的合成运算、逆映射。我们还讨论了映射的应用,介绍了抽屉原理及其应用。

2.1 函数的一般概念 —— 映射

在数学分析中,函数概念是这样引入的。设 X 和 Y 是两个数集,如果依据某一法则 f,使对于 X 中的每一数 x 总有 Y 中的唯一确定的数 y 与之对应,则称 f 为定义在 X 上取值于 Y 中的函数。X 称为函数 f 的定义域,而值域包含在 Y 中。函数 f 给 x 规定的对应值 y 常记为 $f(x)$。实际上,函数概念的实质在于它建立了量与量间的单值对应关系。

然而,不仅量与量间有单值依赖关系,事物与事物间也可有单值的对应关系。所以,如果把 X 和 Y 了解为具有不同属性的集合,我们就得到了函数的一般概念 —— 映射。这样，映射就是函数概念的推广，它既能描述量与量间的单值联系，又能描述具有任何属性的事物间的单值联系。

仿函数概念的定义，我们有

定义 2.1.1 设 X 和 Y 是两个非空集合。一个从 X 到 Y 的映射 f 是一个法则，根据 f，对 X 中每个元素 x 都有 Y 中唯一确定的元素 y 与之对应。f 给 x 规定的对应元素 y 称为 x 在 f 下的象，而 x 称为 y 的原象。X 称为 f 的定义域。

"f 是 X 到 Y 的映射"这句话常记为

$$f: X \to Y.$$

x 在 f 下的象 y 常记为 $f(x)$。集合

$$\{f(x) \mid x \in X\}$$

称为 f 的值域或象，记为 $I_m(f)$。

映射的这个定义，在许多方面，直观上是令人满意的。但是，其中所用的"法则"概念是含混不清的。因此，定义 2.1.1 给出的映射并不是一个精确地定义了的对象。19 世纪后叶，Cantor 创立了集合论，数学家们把函数定义为笛卡儿乘积的子集，即把函数与它的图象等同，这是严格的，其中不再含有含糊的概念。这就引导我们用图象的定义代替用规则定义的映射。

定义 2.1.2 设 X 和 Y 是两个非空集合。一个从 X 到 Y 的映射是一个满足以下两个条件的 $X \times Y$ 的子集 f：

(1) 对 X 的每一个元素 x，存在一个 $y \in Y$，使得 $(x, y) \in f$；

(2) 若 (x, y)、$(x, y') \in f$，则 $y = y'$。

在这个定义中，性质(2)称为"单值性"。条件(1)和(2)合起来说明每个 $x \in X$ 有唯一的 y 使 $(x, y) \in f$。y 仍记为 $f(x)$，叫做 x 在 f 下的象。另一种可能的记号是用 $(x)f$ 或就写成 xf 来表示 x 在 f 下的象。实际上，这后一记法读起更顺，处理映射的合成时更方便。然而，大家显然一致偏爱前一种记法。

如果我们认为"规则"只能用集加以抽象，那么定义 2.1.1 与定

义 2.1.2 是一样的。不过,即使大多数学家也更偏爱用规则来定义映射。因为它生动并便于应用,在自然科学和技术过程中大都使用规则来定义映射(函数)。

定义 2.1.3 设 $f: X \to Y, A \subseteq X$,当把 f 的定义域限制在 A 上时,就得到了一个 $\varphi: A \to Y, \forall x \in A, \varphi(x) = f(x)$。$\varphi$ 被称为 f 在 A 上的限制,并且常用 $f \mid A$ 来代替 φ。反过来,我们说 f 是 φ 在 X 上的扩张。

定义 2.1.4 设 $f: A \to Y, A \subseteq X$,则称 f 是 X 上的一个部分映射。在这里,我们假定空集到 Y 有一个唯一的映射,它也是 X 到 Y 的部分映射。

定义 2.1.5 两个映射 f 与 g 称为是相等的当且仅当 f 和 g 都是 X 到 Y 的映射,并且 $\forall x \in X$ 总有 $f(x) = g(x)$。

定义 2.1.6 设 $f: X \to Y$,如果 $\forall x, x' \in X$,只要 $x \neq x'$,就有 $f(x) \neq f(x')$,则称 f 为从 X 到 Y 的单射(injection)。

定义 2.1.7 设 $f: X \to Y$,如果 $\forall y \in Y, \exists x \in X$ 使得 $f(x) = y$,则称 f 为从 X 到 Y 上的映射,或称 f 为满射(surjection)。

定义 2.1.8 设 $f: X \to Y$,若 f 既是满射又是单射,则称 f 为双射(bijection),或一一对应。这时也称 X 与 Y 对等,记为 $X \sim Y$。

定义 2.1.9 设 $f: X \to X$,如果 $\forall x \in X, f(x) = x$,则称 f 为 X 上的恒等映射。X 上的恒等映射常记为 I_X 或 1_X。

在具体应用中有时不写出映射的符号,而写出其元素 x 与对应元 y 并用符号:"$\mapsto$"联接成 $x \mapsto y$。由上下文便知对应规则。有限集 X 到 Y 的映射 f 也可用图示方法给出:先列出 X 和 Y 的元素,在图上用点表示,如果 $f(x) = y$,则在代表 x 的点画一条带箭头的线指向代表 y 的点。

例 2.1.1 令 $X = \{1, 2, 3\}, Y = \{a, b, c, d\}, f: X \to Y, f(1) = b, f(2) = d, f(3) = a$。用符号"$\mapsto$"表示为 $1 \mapsto b, 2 \mapsto d, 3 \mapsto a$。用图示法表示时,见图 2.1.1。

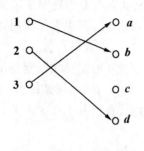

图 2.1.1

例 2.1.2 令 $N = \{1,2,3, \cdots\}, s:N \to N$,其定义为 $\forall n \in N$, $s(n) = n + 1$。s 称为自然数集 N 上的后继函数。显然,后继函数 s 是单射,但不是满射,因为 $\forall n \in N$, $s(n) \neq 1$。

令 E 为全体偶自然数之集,$e: E \to N$,对每个偶自然数 $2m,e(2m) = m$,则 e 是从 E 到 N 的双射,但它不是从 N 到 N 的映射,而是 N 到 N 的部分映射。

例 2.1.3 设 X 为整数的有限集。定义集合 $X - X = \{x - x' \mid x, x' \in X\}$。试证:若 A、$B \subseteq \{1,2,\cdots,n\}$ 且 $|A| \cdot |B| \geqslant 2n - 1, n > 1$,则 $(A - A) \bigcap (B - B)$ 中有一个正整数。

〔证〕 令 $f: A \times B \to \{2,3,\cdots,2n\}, \forall (a,b) \in A \times B, f(a,b) = a + b$。易见,这样定义的 f 是映射。

情况 1. 若 f 是满射,则 $\exists (a,b) \in A \times B$ 使得 $f(a,b) = 2$,从而 $a = b = 1, 1 \in A \bigcap B$。其次,又 $\exists (a',b') \in A \times B$ 使 $f(a', b') = 2n$,从而 $a' = b' = n$,故 $n \in A \bigcap B$。因此,$n - 1 \in (A - A) \bigcap (B - B)$。由于 $n > 1$,所以 $n - 1 > 0$。因此,$(A - A) \bigcap (B - B)$ 中有一个正整数。

情况 2. 若 f 不是满射,f 也不是单射。于是,$\exists (a_1,b_1)$、$(a_2, b_2) \in A \times B$ 使得 $(a_1,b_1) \neq (a_2, b_2)$,但 $f(a_1, b_1) = f(a_2, b_2)$,即 $a_1 + b_1 = a_2 + b_2$。不妨设 $a_2 < a_1$,则 $0 < a_1 - a_2 = b_2 - b_1$。因此,$a_1 - a_2$ 就是 $(A - A) \bigcap (B - B)$ 中的正整数。　〔证毕〕

映射在两个集合的元素间建立了单值联系,正是通过建立了这种联系,才证明了例 2.1.2 的结论。这种从事物之间的联系中找出事物特征是符合辩证法的。读者应该逐步学会在具体问题中建立所需要的映射。不过这需要对问题有深入的认识和理解,并要有一定的训练。

最后,叙述几个显然但却又很重要的几个结论。

定理 2.1.1 设 A 和 B 是有限集,$f: A \to B$。如果 f 是满射,则 $|A| \geqslant |B|$;如果 f 是单射,则 $|A| \leqslant |B|$。

定理 2.1.2 设 A 和 B 是有限集且 $|A| = |B|$,则 $f: A \to B$ 是单射当且仅当 f 是满射。

从 X 到 Y 的所有映射之集记为 Y^X,即

$$Y^X = \{f \mid f: X \to Y\}。$$

习　题

1. 设 A, B 是有穷集且 $|A| = m$,$|B| = n$。

a) 计算 $|A^B| = ?$

b) 从 A 到 A 有多少个双射?

2. 设 X 是一个有穷集合。证明:从 X 到 X 的部分映射共有 $(|X| + 1)^{|X|}$ 个。

*3. 设 $a_1, a_2, \cdots, a_n$ 为 n 个实数且 $a_1 < a_2 < \cdots < a_n$。φ 是从 $A = \{a_1, a_2, \cdots, a_n\}$ 到 A 的一一对应。试证:如果 $a_1 + \varphi(a_1) < a_2 + \varphi(a_2) < \cdots < a_n + \varphi(a_n)$,则 $\varphi = I_A$。

4. (P. Erdös, G. Szekeres, 1935) 这是一个多次被重新发现的性质,其证明方法也是多种的。这个问题是这样的:$mn + 1$ 个不同的数 $u_1, u_2, \cdots, u_{mn+1}$ 组成的序列中或含有一个项数多于 m 的递增子序列,或有多于 n 项的递减子序列。

5. 一些人组成一个团体。试证可以把这些人分为两组,使每个人在其所在的组中的朋友数至多是他在团体中的朋友数的一半。

2.2　抽屉原理

直观上,映射可以解释为事物的一种安排方法。如果 $X = \{a_1,$

$a_2, \cdots, a_m$, $Y = \{1, 2, \cdots, n\}$, 则当把 X 视为 m 个事物之集, 而 $1, 2,$ $\cdots, n$ 为 n 个盒子时, 则一个 $f: X \to Y$ 就是把 m 个东西放到 n 个盒子里的一种放法。在这里, 若 $f(a_i) = j$, 则把 a_i 放到盒子 j 中。如果 $m >$ n, 则必有一个盒子至少装两物体。用数学的术语来说, 当 $m > n$, 从 X 到 Y 的每个映射都不是单射, 即至少有两个元素的象相同。这就是有名的 Dirichlet 原理, 但数学家们总是用直观的方式叙述这个原理, 并称之为鸽巢原理、抽屉原理。

抽屉原理 如果把 $n + 1$ 个物体放到 n 个抽屉里, 则必有一个抽屉里至少放了两个物体。

实际上, 如果结论不成立, 则每个抽屉至多放一个物体, 从而 n 个抽屉里总共有不多于 n 个物体, 这与假设矛盾。所以, 抽屉原理成立。

抽屉原理十分简单, 就是数学家也都喜欢用物体 – 抽屉、物体 – 盒子、鸽子 – 鸽巢的生动形象的方式来叙述。这种叙述形式并未假定这些物体是不可区分的, 也未假定这些抽屉是可区分的。这只是一个存在性定理, 它并未告诉我们怎样实地找到至少放两个物体的抽屉。

抽屉原理十分简单, 但却是组合数学中一条基本的组合定理, 用得好会得到意想不到的结论。

例 2.2.1 13 个人中至少有两个人是在同一个月份出生的。

例 2.2.2 从 $1, 2, \cdots, 2n$ 中任意选出 $n + 1$ 个数, 则这 $n + 1$ 个数中必有两个数, 使得其中之一能除尽另一个。

〔证〕 每个整数均可写成 $2^l \cdot d$ 的形式, 其中 l 是非负整数, d 是奇数。因此, 当把选出的 $n + 1$ 个整数都写成这种形式时, 便得到了 $n + 1$ 个奇数 $d_1, d_2, \cdots, d_{n+1}$, 并且 $1 \leqslant d_i \leqslant 2n - 1$, $i = 1, 2, \cdots, n +$ 1。但 1 到 $2n$ 之间仅有 n 个奇数, 由抽屉原理可知, 必有 i, j 使 $d_i = d_j$, $i \neq j$。于是, d_i 与 d_j 对应的两个整数 $2^l \cdot d_i$ 与 $2^j \cdot d_j$ 中必有一个能整除另一个。 〔证毕〕

例 2.2.3 证明: 任何 6 个人中, 或有 3 个人互相认识, 或有 3 个人互相不认识。

〔证〕 先任意固定一个人 a，把剩下的 5 个人分两组，A 组为与 a 互相认识的人组成的，B 为与 a 互相不认识的人组成的。由抽屉原理，A，B 两集中至少有一个集合有不少于 3 个人。若 A 中至少含有 3 个人，则这 3 个人可能互不认识或至少有 2 个人互相认识。不论哪种情况发生，本题结论都成立。实际上，若 A 中有 3 个人互不认识，结论自然成立；而 A 中有 2 人互相认识，则此 2 人与 a 是 3 个互相认识的人，所以结论也成立。若 B 至少有 3 个人，则类似论证可知，本题结论也成立。 〔证毕〕

例 2.2.3 中使用的抽屉原理，实际上是抽屉原理的一种推广形式，称为"平均值原理"，即把 m 个物体放到 n 个盒中，则必有一个盒子至少放 $\left[\dfrac{m-1}{n}\right] + 1$ 个物体。实际上，抽屉原理就是：如果把一个含有很多元素的集划分成不多的几个不相交子集，那么至少有一个子集含有相当数量的元素。

抽屉原理的强形式 设 $q_1, q_2, \cdots, q_n$ 为 n 个正整数。如果把 $q_1 + q_2 + \cdots + q_n - n + 1$ 个物体放到 n 个盒子中，则或者第一个盒中至少含有 q_1 个物体，或者第二个盒子中至少含有 q_2 个物体，$\cdots$，或者第 n 个盒子中至少含有 q_n 个物体。

实际上，如果抽屉原理的强形式不成立，则每个盒子 i 中至多含有 $q_i - 1$ 个物体。于是，n 个盒子中总共至多含有 $\sum\limits_{i=1}^{n}(q_i - 1) = \sum\limits_{i=1}^{n} q_i - n$ 个物体。但已把 $\sum\limits_{i=1}^{n} q_i - n + 1$ 个物体全放入 n 个盒子中了。而 $\sum\limits_{i=1}^{n} q_i - n < \sum\limits_{i=1}^{n} q_i - n + 1$，这就引出矛盾。

当 $q_1 = q_2 = \cdots = q_n = 2$ 时，$\sum\limits_{i=1}^{n} q_i - n + 1 = n + 1$。于是，抽屉原理是抽屉原理强形式的一个特殊情况。

如果 $q_1 = q_2 = \cdots = q_n = r$，则 $\sum\limits_{i=1}^{n} q_i - n + 1 = nr - n + 1 = n(r-1) + 1$。于是，我们有

推论 2.2.1 若把 $n(r-1)+1$ 个物体放入 n 个盒子中,则至少有一个盒中含有不少于 r 个物体。

推论 2.2.2 如果 n 个正整数 $m_1, m_2, \cdots, m_n$ 的平均值 $\dfrac{m_1 + m_2 + \cdots + m_n}{n} > r-1$,则 $m_1, m_2, \cdots, m_n$ 中至少有一正整数不小于 r。

例 2.2.4 把 m 个物体放到 n 个盒中,则必有一个盒中至少含 $\left[\dfrac{m-1}{n}\right]+1$ 个物体。

例 2.2.5 n^2+1 个士兵站成一排,则可以使其中的至少 $n+1$ 个士兵向前走一步站成一个按身高从小到大的队列,或形成一个按身高从大到小的队列。

〔证〕 从左到右依次用 $h_1, h_2, \cdots, h_{n^2+1}$ 表示此队列中各士兵的身高,于是,我们得到了一个 n^2+1 项的数列

$$h_1, h_2, \cdots, h_{n^2+1}。 \tag{1}$$

我们的问题就是要证明此数列中或有一个长(项数)至少为 $n+1$ 的不减子序列,或者有一个长至少为 $n+1$ 的不增子序列。

假设本题结论不成立,则数列(1)中每个不减子序列的长度至多为 n,每个不增子序列的长度也至多为 n。令 m_i 为以 h_i 为首项的(1)的最长不减子序列的长度,$i=1,2,\cdots, n^2+1$。于是得到 n^2+1 个数 $m_1, m_2, \cdots, m_{n^2+1}$,其中每个数 m_i 满足 $1 \leqslant m_i \leqslant n$。现在把这 n^2+1 数放到 n 个盒子 $1, 2, \cdots, n$ 中,数 m_i 放到第 k 个盒中当且仅当 $m_i = k$。由推论 2.2.1 知,必有某个盒中至少含有 $n+1$ 个数。由上述放法可知,在这同一盒中的至少 $n+1$ 个数,它们是相等的。设这些数为 $m_{i_1}, m_{i_2}, \cdots, m_{i_k}, i_1 < i_2 < \cdots < i_k \leqslant n^2+1, k > n$。相应地,我们有(1)的子序列

$$h_{i_1}, h_{i_2}, \cdots, h_{i_k} \tag{2}$$

这是一个不增子序列。实际上,如若不然,例如 $h_{i_1} < h_{i_2}$,则由于以 h_{i_2}

为首项的最长不减子序列的长为 m_{i_2}，所以前面加一项 h_{i_1}，就得到了一个以 h_{i_1} 为首项长度大于 m_{i_1} 的不减子序列，这是不可能的。

于是，我们得到了一个长度至少为 $n+1$ 的不增子序列(2)，这又与假设相矛盾。所以，本题结论成立。　　　　　　　〔证毕〕

习　　　题

1. 证明:从一个边长为 1 的等边三角形中任意选 5 个点，那么这 5 个点中必有 2 个点，它们之间的距离至多为 $\dfrac{1}{2}$。而任选 10 个点中必有 2 个点，其距离至多 $\dfrac{1}{3}$。

2. 已知 m 个整数 $a_1, a_2, \cdots, a_m$，试证:存在两个整数 $k, l, 0 \leqslant k < l \leqslant m$，使得 $a_{k+1} + a_{k+2} + \cdots + a_l$ 能被 m 整除。

3. 证明:在 52 个整数中，必有两个整数，使这两个整数之和或差能被 100 整除。

4. 在一个半径为 16 的圆内任意放入 650 个点。给你一个形似垫圈的圆环，此圆环的外半径为 3，内半径为 2。现在要求你用这个垫圈盖住这 650 个点中的至少 10 点，这可能吗?证明你的结论。

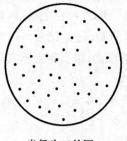

半径为16的圆

垫圈

外半径为3, 内半径为2

图 2.2.1

5. 设 $a_1 a_2 \cdots a_n$ 为 $1, 2, \cdots, n$ 的任一排列。如果 n 是奇数且
$$(a_1 - 1)(a_2 - 2) \cdots (a_n - n) \neq 0,$$

试证:乘积$(a_1 - 1)(a_1 - 2)\cdots(a_n - n)$为偶数。

*6. 珍珠四颗,有真有假,不能用眼认别。真珍珠重量相同且为p,假珍珠重量也相同为q,$p > q$。用秤(不是天平)仅称量三次,查出真假,应该怎样做?

2.3 映射的一般性质

设$f: X \rightarrow Y$。由f产生的,或诱导出的一些映射是有用的。若$A \subseteq X$,那么由f和A就唯一地确定了Y的一个子集,记为$f(A)$:

$$f(A) = \{f(x) \mid x \in A\}。$$

$f(A)$称为A在f下的象。利用这种方法,由f就确定了一个从2^X到2^Y的映射,习惯上这个映射仍记为f。根据上下文,不会混淆的。显然,$f(\emptyset) = \emptyset, f(X) = I_m(f)$,并且$f$是$X$到$Y$的满射,当且仅当$f(X) = Y$。又若$A \subseteq B \subseteq X$,则$f(A) \subseteq f(B)$。

其次,若$B \subseteq Y$,则由f和B唯一确定了X的一个子集$\{x \mid f(x) \in B, x \in X\}$,这个子集习惯上用$f^{-1}(B)$表示。$f^{-1}(B)$是$X$中在$f$下象落在$B$里的那些元素组成的,$f^{-1}(B)$叫做在$f$下$B$的原象。于是,利用这种方法,由$f$就导出了一个从幂集$2^Y$到$2^X$的一个映射,数学文献中总是把这个导出映射记为$f^{-1}$。不幸的是,这个记号与以后要讲到的逆映射的记号相同。这是两个不同的概念,但根据上下文是可区分的。因此,我们仍遵循数学文献中的习惯。

例2.3.1 设$f: X \rightarrow Y, X = \{1,2,3,4\}, Y = \{a,b,c,d,e\}$,$f(1) = a, f(2) = b, f(3) = b, f(4) = c$。令

$$A = \{1,2\}, B = \{b,c,d\},$$

则$f(A) = \{a,b\}, f^{-1}(B) = \{2,3,4\}$。特别是,$f^{-1}(\{d\}) = \emptyset$,$f^{-1}(\{b\}) = \{2,3\}$。   #

为了书写简单,$f(\{a\})$常记为$f(a)$;$f^{-1}(\{b\})$简记为$f^{-1}(b)$。

定理2.3.1 设$f: X \rightarrow Y, C \subseteq Y, D \subseteq Y$,则

(1)$f^{-1}(C \bigcup D) = f^{-1}(C) \bigcup f^{-1}(D)$;

(2)$f^{-1}(C \bigcap D) = f^{-1}(C) \bigcap f^{-1}(D)$;

(3)$f^{-1}(C \triangle D) = f^{-1}(C) \triangle f^{-1}(D)$;

(4)$f^{-1}(C^c) = (f^{-1}(C))^c$。

〔证〕 (1)设 $x \in f^{-1}(C \bigcup D)$,则 $f(x) \in C \bigcup D$。于是,$f(x) \in C$ 或 $f(x) \in D$。因此,$x \in f^{-1}(C)$ 或 $x \in f^{-1}(D)$。所以,$x \in f^{-1}(C) \bigcup f^{-1}(D)$。故

$$f^{-1}(C \bigcup D) \subseteq f^{-1}(C) \bigcup f^{-1}(D)。$$

其次,设 $x \in f^{-1}(C) \bigcup f^{-1}(D)$,则 $x \in f^{-1}(C)$ 或 $x \in f^{-1}(D)$。从而,$f(x) \in C$ 或 $f(x) \in D$。因此,$f(x) \in C \bigcup D$,故 $x \in f^{-1}(C \bigcup D)$。所以

$$f^{-1}(C) \bigcup f^{-1}(D) \subseteq f^{-1}(C \bigcup D)。$$

因此,等式(1)成立。

(2)设 $x \in f^{-1}(C \bigcap D)$,则 $f(x) \in C \bigcap D$。于是,$f(x) \in C$ 且 $f(x) \in D$,从而 $x \in f^{-1}(C)$ 且 $x \in f^{-1}(D)$。因此,$x \in f^{-1}(C) \bigcap f^{-1}(D)$。故

$$f^{-1}(C \bigcap D) \subseteq f^{-1}(C) \bigcap f^{-1}(D)。$$

其次,设 $x \in f^{-1}(C) \bigcap f^{-1}(D)$,则 $x \in f^{-1}(C)$ 且 $x \in f^{-1}(D)$,从而 $f(x) \in C$ 且 $f(x) \in D$。因此,$f(x) \in C \bigcap D$,故 $x \in f^{-1}(C \bigcap D)$。所以

$$f^{-1}(C) \bigcap f^{-1}(D) \subseteq f^{-1}(C \bigcap D)。$$

因此,等式(2)成立。

(4)设 $x \in f^{-1}(C^c)$,则 $f(x) \in C^c$,所以 $f(x) \notin C$,但 $x \in X$。于是,$f(x) \in f(X)$ 且 $f(x) \notin f^{-1}(C)$,故 $x \in f^{-1}(C)^c$。反之,设 $x \in (f^{-1}(C))^c$,则 $x \in X$ 且 $x \notin f^{-1}(C)$。于是,$f(x) \notin C$,从而 $f(x) \in Y \setminus C = C^c$,即 $x \in f^{-1}(C^c)$。

(3)$f^{-1}(C \triangle D) = f^{-1}((C \setminus D) \bigcup (D \setminus C))$

$= f^{-1}((C \bigcap D^c) \bigcup (D \bigcap C^c)) = f^{-1}(C \bigcap D^c) \bigcup f^{-1}(D \bigcap C^c)$

$$= (f^{-1}(C) \bigcap (f^{-1}(D))^c) \bigcup (f^{-1}(D) \bigcap f^{-1}(C)^c)$$

$$= f^{-1}(C) \triangle f^{-1}(D)。 \hspace{3cm} (证毕)$$

定理 2.3.2 设 $f: X \rightarrow Y, A \subseteq X, B \subseteq X$,则

(5) $f(A \bigcup B) = f(A) \bigcup f(B)$;

(6) $f(A \bigcap B) \subseteq f(A) \bigcap f(B)$;

(7) $f(A \triangle B) \supseteq f(A) \triangle f(B)$。

〔证〕 (5) 设 $y \in f(A \bigcup B)$,则 $\exists x \in A \bigcup B$ 使得 $y = f(x)$. 于是,$x \in A$ 或 $x \in B$。因此,$y \in f(A)$ 或 $y \in f(B)$。所以,$y \in f(A) \bigcup f(B)$,故

$$f(A \bigcup B) \subseteq f(A) \bigcup f(B)。$$

反之,设 $y \in f(A) \bigcup f(B)$,则 $y \in f(A)$ 或 $y \in f(B)$。于是,$\exists x \in A$ 使 $f(x) = y$,或 $\exists x \in B$ 使 $f(x) = y$。总之,$\exists x \in A \bigcup B$ 使得 $f(x) = y$。因此,$y \in f(A \bigcup B)$。所以,又有

$$f(A) \bigcup f(B) \subseteq f(A \bigcup B)。$$

因此,等式(5)成立。

类似可证式(6)、(7)成立。 〔证毕〕

例 2.3.2 设 $X = \{a,b,c\}, Y = \{1,2,3\}。f: X \rightarrow Y, f(a) = 1$, $f(b) = f(c) = 2$。令 $A = \{a,b\}, B = \{c\}$。于是,$A \bigcap B = \emptyset, f(A \bigcap B) = \emptyset$。但是,$f(A) \bigcap f(B) = \{1,2\} \bigcap \{2\} = \{2\} \neq \emptyset$。这表明

$$f(A \bigcap B) \subset f(A) \bigcap f(B)。$$

又,$f(A \triangle B) = f((A \setminus B) \bigcup (B \setminus A)) = f(\{a,b,c\}) = \{1, 2\}$。而 $f(A) \triangle f(B) = \{1,2\} \triangle \{2\} = \{1\}$。于是,

$$f(A \triangle B) \supset f(A) \triangle f(B)。$$

习 题

1. 设 $f: X \rightarrow Y, C \subseteq Y, D \subseteq Y$。证明:

$$f^{-1}(C \setminus D) = f^{-1}(C) \setminus f^{-1}(D)。$$

2. 设 $f: X \rightarrow Y, A \subseteq X, B \subseteq X$。证明:

$$f(A \setminus B) \supseteq f(A) \setminus f(B)。$$

3. 设 $f: X \rightarrow Y, A \subseteq X, B \subseteq Y$。证明：
$$f(f^{-1}(B) \bigcap A) = B \bigcap f(A)。$$

4. 设 $f: X \rightarrow Y, A \subseteq X, B \subseteq Y$。以下四个小题中，每个小题均有四个命题，这四个命题中有且仅有一个正确。请找出正确的那个。

(1) (a) 若 $f(x) \in f(A)$，则 x 未必不在 A 中；

   (b) 若 $f(x) \in f(A)$，则 $x \in A$；

   (c) 若 $f(x) \in f(A)$，则 $x \in A$；

   (d) 若 $f(x) \in f(A)$，则 $x \in A^c$。

(2) $(a) f(f^{-1}(B)) = B$；$(b) f(f^{-1}(B)) \subseteq B$；

   $(c) f(f^{-1}(B)) \supseteq B$；$(d) f(f^{-1}(B)) = B^c$。

(3) $(a) f^{-1}(f(A)) = A$；$(b) f^{-1}(f(A)) \subseteq A$；

   $(c) f^{-1}(f(A)) \supseteq A$；$(d)$ 上面三个均不对。

(4) $(a) f(A) \neq \emptyset$；$(b) f^{-1}(B) \neq \emptyset$；

   (c) 若 $y \in Y$，则 $f^{-1}(y) \in X$；

   (d) 若 $y \in Y$，则 $f^{-1}(y) \subseteq X$。

5. 设 $f: X \rightarrow Y$。试证：f 是满射当且仅当 $\forall E \in 2^Y, f(f^{-1}(E)) = E$。

6. 设 $f: X \rightarrow Y$。试证：f 是单射当且仅当 $\forall F \in 2^X, f^{-1}(f(F)) = F$。

7. 设 $f: X \rightarrow Y, A \subseteq X$，则 $(f(A))^c \subseteq f(A^c)$ 成立吗？

8. 设 $f: A \rightarrow B$，证明：$\forall T \in 2^B$，都有
$$f(f^{-1}(T)) = T \bigcap f(A)。$$

*9. 设 X 是一个无穷集合，$f: X \rightarrow X$。证明：存在 X 的一个非空真子集 E 使得 $f(E) \subseteq E$。

*10. 设 M 是一个非空集合，$\varphi: M \rightarrow M, N \subseteq M$。令 $\mathscr{A} = \{P \mid P \subseteq M$ 且 $N \subseteq P, \varphi(P) \subseteq P\}, G = \bigcap_{P \in \mathscr{A}} P$。试证：

(1) $G \in \mathscr{A}$；　(2) $N \bigcup \varphi(G) = G$。

11. 设 $f: X \rightarrow Y, \{A_\xi\}_{\xi \in I} \subseteq 2^X, \{B_\xi\}_{\xi \in I} \subseteq 2^Y$,对集族 $\{A_\xi\}_{\xi \in I}$、$\{B_\xi\}_{\xi \in I}$ 推广定理 2.3.1 和定理 2.3.2。

2.4 映射的合成

映射是函数概念的推广,映射的合成运算是复合函数概念的推广。在数学分析中,复合函数的连续性定理、复合函数的微分法、积分的换元积分法是最重要的计算方法。其实,换元法不仅在积分中使用,在求解微分方程及其他科学中经常使用,其动机或者由所讨论的问题中,这种变量及其函数特别值得采用,或者这种变换的引入使表达式得以简化。其次,利用函数的复合能用已知的函数产生新的函数,这种产生机制对计算机科学和程序设计语言是十分有用的。

定义 2.4.1 设 $f: X \rightarrow Y, g: Y \rightarrow Z$,一个从 X 到 Z 的映射 h 称为 f 与 g 的合成,如果 $\forall x \in X, h(x) = g(f(x))$。"映射 f 与 g 的合成" h 记为 $g \circ f$,且常省去其中的 "$\circ$",而写成 gf。

按定义,$\forall x \in X$,我们有
$$g \circ f(x) = gf(x) = g(f(x))。$$
注意,"f 与 g 的合成",在书写时写成 gf,顺序正好相反。这是由于我们采用记号 $f(x)$ 来表示 x 在 f 下的象。如果用 $(x)f$ 表示 x 在 f 下的象,则 "f 与 g 的合成" 就可记成 fg,这显然是方便的。

由定义知,合成运算不满足交换律,但满足结合律。

定理 2.4.1 设 $f: X \rightarrow Y, g: Y \rightarrow Z, h: Z \rightarrow W$,则
$$h(gf) = (hg)f$$
即映射的合成运算满足结合律。

〔证〕 注意,$h(gf)$ 与 $(hg)f$ 都是 X 到 W 的映射。而且,$\forall x \in X$,我们有
$$h(gf)(x) = h(gf(x)) = h(g(f(x))),$$
$$(hg)f(x) = hg(f(x)) = h(g(f(x)))。$$

因此,$\forall x \in X$,总有 $h(gf)(x) = (hg)f(x)$。所以,根据映射相等的定义便得到 $h(gf) = (hg)f$。

〔证毕〕

映射的合成运算满足结合律是合成运算的基本性质。据此,$h(gf)$ 和 $(hg)f$ 就可简记为 hgf。于是,如果 $f_1 : A_1 \rightarrow A_2, f_2 : A_2 \rightarrow A_3, \cdots, f_n : A_n \rightarrow A_{n+1}$,则 $f_1, f_2, \cdots, f_n$ 的合成就可记为 $f_n \circ f_{n-1} \circ \cdots \circ f_1$ 或 $f_n f_{n-1} \cdots f_1$,并且,$\forall x \in A_1$

$$f_n f_{n-1} \cdots f_1(x) = f_n(f_{n-1} \cdots (f_2(f_1(x))) \cdots)$$

定理 2.4.2 设 $f : X \rightarrow Y$,则 $f \circ I_X = I_Y \circ f$。

定理 2.4.3 设 $f : X \rightarrow Y, g : Y \rightarrow Z$,则

(1) 如果 f 与 g 都是单射,则 $g \circ f$ 也是单射。

(2) 如果 f 与 g 都是满射,则 $g \circ f$ 也是满射。

(3) 如果 f 与 g 都是双射,则 $g \circ f$ 也是双射。

〔证〕 (1) $\forall x_1, x_2 \in X$,则由于 f 是单射,所以当 $x_1 \neq x_2$ 时有 $f(x_1) \neq f(x_2)$。再由 g 是单射,便有 $g(f(x_1)) \neq g(f(x_2))$,故 $g \circ f$ 是单射。

(2) 由于 g 是满射,所以 $\forall z \in Z, \exists y \in Y$ 使 $g(y) = z$。又因为 f 是满射,所以对上述的 y 有一个 $x \in X$,使得 $f(x) = y$。于是,

$$g \circ f(x) = g(f(x)) = g(y) = z.$$

这表明 $g \circ f$ 是满射。

(3) 由(1)和(2)即得。 〔证毕〕

定理 2.4.4 设 $f : X \rightarrow Y, g : Y \rightarrow Z$,则

(1) 如果 $g \circ f$ 是单射,则 f 是单射;

(2) 如果 $g \circ f$ 是满射,则 g 是满射;

(3) 如果 $g \circ f$ 是双射,则 f 是单射且 g 是满射。

〔证〕 (1) 因为 $g \circ f$ 是单射,所以 $\forall x_1, x_2 \in X$,若 $x_1 \neq x_2$,则 $g(f(x_1)) \neq g(f(x_2))$。因此,$f(x_1) \neq f(x_2)$,故 f 是单射。

(2) 如果 g 不是满射,则 $\exists z_0 \in Z$ 使得 $\forall y \in Y$ 有 $g(y) \neq z_0$。

于是，$\forall x \in X, g \circ f(x) = g(f(x)) \neq z_0$，这与 $g \circ f$ 是满射相矛盾。因此，g 是满射。

(3) 由 (1) 与 (2) 即得。〔证毕〕

定理 2.4.5 设 f 与 g 都是 X 到 X 的映射，则 $I_m(f) \subseteq I_m(g)$ 的充分必要条件是存在一个映射 $h : X \rightarrow X$ 使得 $f = g \circ h$。

〔证〕 $\Rightarrow$ 设 $I_m(f) \subseteq I_m(g)$，则 $f(X) \subseteq g(X)$，即 $\forall x \in X$，$f(x) \in g(X)$。所以，对每个 $x \in X$，存在一个 y 使 $g(y) = f(x)$。令 $h : X \rightarrow X, h$ 定义为 $\forall x \in X, h(x) = y, y$ 为 $g^{-1}(f(x))$ 中某个特定元素。于是，$g \circ h(x) = g(h(x)) = f(x)$。所以，$f = g \circ h$。

$\Rightarrow$ 设 $h : X \rightarrow X, f = g \circ h$。由于 $h(X) \subseteq X$，所以，$g(h(X)) \subseteq g(X), f(X) \subseteq g(X)$，即 $I_m(f) \subseteq I_m(g)$。 （证毕）

在本节或下节后的习题中，可以找到映射的一些其他初等性质。

在一个问题中往往涉及到若干个集合，在集合间存在一个集到另一个集的映射。这些映射刻划了这个系统中事物之间的联系。为了直观和清楚，人们往往在纸上写出这些集合的名字，如果两个集合间有一个映射，则就在这两个集间画一条带箭头的线，线上标明映射的名字。这样就得到了一个"图"，叫做映射图。这些集合叫做图的顶点。如果 A 和 B 是两个顶点，从 A 开始沿矢线方向走可达到点 B，则说从 A 到 B 有一条有向路径。如果一个映射图的任两顶点间的每一有向路径上出现的映射合成后均相等，则称此图是一个交换图。例如，说图 2.4.1 中的三角形是交换图，意即 $h = g \circ f$。我们说图 2.4.2 是交换图，意即 $\alpha = g \circ f, \beta = h \circ g, \beta \circ f = h \circ \alpha$。而结合律成立，相当于说：如果三角形 XYW 与 YZW 是可交换的，则整个图是交换图。

习 题

1. 设 $X = \{a, b, c\}, Y = \{0, 1\}, Z = \{2, 3\}$。$f : X \rightarrow Y, f(a) = f(b) = 0, f(c) = 1; g : Y \rightarrow Z, g(0) = 2, g(1) = 3$。试求 $g \circ f$。

2. 设 X, Y, Z 是三个非空集合，$|Z| \geqslant 2$。证明：$f : X \rightarrow Y$ 是满射

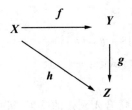
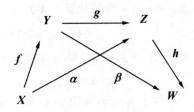

图 2.4.1   图 2.4.2

当且仅当不存在从 Y 到 Z 的映射 g_1 和 g_2,使得 $g_1 \neq g_2$,但 $g_1 \circ f = g_2 \circ f$。

3. 设 X, Y, Z 是三个非空的集合, $|X| \geqslant 2$。证明: $f: X \to Y$ 是单射当且仅当不存在从 Z 到 X 的映射 $g_1, g_2, g_1 \neq g_2$,使得 $f \circ g_1 = f \circ g_2$。

4. 设 $f: X \to Y, g: Y \to Z$,则 $g \circ f$ 是 X 到 Z 的映射。我们知道由 f 和 g 分别诱导出从 2^X 到 2^Y 与 2^Y 到 2^Z 的映射也记为 f 和 g。问诱导映射 f 与 g 的合成 gf 是否是映射 gf 的诱导映射呢?

5. 设 $f: X \to Y, g: Y \to Z, A \subseteq Z$,证明: $(g f)^{-1}(A) = f^{-1}(g^{-1}(A))$。

6. 设 R 是全体实数之集。$f: R \times R \to R, \forall (x, y) \in R \times R, f(x, y) = x^2 + y^2; g: R \times R \to R, g(x, y) = x + y; h: R \to R, h(x) = x^2$,图 2.4.3 是否是一个交换图?

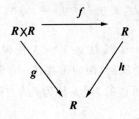
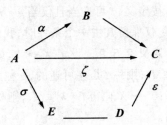

图 2.4.3   图 2.4.4

7. 图 2.4.4 是一个交换图意味着什么?

8. 令 f 与 g 都是从集合 A 到 A 的映射。试证：

$$|fg(A)| \leqslant \min\{|f(A)|, |g(A)|\}。$$

9. 设 f 与 g 都是从集合 A 到 A 的映射。试证：一般地

$$fg(A) \not\subseteq f(A) \bigcap g(A)。$$

10. 设 $f = ugv$，其中 f, g, u, v 都是从集合 A 到 A 的映射。证明：

$$|f(A)| \leqslant |g(A)|。$$

2.5   逆映射

逆映射是反函数概念的推广。设 V 是一个 n 维线性空间。我们知道，V 上的一个线性变换 A 可以用一个 n 阶矩阵 A 表示。当选定了 V 中的基后，矩阵 A 代表了一个线性变换。在线性代数中定义了逆矩阵：n 阶方阵 A 称为是可逆的，如果存在一个 n 阶方阵 B 使得

$$AB = I \text{ 且 } BA = I,$$

其中 I 是 n 阶单位矩阵。B 称为 A 的逆矩阵，记为 A^{-1}。

仿此，我们有

定义 2.5.1   设 $f: X \rightarrow Y$。如果存在一个映射 $g: Y \rightarrow X$ 使得

$$f \circ g = I_Y \text{ 且 } g \circ f = I_X,$$

则称映射 f 是可逆的，而 g 称为 f 的逆映射。

按定义，f 可逆当且仅当 $g \circ f = I_X$ 与 $f \circ g = I_Y$ 同时成立，缺一不可。仅保留其中一个条件时，我们便有

定义 2.5.2   设 $f: X \rightarrow Y$，如果存在一个映射 $g: Y \rightarrow X$ 使得 $g \circ f = I_X$，则称 f 是左可逆的，g 称为 f 的左逆映射。而如果存在一个映射 $h: Y \rightarrow X$ 使得 $f \circ h = I_Y$，则称 f 是右可逆的，而 h 称为 f 的右逆映射。

定理 2.5.1   设 $f: X \rightarrow Y$，则 f 是可逆的充分必要条件是 f 为双射（一一对应）。

〔证〕 $\Rightarrow$ 设 f 是可逆的。按定义 2.5.1，存在一个映射 $g: Y \rightarrow X$，

使得 $g \circ f = I_X$ 且 $f \circ g = I_Y$。由于恒等映射 I_X, I_Y 既是单射又是满射，所以由定理 2.4.4 便得到 f 既是满射又是单射。因此，f 是双射。

$\Leftarrow$ 设 f 是双射，则 $\forall y \in Y$ 有且仅有一个 $x \in X$ 使得 $f(x) = y$。于是，令 $g : Y \to X$，对任一 $y \in Y$，$g(y) = x$ 当且仅当 $f(x) = y$。显然，g 是映射，而且 $\forall x \in X, g \circ f(x) = g(f(x)) = x = I_X(x)$，所以，$g \circ f = I_X$。又 $\forall y \in Y, f \circ g(y) = f(g(y)) = f(x) = y = I_Y(y)$，所以又有 $f \circ g = I_Y$。

因此，f 是可逆的。 〔证毕〕

定理 2.5.2 设 $f : X \to Y$，则如果 f 是可逆的，那么 f 的逆映射是唯一的。f 的逆记为 f^{-1}。

〔证〕 因为 f 是可逆的，所以有 $g : Y \to X$，使得 $f \circ g = I_Y$ 且 $g \circ f = I_X$。若还有 $h : Y \to X$ 使得 $h \circ f = I_X$ 且 $f \circ h = I_Y$，则

$$g = I_X \circ g = (h \circ f) \circ g = h(f \circ g) = h \circ I_Y = h。$$

故 f 有唯一的逆。 〔证毕〕

定理 2.5.3 设 $f : X \to Y, g : Y \to Z$ 都是可逆的，则 gf 也可逆且

$$(gf)^{-1} = f^{-1}g^{-1}, (f^{-1})^{-1} = f。$$

公式 $(gf)^{-1} = f^{-1}g^{-1}$ 称为"穿脱原则"，脱的次序正好与穿的次序相反。

〔证〕 由于 f 和 g 均可逆，而由定理 2.5.2，f 和 g 的逆映射 f^{-1} 和 g^{-1} 都是唯一的，并且 $f^{-1} : Y \to X$，而 $g^{-1} : Z \to Y$。因此，g^{-1} 与 f^{-1} 可以合成且 $f^{-1}g^{-1}$ 是 Z 到 X 的映射。其次，

$$(gf)(f^{-1}g^{-1}) = g(ff^{-1})g^{-1} = gg^{-1} = I_Z,$$
$$(f^{-1}g^{-1})(gf) = f^{-1}(g^{-1}g)f = f^{-1}f = I_X。$$

所以，$f^{-1}g^{-1}$ 是 gf 的逆，故 $(gf)^{-1} = f^{-1}g^{-1}$。

由于 $f \circ f^{-1} = I_Y$ 且 $f^{-1}f = I_X$，所以，f 与 f^{-1} 是互为逆映射。因此，f 是 f^{-1} 的逆，就应记成 $(f^{-1})^{-1}$。

故 $(f^{-1})^{-1} = f$。 〔证毕〕

定理 2.5.1 给出了逆映射存在的条件,只有一一对应才有逆映射。定理 2.5.2 给出逆映射的唯一性,因此才可用 f^{-1} 表示 f 的唯一逆。应该注意的是,对任何的 $f: X \rightarrow Y$,在 2.3 节引出了 $2^Y \rightarrow 2^X$ 的诱导映射,这个诱导映射也用 f^{-1} 表示,这时 f^{-1} 是作用 Y 的子集上的:$\forall B \in 2^Y$,

$$f^{-1}(B) = \{x \mid f(x) \in B, x \in X\}。$$

而当 f 可逆时,符号 f^{-1} 又代表 f 的逆,其定义域为 Y。这是两个不同的映射,根据上下文,便知其定义域,从而区分出 f^{-1} 是逆映射,还是 f 诱导出的 2^Y 到 2^X 的映射。

其次,按定义 2.5.1,如果 $f: X \rightarrow Y$ 可逆,则 f 的逆 f^{-1} 是从 Y 到 X 的映射,即 f^{-1} 的定义域必须是 Y,在 Y 中 f^{-1} 处处有定义。当 f 是 X 到 Y 的单射时,若 $I_m(f) \subset Y$,则 f 可视为 X 到 $I_m(f)$ 的一一对应,从而有逆,其逆是从 $I_m(f)$ 到 X 的映射,在 $Y \setminus I_m(f)$ 中没有定义,因此不是 $f: X \rightarrow Y$ 的逆。

定理 2.5.4　设 $f: X \rightarrow Y$,则

(1) f 左可逆的充分必要条件是 f 为单射;

(2) f 右可逆的充分必要条件是 f 为满射。

〔证〕　先证(1):首先设 f 是左可逆的,由定义 2.5.2 及定理 2.4.4 的(1) 便得到 f 是单射。

反之,设 f 是单射,则 f 可视为 X 到 $I_m(f)$ 的一一对应。于是,有 $g: I_m(f) \rightarrow X$ 使得 $g \circ f = I_X$。扩充 g 到 Y 上:$\forall y \in Y$,若 $y \in I_m(f)$,则 $g(y)$ 不变,而当 $y \in Y \setminus I_m(f)$ 时,规定 $g(y)$ 为 X 中一固定元 x_0,则 g 就是 Y 到 X 的映射,且 $g \circ f = I_X$。所以,f 是左可逆的。

(2) 设 f 是右可逆,则由定义 2.5.2 及定理 2.4.4 的(2) 便知 f 是满射。

其次,设 f 是满射,则 $\forall y \in Y, f^{-1}(\{y\}) \neq \varnothing$。令 $g: Y \rightarrow X$,其定义为,对 Y 的每个元素 $y, g(y) = x$,其中 x 为 $f^{-1}(\{y\})$ 中一个特定元素。于是,$f(x) = (y)$,且

$$(fg)(y) = f(g(y)) = f(g(y)) = y = I_Y(y)。$$

所以, $fg = I_Y$, 即 f 是右可逆的。   〔证毕〕

由定理 2.5.4 的证明可知, 若 f 左可逆, 则 f 的左逆映射未必唯一, 甚至可以有无穷多个。对 f 是右可逆的, 类似的结论也成立。

习　　　题

1. 设 $N = \{1, 2, \cdots\}$。试构造两个映射 f 与 $g : N \to N$, 使得 $fg = I_N$, 但 $gf \neq I_N$。

2. 设 $f : X \to Y$。

(1) 如果存在唯一的一个映射 $g : Y \to X$, 使得 $gf = I_X$, 那么 f 是否可逆呢?

(2) 如果存在唯一的一个映射 $g : Y \to X$, 使得 $fg = I_Y$, 那么 f 是否可逆呢?

3. 设 $f : X \to Y, X$ 与 Y 为有穷集合。

(1) 如果 f 是左可逆的, 那么 f 有多少个左逆映射?

(2) 如果 f 是右可逆的, 那么 f 有多少个右逆映射?

4. 证明: n 阶方阵 A 是可逆的当且仅当存在一个 n 阶方阵 B 使得 $AB = I$。

5. 是否有一个从 X 到 X 的一一对应 f, 使得 $f = f^{-1}$, 但 $f \neq I_X$?

2.6　置　　换

本节讨论有限集合 S 上的一一对应。

定义 2.6.1　有限集合 S 到自身的一一对应称为 S 上的一个置换(*Permutation*)。如果 $|S| = n$, 则 S 上的置换就说成是 n 次置换。

实际上, 一个 n 次置换就是 S 的 n 个元素的一个全排列。

置换在数学里和其他方面有着各种各样的应用。在组合数学、近世代数、几何、物理学、理论化学、量子力学以及工程技术中的应用是人们共知的。因此,在有数学修养的任何人的知识宝库中,必须吸收这个简明而自然的概念。虽然有些问题,不用置换概念也能解决,但这时要引入一些不自然的或没有意义的设计。

由于我们对集合中元素的属性并不感兴趣,所以用什么符号表示集合中的元素是没有什么关系的。因此,我们用 $1,2,\cdots,n$ 表示 n 元集 S 的各元素。

设 $S = \{1,2,\cdots,n\}$,σ 是 S 上的一个置换,即 σ 是 S 到 S 的一个一一对应。于是,对 S 中每个元素 i,在 S 中有唯一的一个元素 k_i 与之对应,即 $\sigma(i) = k_i$。由于 S 只有 n 个元素,所以可把 S 的 n 个元素写在一行上,而把每个元素在 σ 下的像写在这个元素的下面,那么就得到如下的一个表

$$\begin{pmatrix} 1 & 2 & 3 & \cdots & n \\ k_1 & k_2 & k_3 & \cdots & k_n \end{pmatrix} \tag{1}$$

显然,已知(1)与已知 σ 是等价的。所以,(1)是置换 σ 的一个方便的表示。因此,我们可得

$$\sigma = \begin{pmatrix} 1 & 2 & 3 & \cdots & n \\ k_1 & k_2 & k_3 & \cdots & k_n \end{pmatrix}。$$

由于 σ 是一一对应,所以(1)的下一行 $k_1 k_2 \cdots k_n$ 就是 S 中的全部元素的一个排列。而(1)的上一行的 $1,2,\cdots,n$ 是通常所说的 n 个位置的标号。因此,一个 n 次置换就是 $1,2,\cdots,n$ 的一个全排列。

(1)只是置换的一种表示法。其实,置换 σ 的表示(1)中,上一行不一定必须按 $1,2,\cdots,n$ 的顺序写,而可按任何次序写出,只是必须保证 i 在 σ 下的像 k_i 一定要写在 i 的正下方即可。由映射的定义,这并未改变 σ 的定义。不过,通常习惯于用(1)表示 σ。

例如,设 $S = \{1,2,3\}$,而
$$\sigma(1) = 3, \sigma(2) = 1, \sigma(3) = 2,$$
则 σ 可表示为

$$\sigma = \begin{pmatrix} 1 & 2 & 3 \\ 3 & 1 & 2 \end{pmatrix} = \begin{pmatrix} 1 & 3 & 2 \\ 3 & 2 & 1 \end{pmatrix} = \begin{pmatrix} 2 & 1 & 3 \\ 1 & 3 & 2 \end{pmatrix}$$

$$= \begin{pmatrix} 2 & 3 & 1 \\ 1 & 2 & 3 \end{pmatrix} = \begin{pmatrix} 3 & 1 & 2 \\ 2 & 3 & 1 \end{pmatrix} = \begin{pmatrix} 3 & 2 & 1 \\ 2 & 1 & 3 \end{pmatrix}.$$

正如上面所言,习惯上用 $\begin{pmatrix} 1 & 2 & 3 \\ 3 & 1 & 2 \end{pmatrix}$ 表示 σ。

注意,不要把(1)看成一个二行 n 列的矩阵。另外,有穷集合间的映射也可用这种方式表示。

置换的这种表示法是十分方便的,特别是对置换的合成更为方便。两个 n 次置换 α 与 β 的合成 $\beta\alpha$ 称为乘积。当 i 在 α 下的像用 $(i)\alpha$ 表示时,α 与 β 的乘积(合成)就可记为 $\alpha\beta$,并且 $(i)\alpha\beta = ((i)\alpha)\beta$,或简记为 $i\alpha\beta$。

本节用 $(i)\alpha$ 表示 i 在 α 下的像。这样,α 与 β 的乘积的计算正好符合通常的从左到右的计算习惯。

例如,$S = \{1,2,3\}$. S 上的置换

$$\alpha = \begin{pmatrix} 1 & 2 & 3 \\ 1 & 3 & 2 \end{pmatrix}, \beta = \begin{pmatrix} 1 & 2 & 3 \\ 2 & 1 & 3 \end{pmatrix}.$$

则

$$\alpha\beta = \begin{pmatrix} 1 & 2 & 3 \\ 1 & 3 & 2 \end{pmatrix} \begin{pmatrix} 1 & 2 & 3 \\ 2 & 1 & 3 \end{pmatrix} = \begin{pmatrix} 1 & 2 & 3 \\ 2 & 3 & 1 \end{pmatrix},$$

$$\beta\alpha = \begin{pmatrix} 1 & 2 & 3 \\ 2 & 1 & 3 \end{pmatrix} \begin{pmatrix} 1 & 2 & 3 \\ 1 & 3 & 2 \end{pmatrix} = \begin{pmatrix} 1 & 2 & 3 \\ 3 & 1 & 2 \end{pmatrix}.$$

不难发现,若 σ 与 τ 是两个 n 次置换,当把 τ 的表示式中的上一行按 σ 的下一行顺序写出时,则 $\alpha\beta$ 的下一行就是 β 的新表示式中的下一行。

例如,在上面的例中,

$$\alpha\beta = \begin{pmatrix} 1 & 2 & 3 \\ 1 & 3 & 2 \end{pmatrix} \begin{pmatrix} 1 & 2 & 3 \\ 2 & 1 & 3 \end{pmatrix} = \begin{pmatrix} 1 & 2 & 3 \\ 1 & 3 & 2 \end{pmatrix} \begin{pmatrix} 1 & 3 & 2 \\ 2 & 3 & 1 \end{pmatrix} = \begin{pmatrix} 1 & 2 & 3 \\ 2 & 3 & 1 \end{pmatrix}.$$

可见,置换的这种表示法在计算置换的乘积时是多么的方便。在数学(同样地,在其他学科上),创造一套方便的符号表示方法是十分重要的。

S 上的恒等置换记为 I，即

$$I = \begin{pmatrix} 1 & 2 & 3 & \cdots & n \\ 1 & 2 & 3 & \cdots & n \end{pmatrix}。$$

由于 n 次置换是一个一一对应，所以必有逆置换，其逆置换也是一个 n 次置换。不难验证，若

$$\sigma = \begin{pmatrix} 1 & 2 & 3 & \cdots & n \\ k_1 & k_2 & k_3 & \cdots & k_n \end{pmatrix},$$

则

$$\sigma^{-1} = \begin{pmatrix} k_1 & k_2 & k_3 & \cdots & k_n \\ 1 & 2 & 3 & \cdots & n \end{pmatrix},$$

即 σ 的逆 σ^{-1} 就是 σ 的表示式的上下两行交换后所得到的表达式。

令 S_n 为所有的 n 次置换之集，则 $|S_n| = n!$。

定义 2.6.2 设 σ 是 S 上的一个 n 次置换，若 $i_1\sigma = i_2, i_2\sigma = i_3,$ $\cdots, i_{k-1}\sigma = i_k, i_k\sigma = i_1$，而 $\forall i \in S \setminus \{i_1, i_2, \cdots, i_k\}, i\sigma = i$，则称 σ 是一个 k — 循环置换，记为 $(i_1 i_2 \cdots i_k)$。2 — 循环置换称为对换。

于是，

$$(i_1 i_2 \cdots i_k) = \begin{pmatrix} i_1 & i_2 & \cdots & i_{k-1} & i_k & i_{k+1} & \cdots & i_n \\ i_2 & i_3 & \cdots & i_k & i_1 & i_{k+1} & \cdots & i_n \end{pmatrix}。$$

而对换 $(i \quad j)$ 是

$$\begin{pmatrix} 1 & 2 & \cdots & i-1 & i & i+1 & \cdots & j-1 & j & j+1 & \cdots & n \\ 1 & 2 & \cdots & i-1 & j & i+1 & \cdots & j-1 & i & j+1 & \cdots & n \end{pmatrix}$$

的简写。

不难验证

$$(i_1 i_2 \cdots i_k) = (i_2 i_3 \cdots i_k i_1) = (i_3 i_4 \cdots i_k i_1 i_2)$$
$$= \cdots = (i_k i_1 i_2 \cdots i_{k-1})。$$
$$= (i_1 i_2)(i_1 i_3) \cdots (i_1 i_k)。$$

例如，在 S_5 中，

$$\begin{pmatrix} 1 & 2 & 3 & 4 & 5 \\ 2 & 3 & 1 & 4 & 5 \end{pmatrix} = (1 \quad 2 \quad 3) = (2 \quad 3 \quad 1) = (3 \quad 1 \quad 2),$$

是一个 3 – 循环置换,(1　2　3) 只是一个简单记法,它表明这个置换把 1 变 2,2 变 3,3 变 1,其它不变。

约定恒等置换 $I = \begin{pmatrix} 1 & 2 & 3 & \cdots & n \\ 1 & 2 & 3 & \cdots & n \end{pmatrix}$ 简记为 (1) 或 (2), $\cdots$, (n),并把 (i) 称为 1 – 循环置换。

显然,$(i\quad j)^{-1} = (i\quad j)$ 且 $(i_1 i_2 \cdots i_k)^{-1} = (i_k i_{k-1} \cdots i_2 i_1)$。

对 $k = 1, 2, \cdots, n$,k – 循环置换统称为循环置换。设 $(i_1 i_2 \cdots i_k)$ 与 $(j_1 j_2 \cdots j_r)$ 是两个循环置换,如果 $\{i_1, i_2, \cdots, i_k\} \bigcap \{j_1, j_2, \cdots, j_r\} = \emptyset$,则称这两个循环置换是没有共同数字的循环置换(不相交)。

置循乘法不满足交换律,但两个没有共同数字的循环置换是可交换的。

设 α 为一个 n 次置换,令 $\alpha^0 = I$,$\alpha^1 = \alpha$,$\alpha^2 = \alpha \circ \alpha$,$\cdots$,$\alpha^k = \alpha^{k-1} \alpha$。

定理 2.6.1　设 $\gamma = (i_1 i_2 \cdots i_r)$,则 $\gamma^r = I$ 且 $1 \leqslant k < r$ 时 $\gamma^k \neq I$。

〔证〕　显然,置换 γ^2 把 i_1 变 i_3,把 i_2 变为 i_4,$\cdots$,把 i_r 变为 i_2,等等。而一般地,对 $1 \leqslant k \leqslant r$ 来说,

$$\gamma^k(i_j) = i_{j+k},当 j + k \leqslant r,$$
$$\gamma^k(i_j) = i_{j+k-r},当 j + k > r。$$

于是,$\gamma^r = I$ 且 $1 \leqslant k < r$ 时 $\gamma^k \neq I$。　　　　〔证毕〕

使 $\sigma^k = I$ 的最小正整数 k 称为 σ 的阶。于是 r – 循环置换的阶为 r。

定理 2.6.2　设 $\sigma = (i_1 i_2 \cdots i_k)$ 与 $\beta = (j_1 j_2 \cdots j_r)$ 是两个没有共同数字的循环置换,则 α 与 β 可交换,即 $\alpha\beta = \beta\alpha$。

〔证〕　$\forall i \in \{1, 2, \cdots, n\}$,如果 $i\alpha \neq i$,则 i 不被 β 变动(即 $i\beta = i$),所以 $i\beta\alpha = i\alpha$。又 $i\alpha^2 \neq i\alpha$,所以 $i\alpha\beta = i\alpha$。类似地,若 $i\beta \neq i$,则 $i\alpha\beta = i\beta = i\beta\alpha$。又假如 $i\alpha = i = i\beta$,则 $i\alpha\beta = i\beta\alpha$。于是,$\alpha\beta = \beta\alpha$。

〔证毕〕

定理 2.6.3　(置换的循环分解)　每个置换都能被分解成若干

个没有共同数字的循环置换的乘积。如果不计这些循环置换的顺序，这个分解是唯一的。

〔证〕 设 σ 是任一 n 次置换，在 σ 下变动了 $\{1,2,\cdots,n\}$ 的 r 个符号，即 $1,2,\cdots,n$ 中有 r 个元素使之在 σ 下的象不是该元素本身。显然，当 $\sigma = I$ 时定理成立。今假设 $\sigma \neq I$，则 $2 \leqslant r \leqslant n$。对 r 施行归纳证明：首先，当 $r = 2$ 时，σ 是一个对换，定理的头半部分成立。假设 $r \leqslant k \geqslant 2$ 时定理的前半部分成立，往证 $r = k + 1 \leqslant n$ 时定理的前半部分也成立。取一个被 σ 变动的元素，记为 i_1。设 $i_1\sigma = i_2, i_2\sigma = i_3$，$\cdots$，这样就得到了 $i_1, i_2, i_3, \cdots$。于是，必有一个最小下标 l，使得 $i_l\sigma$ 不再是一个新的不同元素了，而是 $i_1, i_2, \cdots, i_{l-1}$ 中的某个 i_j，即 $i_l\sigma = i_j, 1 \leqslant j < l$。但 $i_{j-1}\sigma = i_j$，而 σ 是一一对应，所以 i_j 就得是 i_1，即 $i_l\sigma = i_1$。于是，得到了一个循环置换 $(i_1 i_2 \cdots i_l)$，$l \leqslant k + 1$。若 $l = k + 1$，则 σ 就是一个 $k + 1 -$ 循环置换，从而结论成立。否则，$l \leqslant k$。于是

$$\sigma = \begin{pmatrix} i_1 & i_2 & \cdots & i_{l-1} & i_l & i_{l+1} & \cdots & i_n \\ i_2 & i_3 & \cdots & i_l & i_1 & i'_{l+1} & \cdots & i'_n \end{pmatrix}$$

$$= \begin{pmatrix} i_1 & i_2 & \cdots & i_{l-1} & i_l & i_{l+1} & \cdots & i_n \\ i_2 & i_3 & \cdots & i_l & i_1 & i_{l+1} & \cdots & i_n \end{pmatrix}$$

$$\begin{pmatrix} i_1 & \cdots & i_l & i_{l+1} & \cdots & i_n \\ i_1 & \cdots & i_l & i'_{l+1} & \cdots & i'_n \end{pmatrix}$$

$$= (i_1 i_2 \cdots i_l)\tau,$$

其中

$$\tau = \begin{pmatrix} i_1 & i_2 & \cdots & i_l & i_{l+1} & \cdots & i_n \\ i_1 & i_2 & \cdots & i_l & i'_{l+1} & \cdots & i'_n \end{pmatrix}。$$

τ 只变动了 $k + 1 - l \leqslant k$ 个符号。由归纳假设，τ 能被分解成若干个没有共同数字的循环置换的乘积，所以 $\sigma = (i_1 i_2 \cdots i_l)\tau$ 能被分解成若干个没有共同数字的乘积。

这样，我们就用归纳法证明了定理的前半部分。由上证明可知，

经若干步后，τ 必为恒等置换。于是，把那些不在已出现的循环置换中出现的数字分别用 1 – 循环表示，则分解式中每个数字只出现一次。不过，这些 1 – 循环置换代表恒等置换，通常略去不写。

当略去 1 – 循环因子后，这个分解式除了因子顺序外，分解式是唯一的。实际上，若有两个本质不同的分解，则必存在某 $i, j, i \neq j$，使得在一个分解中 i 紧跟在 j 后，而在另一分解中不是样，那么第一种分解表明 $j\alpha = i$，而第二个分解却指出 $j\alpha \neq j$。这个矛盾就证明了分解的唯一性。　　　　　　　　　　　　　　　　〔证毕〕

定理 2.6.3 的证明过程，具体地给出了实际分解的方法：先找出一个实际变动的符号，在它的后面写上置换中这个符号的象，继续进行，直到不能得出新的符号为止。在这一循环置换闭合后，假如还有实际被变动的符号，就再任取一个被变动的符号，重复上述过程，就得到了第二个循环置换。依次类推。

例 2.6.1　我们有

$$\begin{pmatrix} 1 & 2 & 3 & 4 & 5 \\ 3 & 5 & 4 & 1 & 2 \end{pmatrix} = (1 \quad 3 \quad 4)(2 \quad 5)$$

$$\begin{pmatrix} 1 & 2 & 3 & 4 & 5 & 6 & 7 & 8 \\ 3 & 6 & 5 & 4 & 8 & 2 & 7 & 1 \end{pmatrix} = (1 \quad 3 \quad 5 \quad 8)(2 \quad 6)$$

$$= (1 \quad 3 \quad 5 \quad 8)(2 \quad 6)(4)(7)$$

由于每个循环置换都能被分解成若干个对换的乘积，所以由定理 2.6.3 便得到如下的定理：

定理 2.6.4　每个置换都能被分解成若干个对换的乘积。

不幸的是，这种分解不唯一。

例 2.6.2　在 S_6 中，

$$(2 \quad 5) = (1 \quad 2)(1 \quad 5)(1 \quad 2) = (1 \quad 5)(1 \quad 2)(1 \quad 5)$$
$$= (4 \quad 5)(3 \quad 4)(2 \quad 3)(3 \quad 4)(4 \quad 5)$$

不过，我们有

定理 2.6.5　如果把置换分解成若干个对换乘积，则对换的个数的奇偶性是不变的。

〔证〕 假如置换 σ 能被分解为 s 个对换之积，又能被分解成 t 个对换之积，我们来证明 s 与 t 的奇偶性相同。为此，考虑 n 个文字的范德蒙行列式

$$D = \begin{vmatrix} 1 & 1 & \cdots & 1 \\ x_1 & x_2 & \cdots & x_n \\ x_1^2 & x_2^2 & \cdots & x_n^2 \\ \vdots & \vdots & & \vdots \\ x_1^{n-1} & x_2^{n-1} & \cdots & x_n^{n-1} \end{vmatrix} 。$$

如将 σ 的每个对换因子 $(i\,j)$ 看着是使 D 中的第 i、j 两列互换，则从 σ 的第一种的 s 个对换之积表示，可知连续施行这 s 个对换于 D 上，就使得 D 变为 $(-1)^s D$，而从 σ 的第二种 t 个对换之积表示，又使 D 变成 $(-1)^t D$。但这二个结果都是将置换 σ 施行在 D 上而得的，故应相同。所以，$(-1)^s D = (-1)^t D$。由于 D 不恒等于零，故有 $(-1)^s = (-1)^t$，即 s 和 t 有相同的奇偶性。 〔证毕〕

定义 2.6.3 一个置换称为偶置换，如果这个置换能被分解为偶数个对换的乘积；如果一个置换能被分解为奇数个对换的乘积，则这个置换便叫做奇置换。

显然，一个奇置换与一个偶置换的乘积是一个奇置换；任意有限个偶置换的乘积是偶置换；任意奇数个奇置换之积是奇置换；任意偶数个奇置换之积是偶置换。

定理 2.6.6 n 次奇置换的个数与 n 次偶置换的个数相等，都等于 $\dfrac{n!}{2}$。

〔证〕 令所有的 n 次奇置换所构成的集合为 A，B 为所有的偶置换构成的集合，则 $S_n = A \bigcup B$ 且 $A \bigcap B = \varnothing$。所以，$|S_n| = |A| + |B| = n!$。

令 $\sigma \in A$，则 $\sigma A = \{\sigma\tau \mid \tau \in A\} \subseteq B$，所以 $|\sigma A| \leqslant |B|$；又 $\sigma B = \{\sigma\gamma \mid \gamma \in B\} \subseteq A$，所以，$|\sigma B| \leqslant |A|$。令 $\varphi: A \rightarrow \sigma A$，$\forall \tau \in A$，

$\varphi(\tau) = \sigma\tau$,则 φ 为一一对应。实际上,若 $\tau_1, \tau_2 \in A$ 且 $\tau_1 \neq \tau_2$,但 $\sigma\tau_1 = \sigma\tau_2$,则两边左乘以 σ^{-1} 得到 $\tau_1 = \tau_2$,矛盾。因此,$|A| = |\sigma A|$。类似地,$|B| = |\sigma B|$。所以,$|A| \leqslant |B|$,$|B| \leqslant |A|$,故 $|A| = |B| = \dfrac{n!}{2}$。 〔证毕〕

例 2.6.2 证明:任一 n 次置换都能被分解为若干形如 $(1\ 2)$,$(1\ 3)$,$\cdots$,$(1\ n)$ 的一些对换之乘积。

〔证〕 $\forall i, j \in \{1, 2, \cdots, n\}$,$i \neq j$,易直接验证

$$(i\ j) = (1i)(1j)(1i)\,。$$

于是,由定理 2.6.4 即得证。 〔证毕〕

习 题

1. 设 $\sigma_1 = \begin{pmatrix} 1 & 2 & 3 & 4 & 5 \\ 4 & 3 & 2 & 1 & 5 \end{pmatrix}$,$\sigma_2 = \begin{pmatrix} 1 & 2 & 3 & 4 & 5 \\ 3 & 2 & 5 & 1 & 4 \end{pmatrix}$。求 $\sigma_1\sigma_2$,$\sigma_2\sigma_1$,σ_1^{-1},σ_2^{-1}。

2. 将置换 $\begin{pmatrix} 1 & 2 & 3 & 4 & 5 & 6 & 7 & 8 & 9 \\ 7 & 9 & 1 & 6 & 5 & 2 & 3 & 4 & 8 \end{pmatrix}$ 分解成对换的乘积。

3. 设 σ 是任一 n 次置换。试证:σ 与 σ^{-1} 的奇偶性相同。

4. 试证:每个 n 次置换均可被分解成这样的一些置换的乘积:每个置换或为 $(1\ 2)$,或为 $(23\cdots n)$。

5. 任一偶置换均可被分解成 3 – 循环置换 (123),(124),$\cdots$,$(12n)$ 中若干个之乘积。

6. 证明下列置换等式:

(1) $(ac_1\cdots c_h bd_1\cdots d_k)(ab) = (ac_1\cdots c_h)(bd_1\cdots d_k)$

(2) $(ac_1\cdots c_h)(bd_1\cdots d_k)(ab)$

$\qquad = (ac_1\cdots c_h bd_1\cdots d_k)\,。$

7. 设 α 是任一置换,试证:

$$\alpha^{-1}(i_1 i_2\cdots i_r)\alpha = (i_1\alpha\ i_2\alpha\cdots i_r\alpha)\,。$$

8. 在所有的 n 次置换中,有多少个 n – 循环置换?

*9. 设 $S(n,k)$ 表示 S_n 中的恰有 k 个循环(包括 1 - 循环)的置换个数。证明：

$$\sum_{k=1}^{n} S(n,k) x^k = x(x+1)(x+2)\cdots(x+n-1)。$$

2.7 二元和 n 元运算

前面讨论了映射、映射的合成、逆映射等概念,它们分别是函数、复合函数、反函数概念的推广。函数概念的重要意义远远超出数学领域。数学和自然科学的绝大部分都受着函数关系的支配,一些重要的概念大都与函数(映射)有关。本节从数学的角度来看数学上几个重要概念与映射的关系。特别是对"运算"这个概念给出了严格的抽象定义。

"序列"是数学中的一个重要概念。序列分为有穷序列和无穷序列,有穷序列在计算机科学中有各种表现形式,而无穷序列是数学分析的重要研究对象之一。序列这个概念不仅涉及对象的集合,还涉及到顺序概念:第 1 个,第 2 个,…… 等等。我们假定已知道了自然数的顺序是 $1,2,3,\cdots$。

定义 2.7.1   一个从自然数集 N 到集合 X 的映射称为 X 上的一个无穷序列。而从 $\{1,2,\cdots,n\}$ 到 X 的一个映射称为 X 上的一个长为 n 的(有限)序列。

如果 $a: N \rightarrow X, \forall i \in N,$ 令 $a(i) = a_i,$ 则序列 a 就直观地借助自然数顺序写成

$$a_1, a_2, a_3, \cdots \qquad (1)$$

并简写成 $\{a_i\}_{i=1}^{\infty}, a_i$ 称为这个序列的第 i 项。对长为 n 的有穷序列 $a_1, a_2, \cdots, a_n$ 也常记为

$$(a_1, a_2, \cdots, a_n) \text{ 或 } a_1 a_2 \cdots a_n$$

实际上,$(a_1, a_2, \cdots, a_n)$ 就是一个 n 元组,在程序设计语言中叫做一个有 n 个元素的一维数组。而记成 $a_1 a_2 \cdots a_n$ 时,在计算机科学中常

把它叫作 X 上的一个长为 n 的符号行或字符串或字。其实,本质上就是 $\{1,2,\cdots,n\}$ 到 X 的一个映射。

"子序列"就复杂一些了。(1) 的子序列,直观上是序列(1)的那些项中选出一些项并按原次序写出的序列。在这里,每一项至多被选一次。而这些选出的下标形成自然数的子序列,后一项大于前一项。于是,我们有

定义 2.7.2　一个从 N 到 N 的映射 s,如果 $\forall i,j \in N, i < j$ 时就有 $s(i) < s(j)$,则称 s 为 N 的一个子序列。如果令 $s(i) = n_i$,则这个子序列就记为 $n_1, n_2, n_3, \cdots$,其中 $n_1 < n_2 < n_3 < \cdots$。

定义 2.7.3　设 $a = \{a_i\}_{i=1}^{\infty}$ 是 X 上的一个序列,$s = \{n_i\}_{i=1}^{\infty}$ 是自然数序列的一个子序列,则 s 与 a 的合成 $a \cdot s$ 称为 a 的一个子序列。

其次,矩阵是数学中的一个重要的数学对象,也是程序设计语言中提供的重要的复合数据类型,即二维数组。一个 m 行 n 列的实矩阵 A,在程序设计语言 C 中用一个二维数组表示,并用 $float\ a[m][n]$ 说明。在数学上,一个 m 行 n 列的实矩阵 A 是一个从 $\{1,2,\cdots,m\} \times \{1,2,\cdots,n\}$ 到实数集 R 的映射。$\forall (i,j) \in \{1,2,\cdots,m\} \times \{1,2,\cdots,n\}$,$A(i,j)$ 常记为 a_{ij},称为 A 的第 i 行第 j 列的元素。在 C 语言的说明 $float\ a[m][n]$ 中指出了它有 m 行和 n 列,而类型说明符 $float$ 则规定了 a 的元素为实数值。在程序设计语言中,总是用一片连续的存储单元存放 a 的元素。在 C 中,按行存放;在 Fortran 语言中,按列存放数组的元素。因此,在概念上,不能把二维数组说成是内存中的一片连续的存储单元,这只是一种存储方式。

在我们的数学教育中,我们遇到过许多运算:数的加法和减法、向量的加法、方阵的加法和乘法、多项式的加法和乘法、函数的微分和积分运算等等。分析这些运算各不相同,运算对象、运算方法不同,有的运算要求参加运算的对象是两个,有的要求运算对象是一个,但都要得出一个"新的"结果。运算是从已知对象产生新对象的方法。

抽去运算对象的属性及具体的运算方法,我们便有

定义 2.7.4　设 X, Y, Z 为任意三个非空集合。一个从 $X \times Y$ 到 Z 的映射 φ 称为 X 与 Y 到 Z 的一个二元运算或二元代数运算。当 $X = Y = Z$ 时,则称 φ 为 X 上的二元运算。

在此定义中,φ 称为运算符号,它表示的是运算法则。X 和 Y 是运算对象的集合,Z 是运算结果所在的集合。$\forall (x, y) \in X \times Y$,如果 $\varphi(x, y) = z$,习惯上记为 $x\varphi y = z$。由定义可知,二元运算 φ 对 $X \times Y$ 中任一元素对 (x, y),必须规定一个唯一的结果元素。当 φ 为 X 上的二元代数运算时,$\varphi(x, y) \in X$,并且说 φ 在 X 上封闭。其次,一般说来,$x\varphi y \neq y\varphi x$。

在数学上,习惯把二元运算 φ 记成 "·"、"。"、"$*$" 等。于是,$\varphi(x, y)$ 或 $x\varphi y$ 就写成 $x \cdot y$ 或 $x \circ y$ 等,甚至记为 xy。

例 2.7.1　实数的加法、乘法是实数集 R 上的二元代数运算。但除法不是,因为不能用零(0)作除数,即 $\forall x \in R, x \div 0$ 没有定义。当除去数零后,除法就是 $R \setminus \{0\}$ 上的二元运算了。

例 2.7.2　令 $M_{m \times n}$ 为所有 $m \times n$ 矩阵,$M_{n \times m}$ 为所有 $n \times m$ 矩阵,则矩阵乘法是 $M_{m \times n}$ 与 $M_{n \times m}$ 到 $M_{m \times m}$ 的二元代数运算。矩阵加法是 $M_{m \times n}$ 上的代数运算。

当运算对象集 $A = \{a_1, a_2, \cdots, a_m\}, B = \{b_1, b_2, \cdots, b_n\}$,结果集为 C 时,A 与 B 到 C 的二元代数运算 "。" 常用一个二维表来定义,称为 "乘法" 表,见图 2.7.1。表中的第 i 行与第 j 列交叉处写上 c_{ij},表示 $a_i \circ b_j = c_{ij}$。

$\circ$	b_1	b_2	b_3	$\cdots$	b_n
a_1	c_{11}	c_{12}	c_{13}	$\cdots$	c_{1n}
a_2	c_{21}	c_{22}	c_{23}	$\cdots$	c_{2n}
a_3	c_{31}	c_{32}	c_{33}	$\cdots$	c_{3n}
$\vdots$	$\vdots$	$\vdots$	$\vdots$		$\vdots$
a_m	c_{m1}	c_{m2}	c_{m3}	$\cdots$	c_{mn}

图 2.7.1　乘法表

例 2.7.3　设 $K = \{0, 1\}$,在 K 上定义加法和乘法,并分别用

"+"与"。"表示加法运算符和乘法运算符。"+"和"。"用图 2.7.2 的 (a)、(b) 两表给出。

+	0	1
0	0	1
1	1	0

+	0	1
0	0	0
1	0	1

(a) (b)

图 2.7.2 加法表和乘法表

易见,"+"和"。"是 K 上的两个不同的二元代数运算。

除了二元运算外,还有一元运算。例如,求复数的共轭复数,求矩阵的转置矩阵、求函数的导函数、定积分等都是一元运算。抽象地,一元运算就是映射。我们也有三元、四元,乃至 n 元运算。例如,求 n 个正整数的最大公因数和最小公倍数,都是 n 元运算。

定义 2.7.5 从集合 X 到集合 Y 的任一映射都称为 X 到 Y 的一元运算。若 $X = Y$,则 X 到 X 的一元运算称为 X 上的一元运算,也叫做 X 的一个变换。

定义 2.7.6 设 $A_1, A_2, \cdots, A_n, D$ 为非空集合。一个从 $A_1 \times A_2 \times \cdots \times A_n$ 到 D 的映射 φ 称为 $A_1, A_2, \cdots, A_n$ 到 D 的一个 n 元(代数)运算。如果 $A_1 = A_2 = \cdots = A_n = D = A$,则称 φ 为 A 上的 n 元运算。

最常用的是一元运算和二元运算。在近世代数中更常用的是集合 X 上的一元运算和二元运算。从定义可以看出,代数运算可以相当任意地规定,运算对象和运算方法都可任意规定。但是,如此任意规定的代数运算,很难希望由此能算出什么好的结果。在数学、物理学及其他科学中,在所研究的对象间引入的运算,其目的在于使推理清晰以达到简化科学的逻辑结构的目的。回忆一下,物理学、力学中所使用的一些运算,它大都满足一定的规律,利用它们把已发现的物理规律表述得十分简洁和完美。当然,这些物理规律的发现是通过艰苦和巧妙的实验以及深刻的思考得到的。但是,表述得那么简洁和完美也与选择合适的运算有关。

定义 2.7.7 设"$\circ$"是集合 X 上的一个二元代数运算。如果 $\forall a, b, c \in X$,恒有 $a \circ b = b \circ a$,则称二元代数运算"$\circ$"满足交换律。如果 $\forall a, b, c \in X$,总有

$$(a \circ b) \circ c = a \circ (b \circ c),$$

则称二元代数运算"$\circ$"满足结合律。

结合律是我们熟知的,已往所遇到的那些有用的运算大都适合结合律。但也有不适合结合律的,例如,数的减法就不满足结合律。二元代数运算只告诉我们对两个有次序的元素,在运算下能得到唯一的一个结果元素。但当给定了有次序的三个元素 a, b, c 时,在不改变这三个元素的次序下,适当地加以结合才能得出(算出)一个结果。在不改变 a, b, c 的次序下,只有两种组合方法,即 $(a \circ b) \circ c$ 与 $a \circ (b \circ c)$。一般说来,$(a \circ b) \circ c \neq a \circ (b \circ c)$。而结合律成立,告诉我们 $(a \circ b) \circ c = a \circ (b \circ c)$,所以可简记为 $a \circ b \circ c$,而无须加括号注明计算次序。

结合律是二元代数运算的一条重要规律,我们经常引用它而不自觉。但在近世代数中,对所讨论的代数运算往往假定代数运算满足结合律,并且以公理的形式规定下来。可以证明:如果代数运算"$\circ$"满足结合律,则对 X 中 n 个有次序的元素 $a_1, a_2, \cdots, a_n$,$a_1 \circ a_2 \circ \cdots \circ a_n$ 有意义且由 $a_1, a_2, \cdots, a_n$ 的次序唯一确定。

交换律是说代数运算的结果仅与两个运算对象有关,而与它们的次序无关。可以证明:如果 X 上的二元代数运算"$\circ$"既满足结合律又满足交换律,则 $\forall a_1, a_2, \cdots, a_n \in X$,$a_1 \circ a_2 \circ \cdots \circ a_n$ 只与 $a_1, a_2, \cdots, a_n$ 有关,而与它们的次序无关。

在一个问题中往往有几个运算,这些运算并不是彼此无关的。分配律是刻划两个运算之间的联系的一种运算律。

定义 2.7.8 设"$+$"与"$\circ$"是集合 X 上的两个二元代数运算。如

果 $\forall a,b,c \in X$ 恒有

$$a \circ (b + c) = (a \circ b) + (a \circ b)$$

则称二元代数运算 $\circ$ 对 $+$ 满足左分配律。如果总有

$$(b + c) \circ a = (b \circ a) + (c \circ a),$$

则称 $\circ$ 对 $+$ 满足右分配律。

我们之所以引入左分律与右分配律,是因为二元代数运算"$\circ$"未必满足交换律。如果交换律成立,则左、右分配律重合。

一个集合不过是一组元素而已,无所谓结构。但引进了代数运算,我们就说有了代数结构,X 与其上的代数运算"$\circ$"组成了一个代数系或代数结构。一般的,在几个集合之间定义了若干个代数运算后,这个集合及其间的代数运算就形成一个代数系。

在近世代数中,主要研究一个集合 X 上的二元代数运算的代数系 $(X, \circ)$ 以及 X 上的两个代数运算 $\circ$ 与 $+$ 组成的代数系 $(X, +, \circ)$。根据施加于运算上的公理,这些代数系将称为半群、幺半群、群、环、域、布尔代数等等。

在用公理定义一些代数系时,往往涉及二元代数运算的单位元素,以及由此引出的元素的逆元素的概念。

定义 2.7.9 设"$\circ$"是 X 上的一个二元代数运算。如果存在一个元素 $e \in X$ 使得,$\forall x \in X$ 恒有 $e \circ x = x \circ e = x$,则称 e 为 $\circ$ 的单位元素。如果在代数系 $(X, \circ)$ 中,$\circ$ 有单位元素 e,a 为 X 中某个元素,当 $\exists b \in X$ 使得 $a \circ b = b \circ a = e$,则称 b 为 a 的逆元素。

若 b, c 都是 a 的逆元素,则 $a \circ b = b \circ a = e, a \circ c = c \circ a = e$。于是,$b = e \circ b = (c \circ a) \circ b$。所以当结合律成立时,$(c \circ a) \circ b = c \circ (a \circ b) = c \circ e = c$,即 $b = c$。

例 2.7.4 在例 2.7.3 中,定义了 $\{0,1\}$ 上的两个二元运算:加法 $+$、乘法 $\cdot$。容易验证:0 是加法 $+$ 的单位元素,1 是乘法的单位元素;加法和乘法满足结合律和交换律;乘法对加法满足分配律;0 对加法的逆元是 0,1 对加法的逆元是 1。1 对乘法的逆元为 1,0 对乘法的逆元不存在。以后,我们将把这个代数系称为域,或域 **K**。

当抽象地研究代数系时,其中的运算对象是什么是不管的,运算的法则是什么也是不管的。只知道这些运算对象与运算满足公理中规定的性质。因此,如何比较两个抽象代数系在本质上是否一样就十分重要。但本质一样指的什么呢?

定义 2.7.10 设 $(S,+,\circ)$ 与 $(T,\oplus,*)$ 为两个代数系。如果存在一个一一对应 $\varphi:S\to T$,使得 $\forall x,y\in S$,有

$$\varphi(x+y)=\varphi(x)\oplus\varphi(y),$$
$$\varphi(x\circ y)=\varphi(x)*\varphi(y),$$

则称代数系 $(S,+,\circ)$ 与 $(T,\oplus,*)$ 同构,并记为 $S\cong T$,而 φ 称为这两个代数系间的一个同构。

由此可知,同构的代数系本质上是一样的,区别的仅是运算对象的命名不同,代数运算的命名不同而已。如果重新命名,则它们是同一结构。φ 就是这个命名法则。

代数系同构可推广到其他情况。

习 题

1. 令 $\{a_{n_k}\}_{k=1}^{\infty}$ 是 $\{a_n\}_{n=1}^{\infty}$ 的子序列,证明:$\forall k\in N,n_k\geqslant k$。

2. 设 $\{a_n\}_{n=1}^{\infty}$ 是一个序列。试证:$\{a_n\}_{n=1}^{\infty}$ 的子序列的子序还是 $\{a_n\}_{n=1}^{\infty}$ 的子序列。

3. 找一个既不满足交换律又不满足结合律的二元运算。

4. 给出一个三元运算的例子。

5. 设 $A=\{a,b,c,d\}$。A 上的代数运算 "$\circ$" 由图 2.7.3 的表规定。代数运算 "$\circ$" 是否满足交换律?结合律?"$\circ$" 有单位元吗?

6. 设 $N=\{1,2,3,\cdots\}$。$\forall m,n\in N$,

$\circ$	a	b	c	d
a	a	b	c	d
b	b	a	a	c
c	c	a	b	d
d	d	c	a	b

图 2.7.3 "$\circ$" 的运算

$$m \circ n = n \log_{10} m,$$

那么"$\circ$"是 N 上的代数运算吗?为什么?

7. 设"$\circ$"是 X 上的代数运算,则应该怎样定义"$\circ$"的逆运算?回忆一下,逆运算通常比原运算"难算",这是为什么?例如,积分比微分难、减法比加法难、除法比乘法难、开方比方幂运算难。

8. 设 X 上的代数运算"$\circ$"满足结合律。证明 $\forall a_1, a_2, \cdots, a_n \in X, a_1 \circ a_2 \circ \cdots \circ a_n$ 由 $a_1, a_2, \cdots, a_n$ 的次序唯一确定。

9. 说明正整数乘法的通常竖式计算方法应用了正整数乘法对加法的分配律。

2.8　集合的特征函数

集合是一个比较直观的对象。在实际应用中,出现的集合往往都是某个全集 X 的子集。若 $E \subseteq X$,对 X 的每个元素 x,$x \in E$ 或 $x \bar{\in} E$,即 x 是 E 的元素,或 x 不是 E 的元素。于是,给定了 E,就确定了 X 的元素与"是"或"否"间的一个对应关系。对应于"是"的元素表明该元素在 E 中,对应于"否"的元素,表明了它不在 E 中。这个对应关系实质上就刻划了 E。

定义 2.8.1　设 X 是一个集合,$E \subseteq X$。从 X 到 $\{0,1\}$ 的如下的一个映射 χ_E 称为 E 的特征函数:$\forall x \in X$,

$$\chi_E(x) = \begin{cases} 1, \text{如果 } x \in E, \\ 0, \text{如果 } x \bar{\in} E。 \end{cases}$$

于是,集合 E 的特征函数 χ_E 由 E 唯一确定。显然,若 E 与 $F \subseteq X$,且 $E \neq F$,则 $\chi_E \neq \chi_F$。而且若 $E \subseteq F$,则 $\forall x \in X, \chi_E(x) \leq \chi_F(x)$。$\chi_\emptyset \equiv 0$,即 $\forall x \in X, \chi_\emptyset(x) = 0$;$\chi_X \equiv 1$,即 $\forall x \in X, \chi_X(x) = 1$。

令 $Ch(X) = \{\chi \mid \chi: X \to \{0,1\}\}$。

在例 2.7.3 中,我们定义了 $\{0,1\} = K$ 上的加法和乘法,形成了一个代数系（$\{0,1\}$，$+$，$\cdot$）。在例 2.7.4 中讨论了它们的性质，并说以后称之为域，简称域 K。由于 $Ch(X)$ 中元 χ 的值域包含在 K 中，所以可借助 K 中加法、乘法定义 $Ch(X)$ 中的加法和乘法，分别用"$\vee$"与"$\wedge$"表示：

$\forall \chi, \chi' \in Ch(X)$ 及 $x \in X$，

$(\chi \vee \chi')(x) = \chi(x) + \chi'(x) + \chi(x)\chi'(x)$

$(\chi \wedge \chi')(x) = \chi(x) \cdot \chi'(x)$。

其次，在 $Ch(X)$ 中定义 χ 的补 χ^c 为

$$\chi^c(x) = 1 - \chi(x),$$

其中减号为 K 中加法的逆运算（在这里，$0 - 0 = 0, 0 - 1 = 1, 1 - 0 = 1, 1 - 1 = 0$）。

于是，$(Ch(X)$，$\vee$，$\wedge$，$^c)$ 就是一个代数系统。

定理 2.8.1 设 X 是一个集合，则代数系（2^X，$\bigcup$，$\bigcap$，^{c}）与（$Ch(X)$，$\vee$，$\wedge$，^{c}）同构。

〔证〕 令 $\Phi : 2^X \rightarrow Ch(X)$，其定义为 $\forall E \in 2^X$，$\Phi(E) = \chi_E$。易见，Φ 为单射。而且 $\forall \chi \in Ch(X)$，令 $F = \{x \mid \chi(x) = 1, x \in X\}$，则不难验证 $\Phi(F) = \chi = \chi_F$。所以 Φ 为满射，故 Φ 为一一对应，即 $2^X \sim Ch(X)$。

设 E、$F \subseteq X$，往证 $\Phi(E \bigcap F) = \chi_E \cdot \chi_F$：由定义可知 $\Phi(E \bigcap F) = \chi_{E \bigcap F}$，所以只须证明 $\chi_{E \bigcap F} = \chi_E \cdot \chi_F$ 即可。为此，设 $x \in X$，则当 $x \in E \bigcap F$ 时，$x \in E$ 且 $x \in F$，从而 $\chi_{E \bigcap F}(x) = 1 = 1 \cdot 1 = \chi_E(x) \cdot \chi_F(x)$，故这时 $\chi_{E \bigcap F}(x) = \chi_E(x) \cdot \chi_F(x)$。如果 $x \notin E \bigcap F$，则 $x \notin E$ 或 $x \notin F$，从而 $\chi_E(x) = 0$ 或 $\chi_F(x) = 0$。于是

$$0 = \chi_{E \bigcap F}(x) = 0 \cdot 1 = 1 \cdot 0 = \chi_E(x) \cdot \chi_F(x),$$

总之也有 $\chi_{E \bigcap F}(x) = \chi_E(x) \cdot \chi_F(x)$。因此，$\forall x \in X$，$\chi_{E \bigcap F}(X) = \chi_E(X) \cdot \chi_F(x)$，故 $\chi_{E \bigcap F} = \chi_E \cdot \chi_F$。

类似地,可以证明 $\Phi(E \cup F) = \chi_E \vee \chi_F$。

下面证明:$\Phi(E^c) = \chi_E^c$。为此,只须证明 $\chi_{E^c} = \chi_E^c$。设 $x \in X$,若 $x \in E$,则 $x \in\!\!\!\!\!/ \ E^c$,从而 $\chi_E(x) = 1$,$\chi_{E^c}(x) = 0$。于是,$\chi_{E^c}(x) = 0 = 1 - 1 = 1 - \chi_E(x) = \chi_E^c(x)$,故 $\chi_{E^c}(x) = \chi_E^c(x)$;若 $x \in\!\!\!\!\!/ \ E$,则 $x \in E^c$。所以,$\chi_E(x) = 0$,$\chi_{E^c}(x) = 1$。因此

$$\chi_{E^c}(x) = 1 = 1 - 0 = 1 - \chi_E(x) = \chi_E^c(x)$$

故 $\chi_{E^c}(x) = \chi_E^c(x)$。总之,$\forall x \in X$,$\chi_{E^c}(x) = \chi_E^c(x)$。

因此,$\chi_{E^c} = \chi_E^c$,即 $\Phi(E^c) = \chi_E^c$。 〔证毕〕

设 E、$F \in 2^X$。由于 $E \setminus F = E \cap F^c$,所以

$$\chi_{E \setminus F} = \chi_{E \cap F^c} = \chi_E \wedge \chi_{F^c} = \chi_E \wedge \chi_F^c.$$

$$\chi_{E \triangle F} = (\chi_E \wedge \chi_F^c) \vee (\chi_F \wedge \chi_E^c).$$

可见,$(2^X, \cup, \cap, {}^c)$ 同构于 $(Ch(X), \vee, \wedge, {}^c)$。尽管对象不同、运算不同,但它们的元素一一对应,并在同构 Φ 下,其运算也相互对应,运算的性质和规律也一样。因此,本质是一样的。于是,2^X 与 $Ch(X)$ 可视为一样,只是表现形式不同而已。因此,χ_E 就是 E 的另一表示方式。集合比较直观,而特征函数较抽象,但有启发性,易于推广。L.A.Zadeh 正是抓住了这一点,把特征函数的概念加以推广,得到了模糊集合(*fuzzy set*)的概念。

在计算机科学中,经常需要对集合实行各种各样的操作。把在一个集合上实行的几种不同操作结合起来考虑,得到一些重要的以集合为基础的抽象数据类型,这些抽象的数据类型具有专门的名称,并且有高效的实现方法。如何有效地实现一个以集合为基础的抽象数类型,依赖于该集合的大小,以及对这个集合所实行的操作。

当我们所讨论的集合都是全集 $X = \{1, 2, \cdots, M\}$ 的一个子集,而 M 是一个不太大的固定整数时,可以用位向量(布尔数组)来实现。位向量是这样来表示集合的,位向量的第 i 位为 *true*(真,在计算机中常用 1 表示)当且仅当 i 是这个集合的元素。用这种方法表示 X

的子集合,实际上就是用特征函数来表示集合。用这种方法表示集的优点是"插入"操作、"删除"操作、"成员资格"操作都可在常数时间内完成。而"并"、"交"、"差"操作所需的时间正比于全集 X 的大小。由于 C 语言有位操作,所以用 C 语言实现是方便的。

无论如何,在写程序时,只要面临的集合能处理成全集 $\{1,2,\cdots,M\}$ 的子集,就可以考虑用位向量表示它而不必顾及它的大小。当全集是一个有限集,但不是一个连续整数组成的集时,仍然可以用位向量来表示这个全集的子集,这时只需要建立全集的成员与整数 $1,2,\cdots,M$ 之间的一个一一对应即可。

习 题

1. 设 χ_1、$\chi_2 \in Ch(X)$,试证:

$$(\chi_1 \vee \chi_2)^c = \chi_1^c \wedge \chi_2^c,$$

$$(\chi_1 \wedge \chi_2)^c = \chi_1^c \vee \chi_2^c.$$

2. 设 $\{E_l\}_{l \in I} \subseteq 2^X$,试求 $\bigcup_{l \in I} E_l$ 与 $\bigcap_{l \in I} E_l$ 的特征函数。

3. 设 A,B,C 都是 X 的子集,证明:

$$\chi_A \wedge (\chi_B \vee \chi_C) = (\chi_A \wedge \chi_B) \vee (\chi_A \wedge \chi_C),$$

$$(\chi_A \vee \chi_B) \vee \chi_C = \chi_A \vee (\chi_B \vee \chi_C)。$$

4. 利用特征函数直接证明(或推导出)逐步陶汰原理形式之 2(定理 1.6.9)。注意,若 $A \subseteq X$,则 $|A| = \sum_{x \in X} \chi_A(x)$,其中之加法是自然数 N 中的通常加法,而不是域 $\mathbf{K}$ 中的加法。

5. 若 A、B 为 X 中的有限集合,试用特征函数方法证明:

$$|A \cup B| = |A| + |B| - |A \cap B|。$$

第三章 关 系

集合可用于描述概念,是概念的外延。具有某种性质的一类对象构成一个集合。一个系统中的各对象可具有这样或那样的属性,因而形成了一些集合。集合为描述系统中的各类对象提供了数学工具。而映射的概念提供了描述事物之间的一种单值依赖关系的工具,现实世界中,事物不是孤立的,事物之间都有联系。单值依赖联系是其中比较简单的,通过这种联系,研究事物的运动规律或状态变化。世界是复杂的,运动也是复杂的。事物之间的联系是各种各样的,不仅有单值依赖联系,更有多值依赖关系。"关系"这个概念就提供了一种描述事物的多值依赖的数学工具。这样,集合、映射、关系等概念是描述自然现象及其相互联系的有力工具,为建立系统和技术过程的数学模型提供了描述工具和研究方法。映射是关系的一种特例。

系统地研究"关系"这个概念及其数学性质,就是本章的任务。本章将给出关系概念的数学定义,特别给出二元关系的几种等价的定义和常用性质、二元关系的运算,其中特别讨论了在计算机科学中具有重要应用的关系闭包运算、等价关系和偏序关系。等价关系和偏序关系不仅在计算机科学中,而且在数学中都是极为重要的。

3.1 关系的概念

"关系"这个词使人们联想到一些具体的熟知的关系。例如,父子关系、兄妹关系、姊妹关系、夫妻关系、国家间的外交关系、贸易关系;整数间大于关系、小于关系、相等关系;方阵间的相似关系、对称矩阵间的合同关系,等等。这都是些具体关系,它们都谈到一些具体事物和某种性质。因此,关系是事物间的联系,至少指两个事物并且有一定的顺序。例如,父子关系是人之间的一种关系,某甲是某乙的父亲时,则说甲与乙是父子关系。甲乙之间是一种血缘关系,是有方向的。一般地,对任一对事物,如果它们具有种联系属性,则就说它有某种联系。在实际中,总是用是否具有某种联系属性来定义具体的关系的。前面说的那些具体关系,都涉及两个事物,我们说它们是二元关系。当抽去事物的具体属性和具体联系属性,就达了关系的形式定义。非形式地说,关系就是某种性质,对所涉及的事物所形成的集的每一对有次序元素对,或具有或不具有某性质。

形式地,有如下的定义

定义 3.1.1　设 A,B 是两个集合,一个从 $A \times B$ 到 $\{是,否\}$ 的映射 R,称为从 A 到 B 的一个二元关系,或 A 与 B 间的一个二元关系。$\forall (a,b) \in A \times B$,如果 (a,b) 在 R 下的象为"是",则 a 与 b 符合关系 R,记为 aRb;如果 (a,b) 在 R 下的象为"否",则说 a 与 b 没有或不符合关系 R,并记为 $a\cancel{R}b$。若 $A = B$,则称 R 为 A 上的二元关系。

令 $f: A \to B$,则有 $R_f: A \times B \to \{是,否\}$,$\forall (x,y) \in A \times B$,$xR_f y$ 当且仅当 $f(x) = y$。于是,映射 f 是 A 到 B 的一个二元关系。映射是二元关系的特例。于是映射 f 作为二元关系仍记为 f,$\forall x \in A$,存在唯一 $y \in B$ 使之 $f(x) = y$,即 xfy。但对从 A 到 B 的任一二元关系 R 未必有此性质,即 $\forall x \in A$,未必有 $y \in B$ 使得 xRy。如果对某个 x 有 $y \in A$ 使得 xRy,那么 y 也可能不唯一,甚至有多个,乃至无穷多个!

例 3.1.1　设 Z 为整数之集,Z 上的整除关系记为 $|$。$\forall m,n \in Z$,$m \mid n$ 当且仅当 m 能除尽 n。于是,$|$ 是 Z 上的二元关系。

例 3.1.2　令 $M_{n \times n}$ 为实的 n 阶方阵之集,对任何 $A,B \in M_{n \times n}$,我们说 A 相似于 B 当且仅当存在一个可逆 n 阶实方阵 P 使 $A = P^{-1}BP$。A 相似于 B 记之为 $A \backsim B$。则 $\backsim$ 是 $M_{n \times n}$ 上二元关系。

例 3.1.3　(整数集 Z 上的模 n 同余关系)　设 n 为任一给定的自然数。对任两个整数 m,k,如果 $m - k$ 能被 n 整除,则称 m 与 k 为模 n 同余,并记为 $m \equiv k(mod\ n)$。显然,$m \equiv k(mod\ n)$ 当且仅当 m 被 n 除所得之余数与 k 被 n 除所得到的余数相等。模 n 同余是 Z 上的一个二元关系。

在通常的应用中,某具体的二元关系总是用具体事物之间的某种联系来确定的。由于直观的联系并不总是清楚的,因此有必要给出一个精确的定义。但是,要对联系或依赖给出一个精确的陈述是有困难的。当抽去事物的属性和联系的属性时,剩下的就是一对有次序的元素对对应的是"是"还是"否"了,所以定义3.1.1是二元关系的一个抽象定义。它正是这种直观描述事物间的联系的抽象,这个定义对具体应用十分有用。

如果用0代替"否",用1代替"是",则由定义3.1.1可知,从 A 到 B 的一个二元关系 R 就是 $A \times B$ 的一个子集的特征函数。由定理2.8.1,$2^{A \times B}$ 与 $Ch(A \times B)$ 是一一对应的,$A \times B$ 的子集与其特征函数可以等同。于是,从 A 到 B 的一个二元关系就可看成是 $A \times B$ 的一个子集。因此,我们有二元关系的更形式的等价定义:

定义3.1.2 设 A 与 B 是两个集合。$A \times B$ 的任一子集 R 称为从 A 到 B 的一个二元关系。如果 $(a,b) \in R$,则称 a 与 b 符合关系 R,并记为 aRb;如果 $(a,b) \in R$,则称 a 与 b 不符合关系 R,并记为 $a\cancel{R}b$。如果 $A = B$,则称 R 为 A 上的一个二元关系。

定义3.1.1实际上是说关系就是某种性质,而定义3.1.2告诉我们,这种性质就是 $A \times B$ 的一个子集,即满足这种性质的那些序对之集。从形式逻辑的角度来看,定义3.1.1用揭示事物的内涵的方法来定义二元关系的。而定义3.1.2是用揭示二元关系的外延的方式来定义的。定义3.1.2比定义3.1.1更抽象,在抽象讨论二元关系时,用定义3.1.2更方便。但在讨论具体问题中的具体关系时,应用定义3.1.1更方便,因为这时往往用具体性质来定义某种具体的二元关系。

例3.1.4 设 $N = \{1,2,3,\cdots\}$,则 $N \times N$ 可用图3.1.1中的表表示出来。易见,N 上的"小于或等于关系" $\leqslant$ 是表中对角线上及对角线上方的那些序对构成的集合;而"大于或等于关系" $\geqslant$ 是表中对角上及对角线下方那些序对所构成的集合;读者不难得出 N 上的"小于"关系" $<$ "、N 上的"大于"关系" $>$ ",是表上的哪些元素对构成的集合。

$$
\begin{array}{ccccccc}
 & 1 & 2 & 3 & \cdots & n & \cdots \\
1 & (1,1) & (1,2) & (1,3) & \cdots & (1,n) & \cdots \\
2 & (2,1) & (2,2) & (2,3) & \cdots & (2,n) & \cdots \\
3 & (3,1) & (3,2) & (3,3) & \cdots & (3,n) & \cdots \\
\vdots & \vdots & \vdots & \vdots & & \vdots & \\
n & (n,1) & (n,2) & (n,3) & \cdots & (n,n) & \cdots \\
\vdots & \vdots & \vdots & \vdots & & \vdots &
\end{array}
$$

图 3.1.1　$N \times N$ 的表表示

按定义 3.1.2，$A \times B$ 的任一子集 R 都称为 A 到 B 一个二元关系。特别地，$A \times B$ 也是 $A \times B$ 的一个子集，因此也是从 A 到 B 的一个二元关系。我们把 $A \times B$ 叫做 A 到 B 的全关系，而空集 $\varnothing$ 叫做 A 到 B 的空关系。

集合

$$\{(a,a) \mid a \in A\}$$

称为 A 上的恒等或相等关系，并记为 I_A。

定义 3.1.3　设 $R \subseteq A \times B$，集合

$$\{x \mid x \in A \text{ 且 } \exists y \in B \text{ 使得} (x,y) \in R\}$$

称为 R 的定义域，并记为 $dom(R)$；而集合

$$\{y \mid y \in B \text{ 且 } \exists x \in A \text{ 使得} (x,y) \in R\}$$

称为 R 的值域，并记为 $ran(R)$。

一般地，$dom(R) \neq A$，$ran(R) \neq B$。

我们说二元关系是映射的推广。映射，在直观上描述事物之间的单值依赖关系，而关系是描述事物之间的多值依赖关系，即一个事物可确定多个事物。

定义 3.1.4　设 A,B 是集合，一个从 A 到 2^B 的映射 R 称为从 A 到 B 的一个多值部分映射。如果 $a \in A$，$R(a) = \varnothing$，则称 R 在 a 无定

义;而如果 $R(a) \neq \emptyset$,则 $\forall b \in R(a)$,b 称为 a 在 R 下的一个象或值。

定义 3.1.5　一个从 A 到 B 的多值部分映射 R 称为 A 到 B 的一个二元关系。

定理 3.1.1　定义 3.1.2 与定义 3.1.5 等价。

〔证〕　设 A,B 是集合,$M = \{f \mid f: A \rightarrow 2^B\}$,我们证明 M 与 $2^{A \times B}$ 间有一个一一对应:

令 $\varphi: M \rightarrow 2^{A \times B}$,其定义为 $\forall f \in M$,令

$$\varphi(f) = \{(x, y) \mid (x, y) \in A \times B \text{ 且 } y \in f(x)\}。$$

若记 $\varphi(f)$ 为 R_f,则在 φ 下,f 对应了一个唯一的 A 到 B 的二元关系 R_f,若 $f, g \in M$,$f \neq g$,则 $\exists x \in A$ 使 $f(x) \neq g(x)$,所以 $\exists y \in B$ 使得或 $y \in f(x)$ 但 $y \in g(x)$,或 $y \in f(x)$ 且 $y \in g(x)$。于是,$\varphi(f) \neq \varphi(g)$,即 $R_f \neq R_g$,故 φ 是单射。

反过来,设 $R \subseteq A \times B$,令 $f: A \rightarrow 2^B$。f 的定义如下:$\forall x \in A$,若 $\forall y \in B$,$(x, y) \in R$,则 $f(x) = \emptyset$;否则,$f(x) = \{y \mid y \in B \text{ 且 } (x, y) \in R\}$。于是,$f \in M$。因此,

$$\varphi(f) = \{(x, y) \mid (x, y) \in A \times B \text{ 且 } y \in f(x)\}$$
$$= \{(x, y) \mid (x, y) \in A \times B \text{ 且 } (x, y) \in R\}$$
$$= R。$$

从而,φ 是满射。

因此,φ 是一一对应。于是,M 与 $2^{A \times B}$ 的对应元可视为一样,只是表示方式不同而已。所以,定义 3.1.2 与定义 3.1.5 等价。〔证毕〕

上面给出了二元关系的三个等价的定义。定义 3.1.5 恰好描述了我们的直观说法,即(二元)关系是映射概念的推广,从单值依赖联系推广到多值依赖联系。于是,二元关系就是一个多值函数。函数概念是我们熟知的,多值函数也不陌生,从中学到大学虽然从未仔细地讨论过,但也时而碰到。在数学中,特别是在计算机科学中,二元关系的这三个等价的定义均有人使用,甚至还有的作者使用另外的等

价定义(见本节后的习题1)。

在日常生活以及数学、计算机科学中,还常常要考虑三个事物、四个事物等之间的联系。例如,在考虑城市之间的位置关系时,我们说长春在哈尔滨与沈阳之间,石家庄在北京与郑州之间,等等。在数据库中,常把一个二维表看成一个关系,表中每一行分成若干个项。于是,有必要把二元关系的概念推广到 n 元关系。我们发现,由定义 3.1.2 进行推广较方便。

形式地,我们有

定义 3.1.6 设 $A_1, A_2, \cdots, A_n$ 是 n 个集合,一个 $A_1 \times A_2 \times \cdots \times A_n$ 的子集 R 称为 $A_1, A_2, \cdots, A_n$ 间的一个 n 元关系,每个 A_i 称为 R 的一个域。

在数据库中,把 n 元关系看成一个二维表,表的每一行对应于 n 元关系 R 的一个 n 元组,表中没有相同的行。表的每一列取一个名字,通常称为属性,而相应的域 A_i 就是对应的属性取值范围,或者说 A_i 代表的属性。因此,在这里仍用 $A_1, A_2, \cdots, A_n$ 表示其属性。而 R 及其属性 $A_1, A_2, \cdots, A_n$ 的表达式

$$R(A_1, A_2, \cdots, A_n)$$

就称为关系模式。

例 3.1.5 设 A 为某单位职工"姓名"的集合;B 为"性别"之集,即 $B = \{男, 女\}$;C 为职工"年令"之集合,$C = \{1, 2, \cdots, 100\}$;$D$ 表示"文程度",则 $D = \{小学, 初中, 高中, 大学, 硕士, 博士\}$;$E = \{是, 否\}$,"是"表示"已婚","否"表示"未婚"。$F$ 表示"月工资",则 $F = [0, 20000]$。于是,图 3.1.2 的一张表,就是 A, B, C, D, E, F 间的一个六元关系 R,表示某单位职工的个人简单情况表。其中,姓名、性别、年令、文化程度、婚姻和工资为六个属性,分别取值于集合(域)A, B, C, D, E, F。

n 元关系是关系数据模型的核心,而关系数据模型是关系数据库的基础。以关系理论作为关系数据库系统的理论研究已达到相当水平,关系数据库系统已经占据数据库系统的市场。

姓　名 A	性别 B	年令 C	文化程度 D	婚姻 E	工资 F
丁　三	男	28	大学	是	400
王　广	男	50	硕士	是	1400
李晓芬	女	18	高中	否	300

图 3.1.2　某单位职工情况表

由于数学和计算机科学的其他领域将主要使用二元关系,所以本章以后各节主要讨论二元关系的一些运算以及几个重要的二元关系。至于 n 元关系的代数运算、关系演算将在数据库原理课中讨论。

习　　题

1. 设 A,B 是两个集合,$f:2^A \rightarrow 2^B$。如果对 A 的任何子集 E 与 F 有 $f(E \bigcup F) = f(E) \bigcup f(F)$,则称 f 是可加的。试证:一个从 A 到 B 的二元关系可定义为从 2^A 到 2^B 的一个可加映射。

2. 设 $f:A \rightarrow B$。借助于 f 在 A 上定义二元关系 $Ker(f)$ 如下:
$$Ker(f) = \{(x,y) \mid (x,y) \in A \times A \text{ 且 } f(x) = f(y)\}。$$
设 g 与 h 是 A 到 A 的映射。试证:$Ker(g) \supseteq Ker(h)$ 当且仅当存在 $r: A \rightarrow A$ 使得 $g = rh$。

*3. 设 $f,g:A \rightarrow A$,试证:$|f(A)| \leqslant |g(A)|$ 当且仅当存在 $u,v:A \rightarrow A$ 使得
$$f = ugv。$$

3.2　关系的性质

在实际问题中,我们感兴趣的关系往往都具有一些特殊的性质,这些性质是:自反性、反自反性、对称性、反对称性、传递性。这些性质都是对集合 X 上的二元关系 R 而言的,即 $R \subseteq X \times X$,而不是指 A 到

B 的二元关系。二元关系的这些性质是对关系的整体言的,而不是对一两个有序对而言的。

定义 3.2.1 X 上的二元关系 R 称为自反的,如果 $\forall x \in X$, xRx。

在这个定义中,要求 X 的每个元素 x,都有 xRx,即 $(x,x) \in R$。但这并不排斥对某序对 (x,y),$x \neq y$,仍有 xRy。而对某个序对 (x_0, x_0) 有 $x_0 R x_0$ 并不能保证 R 是自反的。

显然,R 是自反的,当且仅当 $I_X \subseteq R$。其中 I_X 是 X 上恒等关系,即

$$I_X = \{(x,x) \mid x \in X\}。$$

例 3.2.1 I_X 是 X 上的自反关系,但 I_X 的任一真子集 $R \subset I_X$ 不是 X 上的自反关系。

例 3.2.2 上节中的例 3.1.2 里的相似关系是 n 阶实方阵集 $M_{n \times n}$ 上的自反关系。

例 3.2.3 设 X 是一个集合,集合的包含 "$\subseteq$" 是 2^X 上的二元关系,并且是自反的。

例 3.2.4 整数集(有理数集、实数集)上的"小于或等于"关系 $\leqslant$ 是自反的,但"小于"关系 $<$ 不是自反的。

例 3.2.5 令 $X = \{a,b,c\}$,$R = \{(a,b),(a,a),(b,c),(c,c)\}$,则 R 不是自反的。这是因为虽然有 $(a,a) \in R$,$(c,c) \in R$,但 $(b,b) \in R$。

定义 3.2.2 X 上的二元关系 R 称为反自反的,如果 $\forall x \in X$ 都有 $(x,x) \in R$。

易见,自然数集 N 上的"小于"关系 $<$ 是反自反的;父子关系是反自反的。

显然,反自反的二元关系必不是自反的,但不是自反的二元关系,却未必是反自反的。

定义 3.2.3 设 R 为 X 上的二元关系。如果 $\forall x,y \in X$,只要

xRy 就有 yRx，则称 R 是对称的。

例 3.2.5 定义在人的集 X 上的"朋友"关系是对称关系。但"认识"关系不是对称的。实 n 阶方阵间的相似关系是对称的。整数集 Z 上的模 n 同余关系是对称的。

例 3.2.6 令 $f : A \rightarrow B$，
$$Ker(f) = \{(x, y) \mid x, y \in A \text{ 且 } f(x) = f(y)\}$$
则 $Ker(f)$ 是 A 上的自反且对称的二元关系。$Ker(f)$ 称为 f 的核。

定义 3.2.4 设 R 为 X 上的二元关系。对 X 的任意元素 x, y，如果 xRy 且 yRx，则 $x = y$，那么就称 R 为反对称的。

显然，恒等关系是对称的，而且也是反对称的。集合间的包含关系 $\subseteq$ 是反对称关系。实数集上的"小于或等于"关系 $\leqslant$ 是反对称的。

定义 3.2.5 设 R 为 X 上的二元关系，如果对 X 上的任意 x, y，z，只要 xRy 且 yRz，就有 xRz，则称 R 为传递关系。

定义在人的集合上的"朋友"关系、"互相认识"关系不是传递关系。Z 上的模 n 同余关系、"小于或等于"关系 $\leqslant$，整除关系 1 都是传递关系。

例 3.2.7 设 R 为 X 上的二元关系。显然，如果 $R = \emptyset$，则 R 是反自反的、对称的和传递的。但如果 $R \neq \emptyset$ 且 R 是反自反的和对称的，则 R 不是传递的。

实际上，因为 $R \neq \emptyset$，所以必有 $x, y \in X$ 使得 xRy。由于 R 是对称的，所以又有 yRx。因此，若 R 是传递的，则 xRx。这与 R 是反自反相矛盾，所以 R 不是传递的。

例 3.2.8 X 上的二元关系 R 是对称的且反对称的，当且仅当 $R \subseteq I_X$。

实际上，若 $R \subseteq I_X$，则显然 R 是对称的，并且也是反对称的。现在假设 R 是对称的和反对称的，则若 xRy，那么由 R 的对称性知 yRx，

再由反对称性便得 $x = y$。这表明 $\forall (x, y) \in R$，均有 $x = y$，故 $(x, x) \in R$，从而 $(x, y) \in I_X$，即 $R \subseteq I_X$。这就证明了我们的结论。

定义 3.2.6 集合 X 上的二元关系 R 称为是相容关系，如果 R 是自反的且又是对称的。

例如，定义在人的集合上的"互相认识"关系，"同学"关系等都相容关系。例 3.2.6 的 $Ker(f)$ 也是相容关系，等等。

定义 3.2.7 设 R 为 A 到 B 的二元关系，则 R 的逆记为 R^{-1}，R^{-1} 是 B 到 A 的二元关系且

$$R^{-1} = \{(y, x) \mid (x, y) \in R\}.$$

例 3.2.9 设 R 为 X 上二元关系，证明：R 是对称的当且仅当 $R = R^{-1}$。

实际上，设 $R = R^{-1}$，则 $\forall (x, y) \in R$，那么有 $(x, y) \in R^{-1}$。由定义，$(y, x) \in R$，故 R 是对称的。其次，设 R 是对称的。$\forall (x, y) \in R$，则 $(y, x) \in R$，由定义 3.2.7 得到 $(x, y) \in R^{-1}$，故 $R \subseteq R^{-1}$；反过来，设 $(y, x) \in R^{-1}$，则 $(x, y) \in R$，再由 R 的对称性得 $(y, x) \in R$，故 $R^{-1} \subseteq R$。因此，$R = R^{-1}$。

显然，例 3.2.9 的结果还可减弱为 X 上二元关系 R 是对称的当且仅当 $R^{-1} \subseteq R$。

按定义 3.1.2，X 到 Y 的一个二元关系 R 就是 $X \times Y$ 的一个子集。而集合有并、交、差、对称差、余集和笛卡儿积运算，所以，二元关系也有相应运算。例如，若 R, S 都是 X 到 Y 的二元关系，则 $R \cup S = \{(x, y) \mid (x, y) \in R$ 或 $(x, y) \in S\}$ 也是 X 到 Y 的二元运算，即 $xR \cup Sy$ 意即 xRy 或 xSy。仿此，经其他集合运算得到的二元关系的含义自然明了。在这里，我们着重说一下二元关系的笛卡儿乘积。

设 R 是 A 到 B 的二元关系，S 为 C 到 D 的二元关系，则定义 $R \times S$ 为 A, B, C, D 间的一个四元关系：

$$R \times S = \{(a, b, c, d) \mid (a, b) \in R \text{ 且 } (c, d) \in S\},$$

而不是 $\{(a, b), (c, d)) \mid (a, b) \in R,$ 且 $(c, d) \in S\}$。仿此，一个 n

元关系与一个 m 元关系的笛卡儿乘积是一个 $n + m$ 元关系。

R 的余集 $R^c = A \times B \setminus R$。

于是,产生了一个问题:关系的上述性质,在关系的集合运算下是否被保持呢?应该怎样思考便得到答案呢?这些问题留给读者研究。下面给出一个例子,说明应该怎样思考,最后得到答案。

例 3.2.10 设 R, S 是集合 X 上的两个传递关系,问 $R \cup S$ 是否是传递关系呢?

对于回答这种问题,如果结论是肯定的,那么应该不论 R 和 S 是 X 上的怎样的传递关系,也不论 X 为怎样的集合,$R \cup S$ 都应该是传递的。而如果否定结论,则意味着 $R \cup S$ 未必是传递的,即随 R, S 的具体情况,有时传递,有时不传递。所以,这时只要举一个反例即可。在研究这种问法的问题时,还可能发生 $R \cup S$ 永远不是传递的。对于这种答案及肯定答案都要给出证明来。这样才算完成了这个问题的研究。

对于我们的这个问题,我们不能说 $R \cup S$ 一定总是不传递的,例如,当 $R = S$ 时,$R \cup S = R$ 是传递的。在我们一下子还找不出使 $R \cup S$ 不是传递的 R 和 S 时,可能想 $R \cup S$ 一定是传递的。于是,就得去证明它。如果你证明了这个结论,则你就得到了肯定的答案,完成了对这个问题的研究。如果你证明不了这个结论,那么必定发现到某一步证明不下去,其原因是缺少某些条件。这些缺少的条件是可能发生的。于是,你开始怀疑结论不成立。为证实你的怀疑,应举出一个具体的反例,验证对某些具体的传递关系 R 和 S,$R \cup S$ 不传递。这些具体的 R 和 S 正好就是缺少那些使你陷入困境的某些条件。如果不是你的方法不当,这样的反例是可以找到的。这样有针对性而不是漫无边际地找反例,会较快地解决问题。

对于我们的问题,现在企图证明 $R \cup S$ 是传递的。为此,设 $(x, y) \in R \cup S$ 且 $(y, z) \in R \cup S$。于是,$(x, y) \in R$ 或 $(x, y) \in S$,$(y, z) \in R$ 或 $(y, z) \in S$。如果 $(x, y) \in R$ 且 $(y, z) \in R$,或 $(x, y) \in S$ 且 $(y, z) \in S$,则 $(x, z) \in R$ 或 $(x, z) \in S$,所以 $(x, z) \in R \cup S$。但

逻辑上可能发生 $(x,y) \in R$ 且 $(y,z) \in S$,而且 $(x,y) \in S$ 及 $(y,z) \in R$。这时我们无法断定 $(x,z) \in R \cup S$。于是,证明不下去了。这就提示我们,$R \cup S$ 可能未必是传递的,而且也提示我们应该怎样举出反例。

令 $X = \{a,b,c,d\}$, $R = \{(a,a),(a,b),(b,a),(b,b)\}$, $S = \{(b,c),(c,b),(b,b),(c,c)\}$。不难验证,$R$ 和 S 都是 X 上的传递关系。由于

$$R \cup S = \{(a,a),(b,b),(c,c),(a,b),(b,a),$$
$$(b,c),(c,b)\}$$

所以 $(a,b) \in R \cup S$ 且 $(b,c) \in R \cup S$。但是,$(a,c) \in R \cup S$,故 $R \cup S$ 不是传递的。

于是,$R \cup S$ 未必传递,视 R 和 S 的具体情况而定。

习　　题

1. 给出一个既不是自反的又不是反自反的二元关系?

2. 是否存在一个同时不满足自反性、对称性、反对称性、传递性和反自反性的二元关系?

3. 设 R,S 是 X 上的二元关系。下列命题哪些成立:

a) 如果 R 与 S 是自反的;则 $R \cup S$、$R \cap S$ 分别也是自反的;

b) 如果 R 与 S 是对称的,则 $R \cup S$、$R \cap S$ 分别也是对称的;

c) 如果 R 与 S 是传递的;则 $R \cap S$ 也是传递的;

d) 如果 R 与 S 不是自反的,则 $R \cup S$ 也不是自反的;

e) 如果 R 与 S 是反自反的;则 $R \cup S$、$R \cap S$ 分别也是反自反的;

f) 如果 R 是自反的,则 R^c 是反自反的;

g) 如果 R 与 S 是传递的;则 $R \setminus S$ 是传递的。

4. 实数集上的"小于"关系 $<$ 是否是反自反的?集合 X 的幂集 2^X 上的"真包含"关系 $\subset$ 是否是反自反的?为什么?

5. 设 R 与 S 是 X 上的二元关系。证明:

$a)(R^{-1})^{-1} = R$;

$b)(R \cup S)^{-1} = R^{-1} \cup S^{-1}$;

$c)(R \cap S)^{-1} = R^{-1} \cap S^{-1}$;

$d)$ 如果 $R \subseteq S$, 则 $R^{-1} \subseteq S^{-1}$。

6. 设 R 是 X 上的二元关系。证明：$R \cup R^{-1}$ 是对称的二元关系。

7. 设 R 是 X 上的反自反的和传递的二元关系。证明：R 是反对称的。

8. 设 R 是 X 上的任一二元关系。证明：R 是反对称的当且仅当 $R \cap R^{-1} \subseteq I_X$。

9. 有人说："若 R 是 X 上的二元关系, 只要 R 是对称的和传递的, 则 R 必是自反的。"他的证明如下：因为如果 xRy, 则由 R 的对称性便有 yRx。于是, 由 xRy 及 yRx 和 R 的传递性即得 xRx。所以, R 是自反的。"

他的推理错在什么地方？这个结论是否对呢？

10. 设 R 是 X 到 Y 的二元关系。对 X 的任一子集 T, 令 $R(T) = \{y \mid y \in Y$ 且 $\exists x \in T$ 使得 $xRy\}$。又对 Y 的任一子集 P, 令 $R^{-1}(P) = \{x \mid x \in X$ 且 $\exists y \in P$ 使得 $xRy\}$。对 X 的任意子集 A, B 及 Y 的任意子集 C 和 D, 证明：

$a)R(A \cup B) = R(A) \cup R(B)$;

$b)R(A \cap B) \subseteq R(A) \cap R(B)$;

$c)R^{-1}(C \cup D) = R^{-1}(C) \cup R^{-1}(D)$;

$d)R^{-1}(C \cap D) = R^{-1}(C) \cap R^{-1}(D)$。

与 2.3 节的结果相比较, 你能说些什么？

3.3　关系的合成运算

二元关系是集合的笛卡儿乘积的任一子集, 因此关系有集合运算。但关系又是映射的推广, 所以关系还应有合成运算。

关系的合成运算,也是来自日常生活的实践和数学的实践。例如,定义在人的集合上的"母子"关系与"夫妻"关系的存在,便产生了一个新的关系,通常称着"婆媳"关系,这是一个较复杂的关系。仔细地分析一下"婆媳"关系与"母子"关系、"夫妻"关系之间的联系,就使我们给出如下的定义:

定义 3.3.1 设 R 是 A 到 B,S 是 B 到 C 的二元关系。R 与 S 的合成是 A 到 C 的一个二元关系,记成 $R \circ S$,并且

$R \circ S = \{(x,z) \mid (x,z) \in A \times C$ 且 $\exists y \in B$ 使得 xRy 且 $ySz\}$。

例 3.3.1 设 $X = \{a,b,c,d\}$,$R = \{(a,b),(c,d)\}$,$S = \{(b,c),(d,a)\}$,则

$R \circ S = \{(a,c),(c,a)\}$,$S \circ R = \{(b,d),(d,b)\}$。

例 3.3.2 令 $C_{[a,b]}$ 为区间 $[a,b]$ 上一切实值函数所构成的集合。D 是 $C_{[a,b]}$ 上的如下的一个二元关系:$\forall f,g \in C_{[a,b]}$

$$fDg \text{ 当且仅当 } \forall x \in [a,b], \frac{\mathrm{d}f(x)}{\mathrm{d}x} = g(x)。$$

于是,$D \circ D$ 就是 $C_{[a,b]}$ 上的二阶导数关系,即

$$fD \circ Dh \text{ 当且仅当存在 } g \in C_{[a,b]} \text{ 使得}$$

$$fDg \text{ 且 } gDh,$$

亦即 $\dfrac{\mathrm{d}f(x)}{\mathrm{d}x} = g(x)$ 且 $\dfrac{\mathrm{d}g(x)}{\mathrm{d}x} = h(x)$,从而

$$\frac{\mathrm{d}^2 f(x)}{\mathrm{d}x^2} = h(x)。$$

由定义 3.3.1 可知,一般说来,合成运算不满足交换律,即 $R \circ S \neq S \circ R$。特别地,如果 R 与 S 都是 X 上的二元关系时,$R \circ S$ 与 $S \circ R$ 也未必相等。例 3.3.1 就是这种情况的一个例子。

不过,合成运算满足结合律,即

定理 3.3.1 设 R_1,R_2,R_3 分别是从 A 到 B,B 到 C,C 到 D 的二元关系,则

$$(R_1 \circ R_2) \circ R_3 = R_1 \circ (R_2 \circ R_3)。$$

〔证〕 设 $(a,d) \in (R_1 \circ R_2) \circ R_3$,则由定义 3.3.1 知,至少有一

个元素 $c \in C$ 使得 $(a,c) \in R_1 \circ R_2$ 且 $(c,d) \in R_3$。由 $(a,c) \in R_1$ $\circ R_2$ 及定义 3.3.1 又知,存在一个元素 $b \in B$ 使得 $(a,b) \in R_1$ 且 $(b,c) \in R_2$。由 $(b,c) \in R_2$ 及 $(c,d) \in R_3$ 和定义知 $(b,d) \in R_2 \circ R_3$。而由 $(a,b) \in R_1$ 及 $(b,d) \in R_2 \circ R_3$ 和定义便得到了 $(a,d) \in R_1 \circ (R_2 \circ R_3)$。因此,

$$(R_1 \circ R_2) \circ R_3 \subseteq R_1 \circ (R_2 \circ R_3)。$$

反之,设 $(a,d) \in R_1 \circ (R_2 \circ R_3)$,则 $\exists b \in B$ 使得 $(a,b) \in R_1$ 且 $(b,d) \in R_2 \circ R_3$。由 $(b,d) \in R_2 \circ R_3$ 知 $\exists c \in C$ 使得 $(b,c) \in R_2$ 且 $(c,d) \in R_3$。于是,由 $(a,b) \in R_1$ 及 $(b,c) \in R_2$ 得到 $(a,c) \in R_1 \circ R_2$。再由 $(a,c) \in R_1 \circ R_2$ 及 $(c,d) \in R_3$ 就得到 $(a,d) \in (R_1 \circ R_2) \circ R_3$。因此,

$$R_1 \circ (R_2 \circ R_3) \subseteq (R_1 \circ R_2) \circ R_3。$$

所以,$(R_1 \circ R_2) \circ R_3 = R_1 \circ (R_2 \circ R_3)$。 〔证毕〕

下面的定理表明关系的合成运算与关系的并、交运算之间的联系。

定理 3.3.2 设 R_1 是 A 到 B 的二元关系,R_2 和 R_3 是从 B 到 C 的二元关系,R_4 是从 C 到 D 的二元关系,则

(1) $R_1 \circ (R_2 \bigcup R_3) = (R_1 \circ R_2) \bigcup (R_1 \circ R_3)$;

(2) $R_1 \circ (R_2 \bigcap R_3) \subseteq (R_1 \circ R_2) \bigcap (R_1 \circ R_3)$;

(3) $(R_2 \bigcup R_3) \circ R_4 = (R_2 \circ R_4) \bigcup (R_3 \circ R_4)$;

(4) $(R_2 \bigcap R_3) \circ R_4 \subseteq (R_2 \circ R_4) \bigcap (R_3 \circ R_4)$。

〔证〕 (1) 设 $(a,c) \in R_1 \circ (R_2 \bigcup R_3)$,则 $\exists b \in B$ 使得 $(a,b) \in R_1$ 且 $(b,c) \in R_2 \bigcup R_3$。于是,$(b,c) \in R_2$ 或 $(b,c) \in R_3$。所以,$(a,b) \in R_1$ 且 $(b,c) \in R_2$ 或 $(a,b) \in R_1$ 且 $(b,c) \in R_3$。因此,$(a,c) \in R_1 \circ R_2$ 或 $(a,c) \in R_1 \circ R_3$。故 $(a,c) \in (R_1 \circ R_2) \bigcup (R_1 \circ R_3)$,即

$$R_1 \circ (R_2 \bigcup R_3) \subseteq (R_1 \circ R_2) \bigcup (R_1 \circ R_3)。$$

反之,设 $(a,c) \in (R_1 \circ R_2) \bigcup (R_1 \circ R_3)$,则 $(a,c) \in R_1 \circ R_2$ 或

$(a,c) \in R_1 \circ R_3$。因此，$\exists\, b \in B$ 使得 $(a,b) \in R_1$ 且 $(b,c) \in R_2$，或 $\exists\, b \in B$ 使得 $(a,b) \in R_1$ 且 $(b,c) \in R_3$。从而 $\exists\, b \in B$ 使 $(a,b) \in R_1$ 且 $(b,c) \in R_2 \bigcup R_3$。故 $(a,c) \in R_1 \circ (R_2 \bigcup R_3)$，所以

$$(R_1 \circ R_2) \bigcup (R_1 \circ R_3) \subseteq R_1 \circ (R_2 \bigcup R_3)。$$

因此，$R_1 \circ (R_2 \bigcup R_3) = (R_1 \circ R_2) \bigcup (R_1 \circ R_3)$。

(2)、(3)、(4) 的证明类似于(1) 的证明，留为读者作练习。

〔证毕〕

注意，在定理 3.3.2 的条件下，一般说来

$R_1 \circ (R_2 \setminus R_3) \neq (R_1 \circ R_2) \setminus (R_1 \circ R_3)$，

$(R_2 \setminus R_3) \circ R_4 \neq (R_2 \circ R_4) \setminus (R_3 \circ R_4)$。

例 3.3.3　设 $X = \{a,b,c\}$，$R_1 = \{(a,a),(a,b)\}$，$R_2 = \{(a,a),(b,c)\}$，$R_3 = \{(a,c),(b,b)\}$，则

$R_2 \setminus R_3 = \{(a,a),(b,c)\} = R_2$，

$R_1 \circ (R_2 \setminus R_3) = \{(a,a),(a,c)\}$，

$R_1 \circ R_2 = \{(a,a),(a,c)\}$，$R_1 \circ R_3 = \{(a,c),(a,b)\}$，

$(R_1 \circ R_2) \setminus (R_1 \circ R_3) = \{(a,a)\} \neq R_1 \circ (R_2 \setminus R_3)$。#

定理 3.3.3　设 R,S 是集合 X 上的两个二元关系，则

(1) $(R \circ S)^{-1} = S^{-1} \circ R^{-1}$；

(2) $R \circ R^{-1}$ 是对称的。

〔证〕　(1) 设 $(a,c) \in (R \circ S)^{-1}$，则 $(c,a) \in R \circ S$。于是，$\exists\, b \in X$ 使得 $(c,b) \in R$ 且 $(b,a) \in S$，所以 $(b,c) \in R^{-1}$ 且 $(a,b) \in S^{-1}$。因此，$(a,c) \in S^{-1} \circ R^{-1}$，即 $(R \circ S)^{-1} \subseteq S^{-1} \circ R^{-1}$。

反之，设 $(a,c) \in S^{-1} \circ R^{-1}$，则 $\exists\, b \in X$ 使得 $(a,b) \in S^{-1}$ 且 $(b,c) \in R^{-1}$。于是，$(b,a) \in S$ 且 $(c,b) \in R$，从而 $(c,a) \in R \circ S$。因此，$(a,c) \in (R \circ S)^{-1}$，故 $S^{-1} \circ R^{-1} \subseteq (R \circ S)^{-1}$。

于是，(1) 得证。

(2) 由(1)，$(R \circ R^{-1})^{-1} = (R^{-1})^{-1} \circ R^{-1} = R \circ R^{-1}$。由例 3.2.9

即得证。　　　　　　　　　　　　　　　　　　　　　　　　　〔证毕〕

定理 3.3.4　设 R 是 X 上的二元关系,则 R 是传递的当且仅当 $R \circ R \subseteq R$。

〔证〕　$\Rightarrow$ 设 R 是传递的,$(a,c) \in R \circ R$,则 $\exists b \in X$ 使得 $(a,b) \in R,(b,c) \in R$。由 R 的传递性得到 $(a,c) \in R$,故 $R \circ R \subseteq R$。

$\Leftarrow$ 设 $R \circ R \subseteq R$,$(a,b) \in R$ 且 $(b,c) \in R$,则 $(a,c) \in R \circ R \subseteq R$,故 $(a,c) \in R$。所以,R 是传递的。　　　　　　〔证毕〕

设 R 是 X 上的一个二元关系。今递归地定义 R 的非负整数次幂如下:

$$R^0 = I_X, R^1 = R, R^{n+1} = R^n \circ R。$$

容易证明

定理 3.3.5　设 R 是 X 上的二元关系,则对任意的非负整数 m,n,有

$$R^m \circ R^n = R^{m+n}, (R^m)^n = R^{mn}。$$

定理 3.3.6　设 X 是一个有限集合且 $|X| = n$,R 为 X 上的任一二元关系,则存在非负整数 s,t 使得 $0 \leqslant s < t \leqslant 2^{n^2}$ 且 $R^s = R^t$。

〔证〕　因为 $|X| = n$,所以 $|X \times X| = n^2$,从而 $|2^{X \times X}| = 2^{n^2}$,故 X 上共有 2^{n^2} 个不同的二元关系。但 $R^0, R, R^2, \cdots, R^{2^{n^2}}$ 是 X 上的 $2^{n^2} + 1$ 个二元关系,由抽屉原理便得到至少有两个是相等的,从而有非负整数 $s,t,0 \leqslant s < t \leqslant 2^{n^2}$,使得 $R^s = R^t$。

　　　　　　　　　　　　　　　　　　　　　　　　　　　　〔证毕〕

定理 3.3.6　设 R 是 X 上的二元关系。如果存在非负整数 s,t,$s < t$,使得 $R^s = R^t$,则

(1) $R^{s+k} = R^{t+k}$,k 为非负整数;

(2) $R^{s+kp+i} = R^{s+i}$,其中 $p = t - s$,而 k,i 为非负整数;

(3) 令 $S = \{R^0, R, R^2, \cdots, R^{t-1}\}$,则对任意的非负的整数 q 有 $R^q \in S$。

〔证〕 （1）$R^{s+k} = R^s \circ R^k = R^t \circ R^k = R^{t+k}, k \geqslant 0$。

（2）当 $k = 0$ 时，由（1）知对任意 $i \geqslant 0$ 有（2）成立。假设当 $k \leqslant m \geqslant 0$ 时（2）成立，则当 $k = m + 1$ 时有

$$R^{s+kp+i} = R^{s+(m+1)p+i} = R^{s+mp+i+p}$$
$$= R^{s+mp+i} \circ R^p = R^{s+i} \circ R^p = R^{s+p+i}$$
$$= R^{s+i}.$$

故对任意的非负整数 k, i,（2）都成立。

（3）设 q 是任一非负整数。如果 $q < t$,则显然有 $R^q \in S$。若 $q \geqslant t$,则 q 可表示成

$$q = s + kp + i, 0 \leqslant i < p.$$

于是，由（2）得到

$$R^q = R^{s+kp+i} = R^{s+i}.$$

再由 $0 \leqslant i < p = t - s$ 得到 $0 \leqslant s + i < t$,故 $R^q \in S$。〔证毕〕

定理 3.3.8 集合 X 上的二元关系 R 是对称且传递的,当且仅当 $R = R \circ R^{-1}$。

〔证〕 $\Rightarrow$ 设 R 是对称且传递的,则 $R \circ R^{-1} \subseteq R$。若 $(x, y) \in R$,则 $(y, x) \in R^{-1} = R$。由此得到 $(y, y) \in R$,故 $(x, y) \in R^2 = R \circ R^{-1}$,即 $R \subseteq R \circ R^{-1}$。所以,$R = R \circ R^{-1}$。

$\Leftarrow$ 设 $R = R \circ R^{-1}$,则由定理 3.3.3 知 R 是对称的,从而 $R = R^{-1}$。于是 $R = R^2$,由定理 3.3.4 便得 R 是传递的。〔证毕〕

习　题

1."父子"关系的平方是什么关系?

2. 设 $X = \{1, 2, 3, 4\}$,$R = \{(1, 2), (2, 2), (3, 4)\}$,$S = \{(2, 3), (3, 1), (4, 2)\}$,试求:$R \circ S, S \circ R, R^2, S^2, R \circ (S \circ R), (R \circ S) \circ R$。

3. 设 R 与 S 为 X 上的任两个二元关系,下列命题哪些为真?

a) 如果 R, S 都是自反的,则 $R \circ S$ 也是自反的;

b) 如果 R, S 都是对称的,则 $R \circ S$ 也是对称的;

c) 如果 R, S 都是反自反的,则 $R \circ S$ 也是反自反的;

d) 如果 R, S 都是反对称的,则 $R \circ S$ 也是反对称的;

e) 如果 R, S 都是传递的,则 $R \circ S$ 也是传递的。

4. 在 3.3 节的定理 3.3.2 的条件下,一般地,

$$R_1 \circ (R_2 \setminus R_3) \neq (R_1 \circ R_2) \setminus (R_1 \circ R_3)。$$

但有人声称等号成立,他的证明如下:

设 $(a, c) \in R_1 \circ (R_2 \setminus R_3)$,则 $\exists b \in X$ 使得 $(a, b) \in R_1$,且 $(b, c) \in R_2 \setminus R_3$。于是,$(b, c) \in R_2$ 且 $(b, c) \not\in R_3$。从而 $(a, c) \in R_1 \circ R_2$ 且 $(b, c) \not\in R_1 \circ R_3$。所以 $(a, c) \in (R_1 \circ R_2) \setminus (R_1 \circ R_3)$,即 $R_1 \circ (R_2 \setminus R_3) \subseteq (R_1 \circ R_2) \setminus (R_1 \circ R_3)$。同理可证明相反的包含关系立,故等式必成立。

这个证明错在什么地方?

5. 设 R, S 是 X 上的两个满足 $R \circ S \subseteq S \circ R$ 的对称关系。证明:$R \circ S = S \circ R$。

6. 设 R 为 X 上的对称关系。证明:对任何自然数 n, R^n 是对称关系。

7. 设 $R_1, R_2, R_3, \cdots$ 是 X 上二元关系的一个无穷序列,则当每个 R_i 是对称关系时,$\bigcup\limits_{i=1}^{\infty} R_i$ 还是对称的吗?

3.4 关系的闭包

关系的另一种重要的运算是闭包运算,它是个一元运算。利用一个已知的关系得到另一个复杂的关系。引入这种运算的一个动机是想在原来的关系上扩大一些,使得所得到的关系具有所需要的性质,以适应某种需要或简化科学结论的逻辑关系。但是,这种扩大又应是尽量地小。在计算机科学中,传递闭包、自反传递闭包有极其重要的应用。

一般地,若 $\mathscr{P}$ 是关系的某些性质的集合,则关系 R 的 $\mathscr{P}$- 闭包就是包含 R 且具有 $\mathscr{P}$ 中所有性质的所有关系的交。

特别地,当 $\mathscr{P} = \{$传递的$\}$ 时,我们有

定义 3.4.1 设 R 是 X 上的一个二元关系。X 上的一切包含 R 的传递关系的交称为 R 的传递闭包,用 R^+ 表示。即

$$R^+ = \bigcap_{\substack{R \subseteq R' \\ (R' \text{ 是传递的})}} R'。$$

于是,R^+ 是包含 R 的那些传递关系中最小的(在包含关系 $\subseteq$ 下)那个。

定理 3.4.1 关系 R 的传递闭包 R^+ 是传递关系。

〔证〕 设 R 是 X 上的二元关系,aR^+b 且 bR^+c。由定义 3.4.1,对每个包含 R 的传递关系 R',必有 $aR'b$ 且 $bR'c$。由 R' 的传递性得到 $aR'c$,从而有 aR^+c。因此,R^+ 是传递的。   〔证毕〕

注意,由定义 3.4.1,若 R 是传递关系,则 $R^+ = R$。

定理 3.4.2 设 R 为 X 上的二元关系,则

$$R^+ = \bigcup_{n=1}^{\infty} R^n = R \cup R^2 \cup R^3 \cup \cdots。$$

〔证〕 首先证明 $R^+ \subseteq \bigcup\limits_{n=1}^{\infty} R^n$。由定义 3.4.1,只须证明 $\bigcup\limits_{n=1}^{\infty} R^n$ 是包含 R 的传递关系即可。而 $R \subseteq \bigcup\limits_{n=1}^{\infty} R^n$ 是显然的。今证 $\bigcup\limits_{n=1}^{\infty} R^n$ 是传递的。为此,设 $(a,b) \in \bigcup\limits_{n=1}^{\infty} R^n$ 且 $(b,c) \in \bigcup\limits_{n=1}^{\infty} R^n$,则存在正整数 m, n 使得 $(a,b) \in R^m$ 且 $(b,c) \in R^n$。于是,$(a,c) \in R^m \circ R^n = R^{m+n}$,从而 $(a,c) \in \bigcup\limits_{n=1}^{\infty} R^n$。所以,$\bigcup\limits_{n=1}^{\infty} R^n$ 是传递的。

其次,证明 $\bigcup\limits_{n=1}^{\infty} R^n \subseteq R^+$。为此,设 $(a,b) \in \bigcup\limits_{n=1}^{\infty} R^n$,则存在某个正整数 m,使得 $(a,b) \in R^m$。若 $m = 1$,则 $(a,b) \in R \subseteq R^+$;若 $m > 1$,则 $\exists\, b_1, b_2, \cdots, b_{m-1} \in X$,使得 $(a,b_1) \in R$,$(b_1,b_2) \in R$,$\cdots$,$(b_{m-1}, b) \in R$。但 $R \subseteq R^+$,所以,$(a,b_1) \in R^+$,$(b_i, b_{i+1}) \in R^+$,$i = 1,2,$ $\cdots, m-2$,$(b_{m-1},b) \in R^+$。由定理 3.4.1 知 R^+ 是传递的,所以 (a,b) $\in R^+$。于是,$\bigcup\limits_{n=1}^{\infty} R^n \subseteq R^+$。

因此，$R^+ = \bigcup\limits_{n=1}^{\infty} R^n$。 〔证毕〕

定理 3.4.3 设 X 为 n 元集，R 为 X 上的二元关系，则 $R^+ = \bigcup\limits_{i=1}^{n} R^i$。

〔证〕 只须证明对任一自然数 $k > n$，有 $R^k \subseteq \bigcup\limits_{i=1}^{n} R^i$。为此，设 $(a, b) \in R^k$，则存在 $b_1, b_2, \cdots, b_{k-1} \in X$ 使得 $(a, b_1) \in R, (b_1, b_2) \in R, \cdots, (b_{k-2}, b_{k-1}) \in R, (b_{k-1}, b) \in R$。$a, b_1, b_2, \cdots, b_{k-1}, b$ 是 X 的 $k+1$ 个元素，而 X 仅有 n 个元素，$n < k$，所以 $a, b_1, \cdots, b_{k-1}, b$ 中必有两个相等的元素。设 $b_i = b_j;, 0 \leqslant i < j \leqslant k$，其中 $b_0 = a, b_k = b$。于是，我们有 $(a, b_1) \in R, \cdots, (b_{i-1}, b_i) \in R, (b_j, b_{j+1}) \in R, \cdots, (b_{k-1}, b) \in R$，故 $(a, b) \in R^{k-(j-i)}, p_1 = k - (j - i) < k$。若 $p_1 = k - (j - i) > n$，则重复上述论述又有 $p_2 < p_1$ 使得 $(a, b) \in R^{p_2}$。如此进行，必有 $m \leqslant n$ 使得 $(a, b) \in R^m$。所以，$R^k \subseteq \bigcup\limits_{n=1}^{n} R^i$。因此，

$$R^+ = R \cup R^2 \cup \cdots \cup R^n。$$ 〔证毕〕

定理 3.4.4 设 R, S 是 X 上的二元关系，则

(1) $\varnothing^+ = \varnothing$，其中 $\varnothing$ 为空集，即空关系；

(2) $R \subseteq R^+$；

(3) $(R^+)^+ = R^+$；

(4) $(R \cup S)^+ \supseteq R^+ \cup S^+$。

〔证〕留作练习。 〔证毕〕

定义 3.4.2 设 R 为 X 上的二元关系。X 上包含 R 的所有自反且传递的二元关系的交称为 R 的自反传递闭包，记为 R^*。

由此定义知，R^* 是自反且传递的二元关系。

定理 3.4.5 设 R 是 X 上的二元关系，则

$$R^* = R^\circ \cup R^+。$$

〔证〕 显然，$R^\circ \cup R^+$ 是 X 上的自反传递关系，所以由定义

3.4.2 得到 $R^* \subseteq R^\circ \bigcup R^+$。

现在证明 $R^\circ \bigcup R^+ \subseteq R^*$。为此,设 $(a,b) \in R^\circ \bigcup R^+$,则当 $a = b$ 时,$(a,a) \in R^0$;若 $a \neq b$,则 $(a,b) \in R^+$,故对每个包含 R 的传递关系 R' 有 $(a,b) \in R'$。于是,$(a,b) \in R^0 \bigcup R'$。其次,包含 R 的每个自反传递关系 S 必是包含 R 的传递关系。因此 (a,b) 属于每个包含 R 的自反传递关系,故 $(a,b) \in R^*$。从而 $R^0 \bigcup R^+ \subseteq R^*$。因此,

$$R^* = R^0 \bigcup R^+ = I_X \bigcup R^+。 \qquad 〔证毕〕$$

于是,

$$R^* = R^0 \bigcup R^+ = \bigcup_{n=0}^{\infty} R^n。$$

易见,$R \circ R^* = R^* \circ R = R^+$,$(R^*)^* = R^*$。

例 3.4.1 设 X 为人的集合,R 为 X 上的"父子"关系,则 xR^+y 当且仅当存在自然 n 使得 xR^ny,即 y 为 x 的后代。因此,R^+ 为后代子孙关系。

例 3.4.2 设 N 为自然数集,R 为 N 上的如下定义的二元关系 – "后继"关系:

$$aRb \text{ 当且仅当 } a + 1 = b。$$

易见,$R^+ = \,<\,$,$R^* = \,\leqslant\,$,其中 $<$ 为 N 上的"小于"关系,而 $\leqslant$ 为 N 上的"小于或等于"关系。

例 3.4.3 设 $X = \{a,b,c,d\}$,$R = \{(a,b),(b,c),(c,a)\}$,则由定理 3.4.3 有

$$R^+ = R \bigcup R^2 \bigcup R^3 \bigcup R^4。$$

$$R^2 = \{(a,c),(b,a),(c,b)\}$$
$$R^3 = \{(a,a),(b,b),(c,c)\}$$
$$R^4 = \{(a,b),(b,c),(c,a)\}$$

因此,$R^+ = \{(a,b),(b,c),(c,a),(a,c),(b,a),(c,b),(a,a),(b,b),(c,c)\}$

传递闭包与自反传递闭包在计算机科学中用的较多,在形式语言与自动机理论中可以找到它们的许多应用。由定理 3.4.5 看到,传递闭包与自反传递闭包之间的联系比较简单。

除了关系的传递闭包与自反传递闭包外,还有其他的闭包。例如,关系的自反闭包、关系的对称闭包等等。它们在计算机科学中并不常用,而且由于比较简单,所以即使用到这些概念也可用其简单表示式代替。因此,在这仅简单作一介绍。

X 上二元关系 R 的自反闭包记为 $r(R)$。按定义,$r(R)$ 是 X 上包含 R 的所有自反关系的交。按这个定义稍一想便知

$$r(R) = R^0 \bigcup R = I_X \bigcup R,$$

而且 R 是自反的当且仅当 $r(R) = R$。

其次,X 上的二元关系 R 的对称闭包记为 $s(R)$。按定义,$s(R)$ 是 X 上包含 R 的所有对称二元关系的交。不难证明。

$$s(R) = R \bigcup R^{-1},$$

而且 R 是对称的当且仅当 $s(R) = R$。

下面的定理反映出 $r(R)$、$s(R)$ 及 R^+ 之间的联系:

定理 3.4.6   设 R 是 X 上的二元关系,则

(1) $r(s(R)) = s(r(R))$;

(2) $r(R^+) = r(R)^+ = R^*$

(3) $s(R)^+ \supseteq s(R^+)$。

〔证〕 (1) $s(r(R)) = s(R^0 \bigcup R) = (R^0 \bigcup R) \bigcup (R^0 \bigcup R)^{-1}$
$= (R^0 \bigcup R) \bigcup (R^0 \bigcup R^{-1}) = R^0 \bigcup (R \bigcup R^{-1}) = R^0 \bigcup s(R) = r(s(R))$。

(2) $r(R^+) = (R^+)^0 \bigcup R^+ = R^0 \bigcup R^+ = R^*$,而

$$r(R)^+ = (R^0 \bigcup R)^+ = \bigcap_{\substack{R \subseteq R' \\ R' \text{是自反传递的}}} R'$$

$$= R^0 \bigcup \bigcap_{\substack{R \subseteq R' \\ R' \text{是传递的}}} R' = R^0 \bigcup R^+$$

$$= R^*$$

所以，$r(R^+) = r(R)^+ = R^*$。

(3) 由 $R \subseteq s(R)$ 得到 $R^+ \subseteq s(R)^+$。从而，$s(R^+) \subseteq s(s(R)^+)$
$= s(R)^+$。因此，$s(R^+) \subseteq s(R)^+$。   〔证毕〕

习　　题

1. 设 R 是 X 上的二元关系。试证：

a) $(R^+)^+ = R^+$；

b) $(R^*)^* = R^*$；

c) $R \circ R^* = R^* \circ R = R^+$；

d) $(R^+)^* = (R^*)^+ = R^*$。

2. 设 $X = \{a, b, c, d, e\}$，$R = \{(a, b), (b, c), (c, d), (d, e)\}$。
试求：R^+ 和 R^*。

3. 设 R, S 为 X 上的二元关系。试证：

a) $(R \cup S)^+ \supseteq R^+ \cup S^+$；

b) $(R \cup S)^* \supseteq R^* \cup S^*$。

4. 举列说明习题 3 中确实可能是真包含。

5. 举一个反例以证明命题"如果 R 是传递的，则 $s(R)$ 是传递
的。"是假的。

6. 举例说明 $s(R^+)$ 与 $s(R)^+$ 确实可能不相等。

7. 是否可以定义二元关系的反自反闭包与二元关的反对称闭
包?为什么?

8. 是否存在 $X(|X| = n)$ 上的一个二元关系 R 使 $R, R^2, \cdots, R^n$
两两不相等?

9. 证明：如果 R 是对称的，则 R^+ 也是对称的。

10. 设 R_1, R_2 是 X 上的二元关系，证明：

a) $r(R_1 \cup R_2) = r(R_1) \cup r(R_2)$；

b) $s(R_1 \cup R_2) = s(R_1) \cup s(R_2)$。

11. 设 R 是 X 上的二元关系。试证：R 的传递闭 R^+ 可定义如下：

(1°) 若 $(a, b) \in R$,则 $(a, b) \in R^{+}$;

(2°) 若 $(a, b) \in R^{+}$ 且 $(b, c) \in R$,则 $(a, c) \in R^{+}$;

(3°) 除了(1°)、(2°) 的序对之外,R^{+} 再无别的序对了。

12. 设 R 是人的集合上的"直接领导"关系,则 R^{+} 是人的集合上的什么关系?

3.5 关系矩阵和关系图

关系这个概念对数学、计算机科学以及其他学科极其重要。因此,如何描述或表示关系,使得直观、形象、便于计算机处理就显得十分重要。本节介绍有穷集合上二元关系的矩阵表示和图表示。关系的图表示直观形象,有启发性。关系的矩阵表示便于计算机存储与处理。

设 X 是一个 n 元集,并且其元素编了号,不妨设 $X = \{x_1, x_2, \cdots, x_m\}$。类似地,设 $Y = \{y_1, y_2, \cdots, y_n\}$。令 R 是 X 到 Y 的一个二元关系。由 R 定义一个 $m \times n$ 矩阵 $B = (b_{ij})$ 如下:$\forall (x_i, y_j) \in X \times Y$,

$$b_{ij} = \begin{cases} 1, 若\ x_i R y_j; \\ 0, 若\ x_i \cancel{R} y_j。 \end{cases}$$

矩阵 B 称为关系 R 的矩阵。

我们看到从 X 到 Y 的二元关系的矩阵是以 0 或 1 为项的矩阵,这种以 0,1 为项的矩阵称为布尔矩阵。其次,在建立 R 的矩阵时,首先要对 X 和 Y 的元素进行编号。不同的编号方法得到的矩阵,一般是不相等的,但都能忠实地反映 R 的全部信息。不同编号下所得到的关系矩阵尽管不一样,但可以互相转化。用线性代数的术语来描述,就是在行和列的同样交换下可以从一种表示变为另一种表示。确切地,有

命题 3.5.1 设 X 和 Y 是两个有限集,$|X| = m$,$|Y| = n$,π_1 为 X, Y 的一种编号法,π_2 为 X, Y 的另一编号法。令 B_1 为在 π_1 下 X 到 Y 的关系 R 的矩阵,B_2 为在 π_2 下 R 的矩阵,则存在 $m \times m$,$n \times n$

置换矩阵 P_1, P_2 使得

$$B_1 = P_1 B_2 P_2。$$

所谓置换矩阵就是每行每列有仅有一个 1 的布尔矩阵。

当 R 为 $X(\mid X \mid = n)$ 上的二元关系时，B 是一个 $n \times n$ 布尔方阵。这时命题 3.5.1 中的 $P_1 = P_2^T$。

于是，对具体的关系 R，采用某种编号法可使 R 的矩阵有较简单形式，例如，对角分块矩阵。究竟能成什么形式的简单矩阵，以及如何找这样的编号方法，要根据 R 的具体情况而定。

由定义，R 的矩阵就是 R 作为 $X \times Y$ 的子集的特征函数，是定义 3.1.1 的翻版。

例 3.5.1 设 $X = \{1,2,3,4\}, R = \{(1,1),(1,2),(1,3),(1,4),(2,2),(2,4),(3,3),(4,4),(4,2)\}$，则 R 的矩阵

$$B_R = \begin{bmatrix} 1 & 1 & 1 & 1 \\ 0 & 1 & 0 & 1 \\ 0 & 0 & 1 & 0 \\ 0 & 1 & 0 & 1 \end{bmatrix}。$$

若 $Y = \{a,b,c,d,e\}$，且 $S = \{(1,a),(3,a),(2,b),(2,d),(2,e),(3,d),(3,b),(3,e),(4,c),(4,d)\}$，则 S 是从 X 到 Y 的二元关系，其矩阵为

$$
\begin{array}{c}
\\
B_s = \\
\\
\\
\end{array}
\begin{array}{c}
\quad a \ b \ c \ d \ e \\
1 \\ 2 \\ 3 \\ 4
\end{array}
\begin{bmatrix}
1 & 0 & 0 & 0 & 0 \\
0 & 1 & 0 & 1 & 1 \\
1 & 1 & 0 & 1 & 1 \\
0 & 0 & 1 & 1 & 0
\end{bmatrix}。
$$

关系矩阵包含了关系的全部信息，有些性质从关系矩阵很容看出。

命题 3.5.2 设 B 为 X 上关系 R 的矩阵，则

(1)R 是自反的，当且仅当 B 的对角线上的全部元素都为 1；

(2)R 是反自反的当且仅当 B 的对角线上的全部元素都为 0；

（3）R 是对称的当且仅当 B 是对称矩阵；

（4）R 是反对称的当且仅当 b_{ij} 与 b_{ji} 不同时为 1，$i \neq j$；

（5）R 是传递的当且仅当如果 $b_{ij} = 1$ 且 $b_{jk} = 1$，则 $b_{ik} = 1$；

（6）R^{-1} 的矩阵是 B^T。

由于布尔矩阵是代数对象，便于代数运算。于是，对关系的研究转变为布尔矩阵代数研究。布尔矩阵便于计算机存储和计算机处理。为了对布尔矩阵进行代数研究，我们需要定义布尔矩阵的代数运算。矩阵的运算往往借助于元素集上的代数运算而定义的。为此，令 $B = \{0,1\}$，在 B 上定义"逻辑加" $\vee$，"逻辑乘" $\wedge$，及"补"^{c}，具体定义见图 3.5.1 的表 $(a)(b)$、(c)。于是，得到一个代数系 $(B, \vee, \wedge,^c)$，称为布尔代数。在本书的第三篇近世代数中，将详细地讨论这个代数系的性质及其应用。在这里仅用 B 中的代数运算来定义 B 上的布尔矩阵的代数运算。

$\vee$	0	1
0	0	1
1	1	1

$\wedge$	0	1
0	0	0
1	0	1

c	
0	1
1	0

(a) (b) (c)

图 3.5.1 布尔运算表

设 B，C 是两个布尔矩阵，B 与 C 的逻辑乘是 B 与 C 的对应元素的逻辑乘，其结果记为 $B \wedge C$，即

$$B \wedge C = (b_{ij} \wedge c_{ij}).$$

而 B 与 C 的逻辑加是 B 与 C 的对应元素进行逻辑加，所得到的布尔矩阵记为 $B \vee C$。于是，

$$B \vee C = (b_{ij} \vee c_{ij}).$$

最后，设 B 为 $m \times p$ 布尔矩阵，C 为 $p \times n$ 布尔矩阵。类似于矩阵

的通常乘法,我们定义 B 与 C 的布尔乘法。B 与 C 的布尔乘积记为 $B \circ C$。令 $B \circ C = D$,则按定义

$$d_{ij} = (b_{i1} \wedge c_{1j}) \vee (b_{i2} \wedge c_{2j}) \vee \cdots \vee (b_{ip} \wedge c_{pj}),$$

$$i = 1, 2, \cdots, m, j = 1, 2, \cdots, n。$$

若 B 是 $n \times n$ 布尔阵,则 $B \circ B$ 简记为 $B^{(2)}$。一般地,$B^{(k)} = B^{k-1} \circ B$。

命题 3.5.3 设 A, B, C 为 $n \times n$ 布尔矩阵,则

(1) $A \vee B = B \vee A, A \wedge B = B \wedge A$;

(2) $(A \vee B) \vee C = A \vee (B \vee C)$,

$\quad (A \wedge B) \wedge C = A \wedge (B \wedge C)$,

$\quad (A \circ B) \circ C = A \circ (B \circ C)$;

(3) $A \wedge (B \vee C) = (A \wedge B) \vee (A \wedge C)$,

$\quad A \vee (B \wedge C) = (A \vee B) \wedge (A \vee C)$,

$\quad A \circ (B \vee C) = (A \circ B) \vee (A \circ C)$,

$\quad (B \vee C) \circ A = (B \circ A) \vee (C \circ A)$。

〔证〕 留为练习。 〔证毕〕

定理 3.5.1 设 R, S 为 X 到 Y 的二元关系,其矩阵分别为 B_R 和 B_S。$R \cup S$ 与 $R \cap S$ 的矩阵分别记为 $B_{R \cup S}, B_{R \cap S}$,则

$$B_{R \cup S} = B_R \vee B_S, B_{R \cap S} = B_R \wedge B_S。$$

〔证〕 留为练习。 〔证毕〕

定理 3.5.2 设 X, Y, Z 是有限集,$|X| = m$,$|Y| = p$,$|Z| = n$。R 是 X 到 Y 的二元关系,S 是 Y 到 Z 的二元关系,$R, S, R \circ S$ 的矩阵分别为 $B_R, B_S, B_{R \circ S}$,则 $B_{R \circ S} = B_R \circ B_S$。

〔证〕 记 $B_R = (a_{ij})$,$B_S = (b_{ij})$,$B_{R \circ S} = (c_{ij})$,由于 $B_R \circ B_S$ 的第 i 行与第 j 列的元素为

$$(a_{i1} \wedge b_{1j}) \vee (a_{i2} \wedge b_{2j}) \vee \cdots \vee (a_{ip} \wedge b_{pj}),$$

所以,若 $c_{ij} = 1$,则 $x_i R \circ S z_j$,于是 $\exists y_k \in Y$ 使得 $x_i R y_k$ 且 $y_k S z_j$,从而 $a_{ik} = 1$ 且 $b_{kj} = 1$,故 $c_{ij} = \bigvee\limits_{k=1}^{p} (a_{ik} \wedge b_{kj})$。若 $c_{ij} = 0$,则 $x_i R \circ S z_j$ 不成

立,即 $\forall y_k \in Y, x_i R y_k$ 与 $y_k S z_j$ 不同时成立。从而对 $k = 1, 2, \cdots, p$,
$a_{ik} \wedge b_{kj} = 0$。所以,这时也有 $c_{ij} = \bigvee_{k=1}^{p} (a_{ik} \wedge b_{kj})$。

于是,$B_R \circ B_S$ 与 $R_{R \circ S}$ 的对应元素相等。因此,$B_{R \circ S} = B_R \circ B_S$。

〔证毕〕

设 n 元集 X 上的二元关系 R 的矩阵为 B_R。由定理 3.5.2,应用数学归纳法可以证明,对任何的自然数 k,R^k 的矩阵为 $B_R^{(k)}$。再由定理 3.5.1 及定理 3.4.3 得到 R^+ 的矩阵

$$B_{R^+} = B_R \vee B_R^{(2)} \vee \cdots \vee B_R^{(n)}。$$

定理 3.5.3 设 R 是 X 上的二元关系,$|X| = n$,B 是 R 的矩阵,B_{R^+} 是 R^+ 的矩阵,简记为 B^+,则

$$B^+ = B \vee B^{(2)} \vee \cdots \vee B^{(n)}。$$

为了由矩阵 B 用上述公式计算 B^+,1962 年,Warshall 曾提出了如下的有效算法,其非形式描述如下:

1. $A \leftarrow B$;

2. $k \leftarrow 1$;

3. $i \leftarrow 1$;

4. 对 $j = 1, 2, \cdots, n$ 做

  $a_{ij} \leftarrow a_{ij} \vee (a_{ik} \wedge a_{kj})$;

5. $i \leftarrow i + 1$, if $i \leqslant n$ then goto 4;

6. $k \leftarrow k + 1$, if $k \leqslant n$ then goto 3 else 停。

这个算法结束时,A 中就是矩阵 B^+ 的全部元素。

仔细分析 Warshall 算法发现,当执行算法第 4 步时,参数 i, k 是定值,只有 j 的值在改变。如果 $a_{ik} = 1$,则

$$a_{ik} \wedge a_{kj} = 1 \wedge a_{kj} = a_{kj}。$$

从而对一切 $j = 1, 2, \cdots, n$,

$$a_{ij} \vee (a_{ik} \wedge a_{kj}) = a_{ij} \vee a_{kj}。$$

于是,我们就可以用下面的 $4'$ 步代替 Warshall 算法的第 4 步:

$4'$. 如果 $a_{ik} = 1$, 则对一切的 $j = 1, 2, \cdots, n$,

置 $a_{ij} \leftarrow a_{ij} \bigvee a_{kj}$;

易见, 修改后的算法要比原来的好些。以后统称为 Warshall 算法。

不难看出, 如果 B 是对角分块矩阵, 则 B^+ 还可进一步简化。事实上, 若

$$
B = \begin{bmatrix} B_{n_1} & & & 0 \\ & B_{n_2} & & \\ & & \ddots & \\ 0 & & & B_{n_k} \end{bmatrix},
$$

其中, B_{n_i} 为 $n_i \times n_i$ 布尔矩阵, $n_i < n, \sum\limits_{i=1}^{k} n_i = n$, 则

$$
B^{(i)} = \begin{bmatrix} B_{n_1}^{(i)} & & & 0 \\ & B_{n_2}^{(i)} & & \\ & & \ddots & \\ 0 & & & B_{n_k}^{(i)} \end{bmatrix}。
$$

于是, 只须对每个低阶的子块调用 Warshall 算法即可。这样就可节省许多计算工作。但 B 并不永远可能化成对角分块的。

关系除了用矩阵表示外, 还可用图来表示。设 X 和 Y 为有限集, R 是 X 到 Y 的二元关系。当用图表示 R 时, 先把 X 与 Y 的元素在纸上用点表示, 并在其旁边标上这个元素的名字。然后把 R 的任一序对 (x, y) 用从代表 x 的点画一条指向代表 y 的点的矢线表示。这样就得到了一个由点、线组成的"有向图", 称为关系 R 的图。注意, 若 $(x, x) \in R$, 则在代表 x 的点画一个又指向此点线, 称为环, 见图 3.5.2。

例 3.5.2 对例 3.5.1 中的关系 R 的图见 3.5.3。

例 3.5.3 设 $X = \{1, 2, 3, 4\}$, $Y = \{a, b, c\}$, $R = \{(1, b), (2, a), (4, a), (3, b), (3, c)\}$, 则 R 的矩阵为

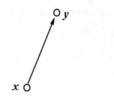

图 3.5.2　关系图的画法

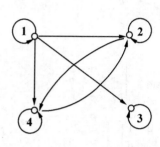

$$B_R = \begin{bmatrix} 0 & 1 & 0 \\ 1 & 0 & 0 \\ 0 & 1 & 1 \\ 1 & 0 & 0 \end{bmatrix},$$

其图如图 3.5.4 所示。

图 3.5.3　一个关系的图

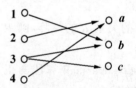

图 3.5.4　例 3.5.3 中 R 的
图关系图

关系图也完全包含了关系的全部信息,而且直观、形象,有启发性。关系的一些性质很容易从图中看出:关系 R 是自反的,当且仅当 R 的图的每个顶点均有一个环;R 是反自反的,当且仅当 R 的图中没有环;R 是对称的,当且仅当任两不同顶点间有矢线,则必有两条方向相反的矢线;关系 R 是传递的,当且仅当从某顶点沿矢线经两条矢线可到另一点,则从某点到另一点有条矢线。

如果关系图分成不相连的几个部分,则关系的矩阵必能写成对角分块形式。这时,只要把连在一起的块顶点代表的元素编成相连续的号码即可。于是,如何判断一个有限关系能否在某种编号下,其矩阵为对角分块阵,以及怎样找出这个编号方法的问题,就全部解决了。

习　　题

1. 设 $X = \{a,b,c,d,e\}$, $R = \{(a,a),(a,b),(a,d),(b,a),$

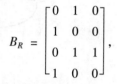

$(b,c),(b,e),(c,c),(c,b),(c,e),(d,e),(d,b),(d,a),(d,e),$
$(e,a),(e,d)\}$。写出 R 的矩阵并画出 R 的图。

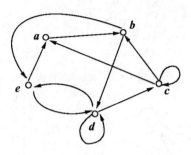

图 3.5.5   一个关系图

2. 设

$$B = \begin{bmatrix} 1 & 0 & 1 & 1 & 0 & 1 \\ 0 & 1 & 0 & 1 & 1 & 0 \\ 1 & 1 & 0 & 0 & 0 & 1 \\ 0 & 0 & 1 & 1 & 1 & 0 \end{bmatrix}$$

为 $X = \{a,b,c,d\}$ 到 $Y = \{\alpha,\beta,\gamma,\delta,\zeta,\eta\}$ 的关系 R 的矩阵。画 R 的图并写出 R 的那些序对。

3. 分析 Warshall 算法以说明它的原理。证明 Warshall 算法的正确性。

4. 用 C 语言实现 Warshall 算法，并在计算机上运行它。

5. 写出图 3.5.4 所代表的关系及其矩阵。

3.6   等价关系与集合的划分

前面几节对关系进行了一般的讨论。讨论了关系的性质、运算和关系的表示。本节讨论等价关系，它具有很好的性质，在数学和计算机科学中有着极其重要的应用。

定义 3.6.1   集合 X 上的二元关系 R 称为等价关系，如果 R 同时具有以下三个性质：

1°. R 是自反的，即 $\forall x \in X, xRx$；

2°. R 是对称的，即如果 xRy，则 yRx；

3°. R 是传递的，即如果 xRy 且 yRz，则 xRz。

在抽象讨论时，习惯上常用符号"$\cong$"表示等价关系。

下面给出等价关系的一些例子。

例 3.6.1 集合 X 上的恒等关系是 X 上的等价关系。

例 3.6.2 整数集 Z 上的模 n 同余关系是 Z 上的等价关系。实际上，$\forall m \in Z, m \equiv m(\bmod n)$，故自反性成立；$\forall m, k \in Z$，如果 $m \equiv k(\bmod n)$，则 $n \mid (m - k)$，所以 $n \mid (k - m)$，即 $k \equiv m(\bmod n)$，故对称性成立；$\forall m, k, l \in Z$，如果 $m \equiv k(\bmod n)$ 且 $k \equiv l(\bmod n)$，则 $n \mid (m - k), n \mid (k - l)$。于是，$m - l = (m - k) + (k - l)$，所以 $n \mid (m - l)$，即 $m \equiv l(\bmod n)$，故传递性成立。

例 3.6.3 由线性代数的知识知道，复 n 阶方阵的相似关系是复 n 阶方阵集合上的等价关系。

n 阶实对称矩阵间的合同关系：两个 n 阶实对称矩阵 A 与 B 称为合同的，如果存在一个可逆 $n \times n$ 实矩阵 C 使得 $B = C^T AC$。由于 $A = I^T AI$，所以 A 与 A 合同，故自反性成立。如果 A 与 B 合同，则有可逆矩阵 C 使得 $B = C^T AC$，从而有 $A = (C^T)^{-1} BC^{-1} = (C^{-1})^T BC^{-1}$，故 B 与 A 合同，所以对称性成立。其次，若 A 与 B 合同，B 与 C 合同，则有可逆矩阵 P, Q 使得

$$B = P^T AP, \quad C = Q^T BQ,$$

于是，$C = Q^T P^T APQ = (PQ)^T A(PQ)$，故 A 与 C 合同，传递性成立。

类似地，两个 $m \times n$ 矩阵 A 与 B 称为相抵的，当且仅当从 A 经有限次初等交换变为 B。容易证明相抵关系是 $m \times n$ 实矩阵集合上的等价关系。

例 3.6.4 设 $f: X \rightarrow Y$，则 $Ker(f)$ 是 X 上的等价关系，其中 $Ker(f) = \{(x, y) \mid x, y \in X, \text{并且 } f(x) = f(y)\}$。

例3.6.5 含 $\{a_n\}_0^\infty$ 与 $\{b_n\}_0^\infty$ 是两个有理数的无穷序列。定义 $\{a_n\}_0^\infty \cong \{b_n\}_0^\infty$ 当且仅当 $\lim\limits_{n\to\infty}(a_n - b_n) = 0$,则 $\cong$ 是全体有理数的无穷序列之集上的一个等价关系。这个等价关系常被用来定义实数系。

例3.6.6 令 $S = \{(a,b) \mid a,b$ 为整数且 $b \neq 0\}$。在 S 上定义关系 $\sim$:$\forall (a,b),(a',b') \in S$,

$$(a,b) \sim (a',b') \text{ 当且仅当 } ab' = ba'。$$

容易验证 $\sim$ 是 S 上的等价关系。在有理数的形式定义时,用到此等价关系。

在习题中可以找到等价关系的其他例子。

为了研究等价关系及其应用,我们需要等价类与集合划分的概念。

定义3.6.2 设 $\cong$ 是 X 上的一个等价关系,$x \in X$,X 的子集 $E_x = \{y \mid y \in X$ 且 $x \cong y\}$ 称为 x 关于 $\cong$ 的等价类,或简称为 x 的等价类。

x 的等价类常也记为 $[x]$,即 $[x] = \{y \mid y \in X$ 且 $x \cong y\}$。

例3.6.7 整数集合 Z 上的模 2 同余关系有两个等价类:

$[0] = \{\cdots, -4, -2, 0, 2, 4, \cdots\}$

$[1] = \{\cdots, -3, -1, 1, 3, 5, \cdots\}$

注意,由定义 3.6.2,$\forall x' \in [x]$,有 $[x'] = [x]$。

定义3.6.3 设 X 为集合,X 的一些非空子集形成的集族 A 称为 X 的一个划分,如果 A 具有性质

$1°.$ $\forall A,B \in \mathbf{A}$,若 $A \neq B$,则 $A \cap B = \varnothing$;且

$2°.$ $\bigcup\limits_{A \in \mathbf{A}} A = X$。

例如,若 $X = \{a,b,c,d,e\}$,则 A $= \{\{a,b\},\{c\},\{d,e\}\}$ 是 X 的一个划分;又如,在例 3.6.7 中,A $= \{[0],[1]\}$ 是 Z 的一个划分。

如果 A 是 X 的一个划分,则当 $|\mathbf{A}| = k$ 时,A 被称为 X 的一个 k – 划分。于是,$\{[0],[1]\}$ 是 Z 的一个 2 – 划分。

定理3.6.1 设 $\cong$ 是 X 上的一个等价关系,则 $\cong$ 的所有等价类

的集合是 X 的一个划分。

〔证〕 设 $\cong$ 的所有等价类构成的集合(族)记为 **A**。$\forall x \in X$,由 $\cong$ 是自反的,所以 $x \in [x]$,故 **A** 中的每个等价类是 X 的非空子集。其次,设 A, B 为 **A** 的任两元素,即 $\cong$ 的两个等价类。如果 $A \neq B$,且 $A \bigcap B \neq \emptyset$,从而 $\exists x \in A \bigcap B$。$\forall y \in A$,由等价类的定义知 $x \cong y$,所以 $y \in B$,故 $A \subseteq B$。类似地,$\forall z \in B$,有 $x \cong z$,所以 $z \in A$,故 $B \subseteq A$。因此,$A = B$。这与假设 $A \neq B$ 相矛盾,从而 $A \bigcap B = \emptyset$。于是,两个等价类或相等,或不相交。

其次,$\forall x \in X, [x] = \{y \mid y \in X, x \cong y\}$ 是 $\cong$ 的一个等价类,所以 $[x] \in \mathbf{A}$。因此,$\forall x \in X$,

$$x \in \bigcup_{A \in \mathbf{A}} A。$$

所以,$\bigcup_{A \in \mathbf{A}} A = X$。于是,**A** 是 X 的一个划分。

〔证毕〕

定理 3.6.2 设 **A** 是集 X 的一个划分。令

$$\cong = \bigcup_{A \in \mathbf{A}} A \times A,$$

则 $\cong$ 是 X 上的一个等价关系且 **A** 就是 $\cong$ 等价类之集。

〔证〕 显然,$\forall x, y \in X, x \cong y$ 当且仅当 $\exists A \in \mathbf{A}$ 使得 x 与 y 都属于 A。故 $\cong$ 是自反的、对称的、传递的,即 $\cong$ 是 X 上的等价关系。由于 **A** 是 X 的一个划分,所以 X 的每个元素 x,在 **A** 中有唯一的 A 使得 $x \in A$。从而 $\forall y \in A, x \cong y$,故 $y \in [x]$,即 $A \subseteq [x]$。由 $\cong$ 的定义及 **A** 为划分得到 $A = [x]$。因此,**A** 是 $\cong$ 的所有等价类之集。

〔证毕〕

把定理 3.6.1 与定理 3.6.2 合并,就得到

定理 3.6.3 集合 X 上的二元关系 $\cong$ 是一个等价关系,当且仅当存在 X 的一个划分 **A** 使得 $x \cong y$ 的充分必要条件是 $\exists A \in \mathbf{A}$ 使 x,$y \in A$。

综上,我们得到:X 上的等价关系与 X 的划分是一一对应,互相确定的。等价关系 $\cong$ 确定的划分是 $\cong$ 的所有等价类之集 $\{[x] \mid x \in$

$X\}$。X 的划分 A 所确定的等价关系是 A 中的元素 — X 的子集上全关系的并 $\bigcup\limits_{A\in A} A\times A$。因此,每个等价关系都能被分解成 X 的若干个不相交子集上的全关系的并。

于是,在 X 上的等价关系 $\cong$ 下,X 被分成若干非空不相交的子集组成的集,即等价类的全体,构成了 X 的一个划分。这个划分是按等价关系来分的。所以,有

定义 3.6.4 设 $\cong$ 是 X 上的等价关系。由 $\cong$ 所确定的 X 的划分 — $\cong$ 的所有等价类之集称为 X 对 $\cong$ 的商集,并记 $X/\cong$。

于是 $X/\cong = \{[x] \mid x \in X, [x]$ 是 x 的等价类$\}$。

等价关系、集合的划分、商集是三个重要概念。集合的划分有时也称之为集合的"分类",在日常生活和科学研究中经常遇到。分类的目的在于研究每一类中对象的共性。通常,分类总是根据这样或那样的原则进行,按此原则把集合中的元素分成一类一类的。分类的原则是各式各样的,视需要而定。但所有这些准则却不能完全任意的。那么这一准则应满足哪些条件呢?当把它抽象成一个数学问题时,就是定义 3.6.3 所述的条件。粗略地说,这个条件要求被分类(划分)的每个事物必须被分到一类(一个子集)中且仅被分在一类中。一种分类确定一个等价关系,这个等价关系就是"在同一类中"的关系。而等价关系,直观上反映了"有相同特征"的事物的联系。

在数学上,商集用来产生新的对象,这种新的对象已与原来的对象有截然不同的性质。例如,在有理数集上建立实数系的方法之一,就是利用例 3.6.5 的等价关系。在形式地定义有理数时,用例 3.6.6 的等价关系。

在等价关系的观点下,我们看一下线性代数的研究方法。这个方法就是,在矩阵集上定义一个等价关系,按此等价关系把矩阵分成若干个等价类。然后研究每个等价类中这些矩阵的共性,这些性质往往用某些量来刻划,这些量在等价关系下是不变的,称为不变量。接着对这些不变量进行研究,以找出一些不变量,使得在这些不变量下就足以确定等价类。足以区分等价类的那些不变量的全体称为全系不

变量。在同一个等价类中的那些矩阵互相等价,同一个等价类中具有某种最简单形状的矩阵叫做该类的标准型。研究每类中有怎样的标准型及怎样求这个标准型的方法,就构成了线性代数的重要内容。这就是贯穿在线性代数的一条主线。

回忆一下,开始时建立了矩阵的代数运算,定义了矩阵的初等变换。利用初等变换定义了矩阵集上的一个等价关系,即 $m \times n$ 矩阵 A 与 B 称为等价的当且仅当 B 可以经一系列的有限个初等变换由 A 得到。在例 3.6.3 中把这个等价关系称为相抵关系。在线性代数中证明了 A 与 B 相抵当且仅当它们有相同的秩 r。于是,秩是不变量,而且还是全系不变量。接着还证明了任一 $m \times n$ 矩阵 A 都与一形式为

$$\begin{bmatrix} 1 & 0 & \cdots & 0 & \cdots & 0 \\ 0 & 1 & \cdots & 0 & \cdots & 0 \\ \cdots & \cdots & \cdots & \cdots & \cdots & \cdots \\ 0 & 0 & \cdots & 1 & \cdots & 0 \\ 0 & 0 & \cdots & 0 & \cdots & 0 \\ \cdots & \cdots & \cdots & \cdots & \cdots & \cdots \\ 0 & 0 & \cdots & 0 & \cdots & 0 \end{bmatrix}$$

的矩阵等价,它称为 A 的标准型,主对角线上 1 的个数等于 A 的秩。求标准型的方法就是对 A 逐步进行初等变换。

在研究二次型时,其基本思想也类似,不过复杂了些。我们知道,实数域上的 n 元二次型可用其系数构成的 $n \times n$ 实对称矩阵 A 的乘积表示为 $(x_1, x_2, \cdots, x_n) A(x_1, x_2, \cdots, x_n)^T$。于是,对 n 元实二次型研究转化为 $n \times n$ 实对称矩阵的研究。在 $n \times n$ 实对称矩阵间定义了合同关系(见例3.6.3),它是一个等价关系。在合同关系下,对称矩阵的秩是不变量,而且任一 $n \times n$ 实对称矩都合同一个对角矩阵,对角矩阵中不为 0 的对角上的元素的个数为 A 的秩。这个对角矩阵称为 A 的标准型,但不唯一。求 A 的标准型的方法是对 A 施行非退化的线性替换。为了使标准型唯一,定义了规范形,证明了 $n \times n$ 复对称矩阵合同于一个对角矩阵,其上 1 的个数为 A 的秩。并且证明了 $n \times n$ 复

对称矩阵合同的充要条件是秩相等。而对实对称矩阵,就引出惯性定理。

够了,我们不再回忆了。由此可见,站在等价关系的观点看线性代数的主要内容是多么清晰。

但是,一个问题中的某个关系 R 可能不是等价关系。如果 R 很重要,希望它是一个等价关系就好了,那么可以用 R 的等价闭包(R 的自反对称传递闭包),记为 $e(R)$。$e(R)$ 是 X 上包含 R 的那些等价关系的交。

定理 3.6.4 设 R 为 X 上的一个二元关系,则
$$e(R) = (R \bigcup R^{-1})^*。$$

〔证〕 显然,$R \subseteq (R \bigcup R^{-1})^*$,并且 $(R \bigcup R^{-1})^*$ 是等价关系。所以,$e(R) \subseteq (R \bigcup R^{-1})^*$。

其次,设 $(x,y) \in (R \bigcup R^{-1})^*$。若 $x = y$,则 $(x,y) \in e(R)$;设 $x \neq y$,则存在一个自然数 m 使得 $(x,y) \in (R \bigcup R^{-1})^m$。于是,$\exists z_1, z_2, \cdots, z_{m-1} \in X$ 使得 $(x,z_1) \in R \bigcup R^{-1}, (z_1,z_2) \in R \bigcup R^{-1}, \cdots, (z_{m-1},y) \in R \bigcup R^{-1}$。若 S 是包含 R 的任一等价关系,则有 $R \bigcup R^{-1} \subseteq S$,所以有 $(x,y) \in S$。因为,$(x,y) \in e(R)$,故 $(R \bigcup R^{-1})^* \subseteq e(R)$。

因此, $\quad e(R) = (R \bigcup R^{-1})^*$。 〔证毕〕

下面讨论等价关系的合成。

定理 3.6.5 设 R,S 是 X 上的等价关系,则 $R \circ S$ 是等价关系的充分必要条件是
$$R \circ S = S \circ R。$$

〔证〕 $\Rightarrow$ 设 $R \circ S$ 是等价关系,则由 R 和 S 也是等价关系便得到
$$R \circ S = (R \circ S)^{-1} = S^{-1} \circ R^{-1} = S \circ R。$$

$\Leftarrow$ 设 $R \circ S = S \circ R$。由 R 和 S 是等价关系便得到 $R \circ S$ 是自反的,又由于
$$(R \circ S)^{-1} = S^{-1} \circ R^{-1} = S \circ R = R \circ S,$$

所以 $R \circ S$ 是对称的。最后,由于

$$(R \circ S)^2 = (R \circ S) \circ (R \circ S) = R^2 \cdot S^2 \subseteq R \circ S,$$

从而 $R \circ S$ 是传递的。因此,$R \circ S$ 是等价关系。

〔证毕〕

推论 3.6.1 设 R, S 是 X 上的等价关系,则 $R \circ S$ 是等价关系的充分必要条件是

$$R \circ S \subseteq S \circ R。$$

〔证〕 $\Rightarrow$ 显然。

$\Leftarrow$ 设 $R \circ S \subseteq S \circ R$。由定理 3.6.5,只须证 $S \circ R \subseteq R \circ S$ 即可。由 R, S 的对称性便有

$$S \circ R = S^{-1} \circ R^{-1} = (R \circ S)^{-1} \subseteq (S \circ R)^{-1}$$

$$\subseteq R^{-1} \circ S^{-1} = R \circ S。$$

〔证毕〕

定理 3.6.6 设 R, S 是 X 上的等价关系。如果 $R \circ S$ 是等价关系,则

$$R \circ S = (R \bigcup S)^+。$$

〔证〕 留作练习。

〔证毕〕

习 题

1. 设 $X = \{1, 2, 3\}$,$Y = \{1, 2\}$,$S = \{f \mid f : X \rightarrow Y\}$。$\cong$ 是 S 上的二元关系:$f, g \in S$,则 $f \cong g$ 当且仅当 $I_m(f) = I_m(g)$。证明 $\cong$ 是 S 上的等价关系。求出等价类之集合。

2. 设 X, Y, S 同习题 1。$\cong$ 定义如下:

$f \cong g$ 当且仅当 $f(1) + f(2) + f(3) = g(1) + g(2) + g(3)$。证明:$\cong$ 是 S 上的等价关系。

3. 设 X, Y, S 同习题 1,$\cong$ 定义如下:$f, g \in S$,则

$f \cong g$ 当且仅当 $\{f^{-1}(y) \mid y \in Y\} = \{g^{-1}(y) \mid y \in Y\}$。证明:$\cong$ 是 S 上的等价关系。求等价类之集。

4. 由置换 $\sigma = \begin{pmatrix} 1 & 2 & 3 & 4 & 5 & 6 & 7 & 8 \\ 3 & 6 & 5 & 8 & 1 & 2 & 7 & 4 \end{pmatrix}$ 确定了 $X = \{1, 2,$
$\cdots, 8\}$ 上的一个关系 $\cong : i, j \in X, i \cong j$ 当且仅当 i 与 j 在 σ 的循环分解式中的同一个循环置换中。

证明: $\cong$ 是 X 上的等价关系。求 $X/\cong$。

5. 给出 $\{1, 2, 3, 4\}$ 上两个等价关系 R 与 S,使得 $R \circ S$ 不是等价关系。

6. 设 R 是 X 上的一个二元关系。试证: R 是一个等价关系,当且仅当 (1) $\forall x \in X, xRx$;并且 (2) 若 xRy 且 xRz,则 yRz。

7. 写出整数 Z 上的模 10 的同余关系的各等价类。

8. 完成定理 3.6.6 的证明。

9. 设 R 是 X 上的一个二元关系。证明:一般地,
$$e(R) \neq I_X \bigcup R^+ \bigcup (R^+)^{-1}。$$

10. 设 R, S 是 X 上的等价关系。证明: $(R \bigcup S)^+$ 是 X 上的等价关系。

11. 设 $D = \{0, 1, 2, \cdots, 9\}$。在 D 上长为 4 的符号行之集记为 F。$\forall a_1 a_2 a_3 a_4 \in F, a_1 a_2 a_3 a_4$ 可被视为一个由四个数字组成的一个四位整数。不过这样的整数中有些以 0 为最高位。在 F 上定义二元关系 $R: \forall \alpha, \beta \in F, \alpha R \beta$ 当且仅当 α 中的四个数字与 β 中的四个数字完全一样。试证: R 是 F 上的一个等价关系。试求有多少个不等价的四位数,其各位数字不完全相等。

12. 有穷集合上的等价关系的图有什么特点?怎样给集合的元素编号才能使其矩阵有对角分块矩阵的形状?

13. 设 X 是一个集合, $|X| = n$。试求:

a) X 上自反二元关系的个数;

b) X 上反自反二元关系的个数;

c) X 上对称二元关系的个数;

d) X 上自反或对称关系的个数;

* $e)X$ 上传递关系的个数(尚未解决);
* $f)X$ 上等价关系的个数。

3.7　映射按等价关系分解

等价关系的另一个重要应用是利用给定的映射导出另一个等价关系,可以把映射分解成两个"规格化"了的映射的合成。这种分解,在近世代数中具有基本重要的意义。

定义 3.7.1　设 $f:X \to Y$。在 X 上定义二元关系 E_f 如下:$\forall a,b \in X$,

　　　$aE_f b$ 当且仅当 $f(a) = f(b)$。
称 E_f 为由 f 导出的关系。

由定义,$\forall a \in X, f(a) = f(a)$,所以 $aE_f a$,故 E_f 是自反的。又若 $a,b \in X$ 且 $aE_f b$,则 $f(a) = f(b)$,从而 $f(b) = f(a)$,所以 $bE_f a$,故 E_f 是对称的。如果 $aE_f b$ 且 $bE_f c$,则 $f(a) = f(b)$ 且 $f(b) = f(c)$,所以 $f(a) = f(c)$。于是 $aE_f c$,故 E_f 是传递的。因此,E_f 是 X 上的等价关系。

由 f 导出的等价关系常叫做 f 的核。f 的核常记为 $Ker(f)$。显然,

　　　$X/Ker(f) = \{f^{-1}(y) \mid y \in Y, f^{-1}(y) \neq \emptyset\}$。

定义 3.7.2　设 $\cong$ 是 X 上的一个等价关系。$\gamma:X \to X/\cong$,其定义为:$\forall a \in X$,

　　　　　　$\gamma(a) = [a]$,

其中 $[a]$ 为 a 关于 $\cong$ 的等价类。映射 γ 称为 X 到商集 $X/\cong$ 的自然映射。

显然,X 到 $X/\cong$ 的自然映射是满映射。

定理 3.7.1　设 $f:X \to Y$,则 f 可分解为 X 到 $X/Ker(f)$ 的自然映射 γ 与 $X/Ker(f)$ 到 Y 的某个单射 $\bar{f}$ 的合成,即

　　　　　　$f = \bar{f} \circ \gamma$。

[证]　令 $\bar{f}:X/Ker(f) \to Y, \bar{f}$ 的具体定义如下:$\forall A \in X/Ker(f), \bar{f}(A) = f(a), a \in A$。即 $\forall a \in X, \bar{f}([a]) = f(a)$。因

为 A 是一个等价类,所以 $\forall\, a, b \in A$ 均有 $f(a) = f(b)$,故 $\bar{f}(A)$ 与 A 中的 a 的选择无关,由 A 唯一确定。所以,$\bar{f}$ 是 $X/\mathrm{Ker}(f)$ 到 Y 的映射。其次,设 A, B 是商集 $X/\mathrm{Ker}(f)$ 任两不等的元素,则 $A \bigcap B = \emptyset$。所以 $\forall\, a \in A$ 及 $\forall\, b \in B$, $f(a) \neq f(b)$。因此,$\bar{f}(A) \neq \bar{f}(B)$,故 $\bar{f}$ 是单射。

又 $\forall\, a \in X$,

$$\bar{f} \circ \gamma(a) = \bar{f}(\gamma(a)) = \bar{f}([a]) = f(a)。$$

所以 $f = \bar{f} \circ \gamma$。 〔证毕〕

推论 3.7.1 $\bar{f}$ 是一一对应当且仅当 f 是满射。

定理 3.7.2 定理 3.7.1 中的单射 $\bar{f}$ 是唯一的。

〔证〕 设还有 $\beta : X/\mathrm{Ker}(f) \to Y$,且能使得

$$f = \beta \cdot \gamma,$$

则 $\forall\, a \in X$,

$$\beta \circ \gamma(a) = \beta(\gamma(a)) = f(a) = \bar{f}(\gamma(a)).$$

由于 γ 是满射,所以 $\forall\, A \in X/\mathrm{Ker}(f)$,$\exists\, a \in X$ 使得 $\gamma(a) = A$。因此,$\beta(A) = \bar{f}(A)$。所以,$\bar{f} = \beta$,即 $\bar{f}$ 是唯一的。 〔证毕〕

定理 3.7.1 与 3.7.2 等价于说存在唯一的单射 $\bar{f}$ 使得图 3.7.1 为一个交换图。

把上述结果作一简单的推广,便有

定义 3.7.3 设 $f : X \to Y$,$\cong$ 是 X 上的一个等价关系。如果 $\forall\, a, b \in X$,只要 $a \cong b$,则必有 $f(a) = f(b)$,那么就说 f 与 $\cong$ 相容。

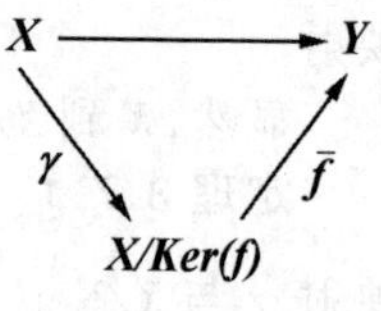

设 $f : X \to Y$,$\cong$ 是 X 上的等价关系,并且 f 与 $\cong$ 相容。用 $[a]_{\cong}$ 表示 X 的元素 a 关于 $\cong$ 的等价类。$\bar{f} : X/\cong \to Y$,其定义为 $\forall\, [a]_{\cong}$,

$$\bar{f}([a]_{\cong}) = f(a)。$$

图 3.7.1

γ 是 X 到 $X/\cong$ 的自然映射,则不难证明

$$f = \bar{f} \circ \gamma。$$

但这时的 $\bar{f}$ 可以不是单射了。$\bar{f}$ 是单射当且仅当 $\cong = \mathrm{Ker}(f)$。

事实上,当 $\bar{f}$ 是单射时,若 $(a,b) \in \mathrm{Ker}(f)$,则 $f(a) = f(b)$,从而 $\bar{f}([a]_\cong) = \bar{f}([b]_\cong)$。于是,$[a]_\cong = [b]_\cong$。所以,$a \cong b$。因此,$\mathrm{Ker}(f) \subseteq \cong$。但 f 与 $\cong$ 相容,所以由定义 3.7.3 得到 $\cong \subseteq \mathrm{Ker}(f)$。所以,$\cong = \mathrm{Ker}(f)$。

上面的定理 3.7.1 告诉我们,一个映射 $f:X \to Y$ 通过等价关系 $\mathrm{Ker}(f)$ 被分解成两个"规格化"了的映射合成。在这里,所谓"规格化"了的,系指其中一个总是自然映射,另一个必是单射,它们都比较简单,有较好的性质。这种分解,在近世代数中有基本的重要意义。当你读到本书的第三篇的有关章节时,请再回来读一次本节的内容。那时你会有更深刻的体会,指出这个分解的具体意义和它的基本作用。

习   题

1. 设 C 为全体复数所构成的集合,R_0 为全体非负实数之集。令 $f:C \to R_0$,具体地,$\forall z \in C$。

$$f(z) = |z|。$$

C 上的等价关系 $\mathrm{Ker}(f)$ 的几何意义是什么?

2. 令 $g:C \setminus \{0\} \to C, \forall z \in C \setminus \{0\}$,

$$g(z) = z|z|^{-1}。$$

C $\setminus$ {0} 上的关系 $\mathrm{Ker}(g)$ 的几何意义是什么?等价类是什么?商集 $(C \setminus \{0\})/\mathrm{Ker}(g)$ 是什么?

3.8   偏序关系与偏序集

另一种极为重要的关系是序关系。它反映了事物之间的次序,在集合论中极为重要。当一个集合上引入了某种序关系后,我们就说该

集有了序结构。序结构是数学的重要结构之一。最基本的序关系,是偏序关系。

定义 3.8.1　集合 X 上的二元关系 R 称为偏序关系,如果 R 同时满足以下三个性质:

$1°$. R 是自反的,即 $I_X \subseteq R$;

$2°$. R 是反对称的,即如果 xRy 且 yRx,则

$$x = y;$$

$3°$. R 是传递的,即 $R^2 \subseteq R$。

当抽象地讨论 X 上的偏序关系时,常用符号"$\leqslant$"表示偏序关系。如果 $a \leqslant b$,则读为"a 小于或等于 b"。当然,$\leqslant$ 未必是数之间的小于或等于关系。

我们约定 $x \leqslant y$ 且 $x \neq y$ 时,就记为 $x < y$。

注意,若 $\leqslant$ 是 X 上的偏序关系,则一般说来,只对 X 中部分元间才有此关系。若 $\exists\, a, b \in X$ 使得 $a \nleqslant b$ 且 $b \nleqslant a$,则称 a 与 b 不可比较。如果 $x, y \in X$, $x \leqslant y$ 或 $y \leqslant x$,则称 x 与 y 可比较。

定义 3.8.2　设 $\leqslant$ 是 X 上的一个偏序关系,则称二元组 $(X, \leqslant)$ 为偏序集。

如果根据上下文,已经清楚地知道 X 是对哪个偏序关系构成的偏序集时,那么就简单地说 X 是一个偏序集。所应注意的是同一个集合 X 上可以定义不同的偏序关系。X 对不同的偏序关系构成的偏序集,应是不同的偏序集。说"X 是一个偏序集"与说"X 是一个集合"在意义上是不同的。前者说明 X 的元素间赋予了某种偏序关系,于是 X 中具有某种"序结构"。而 X 是一个集合,只不过是一组元素,无所谓结构,元素间更无次序。

下面是一些偏序关系的例子,从而也是些偏序集的例子。

例 3.8.1　实数集(有理数、整数集)上的通常的"小于或等于"关系 $\leqslant$ 是偏序关系,所以实数(有理数、整数)集对 $\leqslant$ 构成偏序集。

例 3.8.2　设 S 是一个集合,S 的子集间的包含关系 $\subseteq$ 是 2^S 上的偏序关系。于是,$(2^S, \subseteq)$ 是一个偏序集。在这个偏序集中,存在着不可比较元素。例如,若 $S = \{a, b, c\}$,则 $\{a\}$ 与 $\{b, c\}$ 不可比较。#

例 3.8.3　设 A 是一个集合,$\mathscr{S}$ 是 A 的所有划分构成的集合。在

$\mathscr{S}$上定义二元关系 $\leqslant$:对 $\pi_1, \pi_2 \in \mathscr{S}, \pi_2 \leqslant \pi_1$ 当且仅当 π_2 是 π_1 的加细,即如果 $E \in \pi_2$,则 $\exists F \in \pi_1$ 使得 $E \subseteq F$。于是,$\leqslant$ 是 $\mathscr{S}$ 上的偏序关系,$(\mathscr{S}, \leqslant)$ 是偏序集。在这个偏集中也有不可比较元素。

例 3.8.4 自然数集合 N 上的整除关系"|"是偏序关系。在这里,$m \mid n$ 当且仅当 n 能被 m 整除。于是,$(N, \mid)$ 是一个偏序关系。在这里也有不可比较元素,例如,$2 \nmid 3$ 且 $3 \nmid 2$。注意 N 对通常的"小于或等于"关系 $\leqslant$ 构成一个偏序集 $(N, \leqslant)$。但 $(N, \mid)$ 与 $(N, \leqslant)$ 是两个不同的偏序集。在 $(N, \leqslant)$ 中任两个元素均可比较大小(对 $\leqslant$ 而言),但 $(N, \mid)$ 无此性质。

例 3.8.5 令 $X = \{1, 2, \cdots, d\}, Y = \{1, 2, \cdots, r\}, S = \{f \mid f : X \to Y\}$。在 S 上定义关系 $\leqslant'$ 为:$\forall f, g \in S$,

$$f \leqslant' g \text{ 当且仅当 } \forall i \in X, f(i) \leqslant g(i),$$

则 $\leqslant'$ 是 S 上的偏序关系。

在后面的习题中能找到更多的偏序关系的例子。

集合上的偏序关系,正是这种"大小"、"粗细"、"包含"关系的抽象。

设 $\leqslant$ 是 X 上的偏序关系,则 $\leqslant$ 的逆 $\leqslant^{-1}$ 也是 X 上的偏序关系。以后用"$\geqslant$"表示 $\leqslant$ 的逆关系 $\leqslant^{-1}$,并读成"大于或等于"。若 $x \geqslant y$ 且 $x \neq y$,则简记为 $x > y$。

定义 3.8.3 集合 X 上的偏序关系 $\leqslant$ 叫做全序关系,如果 $\forall x, y \in X, x \leqslant y$ 与 $y \leqslant x$ 至少有一个成立。全序关系也称为线性序关系。X 与全序关系 $\leqslant$ 构成的二元组 $(X, \leqslant)$ 称为全序集。

偏序集与全序集的主要区别在于全序集中任两个元素均可比较"大小",而在偏序集中未必任两个元素都可比较大小。

在例3.8.1中,数间的通常"小于或等于"关系 $\leqslant$ 是全序关系,相应的偏序集也都是全序集。集合的包含关系 $\subseteq$ 不是全序关系。整除关系也不是全序关系。

在计算机科学中常用的一个全序关系是称之为"字典序关系"。

例 3.8.6 （字典序关系）设 Σ 是一个有穷字母表。用什么符号表示 Σ 中的字母并不要紧，不妨设 $\Sigma = \{1, 2, \cdots, d\}$，我们还假设 Σ 中这些字母的次序就是按 $1, 2, \cdots, d$ 的次序规定。于是 Σ 是一个全序集，全序关系记为 $\leqslant$。令 Σ 上长为 n 的字（行、符号串）之集记为 W_n。显然，一个长为 n 的字就是一个从 $\{1, 2, \cdots, n\}$ 到 Σ 的映射 f，不过常记为 $i_1 i_2 \cdots i_n$，其中 $i_k = f(k)$。所以，

$$W_n = \{f \mid f : \{1, 2, \cdots, n\} \rightarrow \Sigma\}。$$

在 W_n 上定义序关系 $\leqslant$ 如下：设 $f = i_1 i_2 \cdots i_n, g = j_1 j_2 \cdots j_n$，则 $f \leqslant g$ 当且仅当下两条件之一成立：

$1°.\ \forall k \in \{1, 2, \cdots, n\}, i_k = j_k$，这时 $f = g$。

$2°.\ \exists k \in \{1, 2, \cdots, n\}$，使得 $i_k \neq j_k$ 且

$$i_1 = j_1, \cdots, i_{k-1} = j_{k-1}, i_k \leqslant j_k。$$

读者可以验证，W_n 上的 $\leqslant$ 是全序关系。这个全序关系称为字典序。

在商业及其他的一些部门中，经常需对一些数据排序。在计算机科学的算法设计领域中，类似的问题常是设计其他算法的一个必要部分。排序问题抽象如下：已知全序集 $(X, \leqslant)$ 中的元素的一个序列 $a_1, a_2, \cdots, a_n$，找一个 n 次置换 π 使得序列

$$a_{(1)\pi}, a_{(2)\pi}, \cdots, a_{(n)\pi}$$

是一个不减序列，即 $a_{(1)\pi} \leqslant a_{(2)\pi} \leqslant a_{(3)\pi} \leqslant \cdots$。通常的排序算法都是产生已排序的序列本身，而不是置换 π。读者将在数据结构和算法设计与分析课程中找到一些解决这个问题的各种有效的算法。

偏序集 $(X, \leqslant)$ 也可以用图来表示。由于偏序关系具有一些好的性质，所以偏序关系图可以简化。经过简化的偏序关系图称为哈斯 (Hasse) 图。为了叙述方便，我们引入如下的定义。

定义 3.8.4 设 $(X, \leqslant)$ 是一个偏序集。我们称 y 盖住 x，如果 $x < y$ 且对每个 $z \in X$，若 $x \leqslant z \leqslant y$，则 $x = z$ 或 $y = z$。如果 y 盖住

x,则记为 $x \stackrel{\infty}{\subset} y$,并且 y 被称为 x 的后继,而 x 称为 y 的前驱。

于是,盖住关系 $\stackrel{\infty}{\subset}$ 是 X 上的关系。

偏序关系 $\leqslant$ 是自反的,所以 $\leqslant$ 的关系图中每个顶点都有一个环,显然可略去每个顶点的环。其次,由于偏序关系是传递的,那么只要在前驱与后继间联线即可。其次,由于反对称性,若 $x < y, x \neq y$,则点 y 画在 x 的上方,这样就不必用矢线了。按上述方法画出的图称为 $(X, \leqslant)$ 的哈斯图(Hasse 图)。

实际上,$(X, \leqslant)$ 的 Hasse 图就是 $\stackrel{\infty}{\subset}$ 的关系图,$\forall x, y \in X, x$ 与 y 间有矢线从 x 指向 y 当且仅当 y 盖住 x。若规定 y 盖住 x,则 y 画在 x 的上方,那么得到的就是 $(X, \leqslant)$ 的 Hasse 图。

例 3.8.7　令 $A = \{2, 3, 6, 12, 24, 36\}$,$A$ 在整除关系"$|$"下构成一个偏序集 $(A, |)$,其 Hasse 图见图 3.8.1。

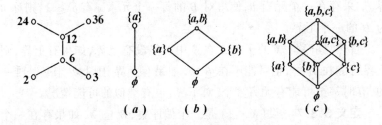

图 3.8.1　　　　　　　　　　图 3.8.2

例 3.8.8　$(2^{\{a\}}, \subseteq)$ 的 Hasse 图如图 3.8.2(a) 所示;设 $A = \{a, b\}$,则 $(2^A, \subseteq)$ 的 Hasse 图如图 3.8.2(b) 所示。如果 $B = \{a, b, c\}$,则 $(2^B, \subseteq)$ 的 Hasse 图如图 3.8.2(c) 所示。

例 3.8.9　设 $A = \{a_1, a_2, \cdots, a_n\}$ 是一个全序集,则其元素可以"从小到大"排列为

$$a_{i_1} < a_{i_2} < \cdots < a_{i_n}$$

$(A, \leqslant)$ 的 Hass 图象一条链一样,如图 3.8.3 所示。所以,全序关系也叫做线性序,全序集也称为线性序集。

设 $(X, \leqslant)$ 是一个偏序集,当把偏序关系 $\leqslant$ 限制在 X 的子集 A 上时得到 $\leqslant_A = \leqslant \cap A \times A$。易见 $(A, \leqslant_A)$ 仍是一个偏序集,称为 $(X, \leqslant)$ 的子偏序集。以后,我们常用 $(A, \leqslant)$ 代替 $(A, \leqslant_A)$,这时, $\leqslant$ 被理解为在 A 上的限制 $\leqslant_A$。

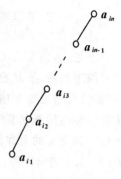

图 3.8.3

定义 3.8.5 设 $(X, \leqslant)$ 是一个偏序集, $A \subseteq X$。如果 $\forall a, b \in A, a \leqslant b$ 与 $b \leqslant a$ 必有一个成立,则称 A 为 X 中的链。如果对 A 中任两不同元素 a 与 $b, a \leqslant b$ 与 $b \leqslant a$ 均不成立,则称 A 为 X 中的一个反链。$|A|$ 称为链(反链)的长度。

定义 3.8.6 设 $(X, \leqslant)$ 是一个偏序集, $B \subseteq X$。如果存在一个元素 $a \in X$ 使得对 B 中每个元素 x 有 $x \leqslant a$,则称 a 为 B 的一个上界。如果存在一个元素 b,使得对 B 的每一个元素 x 有 $b \leqslant x$,则称 b 为 B 的一个下界。

自然,偏序集 X 的子集 B 在 X 中可能没有上界,如果有上界,则上界可能在 B 中,也可能不在 B 中。如果有上界,则上界未必是唯一的,有时甚至可能有无穷多个。对下界,也有类似的可能情况。

定义 3.8.7 设 $(X, \leqslant)$ 是一个偏序集, $B \subseteq X$。如果存在一个元素 $a \in B$ 使得 $\forall x \in B$ 有 $x \leqslant a$,则称 a 是 B 中的最大元素。如果存在一个元素 $b \in B$ 使得 $\forall x \in B$ 有 $b \leqslant x$,则称 b 是 B 中最小元素。

易见, B 的最大元素是属于 B 的上界。当然,偏序集 $(X, \leqslant)$ 的子集 B 中未必有最大元素,但 B 若有最大元素,则最大元素必是唯一的。对最小元素,情况也类似。

应该注意的是,子集 B 有上(下)界时, B 未必有最大(小)元素。

定义 3.8.8 设 $(X, \leqslant)$ 是一个偏序集, $B \subseteq X$。如果 B 有上界且 B 的一切上界之集有最小元素,则这个最小上界称为 B 的上确界,记为 sup B。类似地,如果 B 有下界且 B 的一切下界之集有最大元素,则这个最大下界称为 B 的下确界,记为 inf B。

上(下)界、最大(小)元素、上(下)确界等概念,在数学分析中已熟悉。在这里只不过推广到一般的偏序集上。但实数集对通常的"小于或等于"关系 $\leqslant$ 构成全序集,而对一般的偏序集而言,可能会出现新的情况。例如,在偏序集 $(N,|)$ 中,若令 $A=\{2,3,6,12,24,36\}$,则在 A 中无最大元素和最小元素,见图 3.8.1。注意,按定义,24 和 36 不是最大元素,因为 $24 \nmid 36$,且 $36 \nmid 24$。类似的,2 和 3 也不是 A 的最小元素。但在整除关系"|"下,A 中没有比 24,36"大"的元素(被 24,36整除的元素)。这样的元素很重要。为此,我们有

定义 3.8.9 设 $(X,\leqslant)$ 是一个偏序集,$A \subseteq X$。A 中元素 s 称为 A 的极大元素,如果 A 中没有元素 l 使得 $l \neq s$ 且 $s \leqslant l$。如果 A 中有元素 d,使得 $\forall x \in A$,若 $x \neq d$,则 $x \nleqslant d$,那么 d 被称为 A 的极小元素。

应该注意,若 A 有极大(小)元素,则极大(小)元素属于 A,而且未必唯一,甚至可能有无穷多个。极大(小)元素未必是最大(小)元素,但最大(小)元素一定是极大(小)元素。

定理 3.8.1 设 $(X,\leqslant)$ 是一个偏序集。如 X 中每个链的长至多为 n,则 X 的全部元素能被分成 n 个非空不相交反链之并。

〔证〕 施归纳于 n:

当 $n=1$ 时,X 中最长链的长度为 1。所以 X 中任两不同元素不能比较。从而,X 就是反链,故定理的结论成立。

假设当 $n=k \geqslant 1$ 时,定理成立,往证当 $n=k+1$ 时也成立。为此,设 $(X,\leqslant)$ 中的最长链的长度为 $k+1$,则 X 中有极大元素。令 M 为 X 的所有极大元素之集,则 $M \neq \emptyset$ 且 $X \neq M$。考虑偏序集 $(X \setminus M,\leqslant)$。易证 $X \setminus M$ 中的最长链的长度为 k。由归纳假设,$X \setminus M$ 可分解为 k 个反链之并。M 也是一个反链,所以 X 被分成 $k+1$ 个反链之并。

由数学归纳法原理,定理得证。 〔证毕〕

推论 3.8.1 设 $(X,\leqslant)$ 是一个偏序集,$|X|=mn+1$,则 X 中

或存在一个长至少为 $n+1$ 的链，或存在一个长至少为 $m+1$ 的反链。

〔证〕　假设结果不成立，则 X 中每个链的长度 $\leqslant n$，而且每个反链的长度 $\leqslant m$。设 X 中的最长链的长度为 k，则 $k \leqslant n$。由定理 3.8.1，X 能被分成 k 个不相交反链之并。由假设每个反链之长 $\leqslant m$，所以

$$| X | \leqslant km \leqslant mn。$$

这与假设 $| X | = mn + 1$ 相矛盾。因此，推论 3.8.1 必成立。〔证毕〕

由定理 3.8.1 的推论 3.8.1，我们可以证明 P.Erdös 与 G.Szekeres 的发现(见例 2.2.5，或 2.1 节后的习题 4)：

例 3.8.10　证明：每个由 $n^2 + 1$ 个实数组成的数列 $a_1, a_2, \cdots, a_{n^2+1}$ 中必有个长至少为 $n+1$ 的不减子序列，或有一个长至少为 $n+1$ 的不增子序列。

〔证〕　不防设这 $n^2 + 1$ 数是互不相同的。于是，这 $n^2 + 1$ 个数构成的集合 A 有 $| A | = n^2 + 1$。在 A 上定义二元关系 $\leqslant'$ 如下：

$$a_i \leqslant' a_j \text{ 当且仅当 } a_i \leqslant a_j \text{ 且 } i \leqslant j,$$

其中 $\leqslant$ 是实数间的通常的小于或等于关系。

显然，二元关系 $\leqslant'$ 是自反的，传递的。设 $a_i \leqslant' a_j$，且 $a_j \leqslant' a_i$，则 $a_i \leqslant a_j, a_j \leqslant a_i, i \leqslant j, j \leqslant i$。从而 $a_i = a_j, i = j$。所以，$\leqslant'$ 是反对称的。因此，$\leqslant'$ 是 A 上的偏序关系，$(A, \leqslant')$ 是偏序集。

由推论 3.8.1，A 中或有长至少为 $n+1$ 的链或有长至少为 $n+1$ 的反链。A 中长至少为 $n+1$ 的链，就是序列 $a_1, a_2, \cdots, a_{n^2+1}$ 的长至少为 $n+1$ 的不减(在 $\leqslant$ 下）的子序列。而 A 的长至少为 $n+1$ 的反链，实际上就构成了 $a_1, a_2, \cdots, a_{n^2+1}$ 的不增子序列。设反链中元素按下标递增顺序排列成

$$a_{i_1}, a_{i_2}, \cdots, a_{i_{n+1}} \quad (i_1 < i_2 < \cdots < i_{n+1})$$

因 $a_{i_k} \not\leqslant' a_{i_{k+1}}$，而 $i_k < i_{k+1}$，所以 $a_{i_k} \not\leqslant a_{i_{k+1}}$，故 $a_{i_k} \geqslant a_{i_{k+1}}$，$k = 1, 2, \cdots, n$。于是

$$a_{i_1} \geqslant a_{i_2} \geqslant \cdots \geqslant a_{i_{n+1}}.$$

〔证毕〕

最后,讨论一下拟序关系,它类似于数间的"小于"关系 $<$,非空集合间的"真包含"关系 $\subset$。

定义 3.8.10　集合 X 上的二元关系 R 称为拟序关系,如果 R 是反自反的和传递的。拟序关系常记为 $<$。如果 $x < y$,则读为"x 小于 y"。

由于拟序关系是反自反和传递的,所以若 $x < y$ 且 $y < x$,则 $x < x$,这与反自反相矛盾。所以,在拟序关系中,$x < y$ 与 $y < x$ 不能都成立。因此,在此意义上,拟序是反对称的。

显然,拟序关系 $<$ 与偏序关系 $\leqslant$ 之间有

$$\leqslant \; = \; < \bigcup I_X \quad \text{或} \quad < \; = \; \leqslant \setminus I_X。$$

习　　题

1. 设 $[a, b]$ 是一个有限区间。令 S 是区间 $[a, b]$ 上的有限划分(注意,这里的划分与上节的划分不同)的集合。$[a, b]$ 的一个划分 π 是形如

$$a = x_1 < x_2 < \cdots < x_n = b, n \in N$$

的点的集合。在 S 上定义二元关系 R 如下:$\forall \pi_1, \pi_2 \in \mathrm{S}$,

$\pi_1 R \pi_2 \Leftrightarrow \pi_2$ 的每个分点也是 π_1 的分点。证明:R 是 S 上的偏序关系。

2. 令 $(S, \leqslant_1)$、$(T, \leqslant_2)$ 是偏序集。在 $S \times T$ 上定义二元关系 $\leqslant_3$ 如下:$\forall (s, t), (s', t') \in S \times T$,

$(s, t) \leqslant_3 (s', t')$ 当且仅当 $s \leqslant_1 s'$, $t \leqslant_2 t'$。证明:$\leqslant_3$ 是 $S \times T$ 上的偏序关系。

3. 是否存在一个偏序关系 $\leqslant$,使 $(X, \leqslant)$ 中有唯一极大元素,但没有最大元素?如果有请给出一个具体例子;如果没有,请证明之。

4. 令 $X = \{a, b, c, d\}$。画出偏序集 $(2^X, \subseteq)$ 的 Hasse 图。

5. 令 $S = \{1, 2, \cdots, 12\}$。画出偏序集$(S, |)$的 Hass 图,其中"$|$"是整除关系。它有几个极大(小)元素?列出这些极大(小)元素。

6. 设 R 是 X 上的自反且传递的二元关系。

a)给出 R 的一个实例。

b)在 X 上定义二元关系 $\sim$ 如下:

$x \sim y$ 当且仅当 xRy 且 yRx。

证明:$\sim$ 是 X 上的等价关系。

c)在商集 $X/\sim$ 上定义二元关系 $\leqslant$:

$[a] \leqslant [b]$ 当且仅当 aRb

证明:$\leqslant$ 是 $X/\sim$ 上的偏序关系。

7. 设 R 是 X 上的偏序关系。证明:R 是 X 上的全序关系当且仅当 $X \times X = R \bigcup R^{-1}$。

8. 偏序集$(X, \leqslant)$称为有序完备的,当且仅当 X 的每个有上界的非空子集具有上确界。例如,在实数理论中已经证明,实数集合对通常的"小于或等于"关系是一个有序完备集。证明:偏序集$(X, \leqslant)$是有序完备的。当且仅当对 X 的每个有下界的非空子集有下确界。

*3.9 良序集与数学归纳法

定义 3.9.1 如果一个全序集的每个非空子集总含有最小元素,则称这个全序集为良序集。

例 3.9.1 自然数 N 对通常的"小于或等于"关系 $\leqslant$ 构成的全序集$(N, \leqslant)$是良序集。

例 3.9.2 整数集 Z 对数的通常"小于或等于"关系 $\leqslant$ 构成的全序集$(Z, \leqslant)$不是良序集。因为 Z 作为本身的子集,就没有最小元素。

例 3.9.3 设 Z 为整数集。将 Z 的元素排列如下:

$$0, -1, 1, -2, 2, -3, 3, \cdots, -n, n, \cdots, \tag{1}$$

按上述序列定义 Z 上的二元关系 $\leqslant$:$\forall m, n \in Z$

$m \leqslant n$ 当且仅当 m 在(1)中不排在 n 后，

则 $\leqslant$ 是 Z 上的全序关系。全序集 $(Z, \leqslant)$ 是良序集。

例 3.9.4 所有负整数之集对通常的"小于或等于"关系 $\leqslant$ 构成的全序集不是良序集。

注意，空集是良序集，因为空集作为一个全序集，它不包含任何非空子集。

例 3.9.5 任何有限全序集是良序集。

命题 3.9.1 良序集的任一子集（作为一个全序集）仍是良序集。

〔证〕 设 $(L, \leqslant)$ 是一个良序集，$M \subseteq L$，则 $(M, \leqslant)$ 是一个全序集。对 M 的任一子集 $A \neq \varnothing$，A 也是 L 的非空子集，所以 A 有最小元素，它也是 A 对 $(M, \leqslant)$ 的最小元素。所以，M 是良序集。 〔证毕〕

命题 3.9.2 任何非空的良序集有唯一的一个最小元素。

良序集的唯一最小元素称为它的起始元素。

由例 3.9.1 到例 3.9.4 可见，一个全序集不是良序时，可以重新定义序关系，使之成为良序集。这是否是一个一般结论呢，即任一非良序集均可重新定义一个新的全序关系使之成为一个良序集吗？公理化集合论的一个主要结论之一是肯定了这个结论。

定理 3.9.1 （良序化定理） 任何一个集合都可以良序化。

这个定理的证明较长，而且需要更深入的知识。因此，略去其证明。

上面谈到的自然数集 **N** 对通常的"小于或等于关系 $\leqslant$ 构成的全序集是一个良序集，它是从自然数系的公理推出的。这里只证明自然数集是良序集与数学归纳法原理等价。

数学归纳法是数学证明的一种标准证明方法，前面已多次使用过。数学归纳法原理分为两种：简单归纳法原理和强归纳法原理。

简单归纳法原理：

假定 $S(n)$ 是关于自然数 n 的某个命题，我们要证明 $S(n)$ 对一

切自然数为真。简单归纳法原理告诉我们,只须

(i) 证明 $S(1)$ 为真;且

(ii) 证明:若 $S(n)(n \geqslant 1)$ 为真,则 $S(n+1)$ 也真。

强归纳法原理:

假设 $S(n)$ 是关于自然数 n 的一个命题,我们要证明对一切自然数 n,$S(n)$ 为真。只须

(1°) 证明 $S(1)$ 成立;且

(2°) 证明:若 $S(1),S(2),\cdots,S(n)$ 皆真,则 $S(n+1)$ 也真。

定理 3.9.2　简单归纳法原理与强归纳法原理等价。

〔证〕　设简单数学归纳法原理成立,往证强归纳法原理成立。为此,作命题 $Q(k)$:任给自然数 k,只有有穷个自然数满足

$$k_1 < k_2 < \cdots < k_j < k。$$

显然,$Q(1)$ 成立。今设 $Q(n)$ 成立,往证 $Q(n+1)$ 也成立。注意没有自然数 a 满足 $n < a < n+1$。因此,由 $Q(n)$ 为真得

$$n_1 < n_2 < \cdots < n_l < n,$$

从而可令 $n = n_{l+1}$。于是,得

$$n_1 < n_2 < \cdots < n_{l+1} < n+1。$$

由简单归纳法原理得 $\forall n \in \mathbf{N}, Q(n)$ 真。

假如强归纳法原理不成立,即若 $P(n)$ 为关于自数 n 的一个命题,$P(1)$ 为真且对任给自然 n,如果所有 $k < n$,$P(k)$ 为真,则 $P(n)$ 为真,但不是对所有 m,$P(m)$ 真。于是,$\exists n' \in \mathbf{N}$ 使之 $P(n')$ 为假。假如对 $k < n'$,$P(k)$ 真,则由强归纳法原理知 $P(n')$ 为真,这就矛盾。所以,$\exists m < n'$ 使 $P(m)$ 为假。由上面开始时已证只有有穷个自然数 $< n'$,所以可设小于 n' 且使 $P(m)$ 不真的 m 为

$$n_1 < n_2 < \cdots < n_j < n'。$$

显然 $n_1 > 1$。于是,对任何 $k < n_1$,$P(k)$ 真。由强归纳法原理得 $P(n_1)$ 为真。这与 $P(n_1)$ 为假相矛盾,因此强归纳法原理成立。

假设强归纳法原理成立,证明简单归纳法原理也成立留为读者完成。　　　　　　　　　　　　　　　　　　　　　〔证毕〕

定理 3.9.3 简单归纳法原理与自然数集 N 对通常的"小于或等于"关系 $\leqslant$ 构成良序集是等价的。

〔证〕 假设简单归纳法原理成立,往证(N, $\leqslant$)是一个良序集,即要证 N 的任一非空子集 A 有最小元素。为此,令 $P(n)$ 表示命题:对 N 的任一非空子集 A,若 $\exists\, n' \in A$ 使 $n' \leqslant n$,则 A 中有最小数。

显然,$P(1)$ 真。

假设对任给的 $m > 1$,已知 $P(k)(k < m)$ 真。显然只须讨论 A 中只含有数 $\leqslant m$ 而不含 $\leqslant k(k < m)$ 的数即可。因为否则由 $P(k)$ 为真得 A 中有最小数。但如果 A 中含一数 $\leqslant m$ 且不含 $\leqslant k(k < m)$ 的数时,则 $m \in A$,从而 m 是 A 中最小自然数。由定理 3.9.2 强归纳法原理成立,由强归纳法得(N, $\leqslant$)是良序集。

现在假设已知(N, $\leqslant$)是良序集,往证简单归纳法原理成立。为此,用反证法,即假定简单归纳法原理不成立。于是,必有一个关于自然的命题 $P(n)$,对它,$P(1)$ 成立且若 $P(n)$ 成立$(n \geqslant 1)$,则 $P(n + 1)$ 也成立。但并不是对所有 $m \in N, P(m)$ 为真。于是,有一自然数 $n' \in N$ 使 $P(n')$ 为假。令 A 为使 $P(m)$ 为假的那些自然数之集,则 A 非空。由于(N, $\leqslant$)是良序集,所以 A 中有最小自然数 n_1。由 $P(1)$ 为真,得 $n_1 > 1$,从而 $n_1 - 1 \geqslant 1$。于是,$P(n_1 - 1)$ 真。而由假设,$P(n_1 - 1)$ 真,则有 $P((n_1 - 1) + 1) = P(n_1)$ 真。这与关于 n_1 的假设相矛盾,故简单归纳法原理成立。   〔证毕〕

定理 3.9.4 (N, $\leqslant$)为良序集当且仅当(N, $\leqslant$)的任一有上界的子集 L 中有最大元素。

〔证〕 留为作业。

第四章　　无穷集合及其基数

什么是无穷？无穷之间能否比较大小？无穷有些什么特殊的性质？

本章,将利用映射,特别是利用一一对应为工具,建立可数集、连续统,并研究它们的一些性质,从而得到无穷集合的特征性质。然后,把有穷集合元素的个数的概念推广到无穷集合,建立无穷集合的基数的概念,接着建立基数的比较与基数的算术运算。从而,无穷也有"大小"或"多少"之分。最后,介绍一下集合论中的若干哲学问题,从而引出有必要建立公理化集合论。

在十九世纪下半叶,数学有了伟大的进展,其部分原因在于人们发展了数学证明的越来越有力的方法。在这些进展中,乔治·康托是那个时代的伟大智士之一,他引进了无穷集合论,对康托的无穷集合论,罗素(B. Russell,1872 – 1970)于1910年曾说:"解决了先前围绕着数学无限的难题,可能是我们这个时代值得夸耀的最伟大的工作。"在康托的无穷集合论中孕育着强有力的方法和观念,使得数学家们把无穷多元素的集合当成一个完全存在的整体,而不仅仅是潜在的存在,使得证明常常成功。

无穷与有穷有着本质的区别。"无穷"是不可捉摸的,包含着矛盾。豪斯道夫(F. Hausdorff,1868 – 1942)在他的《集合论基础》(1914年)中做了相当巧妙的描述,他勾勒了无穷集合论这门学科的特点:"在这个领域中什么都不是自明的,其真实性陈述,常常会引起悖论(paradox),而且似乎越有理的东西,往往是错的。"因此,在处理与无穷有关的问题时要特别小心,不能把有穷的规律想当然地用于无穷上。这一点,读者在数学分析中已有所体会。

因此,阅读本章时,要着重掌握无穷集合有关的一些与有穷集合不同的性质,从而深刻地体会无穷的特征。本章所使用的主要工具是一一对应,而康托创造的"对角线法"是必须掌握的证明方法。

4.1 可数集

自然数集合是最简单的无穷集合,人们对无穷集合的认识,最初也是从自然数集合开始的。对于自然数集合,人们已从集合的概念定义出"自然数",并且建立了自然数集合的公理 — 皮亚诺公理(G. Peano,1858 – 1932),并由此证明了自然数集的性质,建立了自然数集上的算术运算。限于篇幅,我们不在这里进行这项工作,而是利用这些熟知的性质展开我们的讨论,这是安全的。

以下,无特殊声明时,N 总是代表自然数集,并且 $N = \{1, 2, 3\cdots\}$。其次,我们把"无穷"与"无限"视为同义词。类似地,把"有限"与"有穷"视为同义词。在讨论中,这些词可能交替出现,希望读者能习惯。其次,如果从集合 X 到集合 Y 存在一个一一对应(即双射),则称 X 与 Y 对等,并记为 $X \backsim Y$。

定义 4.1.1 如果从自然数集 N 到集合 X 存在一个一一对应 $f: N \to X$,则称集合 X 是无穷可数集合,简称可数集或可列集。如果 X 不是可数集且 X 不是有限集,则称 X 为不可数无限集,或简称为不可数集。

注意,我们把有限集既不看成不可数集合也不看成可数集。可数集与不可数集都是对无穷集合而言的。而无穷集合,在定义 1.6.2 中定义为不是有穷集合。

由于一一对应是可逆的且其逆也是一一对应,所以 X 是可数集当且仅当存在一一对应 $g: X \to N$。

由定义 4.1.1,显然自然数集 N 是可数集。

例 4.1.1 整数集 Z 是可数集。实际上,令 $\varphi: N \to Z$,直观上对应 φ 如下:

$$
\begin{array}{ccccccccc}
1 & 2 & 3 & 4 & 5 & 6 & 7 & \cdots \\
\downarrow & \downarrow & \downarrow & \downarrow & \downarrow & \downarrow & \downarrow & \\
0 & -1 & 1 & -2 & 2 & -3 & 3 & \cdots
\end{array}
$$

用表达式表示为:$\forall\, n \in N$,

$$
\varphi(n) = \begin{cases} \left[\dfrac{n}{2}\right], & \text{如果}\ 2 \nmid n \\[2mm] -\dfrac{n}{2}, & \text{如果}\ 2 \mid n. \end{cases}
$$

不难验证 φ 是一一对应,所以 Z 是可数集。

例 4.1.2 1638 年伽里略($G.\,Galileo$,1564 – 1642)注意到正整数的平方之集 S 与 N 对等,即

$$
\begin{array}{cccccc}
1 & 4 & 9 & 16 & \cdots & n^2 & \cdots \\
\downarrow & \downarrow & \downarrow & \downarrow & & \downarrow & \\
1 & 2 & 3 & 4 & \cdots & n & \cdots
\end{array}
$$

所以,正整数平方之集 S 是可数集。

由可数集的定义及序列的定义 2.7.1 便立刻得到

定理 4.1.1 集合 A 为可数集的充分必要条件是 A 的全部元素可以排成无重复项的序列

$$
a_1, a_2, a_3, \cdots, a_n, \cdots,
$$

因此,A 可写成 $A = \{a_1, a_2, a_3, \cdots\}$。

定理 4.1.1 只不过是定义 4.1.1 的一个直观描述而已。但是,这种直观描述却十分有用。

定理 4.1.2 无限集 A 必包含有可数子集。

〔证〕 从 A 中取一个元素,记为 a_1。因为 A 是无限集,所以 $A \setminus \{a_1\}$ 仍是无限集,故可从 $A \setminus \{a_1\}$ 再取一个元素,记为 a_2。一般地,假如已得到了不相同元素 $a_1, a_2, \cdots, a_n$,那么由于 $A \setminus \{a_1, a_2 \cdots, a_n\}$ 是无限集,所以又可从 $A \setminus \{a_1, a_2, \cdots, a_n\}$ 中取一个元素,记为 a_{n+1}。如此继续下去,便得到了一个无限集合 $M = \{a_1, a_2, \cdots, a_n, \cdots\}$。显然,$M$ 是可数集且 $M \subseteq A$。   〔证毕〕

定理 4.1.3 可数集的任一无限子集也是可数集。

〔证〕 设 A 为可数集,则 A 的全部元素可以排成一个没有重复项的无穷序列

$$a_1, a_2, \cdots, a_n, \cdots。$$

设 B 是 A 的一个无穷子集。依次观上述序列,不时发现 B 的元素,按发现 B 的元素的早晚次序依次对应 N 的元素 $1, 2, 3, \cdots$。由于 $B \subseteq A$,所以 $\forall b \in B, b$ 必在上述序列中出现,从而必对应 N 中某元素。再由 B 是无穷集便知 B 是可数集合。 〔证毕〕

推论 4.1.1 从可数集 A 中除去一个有限集 M,则 $A \setminus M$ 仍是可数集。

定理 4.1.4 设 A 是可数集,M 是有限集,则 $A \bigcup M$ 是可数集。

〔证〕 因 A 是可数集,所以可设 $A = \{a_1, a_2, \cdots, a_n, \cdots\}$。令 $P = A \bigcap M$ 且 $M \setminus P = \{b_1, b_2, \cdots, b_r\}$,则 $A \bigcap (M \setminus P) = \Phi$ 且 $A \bigcup M = A \bigcup (M \setminus P)$ 的元素可排列成

$$b_1, b_2, \cdots, b_r, a_1, a_2, \cdots, a_n, \cdots$$

因此,$A \bigcup M$ 是可数集。 〔证毕〕

定理 4.1.5 设 $A_1, A_2, \cdots, A_n (n \geq 1)$ 都是可数集,则 $\bigcup\limits_{i=1}^{n} A_i$ 也是可数集。

〔证〕 因为 $A_1, A_2, \cdots, A_n$ 都是可数集,不失一般性可设它们是两两不相交且

$$A_1 = \{a_{11}, a_{12}, \cdots, a_{1n} \cdots\}$$
$$A_2 = \{a_{21}, a_{22}, \cdots, a_{2n}, \cdots\}$$
$$\cdots\cdots\cdots\cdots\cdots$$
$$A_n = \{a_{n1}, a_{n2}, \cdots a_{nn}, \cdots\}$$

则 $\bigcup\limits_{i=1}^{n} A_i$ 的全部元素可排成如下的序列

$$a_{11}, a_{21}, \cdots, a_{n1}, a_{12}, a_{22}, \cdots, a_{n2}, a_{31} \cdots$$

由定理 4.1.1,$\bigcup\limits_{i=1}^{n} A_i$ 是可数集。 〔证毕〕

定理 4.1.6 可数个有限集之并至多是可数。即若 $A_1, A_2, \cdots,$

$A_n, \cdots$ 是有限集的无穷序列,则 $\bigcup\limits_{n=1}^{\infty} A_n$ 或为有限集,或为可数集。

〔证〕　留作练习。　　　　　　　　　　　　　　　　　〔证毕〕

定理 4.1.7　设 $A_1, A_2, \cdots, A_n, \cdots$ 为可数集合的一个无穷序列,则 $\bigcup\limits_{n=1}^{\infty}$ 是可数集。即可数多个可数集之并是可数集。

〔证〕　不妨设 $A_1, A_2, \cdots, A_n, \cdots$ 是两两不相交的。由于每个 A_n 是可数集,所以可设 $A_1, A_2, \cdots$ 的全部元素可排成如下的无限表阵:

A_1 的元素排为 $a_1 \to a_{12} \quad a_{13} \to a_{14} \cdots a_{1n} \cdots$

A_2 的元素排为 $a_{21} \quad a_{22} \quad a_{23} \quad a_{24} \cdots a_{2n} \cdots$

A_3 的元素排为 $a_{31} \quad a_{32} \quad a_{33} \quad a_{34} \cdots a_{3n} \cdots$

A_4 的元素排为 $a_{41} \quad a_{42} \quad a_{43} \quad a_{44} \cdots a_{4n} \cdots$

按表中箭头所指的方向对这些元素进行排列就得到了 $\bigcup\limits_{n=1}^{\infty} A_n$ 的全部元素的一个序列。由定理 4.1.1,$\bigcup\limits_{n=1}^{\infty} A_n$ 是可数集。

若 $A_1, A_2, \cdots, A_n, \cdots$ 不是两两不相交的,则令 $B_1 = A, B_k = A_k \setminus (\bigcup\limits_{i=1}^{k-1} A_i), k = 2, 3, \cdots$。于是 $B_i \bigcap B_j = \varPhi, i \neq j, i, j = 1, 2, 3, \cdots$。而且 $\bigcup\limits_{n=1}^{\infty} A_n = \bigcup\limits_{n=1}^{\infty} B_n$。再由上证明便得 $\bigcup\limits_{n=1}^{\infty} A_n$ 是可数集。　〔证毕〕

定理 4.1.8　全体有理数之集 Q 是可数集。

〔证〕　$Q = Q_+ \bigcup Q_- \bigcup \{0\}$。显然,$Q_+ \sim Q_-$。由定理 4.1.4 及定理 4.1.5 只须证明 Q_+ 是可数集即可。我们知道,每个正有理数均可写成 p/q 的形式,其中 p 与 q 为自然数。于是,$\forall q \in N$,令 $A_q = \{\frac{p}{q} \mid p \in N\}$,则 A_q 是可数集,并且 $Q_+ = \bigcup\limits_{q=1}^{\infty} A_q$。由定理 4.1.7,$Q_+$ 是可数集。因此,Q 是可数集。　　　　　　　　　　　〔证毕〕

推论 4.1.2　区间 $[0,1]$ 中的一切有理数之集是可数集。

定理 4.1.9　设 M 是一个无限集，A 是有限或可数集，则 $M \sim M \cup A$。

〔证〕　因为 M 是一个无限集，所以由定理 4.1.2 知 M 必有一个可数子集 D。令 $P = M \setminus D$，则
$$M = P \cup D, M \cup A = P \cup (D \cup A)$$
由 $P \sim P, D \cup A \sim D$，得到 $M \sim M \cup A$。　　　　　〔证毕〕

定理 4.1.10　设 M 是一个无穷不可数集，A 为 M 的至多可数子集（即 A 有穷或可数），则 $M \sim M \setminus A$。

〔证〕　因为 M 是无穷不可数集，A 至多可数，所以 $M \setminus A$ 是无穷集。由定理 4.1.9，$M \setminus A \sim (M \setminus A) \cup A$，即 $M \setminus A \sim M$。所以
$$M \sim M \setminus A$$
　　　　　　　　　　　　　　　　　　　　　　　　　〔证毕〕

实际上，M 是无穷不可数集的假设可改为 M 是无穷集且 $M \setminus A$ 也是无穷集。

由定理 4.1.3 的推论 4.1.1 及定理 4.1.10 得到，每个无穷集必与其身的某个真子集对等。但有限集却没有此性质。于是，得到无穷集的一个正面定义：

定义 4.1.2　凡能与自身的一个真子集对等的集合称为无穷集合，或无限集合。

定理 4.1.11　设 $A_1, A_2, \cdots, A_n (n \geqslant 2)$ 都为可数集，则 $A_1 \times A_2 \times \cdots \times A_n$ 是可数集。

〔证〕　对 n 施行归纳证明之。

当 $n = 2$ 时，我们证明 $A_1 \times A_2$ 是可数集。为此，令 $A_1 = \{a_1, a_2, a_3, \cdots\}$，$A_2 = \{b_1, b_2, b_3, \cdots\}$。对 $k = 1, 2, 3, \cdots$，令 $B_k = \{(a_k, b_j) \mid j = 1, 2, 3, \cdots\}$，则 B_k 是可数集，并且 $A_1 \times A_2 = \bigcup\limits_{k=1}^{\infty} B_k$。由定理 4.1.7，$A_1 \times A_2$ 是可数集。

假设 $n = k$ 时定理成立，往证当 $n = k + 1$ 时定理也成立。为此，令 $D = A_1 \times A_2 \times \cdots \times A_k$，则由归纳假设 D 是可数集。再由 $n = 2$ 时的证明得 $D \times A_n$ 是可数集，显然，$A_1 \times A_2 \times \cdots \times A_{k+1} \sim D \times A_{k+1}$，

故 $A_1 \times A_2 \times \cdots \times A_{k+1}$ 是可数集。

因此,对一切的 $n \geqslant 2$,$A_1 \times A_2 \times \cdots \times A_n$ 是可数集。 〔证毕〕

推论 4.1.3 整系数代数多项式的全体是一个可数集。

定义 4.1.3 整系数代数多项式的根称为代数数。非代数数称为超越数。

由于每个多项式仅有有限个根,而整系数代数多项式的全体之集又是可数集,所以有

定理 4.1.12 代数数的全体是可数集。

习 题

1. 设 A 为由序列
$$a_1, a_2, \cdots, a_n, \cdots$$
的所有项组成的集合,那么 A 是否是可数集?为什么?

2. 证明:直线上互不相交的开区间的全体所构成的集合至多是可数集。

3. 证明:单调函数的不连续点的集合至多是可数集。

4. 证明:任一可数集 A 的所有有限子集构成的集族是可数集族。

5. 判断下列命题之真伪:

a) 若 $f:X \rightarrow Y$ 且 f 是满射,则只要 X 是可数集,那么 Y 是至多可数的;

b) 若 $f:X \rightarrow Y$ 且 f 是单射,那么只要 Y 是可数集,则 X 也是可数集;

c) 可数集在任一映射下的像也是可数集。

6. 设 $A = \{a_1, a_2, a_3, \cdots\}$ 是可数集。令

$$A_1 = \{a_n \mid n = 2(2t - 1), t = 1, 2, \cdots\},$$

$$A_2 = \{a_n \mid n = 2^2(2t - 1), t = 1, 2, \cdots\},$$

……

$$A_k = \{a_n \mid n = 2^k(2t - 1), t = 1, 2, \cdots\},$$

……

证明：$A_i \bigcap A_j = \varnothing, i, j = 1, 2, 3, \cdots$。

7. 设 A 是有限集，B 是可数集。证明：B^A（即从 A 到 B 的所有映射之集）是可数集。

8. 设 Σ 为一个有限字母表，Σ 上所有字（包括空字 ε）之集记为 Σ^*。证明：Σ^* 是可数集。

4.2 连续统集

上节讨论了无穷集中"最小的"集 – 可数集的性质。然而，是否存在不可数的无穷集呢？下面的定理 4.2.1 回答了这个问题。

定理 4.2.1   区间〔0,1〕中的所有实数构成的集合是不可数无穷集合。

〔证〕   区间〔0,1〕中的每个实数，都可以写成十进制无限位小数形式 $0.a_1a_2a_3\cdots$，其中每位 $a_i \in \{0, 1, 2, \cdots, 9\}$。其中某些数有两种表示形式，例如，$\dfrac{1}{2} = 0.500\cdots = 0.4999\cdots$。$1 = 0.999\cdots, 1 = 1.000\cdots$。约定每个有限位小数后均补以无限多 0，这样每个小数有唯一的十进制无穷位小数表示形式。假如定理 4.2.1 不成立，则〔0,1〕中的全体实数之集是可数集。于是，〔0,1〕中的全体实数可排成一个无穷序列

$$a_1, a_2, a_3, \cdots, a_n, \cdots。$$

每个 a_i 写成十进制无限小数形式排成下表

$$a_1 = 0. \, a_{11} \, a_{12} \, a_{13} \cdots a_{1n} \cdots$$
$$a_2 = 0. \, a_{21} \, a_{22} \, a_{23} \cdots a_{2n} \cdots$$
$$a_3 = 0. \, a_{31} \, a_{32} \, a_{33} \cdots a_{3n} \cdots$$
$$\cdots\cdots\cdots\cdots\cdots\cdots\cdots\cdots \quad (1)$$
$$a_n = 0. \, a_{n1} \, a_{n2} \, a_{n3} \cdots a_{nn} \cdots$$
$$\cdots\cdots\cdots\cdots\cdots\cdots\cdots\cdots$$

其中 $a_{ij} \in \{0,1,2,\cdots,9\}$。今构造一个新的小数 b,

$$b = 0. \, b_1 \, b_2 \, b_3 \cdots b_n \cdots,$$

每个 $b_i \in \{0,1,2,\cdots,9\}$,其定义为

$$b_n = \begin{cases} 2, 若 \ a_{nn} = 1 \\ 1, 若 \ a_{nn} \neq 1 \end{cases}, \ n = 1,2,3,\cdots.$$

显然,$b \in [0,1]$。但 $\forall \, n \in N, b \neq a_n$。可是,$b \in [0,1]$,由假设,$b$ 又必与某个 a_n 相等,这就得到矛盾。所以,$[0,1]$ 中所有实数之集是不可数无穷集合。

〔证毕〕

定理 4.2.1 的证明中,构造与 $a_1, a_2, \cdots$ 每个均不等的小数 $b = 0. \, b_1 \, b_2 \, b_3 \cdots$ 的方法称为"康托的对角线法"。其基本思想是 $b_1, b_2, b_3, \cdots$ 与表(1)中"对角线"上的元素 $a_{11}, a_{22}, a_{33}, \cdots$ 分别不相等,从而保证了 b 与每个 a_n 不等。康托创造的对角线法是一个强有力的证明方法,在函数论和计算机科学中有许多应用。在计算的复杂性理论和不可判定问题中,对角线法也是为数不多的几个重要方法之一。

定义 4.2.1 凡与集 $[0,1]$ 对等的集称为具有"连续统的势"的集,或简称连续统。

例 4.2.1 设 a 与 b 为实数且 $a < b$,则区间 $[a,b]$ 中的一切实数之集(仍记为 $[a,b]$)是一个连续统。

实际上,令 $\varphi:[0,1] \to [a,b], \forall \, x \in [0,1]$,

$$\varphi(x) = a + (b-a)x,$$

则不难证明 φ 是一个一一对应,从而 $[0,1] \sim [a,b]$。因此,$[a,b]$ 是

连续统。

由定理 4.1.10 得到

$$(a,b) \sim [0,1], [0,1] \sim (a,b], [0,1] \sim [a,b)_\circ$$

下面研究连续统的性质。

定理 4.2.2 设 $A_1, A_2, \cdots, A_n$ 是 n 个两两不相交的连续统,则 $\bigcup\limits_{i=1}^{n} A_i$ 是连续统,即 $\bigcup\limits_{i=1}^{n} A_i \sim [0,1]_\circ$

〔证〕 设

$$p_0 = 0 < p_1 < p_2 < \cdots\cdots < p_{n-1} < p_n = 1,$$

则由例 4.2.1 得到

$$A_1 \sim [0,p_1), A_2 \sim [p_1,p_2), \cdots, A_n \sim [p_{n-1},p_n]_\circ$$

由于 $A_1, A_2, \cdots, A_n$ 两两互不相交,以及

$$[0,1] = \bigcup\limits_{i=1}^{n-1} [p_{i-1},p_i) \bigcup [p_{n-1},p_n],$$

便得到 $\bigcup\limits_{i=1}^{n} A_i \sim [0,1]_\circ$ 〔证毕〕

定理 4.2.3 设 $A_1, A_2, \cdots, A_n, \cdots$ 为两两互不相交的集序列。如果 $A_k \sim [0,1], k = 1,2,\cdots$,则

$$\bigcup\limits_{n=1}^{\infty} A_n \sim [0,1]_\circ$$

〔证〕 令

$$p_0 = 0 < p_1 < p_2 < \cdots < p_n < \cdots, \lim\limits_{n\to\infty} p_n = 1_\circ$$

由于 $\forall k \in N, A_k \sim [p_{k-1},p_k)$,所以得到

$$\bigcup\limits_{n=1}^{\infty} A_n \sim [0,1]_\circ$$ 〔证毕〕

推论 4.2.1 全体实数之集是一个连续统。

推论 4.2.2 无理数之集是一个连续统。

推论 4.2.3 超越数之集是一个连续统。

为了证明连续统的更多的性质,我们需要二进制小数的概念。

记录数常用十进制,它有十个数字:0,1,2,$\cdots$,9,而逢十进一。$[0,1]$ 中的十进制小数 d 表示为 $d = 0.d_1 d_2 d_3 \cdots$,其中 $0 \leqslant d_i \leqslant 9$,

$i = 1, 2, \cdots$,其意为

$$d = d_1 10^{-1} + d_2 10^{-2} + 10 d_3^{-3} + \cdots。$$

计数系统中,所用的不同数字的个数称为该记数系统的基。因此,十进制的基为"10"。但十进制并不是表示数的唯一记数系统。在日常中还遇到 12 进制、24 进制、60 进制等记数系统。在计算机中用的是 2 进制,在这里只用两个数字:0 和 1。

级数 $\sum\limits_{n=1}^{\infty} a_n \dfrac{1}{2^n}$ 的和称为二进制小数,其中 $a_n \in \{0, 1\}$,$n = 1, 2,$ $\cdots$。这个二进制小数记为

$$0. a_1 a_2 a_3 \cdots。 \tag{2}$$

每个形如(2)的二进制小数,是区间〔0,1〕中的一个小数。反之,〔0,1〕中任一十进制小数都可写成二进制小数(2)的形式。实际上,设 $d \in \{0, 1\}$ 是一个十进制小数,令

$$d = \sum_{n=1}^{\infty} b_n 2^{-n},$$

其中 $b_n \in \{0, 1\}$,$n = 1, 2, \cdots$,则

$$2d = b_1 + \sum_{n=2}^{\infty} b_n 2^{-n+1}。$$

于是,$b_1 = [2d]$。令 $d_1 = 2d - [2d]$,则同理有 $b_2 = [2d_1]$。如此继续,就得到 $b_1, b_2, \cdots$。因此,便得十进制数 d 的二进制表示。

数 1 和 0 的二进制小数表示为

$$1 = 0.111 \cdots, 0 = 0.000 \cdots。$$

形如 $d = \dfrac{m}{2^n}$ ($m = 1, 3, \cdots, 2^n - 1$) 的十进制数,其二进制小数表示有两种形式:

$$d = 0. b_1 b_2 \cdots b_{n-1} 1000 \cdots$$

或

$$d = 0. b_1 b_2 \cdots b_{n-1} 0111 \cdots。$$

对〔0,1〕中其他十进制小数,其二进制表示是唯一的。

如果规定〔0,1〕中的每个十进制小数的二进制表示中,不允许

某位后全是 1(数 1 的二进制表示除外)的形式,则〔0,1〕中每个数都可唯一地表示成二进制小数。于是,我们得到:区间〔0,1〕与二进制小数之集是一一对应的。

定理 4.2.4 令 B 为 0、1 的无穷序列所构成的集合,则 $B \sim$〔0,1〕。

〔证〕 令 S 是从某项起其后全为 1 的无穷序列所构成的集合,则 S 是可数集。$\forall a \in B \setminus S$,令 $a = \{a_n\}_1^\infty$,其中 $a_n \in \{0,1\}$,$n = 1,2,\cdots$,则

$$\varphi(a) = 0. a_1 a_2 a_3 \cdots.$$

不难验证 φ 是从 $B \setminus S$ 到〔0,1〕的一一对应,从而 $B \setminus S \sim$〔0,1〕。因此,$B \sim$〔0,1〕。 〔证毕〕

由定理 4.2.4,我们有

定理 4.2.5 令 $S = \{f \mid f : N \to \{0,1\}\}$,则 $S \sim$〔0,1〕. 于是,若 A 为可数集,则 $2^A \sim$〔0,1〕。

〔证〕 实际上,S 就是 0,1 的无穷序列之集,即定理 4.2.4 中的 B。所以,$S \sim$〔0,1〕。

由于 $2^A \sim Ch(A)$,而 $Ch(A) = S$,所以当 A 可数时,$2^A \sim$〔0,1〕。 〔证毕〕

定理 4.2.6 正整数的无穷序列之集与区间〔0,1〕对等。

〔证〕 留为作业。 〔证毕〕

定理 4.2.7 设 A_1, A_2 均为连续统,则

$$A_1 \times A_2 \sim 〔0,1〕。$$

〔证〕 由于 $A_1 \sim$〔0,1〕,$A_2 \sim$〔0,1〕,所以 $\forall (x, y) \in A_1 \times A_2$,$x$ 对应的二进制小数为

$$0. x_1 x_2 x_3 \cdots,$$

y 对应的二进小数设为

$$0. y_1 y_2 y_3 \cdots,$$

则令 $\varphi(x, y) = 0. x_1 y_1 x_2 y_2 x_3 y_3 \cdots$。不难验证 φ 是从 $A_1 \times A_2$ 到〔0,1〕

的一一对应。因此，

$$A_1 \times A_2 \sim [0,1]。$$ 〔证毕〕

推论 4.2.1 平面上所有点的集合是一个连续统。

用数学归纳法可以证明

定理 4.2.8 若 $A_1, A_2, \cdots, A_n$ 均为连续统，则

$$A_1 \times A_2 \times \cdots \times A_n \sim [0,1]。$$

现在可以把定理 4.2.3 推广为

定理 4.2.9 设 $I \sim [0,1]$，并且 $\forall\, l \in I$，

$$A_l \sim [0,1]$$

则 $\bigcup\limits_{l \in I} A_l \sim [0,1]$。

〔证〕 不妨设，$\forall\, l, l' \in I, l \neq l'$ 时有

$$A_l \bigcap A'_l = \emptyset。$$

在平面上建立直角坐标系后，平面上的点之集与 R × R 对等，其中 R 为实数集。由于 $I \sim [0,1]$，所以 $I \overset{\varphi}{\sim} \mathbf{R}$。$\forall\, l \in I$，如果 l 对应于 $y = \varphi(l)$，则

$$A_l \sim \{(x,y) \mid x \in \mathbf{R}\}$$

即 A_l 与过 $(0,y)$ 点平行 x 轴的直线的点一一对应。于是，$\bigcup\limits_{l \in I} A_l \sim \mathbf{R} \times \mathbf{R} \sim [0,1]$。 〔证毕〕

习　题

1. 定理 4.2.2、4.2.3 的两两不相交的条件可以除去，为什么？

2. 找一个初等函数 $f(x)$，使得它是从 $(0,1)$ 到实数集 R 的一一对应。

3. 试给出一个具体函数，使得它是从 $(0,1)$ 到 $[0,1]$ 的一一对应。

4. 利用康托的对角线法证 2^A 是不可数集，其中 A 为可数集。

5. 利用康托的对角线法证明所有的 0,1 的无穷序列是不可数

集。

*6. 设 $A = B \bigcup C, A \sim [0,1]$。试证：$B$ 与 C 中至少有一个与 $[0,1]$ 对等。

*7. 定义在 $[0,1]$ 上的所有连续函数之集与 $[0,1]$ 对等。

8. 设 $A_1, A_2, \cdots$ 为集序列，每个 $A_i \sim [0,1]$，则

$$S = \{(a_1, a_2, \cdots) \mid a_i \in A_i, i = 1,2,\cdots\}$$

与 $[0,1]$ 对等。

4.3 基数及其比较

"具有连续统势的集合，比可数集合含有更多的元素。"这句是什么意思呢？是什么东西比什么东西多呢？自然是说元素的个数的多少。仔细一想，便发现，这两个集合均含有无穷多个元素，两个无穷多个东西怎么能说一个比另一个多呢？元素的个数，按通常的理解是指一个有限数，而不是无穷的。因此，"个数"的概念，在这里用得不确切，或说是没有意义了。更何况一个无穷比另一个无穷大又是什么意思呢？可是，我们的直觉与前面的定理告诉我们这句话是符合我们的看法的，但现在又说不清楚了。

之所以说不清楚，是因为在这句话中含有几个概念未加定义。于是，我们面临着以下两个任务：

1°. 推广有穷集合元素的个数的概念，使它对无穷集合也有精确的含义，这就是无穷集合基数的概念。

2°. 确定比较两个基数大小的原则。

既然基数这个概念，将是有穷集合元素个数的推广，那么在定义无穷集合的基数时，必须能使这个定义对有穷集合适合，就是有穷集合元素个数的概念。因此，我们需要先分析一下有穷集合元素个数的概念，以便得出它的本质，从而利用这个本质性质加以推广，得到"无穷集合元素个数"概念的定义，即基数的概念的定义。

有穷集合元素的个数，是用来对集合中元素进行计数的。有人会

认为,计数是数学里最基本的概念,每个人从幼儿园里开始学习并掌握了这个概念。可是,当我们进行计数时,从未停下来,认真地思考一下我们所学过的内容,到底是怎么一回事。我们以前确是这么学的,多数人永远也不会回过头,再考虑计数的本质是什么。可是,现在我们必须回过头来想一下计数的本质了。实际上,计数是一个复杂的概念,它是建立在更为基本的概念之上的。我们是通过数数($shǔ$ $shù$)来进行计数的,数数就是建立一一对应的过程。所以,计数是建立在一一对应这个更基本的概念之上的。用数数方法计数某集合元数个数,数到3就数完了全部元素时,我们就说该集有3个元素,或个数为3。不论对什么东西计数,也不管从哪个东西开始数($sǔ$),只要数完这些东西时,念出了3,我们都说个数是"3"。可是,什么是"3"呢?世界上有"3"这个东西吗?没有!有的只是具体的3个东西。例如,3个人,3本书,3个想法,3个设计方案,…。而"3"无非是一个记号或符号,它表明具有3个东西所构成的整体的共性。这个共性又是什么呢?显然,得到"3"不依赖被计数对象的属性,如"人"、"书"、"思想"、…,也不依赖这些计数对象的"次序",因为不管你从哪个对象开始,依照怎样的次序,最后得到的都是"3"。看来,这个共性就是抽去了集合元素的属性和次序后的结果。实际上,这个共性就是作为集合,它们是对等的,即它们之间元素可以配对无余。因此,"3"就是赋给对等集合中每个集合的一个共同记号。至于"3"还是用"三"、"叁"、"Ⅲ"、"three"、"mpu"没有什么关系。你看,这不正是"3"的本质吗?所以,我们有

定义 4.3.1 集合 A 的基数是一个符号,凡与 A 对等的集合都赋以同一个记号。集合 A 的基数记为 $|A|$。

除此之外,基数究竟是什么,这个问题大概是无关紧要的。重要的是它们怎样适合将要定义的"大小"关系和运算。在直观集合论中也只能讲到这个程度。至于那些符号是什么,似乎有点玄乎,但从下面的等价定义可以得到进一步理解。

定义 4.3.1′ 所有与集合 A 对等的集构成的集族称为 A 的基

数。

于是,作为 A 的基数的这个集族中的任一集 B 与 A 对等,所以这个集族也称为族中每个集合的基数。从而,定义 4.3.1 与定义 4.3.1′ 是等价的。这似乎多少说明了基数究竟是什么。

在公理化集合论中,集合的基数被视为一种很特殊的良序集,即等价于已知集的最小序数。不过,对于我们而言,定义 4.3.1 对于我们已足够用了。

集合的基数,也称为势、浓度。A 的基数也有用 $\overline{\overline{A}}$ 或 card A 表示,本书用 $|A|$ 表示。

在定义 4.3.1 中实际上已经给出两个基数相等的定义了。为更明确起见,仍给出如下的单独的定义。

定义 4.3.2 集合 A 的基数与集合 B 的基数称为是相等的,当且仅当 $A \sim B$。

上面已经建立了集合的基数的概念,从而把有穷集合元素个数的概念推广到无穷集合。于是,无穷集的元素的个数就是它的基数,有了明确的含义。在建立基数的同时,也建立了基数的相等。现在来建立比较两个基数"大小"的方法。这个方法也应适合比较两个有穷集的基数。于是,又不得不再追溯到两个有穷集合基数的比较上。我们知道,有穷集合的基数是非负整数。在这里,我们把非负整数理解为有穷集的基数。我们问:教室里的学生多呢还是椅子多呢?这可用两种方法进行。一种方法是先数一下学生的人数,例如得到 20 人。然后数一下椅子数,例如,得到 25 把椅子。由整数的比较得到 $20 < 25$,所以教室中的椅子多。只是要回答这个问题,几乎没有人按上述方法得到答案,而是按下法,更有启发性,迅速便得到答案:他迅速扫视一下教室,发现每人只坐一把椅子,没有两人共坐一把椅子,尚有空椅子。于是,他立即说椅子多。如果设学生和椅子的集合分别为 A 和 B,则这后一种方法等于说他一下就看出 A 与 B 的一个真子集对等但 A 与 B 不对等。就凭这他得到答案,难道 $20 < 25$ 不正是如此吗?

于是，我们有

定义 4.3.3 α, β 是任两基数，A, B 是分别以 α, β 为其基数的集。如果 A 与 B 的一个真子集对等，但 A 却不能与 B 对等，则称基数 α 小于基数 β，记为 $\alpha < \beta$。

我们规定：$\alpha \leq \beta$ 当且仅当 $\alpha < \beta$ 或 $\alpha = \beta$。$\beta > \alpha$ 当且仅当 $\alpha < \beta$。$\beta \geq \alpha$ 当且仅当 $\beta > \alpha$ 或 $\beta = \alpha$。

显然，

$\alpha \leq \beta$ 当且仅当存在单射 $f : A \to B$。

$\alpha < \beta$ 当且仅当存在单射 $f : A \to B$ 且不存在 A 到 B 的双射。

如果用 a 表示可数集合的基数，c 表示具有连续统的势之集的基数，则 $|N| = a$，$|[0, 1]| = c$。由定理 4.2.1，显然有 $a < c$。$a < c$ 等价说连续统的势的集合的元素，比可数集合的元素多。于是，本节开头那句话完全有意义，含义明确，完全清楚。

无穷集合的基数也称超穷数，超穷数也可以比较大小。于是，像下面这些句子是有意义的："平面上的点多还是平面上的圆多？""集合 $[0, 1]$ 比自然数集 N 无穷得厉害些。""有理数和自然一样多。"等等。

现在，我们已经有两个基数 a, c。于是，自然会问：有没有这样的基数 b 使得 $a < b < c$？换句话说就是：是否存一个集合 S，S 不是可数无穷集，但 S 有一个可数真子集，并且 S 不与 $[0, 1]$ 对等却能与 $[0, 1]$ 的一个不可数真子集等？集合论的创始人康托认为没有这样的无穷集。这就是著名的康托的"连续统假设"。对于这个问题，数学家们做了多年的努力，企图证明连续统假设成立，或证明它不成立。现在，这个问题已解决到这样的程度：1938 年哥德尔（Kurt Göder，1906 – 1978）证明了连续统假设与集合论的公理是无矛盾的，即承认连续统假设，绝不会引出矛盾。就是说，在集合论的公理下，根本不会证明连续统假设是错的。但这并不等于证明了它是正确的。1963 年柯亨（P. J. Cohen，1934 –）证明了连续统假设对集合论中的常用公理是独立的。这又表明，从集合论的常用公理出发，根本不可能证明连续统

假设是正确的。因此,1966年柯亨获得菲尔兹奖。于是,a 与 c 间是否有基数存在的问题,我们的回答是:不知道。不过,大多数数学家承认这个假设。

接着,还会提出其他一些问题。例如,无穷基数有多少?有没有最大的一个?对于这个问题,我们能做出的肯定回答是:无穷基数有无穷多个且没有最大的一个。这可由下面的定理4.3.1得出。

定理 4.3.1 (康托)对任一集合 M,$|M| < |2^M|$。

〔证〕 令 $i: M \to 2^M$,其定义为 $\forall m \in M, i(m) = \{m\}$。于是,$i$ 是 M 到 2^M 的单射,故 $|M| \leqslant |2^M|$。为了完成定理的证明,我们还必须证明:如果 $f: M \to 2^M$ 是单射,则 f 必不是满射。为此,令

$$X = \{m \mid m \in M \text{ 且 } m \in f(m)\}。$$

显然,$X \in 2^M$。现在证明 $\forall x \in M, f(x) \neq X$。实际上,如果存在 $x_0 \in M$ 有能使 $f(x_0) = X$,则若 $x_0 \in X$,那么由 X 的定义得到 $x_0 \in X$。而若 $x_0 \in X$,则再由 X 的定义得到 $x_0 \in X$。总之,$x_0 \in X$ 与 $x_0 \in X$ 分别都引出矛盾,这个矛盾便意味着不存 $x_0 \in M$ 使得 $f(x_0) = X$。因此,f 不是满射。从而

$$|M| < |2^M|。 \qquad 〔证毕〕$$

由康托定理,如果 A 是一个无穷集,则 $|A| < |2^A|$。同理,$|2^A| < |2^{2^A}|$。如此进行便知无穷基数有无穷多个。如果有一个集 M,其基数是最大的,则 $|M| < |2^M|$,从而 $|M|$ 不是最大基数,矛盾。所以,不存在最大基数。

4.4 康托 – 伯恩斯坦定理

我们已经把有穷集合元素个数的概念推广到无穷集上,这就是无穷集合的基数,也称为无限数。还建立了基数比较法则,于是无限

数之间可以较大小。我们还得到,无限数有无穷多个,没有最大的。这些工作都归功于集合论的创始人康托。在康托之前,不同的无穷集合所含的元素的个数多少,没明确区别,均含有无穷多个。现在就能区分它们之间哪一个含有更多或是否含有同样多的元素。

既然无限数(无穷基数)是有穷集合元素个数的推广,那么无限数有些什么性质呢?哪些性质与有限数相同,哪些性质又不相同?例如,在有限数大小的比较中,对任取两个有限数(非负整数)m,n,下面三个式子有且仅有一个成立:

$$m = n, m < n, m > n。$$

那么,对任两个无限数 α,β,下面的三个式子是否也有且仅有一个成立呢?

$$\alpha = \beta, \alpha < \beta, \beta < \alpha。 \tag{1}$$

对于这个问题,答案是肯定的。本节将证明(1)中的三个式子只可能有一个成立。

设 A 是一个基数为 α 的集合,B 是基数为 β 的集合。如果 $\alpha = \beta$,那么 $\alpha < \beta$ 与 $\beta < \alpha$ 都不能成立。而 $\alpha < \beta$ 与 $\beta < \alpha$ 若同时成立,则从 A 到 B 的每个单射都不是满射,而从 B 到 A 的每个单射都不是满射。我们将证明这是不可能的,从而 $\alpha < \beta$ 与 $\beta < \alpha$ 不能同时立。为此,只须证明下面的康托 – 伯恩斯坦(S. Bernstein),定理即可:

定理 4.4.1 (康托 – 伯恩斯坦) 设 A,B 是两个集合。如果存在单射 $f: A \to B$ 与单射 $g: B \to A$,则 A 与 B 对等。

这个定理有几种不同的证法。下面提供的证明,在流行的教科书中并不多见。这个证明的基本思想比较简单,直接,但有点技巧。为了证明 A 与 B 对等,只要利用单射 f 与 g 直接建立一个从 A 到 B 的一个一一对应 h 即可。为此,如果能找到一个集合 $D \subseteq A$,使得

$$g(B \setminus f(D)) = A \setminus D$$

即可。这时,$\forall x \in A$,

$$h(x) = \begin{cases} f(x), & \text{如果 } x \in D, \\ g^{-1}(x), & \text{如果 } x \in A \setminus D。 \end{cases}$$

其中 g^{-1} 是当把 g 视为 B 到 $g(B)$ 的一一对应时 g 的逆。

于是,所要找的 $D = A \setminus g(B \setminus f(D))$。但这样的子集 D 存在吗?如果 D 存在,那么 D 中的元素应该具有什么性质?显然,$P = A \setminus g(B)$ 应该在 D 中,即 $P \subseteq A \setminus g(B \setminus f(D))$。令 $\varphi : 2^A \to 2^A$,$\forall X \subseteq A$,$\varphi(X) = A \setminus g(B \setminus f(X))$,则易见 $P \subseteq \varphi(P)$。并且若 $E \subseteq A$,$E \subseteq D$,则 $E \subseteq \varphi(E)$。因此,

$$D = \bigcup_{\substack{E \subseteq A \\ E \subseteq \varphi(E)}} E 。$$

形式地,我们有

康托 - 伯恩斯坦定理的证明:设 $f : A \to B$,$g : B \to A$ 都是单射。令 $\varphi : 2^A \to 2^A$,$\forall E \in 2^A$,

$$\varphi(E) = A \setminus g(B \setminus f(E)) 。$$

易见,如果 $E \subseteq F \subseteq A$,则 $\varphi(E) \subseteq \varphi(F)$。令

$$\mathsf{D} = \{ E \mid E \subseteq A \text{ 且 } E \subseteq \varphi(E) \},$$

则 $\emptyset \in \mathsf{D}$。又令

$$D = \bigcup_{E \in \mathsf{D}} E,$$

则 $\forall E \in \mathsf{D}$,由 $E \subseteq D$ 便知 $E \subseteq \varphi(E) \subseteq \varphi(D)$,从而 $D \subseteq \varphi(D)$。于是 $\varphi(D) \subseteq \varphi(\varphi(D))$,故 $\varphi(D) \in \mathsf{D}$。因此,$\varphi(D) \subseteq D$,所以

$$D = \varphi(D) = A \setminus g(B \setminus f(D)) 。$$

令 $h : A \to B$,$\forall x \in A$,定义

$$h(x) = \begin{cases} f(x), \text{如果 } x \in D \\ g^{-1}(x), \text{如果 } x \in A \setminus D \end{cases}$$

其中 g^{-1} 是视 g 为 B 到 $g(B)$ 的一一对应时 g 的逆,易见,h 是一一对应。所以,A 与 B 相等。

〔证毕〕

推论 4.4.1 设 $f : A \to B$,$g : B \to A$ 都是单射。令 $\varphi : 2^A \to 2^A$,$\forall E \in 2^A$,

$$\varphi(E) = A \setminus g(B \setminus f(E)),$$

则 φ 在 2^A 中有一个不动点,即存在 $D \in 2^A$ 使得

$$\varphi(D) = D \, .$$

由定理 4.4.1,有

推论 4.4.2 设 α, β 是任两个基数,则下三个式子

$$\alpha = \beta, \alpha < \beta, \beta < \alpha$$

的任两个式不能同时成立。

定理 4.4.1 的换一种说法是,如果基数 α 与 β 满足 $\alpha \leqslant \beta$ 且 $\beta \leqslant \alpha$,则 $\alpha = \beta$。这正是我们所熟悉的有限基数的性质。

推论 4.4.3 如果 $A_1 \subseteq A_2 \subseteq A$,且 $A_1 \sim A$,则 $A_2 \sim A$.

〔证〕 因为 $A_1 \subseteq A_2 \subseteq A$,所以 $|A_1| \leqslant |A_2| \leqslant |A|$。再由 $A_1 \sim A$,故 $|A_1| = |A|$。从而 $|A_2| \leqslant |A_1|$。因此,$|A_1| = |A_2| = |A|$,即 $A_2 \sim A$。   〔证毕〕

推论 4.4.4 设 α, β, γ 为任意三个基数。如果 $\alpha \leqslant \beta$ 且 $\beta \leqslant \gamma$,则 $\alpha \leqslant \gamma$。这表明基数间的小于或等于关系 $\leqslant$ 是传递的。

注意,推论 4.4.2 只是说基数 α 与 β 间的如下三个式

$$\alpha = \beta, \alpha < \beta, \beta < \alpha$$

中的任两个式子不能同时成立,但并未肯定必有一个式子成立。不过确实可证明这三个式中必有一个成立。由于这个证明需要深入的知识,所以下面仅叙述出这个定理,略去证明。

定理 4.4.2 (E.Zermelo,1871 ~ 1953,策梅罗)
设 α, β 为任意两个基数,则以下三个式子

$$\alpha = \beta, \alpha < \beta, \beta < \alpha$$

中恰有一个式子成立。

非负整数作为有限集合的基数,有算术运算加法、乘法、幂运算(除 0^0)。那么无穷基数之间是否也有类似的算术运算呢?要建立基数的算术运算,使之也适合有限基数,我们还回到有限基数的算术运算上。

从集合论的角度看,两个非负整数 m 与 n 之和就是分别以 m 和

n 为基数的两个不相交集合的并集的基数。用类似的方法定义无限基数的加法时,这就与有限基数的加法一致了。

定义 4.4.1 设 α,β 是两个基数,A 与 B 是两个不相交集合,$|A|=\alpha$,$|B|=\beta$。集合 $A \bigcup B$ 的基数 γ 称为基数 α 与 β 之和,并记为 $\alpha+\beta$。

于是,$\gamma=\alpha+\beta$。

由定义,$\alpha+\beta$ 与集合 A 与 B 的选择无关。其次,当已知 $|C|=\alpha$,$|D|=\beta$,而 $C \bigcap D \neq \emptyset$ 时,可对 C,D 的元重新命名使之不相交。例如,令 $C_1 = \{a\} \times C$,$D_1 = \{b\} \times D$。显然,

$$|C|=|C_1|=\alpha, \quad |D|=|D_1|=\beta, \quad C_1 \bigcap D_1 = \emptyset,$$

于是,$\alpha+\beta = |C_1 \bigcup D_1|$。

定义 4.4.2 设 α,β 是任意两个基数,A,B 是两个集合且 $|A|=\alpha$,$|B|=\beta$,则 $A \times B$ 的基数称为 α 与 β 的积,记为 $\alpha \cdot \beta$ 或简记为 $\alpha\beta$。

显然,这个定义是有穷基数乘法的推广。在 A 与 B 为有限集时,$|A \times B|=|A| \cdot |B|$。

由于如果 $|A|=n$,$|B|=m$,则 $B^A = \{f \mid f:A \to B\}$ 的基数 m^n,即 $|B^A|=|B|^{|A|}$,所以有

定义 4.4.3 设 α 与 β 为任意两个(不同时为 0 的)基数,A 与 B 为两个集合且 $|A|=\alpha$,$|B|=\beta$,则 $B^A = \{f \mid f:A \to B\}$ 的基数称为 β 的 α 次幂,记为 β^α。对 $\alpha=0$,定义 $\beta^0=1$;而 $0^\alpha=0$。

注意,0^0 无定义。

应用 4.1 节、4.2 节的有关定理,便得到

定理 4.4.2 设 a 为可数集的基数,c 为连续统的基数,则

(1) $\forall n \in N \bigcup \{0\}$,$n+a=a$.

(2) $\forall n \in N, n \cdot a = a$.

(3) $\forall n_i \in N, i = 1, 2, \cdots, \sum\limits_{i=1}^{\infty} n_i \leqslant a$.

(4) $\forall n \in N, n \cdot c = c$.

(5) $a \cdot c = c$.

(6) $c \cdot c = c$.

(7) $2^a = c$.

(8) $(2^a)^a = 2^a$.

(9) $a^a = 2^a$.

由基数运算的定义及集合运算的性质,可以证明

定理 4.4.3 设 α, β, γ 为任意基数,则

(1) 基数的加法和乘法分别满足交换律,即

$$\alpha + \beta = \beta + \alpha, \alpha\beta = \beta\alpha.$$

(2) 基数的加法和乘法分别满足结合律,即

$$(\alpha + \beta) + \gamma = \alpha + (\beta + \gamma)$$

$$(\alpha\beta)\gamma = \alpha(\beta\gamma)$$

(3) 基数的乘法对加法满足分配律,即

$$\alpha(\beta + \gamma) = \alpha\beta + \alpha\gamma.$$

(4) 幂运算的指数性质成立:

$a) \alpha^{\beta + \gamma} = \alpha^\beta \alpha^\gamma \quad b)(\alpha^\beta)^\gamma = \alpha^{\beta\gamma} \quad c)(\alpha\beta)^\gamma = \alpha^\gamma \beta^\gamma$。

虽然基数的算术运算与非负整数的算术运算具有相同的运算规律,但是无穷基数还具有其特殊性。在定理 4.4.2 中已看到了一些。其次,对无限基数的加法不能定义其逆运算减法。例如,$a - a$ 没意义。但对有限数 $n, n - n = 0$。可是 $a - a$ 应是什么呢?如果它有意义,那么它应是一个基数 α,使得 $\alpha + a = a$。可是,这样的基数 α 可以是任何自然数 n,甚至是可数基数 a。这样,$a - a$ 没有唯一结果。所以,基数的加法无逆运算减法。类似地,也没有除法。

习　　　题

1. 试说明不能定义基数的除法。

2. 设 $\alpha_1, \alpha_2, \beta_1, \beta_2$ 都是基数，并且

$$\alpha_1 \leqslant \beta_1 \text{ 且 } \alpha_2 < \beta_2。$$

举例说明，下面两式未必能从上面两式推出：

$$\alpha_1 + \alpha_2 < \beta_1 + \beta_2, \alpha_1 \alpha_2 < \beta_1 \beta_2。$$

*3. 设 $A \sim [0,1]$，那么 A 的所有有限子集构成的集 A_0 是否与 $[0,1]$ 对等，即等式 $|\mathsf{A}_0| = c$ 成立吗？

4. 证明：$a^a = c$。

*5. $c^c = ?$

*6. 设 $|I| = \alpha$，$\{A_k \mid k \in I\}$ 是一个集族。如果 $\forall k \in I$，$|A_k| \leqslant \beta$，证明：

$$\left| \bigcup_{k \in I} A_k \right| \leqslant \alpha\beta。$$

*4.5　悖论、公理化集合论介绍

康托所处的时代正是古典分析基础面临着挑战，需要严密化的时代，应解除其"神密化"的时代。微积分的发明者牛顿（I. Newton，1642 – 1727）和莱布尼茨（G. W. Leibniz, 1646 – 1712）为微积分披上了一层神密化的面纱，他们引入了"无穷地小的量"、"最后比"、"无穷小不是零又可忽略"。他们要求的量是不为 0 且必须为 0，这是两个矛盾的任务，这是不可能的。因而受到大主教贝克莱（G. Berkely, 1685 – 1753，英国哲学家）的攻击，他指出所谓无穷小既是 0 又不等于 0，这是矛盾，是荒谬，因而作出结论说微积分没有任何合理的内容。

就今天的观点看，微积分的当时说法是有毛病，必须改正。贝克莱的攻击正说明微积分的基础不牢，从而促使当时及后来的数学家去认真思考，设法改进。但是，因为微积分有毛病，就大肆攻击，宣判微积分的死刑却是大错了。作为哲学家的贝克莱应该明白，任何一个科学出现了破绽，看起来不是十全十美的时候，正是这门科学快要飞跃发展的时候。

历史的进程正是,尽管贝克莱大主教宣判微积分的死刑,但微积分仍在迅速发展,而且在生产上有着重大的应用,理论上的毛病也得到了修正。修正后的微积分,不再使用无穷小无穷大等说法,而是把微积分的整个理论,建立在极限论之上,这便是今天的微积分。

在微积分的奠基过程中,柯西(A.Cauchy,1789 – 1857)详细而有系统地发展了极限论,戴德金(R.Dedekind,1831 – 1916)在实数论的基础上证明了极限论的基本定理,还有康托和外尔斯特拉斯(K.Weierstrass,1815 – 1897)都加入了为微积分理论寻找牢固基础的工作,发展了极限理论。于是,严格的微积分理论建立在极限理上,而极限理论的一个基本定理是建立在实数理论上。所以,微积分理论的相容性(无矛盾)问题就归结为实数理论的相容性。所以,实数理论的相容性就是数学分析的中心论题,也是数学基础的中心问题。戴特金和康托给实数的定义是以集合论为基础,所以实数理论的相容性又还原到集合论的相容性。另外,几何、代数的基础是群的概念。而群的概念(见第十二章)就是一类特殊的集。于是,几何与代数的基础就是集合论。因此,集合论的相容性是整个数学相容性的支柱。

集合论占有这样重要的地位,难怪人们都注目于它,企图证明集合论是相容的,即无矛盾。对此,人们是这样地充满着信心,以致于在1900 年巴黎的国际数学家大会上,大数学家彭加勒(H.Poincare,1854 – 1912)曾宣称:"现在人们可以说,绝对的严格已经达到了。"

但事实上,集合论的诞生与发展,却又偏偏又出现了一系列的矛盾,人们称之为悖论(paradox)。所谓悖论,从字面上讲就是荒谬的理论。当前流行的说法是,悖论是一种导致逻辑矛盾的命题。这种命题,如果承认它是真的,那么它又是假的;如果承认它是假的,那么它又是真的。又如,悖论是指这样的一个命题 A,从 A 出发,可以找到一个语句 B,然后,若假定 B 真,则可推出 B 假。而假如 B 假,则又可推出 B 真。诸如此类说法很多。但应该指出,任何一个悖论都是相对某个理论系统而言,只是有时这个理论系统没有明指或未详细建立而已。所以,有人主张采用弗兰克尔(A.A.Fraenkel,1891 – 1965)和(Y.Bar

– Hillerl)的说法,即如果某个理论的公理和推理原则上看上去是合理的,但在这个理论中却推出一个互相矛盾的命题,或者证明了这样一个命题,它表现为两个互相矛盾的命题的等价形式。那么我们就说这个理论包含了一个悖论。

康托悖论·在古典集合论中,1899 年康托本人发现了一个悖论,人们称之为康托悖论。这个悖论是这样的:我们知道,对任何集 M 有 $|M| < |2^M|$。按康托的集合概念,可以有所有集合的集合 U。由康托定理 4.3.1 得到 $|U| < |2^U|$,但 U 是所有集所组成的集合,所以对任一 $X \in 2^U$,X 是一个集合且 $X \subseteq U$,从而 $X \in U$。因此,$2^U \subseteq U$,所以 $|2^A| \leq |U|$,矛盾。这就是康托悖论,也叫做最大基数悖论。

康托悖论并未引起人们的注意,一则由于康托对此不加公开,二则也并不引起知情的数学家不安,认为这仅仅涉及到集合论中一些较为专门的技术性问题。例如,涉及较多的概念:集合、子集、幂集、基数及其比较等。人们认为可能是由于某些中间环节技术处理得不恰当所引起的。人们希望可能从中找出补救办法,对一些定理的证明作些调整和修改,便可解决问题。

罗素悖论·罗素仔细分析了康托提出的"集合"这个概念:康托说"把一定的且彼此可以明确区分的东西 – 东西可以是直观的对象,也可以是思维的对象 – 放到一起,叫做集。"发现集合可以分为两种:

第一种集是:集合本身不是自己的元素($M \in M$)。

第二种集是:集合本身是自己的一个元素($M \in M$)。

例如,一切概念的集合;一切无穷集合的集合,它们都是第二种集。看来,按康托给出的集合概念,考虑集合是自身的一个成员的集合,并非荒谬。

凡集,不是第一种就是第二种,两种集彼此可明确识别。由康托的集合概念,第一种集合的全体组成一个集合 Q。于是,Q 是第一种集合还是第二种集合呢?如果 Q 是第一种集,则 $Q \in Q$,即 Q 是 Q 的成员。可是，Q 是 Q 的一个成员这不正是表明 Q 是第二种集吗？从而 $Q \in Q$，矛盾。如果 Q 是第二种集，则 $Q \in Q$，即 Q 是 Q 的成员，则按 Q 的定义知 Q 不是 Q 的成员，即 $Q \in Q$，矛盾。这样，Q 既不是第一种集又不是第二种集合，这就矛盾。这个矛盾就是罗素发现的"集合论是自相矛盾的"，即罗素悖论。

这个悖论是罗素在 1902 年发现的，它只涉及集合论的基本概念，清晰明确不容辩驳，因而相当初等。这个消息一传出，震动了整个数学界和西方国家的哲学界，使许多数学家大惊失色。因为集合论的基础和根本理论领域中出现悖论，这表明集合论的基础还未奠定，从而数学怎能安如磐石呢？不但如此，悖论对演绎逻辑推理也提出了问题，只要把罗素悖论从形式上稍加改变，就可以在逻辑上得出矛盾。

悖论在哲学著作中很早就发现了，远古流传下来的并不少。一些非数学的例子如下：

例 4.5.1 "所有的法则皆有例外"。而这个陈述作为一个法则必有其例外。因此，存在一个没有例外的法则。这一类陈述是指向自身并否定自身的。

例 4.5.2 "上帝是全能的，全能就是胜过一切"。试问这个句子的真、假如何？设其为真，则可问："上帝能否创造一个对手来击败上帝？"如果能，则上帝并非全能。如果不能，则说明上帝还有做不到的事情。总之，不论真还是假，均导至上帝全能这句话为假。但假定这句话为假，并不导至任何矛盾，全能的上帝本来就不存在。

虽然这个例子并不构成悖论，但却指明了一个逻辑推理，即当否定者自身被包含在被否定的对象中时，则否定者必然走向它的反面。

例 4.5.3 "这个命题是错的。"我们用 S 来表示这个命题。于是，如果 S 为真，则 S 为假；如果 S 为假，则 S 又为真。

例 4.5.4 考虑下面的定义："用少于一百个汉字所不能定义的自然数中的最小者。"记这个句子为 S。我们知道，汉字是有限的，用少于一百个汉字所能定义的自然数，其个数也是有限的。所以，有很多自然数是不能用少于一百个汉字定义的。在这些不能定义的自然数中必有一个最小的。这个最小的自然数却能用少于一百个汉字定义。因为语句 S 只有 22 个汉字并且定义了这个最小自然数。这又出现了矛盾。

例 4.5.5 伽里略发现平方数与自然数一一对应,而得到与"全体大于部分"原则相矛盾。历史上称为咖里略悖论。

实际上,咖里略悖论并不是悖论。全体大于部分原则是一个直观原则,是从有限数量的事物关系中抽象出来的,不适用无穷集合。这种由历史的局限性而得到的所谓悖论,当引入新概念,精确化后一切就清楚了。

历史上虽然有许多悖论,为什么以前人们不因这些悖论而震惊,而现在却大为震惊呢?以前的悖论都依赖于具体事实,悖论的出现只表明所假定的事实不能出现、是幻想,与逻辑与数学无关。

但是,康托悖论,特别是罗素悖论,产生于初级理论水平之中,并涉及两门严谨的科学 – 数学和逻辑学。在数学中经常使用下列过程:任给一个条件,满足这个条件的一切个体必组成一个集合。只要承认这个过程,那么罗素悖论便会发生。如要不承认这个过程,数学中经常使用的方法就要改变,这将产生巨大的影响。

那么问题的毛病出在何处呢?罗素悖论只涉及集合的概念,看来康托的集合概念蕴含着矛盾。数学先驱们分析了悖论,并给出了各自的看法。有的认为悖论的出现在于使用了太大的集合;也有的认为不在于出现太大的集合,而在于这些太大的集合用作其他集合的元素或自身的元素,所以防止太大的集合作为别的集合的元素,特别要防太大的集合作为自身的元素;有的则认为悖论的出现在于恶性循环,即被定义的东西已渗入到它的定义里去了。虽然并未得出一致的意见,但有一点看来比较一致,即康托的概括原则的那种任意造集应加以限制。

为了消除悖论,人们建立集合论的公理系统,在保留概括原则中之合理因素前提下,对造集的任意性加以限制。在公理集合论中已出现的悖论都消掉了。

在公理系统中,只承认按系统中公理所允许的限度内构造出来的集合才是集合,凡是超出系统中的公理所允许的限度而构造出来的集合概不承认是集合。特别是所有的集合的集合不被该系统承认为集合。1908 年策莫洛建立了他的集合论公理系统,后来弗兰克尔等人在 1921 – 1923 年间给出严格的解释和改进,形成了今天著名的 ZF 系统。加上选择公理,便是 ZFC 系统。ZFC 的非逻辑公理叙述如下。在这里我们强调是这些公理的非形式化的自然语言的表达方式,而不是其逻辑公式表示,以期对这一系统的基本原则有概略了解,对每一条公理有一定的理解。

外延性公理　如果两个集合有完全相同的元素,则它们相等;

$$\forall A \forall B [\forall x(x \in A \Leftrightarrow x \in B) \Rightarrow A = B]$$

空集公理　存在一个不含任何元素的集合:

$$\exists \emptyset \forall x(x \in \emptyset)$$

对公理　对任何集合 u 和 v,存在一个集合恰以 u 和 v 为元素的集合:

$$\forall u \forall v \exists B \forall x(x \in B \Leftrightarrow x = u \text{ or } x = v)$$

并集公理(初级形式)　对任何两个集合 a 和 b,存在一个集合,它的元素或者属于 a 或者属于 b(或者属于两者)的集合:

$$\forall a \forall b \exists B \forall x(x \in B \Leftrightarrow x \in a \text{ or } x \in b)$$

幂集公理　对任何集合 a 存在一个集合,它的元素恰好是 a 的所有子集:

$$\forall a \exists B \forall x(x \in B \Leftrightarrow x \subseteq a)$$

只要愿意,这里的" $x \subseteq a$ "可以改为 $\in$ 的定义形式

$$\forall t(t \in x \Rightarrow x \in a)$$

我们还需要并集公理(初级形式)的改进形式,以便知道存在一个集合,它恰好包含 A 的元素的元素全体。

并集公理　对任意的集合 A,存在一个集合 B,它的元素正好是

A 的元素的元素：

$$\forall x[x \in B \Leftrightarrow (\exists b \in A)x \in b]$$

子集公理　对每个不包含 B 的公式____，下式是公理

$$\forall t_1 \cdots \forall t_k \forall c \exists B \forall x(x \in B \Leftrightarrow x \in c\& \ \_\_\_\_)$$

若用汉语叙述，这个公理断言：对任何的 $t_1, \cdots t_k$ 及 c 存在这样的一个集合 B，B 的元素正好是 c 中所有使公式____成立的那些集合 x。于是，自然得到 B 是 c 的子集的结论（子集公理之名由此而来）。集合 B 由 $t_1, \cdots, t_k$ 和 c 唯一确定，并可抽象地记为

$$B = \{x \mid x \in c \text{ 且 } \_\_\_\_\}$$

这条公理保留了康托利用概括原则构造集合的合理因素，并限制只能利用已知的集合去分出集合，从而避免导至太大的集合。

为了证明存在无穷多个元素的集合，我们要有无穷公理。为此，先定义归纳集合。

定义 4.5.1　对任何集合 a，它的后继 a^+ 定义为

$$a^+ = a \bigcup \{a\}$$

当且仅当 $\emptyset \in A$ 且在后继下封闭，即

$$(\forall a \in A)a^+ \in A$$

时，称 A 是**归纳集合**。

无穷公理　存在归纳集合：

$$(\exists A)[\emptyset \in A\&(\forall a \in A)a^+ \in A]$$

利用无穷公理，我们能定义自然数集合。于是，自然数集合是公理系统中的合法集合。再由幂集公理得到实数集的合法性，而子集公理保证了实数集中满足某性质 P 的元素组成的子集是系统的合法集合。所以，只要 ZFC 系统是相容的，则微积分是无矛盾的。

代换公理　对任何不包含字母 B 的公式 $\varphi(x,y)$，下述公式是公理

$$\forall A[(\forall x \in A) \forall y_1 \forall y_2(\varphi(x, y_1)\&\varphi(x, y_2) \Rightarrow y_1 = y_2)$$

$$\Rightarrow \exists B \forall y(y \in B \Leftrightarrow (\exists x \in A)\varphi(x, y)).$$

此公理的公式之前件是说对 A 的每个元素 x 存在一个唯一的 y 使得 $\varphi(x,y)$ 为真。如果这个前件为真,则代换公理断言存在集合 B,它恰好是由 A 中的每个 x 所对应的那 y 组成的集合,即用 x 的对应元素 y 代替 x 而得到 B。

正则公理 每个非空的集合 A 都存在着一个元素 m 使得 $m \bigcap A = \emptyset$:

$$(\forall A \neq \emptyset)(\exists m \in A)m \bigcap A = \emptyset$$

上述九条公理构成了 ZF 系统。这些公理并不是独立的。例如,可以删去对公理和子集公理,它们可以由其他公理推出。但由于使用起来方便,所以也列入公理表中。

如果在 ZF 系统中再加入选择公理就构成了 ZFC 系统。

选择公理 令 A 是这样的一种集合:

(a)A 中的每个元素是非空集合;

(b)A 的任两个不同元素是不相交的。

那么存在集合 C 使得 C 恰好包含 A 的每个元素中的一个元素,即 $\forall B \in A, C \bigcap B$ 是某个 x 的单元素集 $\{x\}$。

人们希望证明 ZFC 系统无矛盾,从而严格的微积分理论就能在 ZFC 系统上建立起来了。但是,ZFC 系统的无矛盾性至今未得到证明。因此,至今仍不能保证在 ZFC 系统中今后不会出现悖论。不过,在 ZFC 系统中已能排除已经发现的悖论,至今尚未发现其他悖论。对此,庞卡莱(H.Poincar'e,1857 - 1912)指出:"我们设置栅栏,把羊群围住,免受狼的侵袭,但是很可能在围栅栏时就已经有一只狼被围在其中了。"

在 ZFC 系统中,外延公理和正则公理用来刻划集合的性质的,而其余各公理是断定集合的存在公理。其中选择公理并未给出构造新的集合的具体方法,只是断定其存在,并且未必唯一。对于选择公是否可以接受的问题,数学界有过很大的争论,因而引起了许多关于它在现代数学的逻辑构成内所占有的实际地位的研究。策莫洛的选择公理中并未指明如何构造新的集合 C,这个问题可以不考虑。问题是

假设 C 存在,在以后的逻辑推导中,是否会产生矛盾,这是问题的关键。因为 C 还没有构造,那么怎样判断一物是否属于 C 呢?因此,一些学者不同意承认 C 是一个数学对象。然而,如果不承认选择公理,那么关于数学分析的若干基本定理便不能得到证明。在证明任一个无穷集必有可数无穷子集时,我们就已利用了选择公理了。另一方面,若承认选择公理,则又能证明个"怪"定理,如巴拿赫 - 塔斯基(Banach,1892 - 1945;A.Tarski)分球定理。不过,在近代的数学研究中,大量使用选择公理。

习 题

下面的一些习题是一些著名的非数学悖论的例子,供读者分析研究。有些不构成现代意义下的悖论,但仅由它为真可导致它为假这一点,就足以使人惊奇。

1. 公元前六世纪,克里特哲学家(Epimenides)发现了一个实际没有构成悖论的悖论。其原始命题为:一个克里特人说:"所有的克里特人所说的每一句话都是谎话。"试问这句话是真是假。

2. 1919 年罗素把他的悖论通俗化如下。某一村落中的一个理发匠,他只替村中所有不给自己理发的人理发,到底他是否替自己理发?

3. 荷兰的每个市区都有一个市长而且没有两个市具有同一个市长。有时可以该市长不是该市的居民。假设通过了一个法律,指定一个特别地区 S 专供这些非居民的市长居住,并强迫所有的非居民市长住那里。

又假设非居民市长有这么多使得 S 区又须成一个市区。试问 S 的市长须住在那里?

4. 古代有"鳄鱼难局",说一条鳄鱼偷了一个孩子,鳄鱼允许把孩子还给他的爸爸,如果他对鳄鱼将归还孩子与否这个问题猜得正确。那么,孩子的爸爸将如何回答呢?

5. 一个旅行者到生番中。他们给他一个机会说一句话,条件是,如果他的话真确他将被煎,如果他的话不真,他将被烤。问这个人应该怎样说呢?

6.(哥德尔)在1934年5月4日,A做单一陈述:"A在1934年5月4日所说的每一句话都是假的。"那么这个陈述是真的还是假的?

7. 有这样的两个句子:"后一句话是错的,前一句话是对的。"这会产生怎样的结果呢?

8. 假设哈工大图书馆编辑一本图书目录作为该馆图书之一,其中专门记载该馆的所有不记载自己的图书。那么,该图书目录是否应该记载自己呢?

9. 小说"康吉诃德传"中提到一个小岛,那儿有条奇怪的法律。警卫询问每位游客:"你为什么来这儿?"如果游客说的是实话,那就没事,如果说的假话,他会被吊死。为了不被吊死,游客应该怎样回答呢?

* 第五章　　模糊集合论

本章讨论近 30 多年来发展起来的模糊集合理论的初步知识：模糊集合概念的产生及其定义、模糊集合的运算、模糊映射及模糊关系、模糊集的分解定理、模糊集理论的应用。

5.1　引　　言

数学是各门科学、技术、生产建设以至日常生活中不可缺少的有力武器。数学是通向一切科学大门的钥匙，不仅精确科学，如物理学、力学、化学已越来越需要较深的数学，甚至过去以描述为主与数学关系不大的生物学、经济学等，也处于日益"数学化"的过程。正象马克思早就指出的那样，"一切科学只有在成功地运用数学时，才算达到了真正完善的地步。"

伽里略说："如果不理解它的语言，没有人能够读懂宇宙这本伟大的书，它的语言就是数学。"几个世纪以来，经典数学在处理理论力学、量子力学、电动力学等物理问题中取得了巨大成就。长期以来，人们在处理特别复杂的系统，如生物系统、经济系统时，往往感到用经典数学给系统建立的数学模型太粗糙，不切实际。因此，只能给出粗糙的定型描述，无法进行定量处理。其原因在于经典数学的精确性与现实世界的不精确性之间存在着很大的矛盾。

我们知道，近代数学的基础是集合论。通常的集合论是以二值逻辑为基础的。集合是用来描述具有某种性质的一些事物的全体，因此是用来描述概念的外延。一事物，要就符合这个概念，要就不符合，反映在集合上就是，一个元素要就是该集的一个元素，要就不是，不能有第三种可能。这就是它的二值性，也是经典集合论的局限性。经典集合论把一个活生生的内容丰富的事物，抽象成仅对其集合属于与不属于的关系,事物之间的差异也仅仅在于此,其他的一切差异全被舍去。同一个集合的两个不同元素仅保留了其不同的区分性而无其他差异。因此,经典集合,乃至经典数学对现实世界的反映是粗糙的,简化得太大了,不能反映事物发展阶段。这就是经典数学给复杂的现实系统建立数学模型往往不切实际的一个重要原因。

在现实世界中,许多系统是非常复杂的,要想确切地描述这个系统就很复杂,以至无法解决。因此,必须在简单性与确切性之间作一个合适的折衷。这就要求我们在一些时候放弃精确性的描述,随之加入模糊性,模糊概念。实际上,在人的实际思维中,大量地使用模糊概念进行推理,而结果却得到了精确思维。于是,提供一种数学工具,以便用来描述这种"模糊概念"并成为数学的研究对象,为之建立一套数量化方法和理论系统,以便人们用它模拟人脑的模糊推理方法。那时,对模拟人们生活中的社会系统、生物系统、人机系统等等将起很大的作用。

本章所要介绍的模糊集合,就是为此提供了一种工具和方法。这只是其中的一种方法,是否还有其他方法,是值得进一步探讨的。应该注意的是,建立在模糊集合概念上模糊数学不是什么模模糊糊的数学,而是用数学方法去研究模糊现象、模糊概念,吸取人脑在对复杂现象进行识别和判决的特点,形成一种更加灵活而简洁的处理方法。由于我们是用数学的方法来研究模糊现象,所以这里的一切概念和运算仍是严格的、精确的。

模糊集合的概念是美国控制论专家 L. A. Zadeh 于 1965 年首先提出来的,逐渐形成了模糊数学这个分支,至今已有 34 年的历史了。由于这个学科刚刚兴起,还很不成熟,很多问题还不清楚,正等待着我们去发现它,改进和完善它。尽管如此,这门科学从它诞生起,就因获得日益广泛的应用而具有强大的生命力,这门学科就目前看,应用的范围主要是信息处理、模式识别、图象处理、情报检索、天气预报、人机系统、医疗系统、人工智能、控制论、专家系统、神经网络、生物学、心理学、语言学、信息通信、管理科学、经济学、社会学等等。

本章介绍的内容,无论在理论上和应用上都是最基本的必须知识。

5.2 模糊(Fuzzy)子集的概念

确切的概念,有确切的含义,即一类对象的本质属性。具有这种本质属性的对象的全体就称为这个概念的外延。因此,概念的外延是集合。一个对象,要就具有这种本质属性,要就不具有,不能有第三种可能。反映在集合上,就是一个元素对一个集合而言,是属于或不属于该集,不可兼得。

但日常生活的一些问题里,一些概念缺乏这种明确性,不能用一种明显定义准则,来规定一个对象对某个概念是否符合。这种概念,我们称之为"模糊概念"。例如,"高个子的男人"、"胖女人"、"大雨"、"充分大的数"、"老年人"、"青年人"等等,都是模糊概念。我们没有一个共同的标准来规定多高的男人才算高个子的男人。因此,用经典数学中的集合概念来描述"高个子的男人"这个概念的外延,就实必硬性规定一个标准,例如,1.80 米及以上的男人才算高个子的男人。那么当用 H 表示用这个标准规定的高个子男人的集合时,一个 1.80 米的男人与一个 1.79 米的男人就截然不同,前者在 H 中,后者不在 H 中。而一个 1.65 米的男人与一个 1.79 米的男人对 H 处于同一个"状态"。这样一来,本来一个 1.79 米的男人与一个 1.80 米的男人在身高上差异很小,现在却拉大了。而一个 1.65 米的男人与一个 1.79 米的男人在身高上差异很大,而相对于集合来说,这个很大的差异却消失了。从这里可以看到,如果在某门科学上出现这种情况,建立起来的数学模型肯定不切实际。这种不能保留对象间对概念的符合程度的差异,舍弃了对象的全部其他信息,太粗糙了,不能正确地描述模糊概念或模糊现象。

上述这种硬性规定的标准,并不是大家共同接受的。实际上,人脑中并没有这样的一个标准,也不能正确反映人们对这一概念的思维。虽然没有一个标准,但人脑能在不同情况下,根据身高的程度作出合理的判决。实际上,对一个模糊概念而言,某个对象符合这个概念的情况,在人们的心目中自然地都对应于一个符合这个概念的程度,它刻画了对象的差异,因而保留了更多的信息,实际上就更准确反映现实。这样,模糊概念就没有明确的外延,有的是事物对概念的符合程度,它反映了事物一种"状态",而模糊概念不能把事物区分为只有两种状态,所以不能用经典集合表示。要描述它,必须推广集合的概念。

尽管我们还不知模糊集合这个概念是什么,但是由上面的分析可知,即将建立的模糊集合这个概念,应该反映出对象对它的隶属程度。当然,用一个数来刻画是最方便的,这个数的大小,就是隶属程度的大小。其次,由于精确概念是模糊概念的一个极端情况,所以经典集合应是即将定义的模糊集这个概念的特殊情况。而由于在经典集合论中,若 X 是一个集合,则 X 的子集与它特征函数之间有一一对应关系,即 $2^X \sim Ch(X)$。X 的子集 A 可用 A 的特征函数 $\chi_A : X \to \{0, 1\}$ 来表示,其中

$$\chi_A(x) = \begin{cases} 1, 若\ x \in A, \\ 0, 若\ x \in X \setminus A \end{cases}$$

如果 $\chi_A(x) = 1$,则表明 $x \in A$;若 $\chi_A(x) = 0$,则表明 $x \notin A$。而模糊集合这个概念,就是要突破这种绝对属于与不属于关系,允许有中间状态。于是,推广特征函数的概念,允许函数在 0 与 1 间取值,以表示对象符合某概念的程度,这就成为自然的了。

在经典集论中,$2^X \sim Ch(X)$,2^X 与 $Ch(X)$ 可视为等同的,而 2^X 是直观的图式模型,$Ch(X)$ 是作为函数空间模型。如果我们用 $\mathsf{F}(X)$ 表示关于 X 中对象的一切模糊概念之集合,而从 X 到 $[0,1]$ 的一切函数之集记为 $CH(X)$,则假定 $\mathsf{F}(X) \sim CH(X)$。于是,我们有

定义 5.2.1 设 X 是一个(分明的,或经典的)集合。一个从 X 到 $[0,1]$ 的映射 μ,称为确定了 X 的一个模糊子集 $\underset{\sim}{A}$。称 μ 为 $\underset{\sim}{A}$ 的程度函数,$\underset{\sim}{A}$ 的程度函数 μ 常记为 $\mu_{\underset{\sim}{A}}$。

以后,凡说模糊集合均指模糊子集。而模糊子集总是某个分明集合的模糊子集。由此,可以看出,研究模糊集合,就是研究函数 $\mu_A : X \to [0,1]$,给函数值 $\mu_A(x)$ 作解释:x 属于(符合)模糊集合(概念)$\underset{\sim}{A}$ 的程度为 $\mu_A(x)$,这只是一种(直观)解释,是一个语义问题。

显然,当 μ_A 只取0或1作为函数值时,μ_A 就是 X 的子集的特征函数,而模糊子集 $\underset{\sim}{A}$ 就是经典集合 X 的分明子集,表示某确切概念的外延。所以模糊子集是 X 的经典子集概念的推广。

模糊集是模糊数学的基础,查德在第一次提出模糊集概念时有这么一段话:"模糊集的概念,为概念的结构提供了适宜的起点,在许多方面,概念的结构类似于普通集合所使用的概念结构,但是前者比后者更为普遍,并且可以有力地证明它具有比较宽阔的适用范围,特别是在图象分类和信息加工领域里。本质上说,这样的结构为处理一些问题提供了自然的方法,在这些问题里不明确的原因与其说是随机变量的出现,不如说是缺乏类隶属的明显的定义准则。"

如同 X 的一个经典子集 A 可表示为

$$\{(x, \chi_A(x)) \mid x \in X\}$$

一样,一个从 X 到 $[0,1]$ 的映射 μ 所确定的 X 的模糊子集 $\underset{\sim}{A}$ 可表示成

$$\{(x, \mu(x)) \mid x \in X\}。$$

于是,X 的一个模糊子集 $\underset{\sim}{A}$ 就是 $X \times [0,1]$ 的一个子集,$\forall x \in X$,有唯一的数 $y \in [0,1]$ 使得 $(x, y) \in \underset{\sim}{A}$。

如何具体定义程度函数 μ 不是我们的任务,这是具体问题,是应用的问题,要视具体情况具体分析。

例 5.2.1 设 $X = \{1, 2, \cdots, 9\}$,则 X 的"大体与5接近的数"是 X 的模糊子集 $\underset{\sim}{A}$,$\underset{\sim}{A}$ 可表示为

$$\underset{\sim}{A} = \{(1,0),(2,0),(3,0.4),(4,0.8),(5,1),$$
$$(6,0.8),(7,0.4),(8,0),(9,0)\}。$$

显然,$\underset{\sim}{A}$ 的程度函数 μ_A 为

$$\mu_A(1) = \mu_A(2) = \mu_A(8) = \mu_A(9) = 0,$$

$$\mu_{\underset{\sim}{A}}(3) = \mu_{\underset{\sim}{A}}(7) = 0.4, \mu_{\underset{\sim}{A}}(4) = \mu_{\underset{\sim}{A}}(6) = 0.8,$$

$$\mu_{\underset{\sim}{A}}(5) = 1。$$

当然,程度函数的值是主观确定的。

例 5.2.1 设 N 是自然集,N 的"远大于 10"的模糊集 $\underset{\sim}{A}$,其程度函数可定义为

$$\mu_{\underset{\sim}{A}}(x) = \begin{cases} (1 + \dfrac{10^2}{(x-10)^2})^{-1}, & x > 10, \\ 0 & , x \leqslant 10。 \end{cases}$$

这个函数在某些点的值为

$$\mu_{\underset{\sim}{A}}(10) = 0, \mu_{\underset{\sim}{A}}(50) = 0.6, \mu_{\underset{\sim}{A}}(100) = 0.9。$$

即大于 100 的自然数,大体上基本是远大于 10 的自然数。

例 5.2.3 "高工资"是 $X = (0, 20000)$ 的一个模糊集 $\underset{\sim}{A}$,其中 X 中每个数代表职工的工资数(元)。我们不给出 $\mu_{\underset{\sim}{A}}$ 的公式,在某些点上的值,就目前来看,如下是合理的:

$$\mu_{\underset{\sim}{A}}(300) = 0.1, \mu_{\underset{\sim}{A}}(400) = 0.13, \mu_{\underset{\sim}{A}}(500) = 0.19,$$

$$\mu_{\underset{\sim}{A}}(600) = 0.25, \mu_{\underset{\sim}{A}}(700) = 0.30, \mu_{\underset{\sim}{A}}(800) = 0.35,$$

$$\mu_{\underset{\sim}{A}}(900) = 0.4, \mu_{\underset{\sim}{A}}(1000) = 0.45, \mu_{\underset{\sim}{A}}(1500) = 0.5$$

$$\mu_{\underset{\sim}{A}}(8000) = 0.89, \mu_{\underset{\sim}{A}}(10000) = 0.92, \cdots$$

程度函数的选取是主观的,主要根据对具体问题的了解程度、统计资料来确定。对于应用来说,选择一个合适的程度函数是重要的,但没有一个一般方法供应用。

模糊子集将成为数学的研究对象,那么就应研究它们之间的联系,这种联系实际上反映了糊糊概念或模糊现象之间的联系。由经典集论知道,集合间的基本关系是相等与包含关系。那么应该怎样定义两个模糊集的相等与包含关系呢?由于模糊集是经典集概念的推广,所以在定义模糊子集的相等与包含关系时,经典集合间的相等、包含关系应是模糊子集间的相等、包含关系的特例。其次,考虑到模糊子集是由程度函数确定的,而程度函数是经典子集的特征函数的推广。

所以,由经典集论中,$A = B$ 当且仅当 $\chi_A = \chi_B$,及 $A \subseteq B$ 当且仅当对每个 $x \in X$ 有 $\chi_A(x) \leqslant \chi_B(x)$,便得到如下的定义:

定义 5.2.2 设 $\underset{\sim}{A}, \underset{\sim}{B}$ 是 X 的两个模糊子集,其程度函数分别为 $\mu_{\underset{\sim}{A}}, \mu_{\underset{\sim}{B}}$。如果 $\forall x \in X$,

$$\mu_{\underset{\sim}{A}}(x) = \mu_{\underset{\sim}{B}}(x),$$

则称 $\underset{\sim}{A}$ 与 $\underset{\sim}{B}$ 相等,记为 $\underset{\sim}{A} = \underset{\sim}{B}$。如果 $\forall x \in X$,

$$\mu_{\underset{\sim}{A}}(x) \leqslant \mu_{\underset{\sim}{B}}(x),$$

则称 $\underset{\sim}{A}$ 包含在 $\underset{\sim}{B}$ 里,记成 $\underset{\sim}{A} \subseteq \underset{\sim}{B}$。

至此,我们建立了模糊集合的概念,定义了模糊集合的相等、包含关系。这些概念是用程度函数来定义的。其次,我们还提出了一个原则,即在建立模糊集间的某些关系和概念时,应当使经典集论中的相应概念为其特例。以下将遵循此原则,建立模糊集的理论。

5.3 模糊集的运算

模糊集的运算类似于经典集论中集合的运算。

模糊集的并运算 设 X 是一个集合,令

$$F(X) = \{\underset{\sim}{A} \mid \underset{\sim}{A} \text{ 为 } X \text{ 的模糊子集}\}.$$

定义 5.3.1 设 $\underset{\sim}{A}, \underset{\sim}{B} \in F(X)$ 其程度函数分别为 $\mu_{\underset{\sim}{A}}, \mu_{\underset{\sim}{B}}$。由程度函数

$$\mu(x) = \max\{\mu_{\underset{\sim}{A}}(x), \mu_{\underset{\sim}{B}}(x)\}, x \in X$$

所确定的 X 的模糊子集称为 $\underset{\sim}{A}$ 与 $\underset{\sim}{B}$ 的并,并且记为 $\underset{\sim}{A} \cup \underset{\sim}{B}$。

易见,$\underset{\sim}{A} \cup \underset{\sim}{B}$ 是包含 $\underset{\sim}{A}$ 与 $\underset{\sim}{B}$ 的最小模糊集。

例 5.3.1 设 $X = \{a, b, c, d, e\}$,而

$$\underset{\sim}{A} = \{(a, 0.2), (b, 0.3), (c, 0.5), (d, 0.8), (e, 0.1)\}$$
$$\underset{\sim}{B} = \{(a, 0.1), (b, 0.7), (c, 0.4), (d, 0.1), (e, 0.9)\},$$

则

$$\underset{\sim}{A} \cup \underset{\sim}{B} = \{(a, 0.2), (b, 0.7), (c, 0.5), (d, 0.8), (e, 0.$$

9)\}。

模糊集的交运算

定义 5.3.2 设 $\underset{\sim}{A}, \underset{\sim}{B} \in F(X)$,由程度函数

$$\mu(x) = \min\{\mu_A(x), \mu_B(x)\}, x \in X$$

确定的 X 的模糊子集称为 $\underset{\sim}{A}$ 与 $\underset{\sim}{B}$ 的交,并记为 $\underset{\sim}{A} \bigcap \underset{\sim}{B}$。

易见,$\underset{\sim}{A} \bigcap \underset{\sim}{B}$ 是同时包含在 $\underset{\sim}{A}$ 与 $\underset{\sim}{B}$ 中的最大模糊子集。

例 5.3.2 在例 5.3.1 中,$\underset{\sim}{A}$ 与 $\underset{\sim}{B}$ 的交

$$\underset{\sim}{A} \bigcap \underset{\sim}{B} = \{(a, 0.1), (b, 0.3), (c, 0.4), (d, 0.1), (e, 0.1)\}。$$

模糊集的补

定义 5.3.3 设 $\underset{\sim}{A} \in F(X)$,由程度函数

$$\mu(x) = 1 - \mu_{\underset{\sim}{A}}(x), x \in X$$

确定的 X 的模糊子集称为 $\underset{\sim}{A}$ 的补集或余集,记为 $\underset{\sim}{A}^c$。

例 5.3.3 在例 5.3.1 中,$\underset{\sim}{A}$ 的补 $\underset{\sim}{A}^c$ 为

$$\underset{\sim}{A}^c = \{(a, 0.8), (b, 0.7), (c, 0.5), (d, 0.2), (e, 0.9)\}。$$

模糊集的差运算 在经典集论中,我们知道 $A \setminus B = A \bigcap B^c$。于是,我们有

定义 5.3.4 设 $\underset{\sim}{A}, \underset{\sim}{B} \in F(X)$,则模糊集 $\underset{\sim}{A} \bigcap \underset{\sim}{B}^c$ 称为 $\underset{\sim}{A}$ 与 $\underset{\sim}{B}$ 的差,并记为 $\underset{\sim}{A} \setminus \underset{\sim}{B}$。

类似地,$\underset{\sim}{A}$ 与 $\underset{\sim}{B}$ 的对称差 $\underset{\sim}{A} \triangle \underset{\sim}{B}$ 定义为

$$\underset{\sim}{A} \triangle \underset{\sim}{B} = (\underset{\sim}{A} \setminus \underset{\sim}{B}) \bigcup (\underset{\sim}{B} \setminus \underset{\sim}{A})。$$

模糊集间的包含关系、运算的基本性质如下:$\forall \underset{\sim}{A}, \underset{\sim}{B}, \underset{\sim}{C} \in F(X)$,我们有

$1°$. 自反性:$\underset{\sim}{A} \subseteq \underset{\sim}{A}$;

$2°$. 反对称性:如果 $\underset{\sim}{A} \subseteq \underset{\sim}{B}$ 且 $\underset{\sim}{B} \subseteq \underset{\sim}{A}$,则 $\underset{\sim}{A} = \underset{\sim}{B}$;

$3°$. 传递性:如果 $\underset{\sim}{A} \subseteq \underset{\sim}{B}$ 且 $\underset{\sim}{B} \subseteq \underset{\sim}{C}$,则 $\underset{\sim}{A} \subseteq \underset{\sim}{C}$;

$4°$. 幂等律:$\underset{\sim}{A} \bigcup \underset{\sim}{A} = \underset{\sim}{A}, \underset{\sim}{A} \bigcap \underset{\sim}{A} = \underset{\sim}{A}$;

$5°$. 交换律:$\underset{\sim}{A} \bigcup \underset{\sim}{B} = \underset{\sim}{B} \bigcup \underset{\sim}{A}, \underset{\sim}{A} \bigcap \underset{\sim}{B} = \underset{\sim}{B} \bigcap \underset{\sim}{A}$;

$6°$. 结合律:$(\underset{\sim}{A} \bigcup \underset{\sim}{B}) \bigcup \underset{\sim}{C} = \underset{\sim}{A} \bigcup (\underset{\sim}{B} \bigcup \underset{\sim}{C})$,

$$(\underset{\sim}{A} \cap \underset{\sim}{B}) \cap \underset{\sim}{C} = \underset{\sim}{A} \cap (\underset{\sim}{B} \cap \underset{\sim}{C});$$

$7°.$ 吸收律:$\underset{\sim}{A} \cup (\underset{\sim}{A} \cap \underset{\sim}{B}) = \underset{\sim}{A},$

$\underset{\sim}{A} \cap (\underset{\sim}{A} \cup \underset{\sim}{B}) = \underset{\sim}{A};$

$8°.$ 分配律:$\underset{\sim}{A} \cap (\underset{\sim}{B} \cup \underset{\sim}{C}) = (\underset{\sim}{A} \cap \underset{\sim}{B}) \cup (\underset{\sim}{A} \cap \underset{\sim}{C}),$

$\underset{\sim}{A} \cup (\underset{\sim}{B} \cap \underset{\sim}{C}) = (\underset{\sim}{A} \cup \underset{\sim}{B}) \cap (\underset{\sim}{A} \cup \underset{\sim}{C});$

$9°.$ 复归律:$(\underset{\sim}{A}^c)^c = \underset{\sim}{A};$

$10°.$ De Morgan 公式:

$$(\underset{\sim}{A} \cup \underset{\sim}{B})^c = \underset{\sim}{A}^c \cap \underset{\sim}{B}^c,$$

$$(\underset{\sim}{A} \cap \underset{\sim}{B})^c = \underset{\sim}{A}^c \cup \underset{\sim}{B}^c;$$

$11°.$ $\underset{\sim}{A} \cup X = X, \underset{\sim}{A} \cup \emptyset = \underset{\sim}{A},$

$\underset{\sim}{A} \cap X = \underset{\sim}{A}, \underset{\sim}{A} \cap \emptyset = \emptyset;$

$12°.$ 一般来说

$$\underset{\sim}{A} \cup \underset{\sim}{A}^c \neq X, \underset{\sim}{A} \cap \underset{\sim}{A}^c \neq \emptyset。$$

性质 $1° - 6°$,由模糊集的定义及模糊集的包含关系、并、交运算的定义可直接推得。$9°$ 和 $10°$ 是显然的。性质 $8°$ 可证明如下:显然,只须证明,$\forall x \in X$,

$$\min\{\mu_{\underset{\sim}{A}}(x), \max\{\mu_{\underset{\sim}{B}}(x), \mu_{\underset{\sim}{C}}(x)\}\}$$
$$= \max\{\min\{\mu_{\underset{\sim}{A}}(x), \mu_{\underset{\sim}{B}}(x)\}, \min\{\mu_{\underset{\sim}{A}}(x), \mu_{\underset{\sim}{C}}(x)\}\}$$

即可。而对 $\mu_{\underset{\sim}{A}}(x), \mu_{\underset{\sim}{B}}(x), \mu_{\underset{\sim}{C}}(x)$ 间的 6 种可能的大小关系逐一验证,即可证明 $8°$ 成立。例如,对 $\mu_{\underset{\sim}{A}}(x) \leq \mu_{\underset{\sim}{B}}(x) \leq \mu_{\underset{\sim}{C}}(x)$ 这种情况,上式的左、右两边均为 $\mu_{\underset{\sim}{A}}(x)$,从而相等。其他情况类似。

性质 $7°$、$11°$ 也可仿此证明而证之。

对性质 $12°$ 应十分注意,它表明经典集论中,余集(补集)的性质不能立刻推广到模糊集上。

例 5.3.4 对例 5.3.1 中的模糊子集 $\underset{\sim}{A}$,有

$\underset{\sim}{A} \cup \underset{\sim}{A}^c = \{(a, 0.8), (b, 0.7), (c, 0.5), (d, 0.8),$
$\qquad (e, 0.9)\} \neq X,$

$\underset{\sim}{A} \cap \underset{\sim}{A}^c = \{(a, 0.2), (b, 0.3), (c, 0.5), (d, 0.2),$

$$(e,0.1)\} \neq \emptyset 。$$

设 $\{\underset{\sim}{A}_l\}_{l \in I}$ 是 X 的模糊子集形成的集族,则这个集族中的那些模糊子集的并与交分别记为

$$\bigcup_{l \in I}\underset{\sim}{A}_l \quad 与 \quad \bigcap_{l \in I}\underset{\sim}{A}_l ,$$

它们分别由程度函数

$$\sup_l \{\mu_{\underset{\sim}{Al}}(x) \mid l \in I\}, x \in X,$$

$$\inf_l \{\mu_{\underset{\sim}{Al}}(x) \mid l \in I\}, x \in X,$$

确定的 X 的模糊子集。不难证明,$\forall \underset{\sim}{A} \in F(X)$,

$$\underset{\sim}{A} \cap (\bigcup_{l \in I}\underset{\sim}{A}_l) = \bigcup_{l \in I}(\underset{\sim}{A} \cap \underset{\sim}{A}_l),$$

$$\underset{\sim}{A} \cup (\bigcap_{l \in I}\underset{\sim}{A}_l) = \bigcap_{l \in I}(\underset{\sim}{A} \cup \underset{\sim}{A}_l)。$$

如果令

$$CH(X) = \{\mu \mid \mu : X \to [0,1]\},$$

则在 $CH(X)$ 上可以定义代数运算 "$\vee$" 和 "$\wedge$" 如下:$\forall \mu_1, \mu_2 \in CH(X), x \in X$,

$$(\mu_1 \vee \mu_2)(x) = \max\{\mu_1(x), \mu_2(x)\},$$

$$(\mu_1 \wedge \mu_2)(x) = \min\{\mu_1(x), \mu_2(x)\}。$$

于是,

$$\mu_{\underset{\sim}{A} \cup \underset{\sim}{B}} = \mu_{\underset{\sim}{A}} \vee \mu_{\underset{\sim}{B}}, \mu_{\underset{\sim}{A} \cap \underset{\sim}{B}} = \mu_{\underset{\sim}{A}} \wedge \mu_{\underset{\sim}{B}},$$

$$\mu_{\underset{\sim}{A} \setminus \underset{\sim}{B}} = \mu_{\underset{\sim}{A}} \wedge \mu_{\underset{\sim}{B}}^c,$$

$$\mu_{\bigcup_{l \in I}\underset{\sim}{A}_l} = \bigvee_l \mu_{\underset{\sim}{Al}}, \mu_{\bigcap_{l \in I}\underset{\sim}{A}_l} = \bigwedge_l \mu_{\underset{\sim}{Al}}。$$

其中,

$$(\bigvee_{l \in I}\mu_{\underset{\sim}{A}})(x) = \sup_l\{\mu_{\underset{\sim}{A}}(x) \mid l \in I\}, x \in X,$$

$$(\bigwedge_{l \in I}\mu_{\underset{\sim}{A}})(x) = \inf_l\{\mu_{\underset{\sim}{A}}(x) \mid l \in I\}, x \in X。$$

以上定义了模糊集的集运算。还可定义模糊集的代数运算。

定义 5.3.5 设 $\underset{\sim}{A}, \underset{\sim}{B} \in F(x)$,则 $\underset{\sim}{A}$ 与 $\underset{\sim}{B}$ 乘积记为 $\underset{\sim}{A}\underset{\sim}{B}$,其程度函数为

$$\mu_{\underset{\sim}{AB}}(x) = \mu_{\underset{\sim}{A}}(x)\mu_{\underset{\sim}{B}}(x), x \in X。$$

例 5.3.5 对例 5.3.1 中的 $\underset{\sim}{A}, \underset{\sim}{B}$ 有

$$\underset{\sim}{AB} = \{(a,0.02),(b,0.21),(c,0.20),$$
$$(d,0.08),(e,0.09)\}。$$

定义 5.3.6 设 $\underset{\sim}{A}, \underset{\sim}{B} \in F(x), \underset{\sim}{A}$ 与 $\underset{\sim}{B}$ 的环和记为 $\underset{\sim}{A} \oplus \underset{\sim}{B}$,其程度函数为

$$\mu_{\underset{\sim}{A} \oplus \underset{\sim}{B}}(x) = \mu_{\underset{\sim}{A}}(x) + \mu_{\underset{\sim}{B}}(x) - \mu_{\underset{\sim}{A}}(x)\mu_{\underset{\sim}{B}}(x), x \in X。$$

例 5.3.6 对例 5.3.1 中的 $\underset{\sim}{A}, \underset{\sim}{B}$,有

$$\underset{\sim}{A} \oplus \underset{\sim}{B} = \{(a,0.28),(b,0.79),(c,0.7),$$
$$(d,0.82),(e,0.91)\}。$$

当 A, B 是 X 的两个经典子集时,恰有

$$AB = A \bigcap B, A \oplus B = A \bigcup B。$$

所以,在经典集合论中不必引入类似于上述的代数运算。

模糊集的代数运算乘法和环和有以下性质:

(a)   交换律成立:

$$\underset{\sim}{AB} = \underset{\sim}{BA}, \underset{\sim}{A} \oplus \underset{\sim}{B} = \underset{\sim}{B} \oplus \underset{\sim}{A}$$

(b)   结合律成立:

$$(\underset{\sim}{AB})\underset{\sim}{C} = \underset{\sim}{A}(\underset{\sim}{BC}),$$
$$(\underset{\sim}{A} \oplus \underset{\sim}{B}) \oplus \underset{\sim}{C} = \underset{\sim}{A} \oplus (\underset{\sim}{B} \oplus \underset{\sim}{C})。$$

(C) X 是乘法的单位元,即 $\underset{\sim}{A}X = \underset{\sim}{A}$。

ø 是环和的单位元,即 $ø \oplus \underset{\sim}{A} = \underset{\sim}{A}$。

X 是环和的零元素,即 $\underset{\sim}{A} \oplus X = X$。

ø 是乘法的零元素,即 $ø\underset{\sim}{A} = ø$。

(d)   De Morgan 公式成立:

$$(\underset{\sim}{AB})^c = \underset{\sim}{A}^c \oplus \underset{\sim}{B}^c,$$
$$(\underset{\sim}{A} \oplus \underset{\sim}{B})^c = \underset{\sim}{A}^c\underset{\sim}{B}^c。$$

(e) $\underset{\sim}{A}(\underset{\sim}{B} \bigcup \underset{\sim}{C}) = (\underset{\sim}{AB}) \bigcup (\underset{\sim}{AC})。$

(f)　$\underset{\sim}{A}(\underset{\sim}{B} \cap \underset{\sim}{C}) = (\underset{\sim}{AB}) \cap (\underset{\sim}{AC})$

(g)　$\underset{\sim}{A} \oplus (\underset{\sim}{B} \cap \underset{\sim}{C}) = (\underset{\sim}{A} \oplus \underset{\sim}{B}) \cap (\underset{\sim}{A} \oplus \underset{\sim}{C})$。

(h)　$\underset{\sim}{A} \oplus (\underset{\sim}{B} \cup \underset{\sim}{C}) = (\underset{\sim}{A} \oplus \underset{\sim}{B}) \cup (\underset{\sim}{A} \oplus \underset{\sim}{C})$。

(i)　注意,一般说来,乘积对环和不满足分配律,即

$$\underset{\sim}{A}(\underset{\sim}{B} \oplus \underset{\sim}{C}) \neq (\underset{\sim}{AB}) \oplus (\underset{\sim}{AC})。$$

〔证〕性质(a)、(c)是显然的。今证性质(b):令 $a = \mu_{\underset{\sim}{A}}(x)$, $b = \mu_{\underset{\sim}{B}}(x)$, $c = \mu_{\underset{\sim}{C}}(x)$,显然有

$$(a + b - ab) + c - (a + b - ab)c$$
$$= a + (b + c - bc) - a(b + c - bc),$$

故

$$(\underset{\sim}{A} \oplus \underset{\sim}{B}) \oplus \underset{\sim}{C} = \underset{\sim}{A} \oplus (\underset{\sim}{B} \oplus \underset{\sim}{C})。$$

至于$(\underset{\sim}{AB})\underset{\sim}{C} = \underset{\sim}{A}(\underset{\sim}{BC})$是显然的。

其次,来证明性质(d):由

$$\mu_{\underset{\sim}{A}^c}(x) = 1 - \mu_{\underset{\sim}{A}}(x) = 1 - a,$$
$$\mu_{\underset{\sim}{B}^c}(x) = 1 - \mu_{\underset{\sim}{B}}(x) = 1 - b,$$

得

$$\mu_{\underset{\sim}{A}^c \oplus \underset{\sim}{B}^c}(x) = \mu_{\underset{\sim}{A}^c}(x) + \mu_{\underset{\sim}{B}^c}(x) - \mu_{\underset{\sim}{A}^c}(x)\mu_{\underset{\sim}{B}^c}(x)$$
$$= (1 - a) + (1 - b) - (1 - a)(1 - b)$$
$$= 1 - ab$$
$$= 1 - \mu_{\underset{\sim}{A}}(x)\mu_{\underset{\sim}{B}}(x) = \mu_{(\underset{\sim}{AB})^c}(x)。$$

从而$(\underset{\sim}{AB})^c = \underset{\sim}{A}^c \oplus \underset{\sim}{B}^c$。同理可知

$$(\underset{\sim}{A} \oplus \underset{\sim}{B})^c = \underset{\sim}{A}^c\underset{\sim}{B}^c。$$

由

$$a(b + c - bc) = ab + ac - abc$$

以及

$$ab + ac - (ab)(ac) = ab + ac - a^2 bc,$$

便得到(i)中的等号一般不成立。

其他各性质的证明留作读者练习。   〔证毕〕

5.4　隶属原则与择近原则

查德引进的模糊集合的概念,首先在模型识别问题上找到了应用。所谓模型识别问题,就是认出感觉的事物,并给出正确分类的问题。被分成同一类的事物,通常有某些共同的性质。这些性质往往不是十分精确的,即有一定的模糊性。因此,用模糊集的概念和方法处理是最合适的。例如,对各种字体的识别、对指纹、票证、照片、图象的鉴别,医学上的诊断等等都有模糊的成分。

利用模糊集的概念进行模型识别时,往往通过直接计算元素(事物)的程度函数值,来判断对象的归属。这种方法称为模型识别的直接方法。这时,每个模型均用一个模糊子集表示,一个对象的归属是由对这些模糊子集的隶属程度的最大值决定。这就是如下的隶属原则:

隶属原则　设 $\underset{\sim}{A}_1, \underset{\sim}{A}_2, \cdots, \underset{\sim}{A}_n$ 是 X 的 n 个模糊子集(n 个模型),$x_0 \in X$ 是一个元素(要识别的对象)。如果

$$\mu_{\underset{\sim}{A}i}(x_0) = \max\{\mu_{\underset{\sim}{A}_1}(x_0), \mu_{\underset{\sim}{A}_2}(x_0), \cdots, \mu_{\underset{\sim}{A}_n}(x_0)\},$$

则认为 x_0 相对地属于(归入模型)$\underset{\sim}{A}_i$。

模型识别的这种方法很直接,易于计算。但其效果好坏,在很大程度上,决定于建立模型(模糊集)的程度函数的技巧。在建立程度函数时,必须能从取得的信息上提取反映模型的"特征"的测量,以建立一个能充分表征这个模型的客观实际。

例 5.4.1　三角形的直接识别方法。

在机器自动识别某些事物中,总是把问题归结为几个几何图形的识别。以三角形为例,给定一个具体的三角形,要判断它是下列三角形中的那一个:

(a) 等腰三角形($\underset{\sim}{I}$);(b) 直角三角形($\underset{\sim}{R}$);

（c）正三角形（$\underset{\sim}{E}$）；（d）等腰直角三角形（$\underset{\sim}{IR}$）；

（e）非典型的三角形（$\underset{\sim}{N}$）。

上述的所有模型都不是如同几何上绝对精确的，因此都是些模糊集。

由上述这些几何模型，不涉及三角形边的长度，所以一个三角形可以用它的三个内角的大小来表示出来。于是，令

$$X = \{(A, B, C) \mid A + B + C = 180, A \geqslant B \geqslant C \geqslant 0\}。$$

而上述的五个模型 $\underset{\sim}{I}, \underset{\sim}{R}, \underset{\sim}{IR}, \underset{\sim}{E}, \underset{\sim}{N}$ 就是 X 的五个模糊子集。它们的程度函数定义如下。

$$\mu_{\underset{\sim}{I}}(A, B, C) = 1 - \frac{1}{60}\min(A - B, B - C)，$$

这样规定的理由是：当 $A = B$ 或 $B = C$ 时（真等腰三角形），$\mu_{\underset{\sim}{I}}(A, B, C) = 1$；而当 $A = 120°, B = 60°, C = 0°$ 时（最不等腰），$\mu_{\underset{\sim}{I}}(A, B, C) = 0$。

$$\mu_{\underset{\sim}{R}}(A, B, C) = 1 - \frac{1}{90} \mid A - 90 \mid$$

这时，当 $A = 90°$ 时，即真正直角三角形时，$\mu_{\underset{\sim}{R}}(A, B, C) = 1$；而当 $A = 180°$ 时，$\mu_{\underset{\sim}{R}}(A, B, C) = 0$。

$$\mu_{\underset{\sim}{E}}(A, B, C) = 1 - \frac{1}{180}(A - C)，$$

显然，当 $A = B = C = 60°$ 时，$\mu_{\underset{\sim}{E}}(A, B, C) = 1$；而当 $A = 180°$ 时，$\mu_{\underset{\sim}{E}}(A, B, C) = 0$。

又因为 $\underset{\sim}{IR} = \underset{\sim}{I} \cap \underset{\sim}{R}$，所以

$$\mu_{\underset{\sim}{IR}}(A, B, C) = \min\{1 - \frac{1}{60}\min\{A - B, B - C\},$$

$$1 - \frac{1}{90} \mid A - 90 \mid\}$$

$$= 1 - \max\{\frac{1}{60}\min\{A - B, B - C\},$$

$$\frac{1}{90} \mid A - 90 \mid\}。$$

再从 $N = I^c \cap R^c \cap E^c$，便得到

$$\mu_N(A, B, C) = \min\{1 - \mu_I(A, B, C),$$

$$1 - \mu_R(A, B, C), 1 - \mu_E(A, B, C)\}$$

$$= \frac{1}{180}\min\{3(A - B), 3(B - C), 2\mid A - 90\mid, A - C\}。$$

设有一个三角形，其三个内角分别为

$$A = 95°, B = 45°, C = 40°,$$

要判这一三角形是哪一类型的三角形。设

$$x_0 = (95, 45, 40)。$$

经过计算得到

$$\mu_I(x_0) = 0.92, \mu_R(x_0) = 0.94,$$

$$\mu_E(x_0) = 0.69, \mu_{IR}(x_0) = 0.92,$$

$$\mu_N(x_0) = 0.06。$$

$\mu_R(x_0)$ 最大，按隶属原则，所以三角形 x_0 应归入直角三角形，即近似于直角三角形。

对于现实系统，往往考虑的不仅仅是一个元素（对象）对某个模糊集的隶属关系，而在许多情况下要考虑两个模糊集之间的贴近程度。直观上，要求我们建立模糊集间的距离，利用距离的大小来刻画两个模糊集间的贴近程度。距离大就意味着贴近程度小，距离小就意味着贴近程度大。一个模糊集与其自身的贴近程度最大，即完全贴近。这只是一种直观概念。为了给出贴近度的严格定义，先引入距离的概念。在数学中，距离概念有严格的定义。

定义 5.4.1 设 S 为一非空集合。一个从 $S \times S$ 到实数集 R 的函数 d 称为 S 上的一个距离函数，如果以下三个性质同时成立：$\forall a, b, c \in S$

（ⅰ）$d(a, b) \geqslant 0, d(a, b) = 0 \Leftrightarrow a = b$；

（ⅱ）$d(a, b) = d(b, a)$；

（ⅲ）$d(a, b) \leqslant d(a, c) + d(c, b)$。

$d(a,b)$ 称为 a 与 b 间的距离,二元组 $M = (S,d)$ 称为距离空间。

下面介绍有限集上的模糊集间距离的几种定义。为此,设 $X = \{x_1, x_2, \cdots, x_n\}$, $\underset{\sim}{A}, \underset{\sim}{B}$ 是 X 的两个模糊子集, $\underset{\sim}{A}$ 与 $\underset{\sim}{B}$ 间的距离记为 $d(\underset{\sim}{A}, \underset{\sim}{B})$。

令

$$d(\underset{\sim}{A}, \underset{\sim}{B}) = (\sum_{k=1}^{n} \mid \mu_{\underset{\sim}{A}}(x_k) - \mu_{\underset{\sim}{B}}(x_k) \mid^p)^{\frac{1}{p}}$$

其中 $p > 0$,称为闵可夫斯基(H. Minkowski)距离。

当 $p = 1$ 时,称为海明(Hamming)距离,记为 $d_h(\underset{\sim}{A}, \underset{\sim}{B})$。

当 $p = 2$ 时,称为欧几里德(Euclid)距离。记为 $d_e(\underset{\sim}{A}, \underset{\sim}{B})$。

利用海明距离,还可定义

$$d = (\underset{\sim}{A}, \underset{\sim}{B}) = \frac{1}{n}(\sum_{k=1}^{n} \mid \mu_{\underset{\sim}{A}}(x_k) - \mu_{\underset{\sim}{B}}(x_k) \mid),$$

称为广义的相对海明距离。

类似地可定义相对欧几里德距离

$$d(\underset{\sim}{A}, \underset{\sim}{B}) = \sqrt{\frac{1}{n} \sum_{k=1}^{n} (\mu_{\underset{\sim}{A}}(x_k) - \mu_{\underset{\sim}{B}}(x_k))^2}。$$

有了模糊集的距离,就可以借助于距离来定义模糊集间的贴近度的概念。贴近度是一个有重要实用价值的概念,因此引起理论和应用方面研究工作者的极大兴趣,但至今未有一个令人满意的定义。下面给出几种定义,供应用时参考。

定义 5.4.2 设 $\underset{\sim}{A}, \underset{\sim}{B} \in F(X)$, d 是 $F(X)$ 上的距离函数,数

$$(\underset{\sim}{A}, \underset{\sim}{B}) = 1 - c(d(\underset{\sim}{A}, \underset{\sim}{B}))^{\alpha}$$

称为 $\underset{\sim}{A}$ 与 $\underset{\sim}{B}$ 的贴近度,其中 c 和 α 是两个适当选择的常数,使 $(\underset{\sim}{A}, \underset{\sim}{B})$ 满足以下性质:

$1°. 0 \leqslant (\underset{\sim}{A}, \underset{\sim}{B}) \leqslant 1$;

$2°. (\underset{\sim}{A}, \underset{\sim}{A}) = 1, (X, \emptyset) = 0$;

$3°.$ 如果 $\underset{\sim}{A} \subseteq \underset{\sim}{B} \subseteq \underset{\sim}{C}$,则 $(\underset{\sim}{A}, \underset{\sim}{B}) \leqslant (\underset{\sim}{A}, \underset{\sim}{C})$。

还有的作者把贴近度定义为

$$(\underset{\sim}{A}, \underset{\sim}{B}) = \min\{\sup_{x \in X}\{\min\{\mu_{\underset{\sim}{A}}(x), \mu_{\underset{\sim}{B}}(x)\},$$
$$1 - \inf_{x \in X}\{\max\{\mu_{\underset{\sim}{A}}(x), \mu_{\underset{\sim}{B}}(x)\}\}\}\}$$

这种贴近度在运算过程中只作取最大、最小运算。因此,贴近度的最终值仅为模糊子集的某一特定元的隶属度。故对那些需要考虑两种状态在平均意义下是否接近或相似的问题,是不适合的。因此,对于贴近度的各种定义,不能笼统地比较优劣,应根据具体问题作具体选择。

在现实系统中,一个模型往往用若干个要素表征,抽象成一个模糊集。如果已知 n 个模型(n 个模糊集),现在要问另一个模型与已知的这 n 个模型中的哪一个接近?这就要对模型进行比较,即对表征模型的要素进行综合比较。这时常用下面的择近原则。

择近原则　设已知 X 的 n 个模糊子集

$$\underset{\sim}{A}_1, \underset{\sim}{A}_2, \cdots, \underset{\sim}{A}_n,$$

以及另一个模糊子集 $\underset{\sim}{B}$,如果

$$(\underset{\sim}{B}, \underset{\sim}{A}_i) = \max\{(\underset{\sim}{B}, \underset{\sim}{A}_1), (\underset{\sim}{B}, \underset{\sim}{A}_2), \cdots, (\underset{\sim}{B}, \underset{\sim}{A}_n)\},$$ 则说 $\underset{\sim}{B}$ 与这 n 个模糊子集 $\underset{\sim}{A}_1, \underset{\sim}{A}_2, \cdots, \underset{\sim}{A}_n$ 中的 $\underset{\sim}{A}_i$ 最贴近。

因此,$\underset{\sim}{B}$ 与这 n 个模糊子集中贴近度最大的那个模糊子集最接近或最相似,这就识别出 $\underset{\sim}{B}$ 了。

贴近度、择近原则是很有实用价值的。例如,可用择近原则来判断两张天气图的相似性,又如,在多因素识别和判决过程中所遇到的一个带普遍性问题 — 综合评价问题,均可应用择近原则。

5.5　模糊关系与模糊映射

模糊关系是模糊集论中的基本概念之一。

普通关系描述元素之间是否存在有某种性质,而模糊关系则是描述元素之间的关系的程度。

定义 5.5.1　设 X 和 Y 是两个集合,笛卡儿乘积 $X \times Y$ 的任一

模糊子集 $\underset{\sim}{R}$ 称为 X 到 Y 的一个模糊关系。特别地, $X \times X$ 的模糊子集 $\underset{\sim}{S}$ 称为 X 上的模糊关系。

于是,从 X 到 Y 的一个模糊关系 $\underset{\sim}{R}$ 是 $X \times Y$ 到〔0,1〕的一个映射,即 $\underset{\sim}{R}$ 的程度函数是一个二元函数 $\mu_R(x, y)$。

一般的,若 $X_1, X_2, \cdots, X_n$ 是 n 个集合, $X_1 \times X_2 \times \cdots \times X_n$ 的任一模糊子集 $\underset{\sim}{R}$ 称为 $X_1, X_2, \cdots, X_n$ 间的一个 n 元模糊关系,其程度函数是一个 n 元函数 $\mu_R(x_1, x_2, \cdots, x_n), x_i \in X_i, i = 1, 2, \cdots, n$。

例 5.5.1 设 X 为 4 个城市之集,

$$X = \{长春,北京,上海,广州\},$$

Y 为 10 月份平均气温之集, $Y = \{7°, 12°, 18°, 24°\}$,则 X 到 Y 的模糊关系 $\underset{\sim}{R}$ 的程度函数 $\mu_R(x, y)$ 如图 5.5.1 的表所示。

温度 城市	7℃	12℃	18℃	24℃
长春	1	0.7	0.3	0
北京	0.7	1	0.6	0.3
上海	0.3	0.6	1	0.6
广州	0	0.3	0.6	1

图 5.5.1

例 5.5.2 设 $X = \{张,王,李,刘\}$ 为 4 个人之集。$\underset{\sim}{R}$ 表示"彼此相象"这一模糊关系。$\underset{\sim}{R}$ 的程度函数如图 5.5.2 中的表所示。

	张	王	李	刘
张	1	0.5	0.4	0.8
王	0.5	1	0.6	0.7
李	0.4	0.6	1	0.3
刘	0.8	0.7	0.3	1

图 5.5.2

由于模糊关系是笛卡儿乘积的模糊子集,所以模糊关系的相等、

包含关系、并、交、差、补、代数和与代数积等概念便清楚了。例如, R_1
$\subseteq R_2$ 当且仅当 $\forall x \in X, y \in Y$ 有

$$\mu_{R_1}(x, y) \leqslant \mu_{R_2}(x, y)。$$

易见,如果集合 X 和 Y 的基数分别为 m 与 n,则 X 到 Y 的模糊关系 R 可用一个 $m \times n$ 矩阵 M_R 表示。设 $X = \{x_1, x_2, \cdots, x_m\}$,$Y = \{y_1, y_2, \cdots, y_n\}$,则 M_R 的第 i 行第 j 列的元素便为 $\mu_R(x_i, y_j)$。

设 R 是 X 到 Y 的一个模糊关系,程度函数 $\mu(y, x) = \mu_R(x, y)$ 确定的 Y 到 X 的模糊关系称为 R 的逆,记为 R^{-1}。易见当 $|X| = m$,$|Y| = m$ 时,R^{-1} 的矩阵就是 M_R^T。

下面介绍模糊关系的合成。

定义 5.5.2　设 R_1 是 X 到 Y 的模糊关系,R_2 是 Y 到 Z 的模糊关系,由程度函数

$$\mu(x, z) = \sup_{y \in Y}\{\min\{\mu_{R_1}(x, y), \mu_{R_2}(y, z)\}\}$$

$$x \in X, z \in Z$$

确定的 X 到 Z 的模糊关系称为 R_1 与 R_2 的合成,记为 $R_1 \circ R_2$。

这个定义首先由查德提出,称为"Max – Min"合成。

Max – Min 合成有性质:

定理 5.5.1　模糊关系合成运算满足结合律,即如果 R_1, R_2, R_3 分别是 X 到 Y, Y 到 Z, Z 到 W 的模糊关系,则

$$(R_1 \circ R_2) \circ R_3 = R_1 \circ (R_2 \circ R_3)。$$

〔证〕$\mu_{(R_1 \circ R_2) \circ R_3}(x, w) = \sup_{z \in Z} \min\{\mu_{R_1 \circ R_2}(x, z),$

$\mu_{R_3}(z, w)\} = \sup_{z \in Z} \min\{\sup_{y \in Y} \min\{\mu_{R_1}(x, y), \mu_{R_2}(y, z)\},$

$\mu_{R_3}(z, w)\} = \sup_{z \in Z, y \in Y} \min\{\mu_{R_1}(x, y), \mu_{R_2}(y, z), \mu_{R_3}(z, w)\}$

$\qquad = \sup_{z \in Z, y \in Y} \min\{\mu_{R_1}(x, y), \mu_{R_2}(y, z), \mu_{R_3}(z, w)\}$

$\qquad = \min\{\sup_{y \in Y} \mu_{R_1}(x, y), \sup_{z \in Z} \min\{\mu_{R_2}(y, z), \mu_{R_3}(z, w)\}\}$

$\qquad = \sup_{y \in Y} \min\{\mu_{R_1}(x, y), \mu_{R_2 \circ R_3}(y, w)\}$

$$= \mu_{\underset{\sim}{R_1} \circ (\underset{\sim}{R_2} \circ \underset{\sim}{R_3})}(x, w)。 \qquad 〔证毕〕$$

定理 5.5.2　设 R 是 X 到 Y 的模糊关系，E_X，E_Y 是 X，Y 上的全关系（即 $E_X = X \times X$，$E_Y = Y \times Y$），则

$$I_X \circ \underset{\sim}{R} = \underset{\sim}{R} \circ I_Y = \underset{\sim}{R}$$

$$O_X \circ \underset{\sim}{R} = \underset{\sim}{R} \circ O_Y = O$$

$$E_X \circ \underset{\sim}{R} = \underset{\sim}{R} \circ E_Y = \underset{\sim}{R}$$

其中 I_X 为 X 上的恒等关系，O_X 为 X 上的零关系，O 乏指零关系。

以下仅就 X 上的模糊关系叙述有关的性质，其证明留作读者练习。

定理 5.5.3　设 $\underset{\sim}{R}, \underset{\sim}{S}, \underset{\sim}{T}$ 为 X 上的模糊关系且 $\underset{\sim}{S} \subseteq \underset{\sim}{T}$，则

$$\underset{\sim}{R} \circ \underset{\sim}{S} \subseteq \underset{\sim}{R} \circ \underset{\sim}{T}, \underset{\sim}{S} \circ \underset{\sim}{R} \subseteq \underset{\sim}{T} \circ \underset{\sim}{R},$$

$$(\underset{\sim}{S} \circ \underset{\sim}{T})^T = \underset{\sim}{T}^T \circ \underset{\sim}{S}^T。$$

定理 5.5.4　设 $\underset{\sim}{R_1}, \underset{\sim}{R_2}, \underset{\sim}{R_3}$ 是 X 上的模糊关系，则

$$\underset{\sim}{R_1} \circ (\underset{\sim}{R_2} \bigcap \underset{\sim}{R_3}) \subseteq (\underset{\sim}{R_1} \circ \underset{\sim}{R_2}) \bigcap (\underset{\sim}{R_1} \circ \underset{\sim}{R_3})$$

$$(\underset{\sim}{R_2} \bigcap \underset{\sim}{R_3}) \circ \underset{\sim}{R_1} \subseteq (\underset{\sim}{R_2} \circ \underset{\sim}{R_1}) \bigcap (\underset{\sim}{R_3} \circ \underset{\sim}{R_1})$$

$$\underset{\sim}{R_1} \circ (\underset{\sim}{R_2} \bigcup \underset{\sim}{R_3}) = (\underset{\sim}{R_1} \circ \underset{\sim}{R_2}) \bigcup (\underset{\sim}{R_1} \circ \underset{\sim}{R_3})$$

$$(\underset{\sim}{R_2} \bigcup \underset{\sim}{R_3}) \circ \underset{\sim}{R_1} = (\underset{\sim}{R_2} \circ \underset{\sim}{R_1}) \bigcup (\underset{\sim}{R_3} \circ \underset{\sim}{R_1})$$

定义 5.5.3　X 上的模糊关系 $\underset{\sim}{R}$ 称为是

1°. 自反的，当且仅当 $\forall x \in X, \mu_{\underset{\sim}{R}}(x, x) = 1$。

2°. 对称的，当且仅当 $\forall x, y \in X$ 有

$$\mu_{\underset{\sim}{R}}(x, y) = \mu_{\underset{\sim}{R}}(y, x)。$$

3°. 传递的，如果 $\underset{\sim}{R} \circ \underset{\sim}{R} \subseteq \underset{\sim}{R}$。

定义 5.5.4　X 上的模糊关系 $\underset{\sim}{R}$ 称为模糊等价关系，如果 $\underset{\sim}{R}$ 是自反的、对称的且传递的。

在经典集合论中，映射是关系的一个特例。映射的概念是数学中的重要概念之一。下面介绍模糊映射，也称为模糊函数。在模糊数学的文献中，模糊映射的定义有几种，在具体应用中可视具体情况选取

其中的一种。

定义 5.5.5　设 X 和 Y 是两个集合,一个从 F(X) 到 F(Y) 的映射 f 称为从 X 到 Y 的一个模糊映射,记为 $f: X \overset{5}{\rightsquigarrow} Y$,意即按定义 5.5.5 所定义的 X 到 Y 的模糊映射。

为了说明这个定义有它的实际意义,有

例 5.5.3　设 X 为某图书馆所有图书之集合,$Y = (0, +\infty)$,Y 中每个数为图书的价格(元)。此时,"好书"、"差的书"就是 X 上的模糊集,而"昂贵"、"低廉"是 Y 上的模糊集。我们知道,"好书"价格"昂贵","差的书"价格"低廉",这实际上就是 F(X) 到 F(Y) 的一个映射。

显然,通常的映射是上述定义的特例。X 到 F(Y),X 到 2^Y 的映射也是上述定义的特例。

如果 $f: X \overset{5}{\rightsquigarrow} Y, g: Y \overset{5}{\rightsquigarrow} Z$,则 f 与 g 的合成定义为 $\forall \underset{\sim}{A} \in$ F(X),

$$(g \circ f)(\underset{\sim}{A}) = g(f(\underset{\sim}{A}))。$$

不难验证,合成运算适合结合律。

在文献中,模糊映射也有定义为一个模糊关系,即

定义 5.5.6　设 X 和 Y 是两个集合,$X \times Y$ 的任一模糊集 f 称为 X 到 Y 的模糊映射,记成

$$f: X \overset{6}{\rightsquigarrow} Y。$$

这时,两个模糊映射的合成就是模糊关系的合成,从而结合律成立。

定义 5.5.7　设 $\underset{\sim}{A} \in$ F(X),$\underset{\sim}{B} \in$ F($\underset{\sim}{B}$),一个从 $\underset{\sim}{A}$ 到 $\underset{\sim}{B}$ 的模糊映射记为 $f: \underset{\sim}{A} \overset{7}{\rightsquigarrow} \underset{\sim}{B}$,$f$ 是 X 到 Y 的映射,它使图 5.5.3 为交换图,即

$$\mu_{\underset{\sim}{A}} = \mu_{\underset{\sim}{B}} \circ f。$$

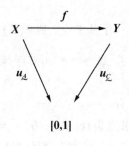
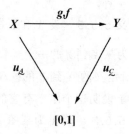

图 5.5.3   图 5.5.4

设 $f : \underset{\sim}{A} \overset{7}{\rightsquigarrow} \underset{\sim}{B}, g : \underset{\sim}{B} \to \underset{\sim}{C}$,则 f 与 g 的合成是 $\underset{\sim}{A}$ 到 $\underset{\sim}{C}$ 的模糊映射 $g \circ f$,它使图 5.5.4 成为一个交换图。即由 $\mu_{\underset{\sim}{B}} \circ f = \mu_{\underset{\sim}{A}}, \mu_{\underset{\sim}{C}} \circ g = \mu_{\underset{\sim}{B}}$ 可推出 $\mu_{\underset{\sim}{C}} \circ (g \circ f) = \mu_{\underset{\sim}{A}}$。

对经典集合的包含关系 $A \subseteq B \subseteq X$,易知存在映射 $i : A \to B$, $\forall a \in A, i(a) = a$。对 X 上的两个模糊子集 $\underset{\sim}{A}, \underset{\sim}{B}, \underset{\sim}{A} \subseteq \underset{\sim}{B}$,这个关系可以表示为

$$\mu_{\underset{\sim}{B}} \circ i = \mu_{\underset{\sim}{B}} \geqslant \mu_{\underset{\sim}{A}}。$$

其中 $i = I_X$。

定义 5.5.8   设 $\underset{\sim}{A} \in \mathsf{F}(X), \underset{\sim}{B} \in \mathsf{F}(Y)$,一个 $\underset{\sim}{A}$ 到 $\underset{\sim}{B}$ 的模糊映 f 是一个 X 到 Y 的映射,f 满足

$$\mu_{\underset{\sim}{B}} \circ f \geqslant \mu_{\underset{\sim}{A}}。$$

例 5.5.4   设 X 为某工厂工人之集,"好工人"是 X 的一个模糊子集 $\underset{\sim}{A}$。又 $Y = (0, +\infty)$ 为工资之集,"高工资"就是 Y 的一个模糊子集 $\underset{\sim}{B}$。f 是通过给工人发工资所确定的 X 到 Y 的映射,那么 f 应满足

$$\mu_{\underset{\sim}{B}}(f(x)) \geqslant \mu_{\underset{\sim}{A}}(x), x \in X。$$

f 就是 $\underset{\sim}{A}$ 到 $\underset{\sim}{B}$ 的一个按定义 5.5.8 定义的一个模糊函数。上式表明"好工人"应该得"高工资"。

模糊映射也还有其他定义,不再一一列举。

5.6 模糊聚类分析

聚类分析(Cluster Analysis),是数理统计中研究"物以类聚"的一种方法,即对事物按一定要求进行分类的数学方法。这种方法具有广泛的应用,在地质探矿、天气预报、生物分类、考古学、医学、心理学、机器学习、模式识别、制定国家标准等许多方面,都得到了很有成效的应用。现实的分类问题,多伴随有模糊性,因此聚类分析的概念用模糊集的概念来描述比较自然。

通常,对事物的一种分类方法对应地确定了一个等价关系。反之,一个等价关系确定一种分类,彼此等价的元素居于同类中。而模糊聚类,就是利用模糊等价关系进行分类。在利用模糊等价关系进行聚类时,通常按以下步骤进行:1. 定标,即在被分类的事物中建立一个亲近关系,实际上这一步就是按给定的模糊等价关系,由给定的指标确定一个分明的等价关系。2. 按分明的等价关系进行分类。更准确些,我们建立以下几个概念。

定义 5.6.1 设 $\underset{\sim}{R}$ 是 X 的一个模糊关系, $a \in [0,1]$。我们称 X 上的(分明)关系

$$R_a = \{(x, y) \mid \mu_R(x, y) > a, x, y \in X\}$$

为 $\underset{\sim}{R}$ 的 a 弱截关系。类似地,关系

$R_{\bar{a}} = \{(x, y) \mid \mu_R(x, y) \geq a, x, y \in X\}$ 为 $\underset{\sim}{R}$ 的 a 强截关系。

定理 5.6.1 设 $\underset{\sim}{R}$ 为 X 上的模糊等价关系, $a \in [0,1]$,则 R_a 与 $R_{\bar{a}}$ 均是 X 上的等价关系。

〔证〕 由读者自证。

例 5.6.1 设 $X = \{a, b, c, d, e\}$, X 上的模糊关系 $\underset{\sim}{R}$ 由以下矩阵 $M_{\underset{\sim}{R}}$ 给出,

$$M_{\underset{\sim}{R}} = \begin{pmatrix} 1.00 & 0.48 & 0.62 & 0.41 & 0.47 \\ 0.48 & 1.00 & 0.48 & 0.41 & 0.47 \\ 0.62 & 0.48 & 1.00 & 0.41 & 0.47 \\ 0.41 & 0.41 & 0.41 & 1.00 & 0.41 \\ 0.47 & 0.47 & 0.47 & 0.41 & 1.00 \end{pmatrix}$$

容易验证 $\underset{\sim}{R}$ 是一个模糊等价关。

显然,当 $a \in (0.62, 1)$ 时,$\underset{\sim}{R}$ 的 a 截关系 R_a 的矩阵为

$$M_{R_a} = \begin{pmatrix} 1 & 0 & 0 & 0 & 0 \\ 0 & 1 & 0 & 0 & 0 \\ 0 & 0 & 1 & 0 & 0 \\ 0 & 0 & 0 & 1 & 0 \\ 0 & 0 & 0 & 0 & 1 \end{pmatrix}$$

这是一个分明的等价关系。按 R_a 分类得

$$\{\{a\},\{b\},\{c\},\{d\},\{e\}\}.$$

当 $a \in (0.47, 0.48)$ 时,R_a 的矩阵为

$$M_{R_a} = \begin{pmatrix} 1 & 1 & 1 & 0 & 0 \\ 1 & 1 & 1 & 0 & 0 \\ 1 & 1 & 1 & 0 & 0 \\ 0 & 0 & 0 & 1 & 0 \\ 0 & 0 & 0 & 0 & 1 \end{pmatrix}$$

按这时的 R_a 分类得

$$\{\{a,b,c\},\{d\},\{e\}\}.$$

当 $a \in (0.41, 0.47)$ 时,R_a 的矩阵为

$$M_{R_a} = \begin{pmatrix} 1 & 1 & 1 & 0 & 1 \\ 1 & 1 & 1 & 0 & 1 \\ 1 & 1 & 1 & 0 & 1 \\ 0 & 0 & 0 & 1 & 0 \\ 1 & 1 & 1 & 0 & 1 \end{pmatrix}$$

这时,再按 R_a 分类,便有

$$\{\{a,b,c,d\},\{e\}\}\text{。}$$

最后,当 $a \in [0,0.41]$ 时,X 按 R_a 就分为一类,即$\{\{a,b,c,d,e\}\}\text{。}$

但是,通常实际问题中所建立的对象集合上的模糊关系,并不是模糊等价关系,它们往往容易满足自反性和对称性,但不满足传递性,这就给聚类时带来不便。不过可由 $\underset{\sim}{R}$ 产生一个模糊等价关系。

定义 5.6.2 设 $\underset{\sim}{F}_1$ 是 X 上的一个模糊关系,由程度函数

$$\mu_{\underset{\sim}{F}_n}(x,y) = \sup_{x_1,x_2,\cdots,x_{n-1} \in X} \min\{\mu_{\underset{\sim}{F}_1}(x,x_1),$$
$$\mu_{\underset{\sim}{F}_1}(x_1,x_2),\cdots,\mu_{\underset{\sim}{F}_1}(x_{n-1},y)\}$$

所确定的 X 上的模糊关系 $\underset{\sim}{F}_n$ 称为 $\underset{\sim}{F}_1$ 的 n 级模糊关系,$n \geqslant 2$。

引理 5.6.1 设 $\underset{\sim}{F}_1$ 是 X 上的模糊关系,则当 $n \geqslant 1$ 时,$\underset{\sim}{F}_n \subseteq \underset{\sim}{F}_{n+1}$。

〔证〕 由

$$\mu_{\underset{\sim}{F}_{n+1}}(x,y) = \sup_{x_1,x_2,\cdots,x_n \in X} \min\{\mu_{\underset{\sim}{F}_1}(x,x_1),$$
$$\cdots,\mu_{\underset{\sim}{F}_1}(x_n,y)\} \geqslant \sup_{x_1,x_2,\cdots,x_{n-1} \in X} \min\{$$
$$\mu_{\underset{\sim}{F}_1}(x,x_1),\cdots,\mu_{\underset{\sim}{F}_1}(x_{n-1},y)\} = \mu_{\underset{\sim}{F}_n}(x,y),$$

便得 $\underset{\sim}{F}_n \subseteq \underset{\sim}{F}_{n-1}$。 〔证毕〕

由引理 5.6.1 便得到 $\forall x,y \in X$ 有

$$0 \leqslant \mu_{\underset{\sim}{F}_1}(x,y) \leqslant \mu_{\underset{\sim}{F}_2}(x,y) \leqslant \cdots \leqslant$$
$$\mu_{\underset{\sim}{F}_n}(x,y) \leqslant \cdots \leqslant 1\text{。}$$

所以 $\lim\limits_{n \to \infty} \mu_{\underset{\sim}{F}_n}(x,y)$ 存在。令

$$\mu_{\underset{\sim}{F}}(x,y) = \lim_{n \to \infty} \mu_{\underset{\sim}{F}_n}(x,y),$$

则得到如下引理。

引理 5.6.2 设 $\underset{\sim}{F}_1$ 是 X 上的模糊关系,则 $\forall x,y \in X$,

$$\mu_{\underset{\sim}{F}}(x,y) \geqslant \min\{\mu_{\underset{\sim}{F}}(x,z),\mu_{\underset{\sim}{F}}(z,y)\}\text{。}$$

〔证〕 留为作业。

定理 5.6.2 如果 $\underset{\sim}{F}_1$ 是 X 上的自反的且对称的模糊关系, 则 $\underset{\sim}{F}$ 是 X 上的模糊等价关系。

〔证〕 由 $\underset{\sim}{F}_1$ 是自反的可知, $\forall x \in X, \mu_{\underset{\sim}{F}_1}(x, x) = 1$。其次, 由于 $\mu_{\underset{\sim}{F}_1}(x, x) \leqslant \mu_{\underset{\sim}{F}}(x, x)$ 便得到 $\mu_{\underset{\sim}{F}}(x, x) = 1$, 从而 $\underset{\sim}{F}$ 是自反的。

再由 $\underset{\sim}{F}_1$ 的对称性便得到, $\forall x, y \in X$,

$$\mu_{\underset{\sim}{F}_1}(x, y) = \mu_{\underset{\sim}{F}_1}(y, x)。$$

因此, 由 $\underset{\sim}{F}_n$ 的定义便得到 $\mu_{\underset{\sim}{F}_n}(x, y) = \mu_{\underset{\sim}{F}_n}(y, x)$。令 $n \to \infty$, 取极限即得 $\mu_{\underset{\sim}{F}}(x, y) = \mu_{\underset{\sim}{F}}(y, x)$。所以, $\underset{\sim}{F}$ 是对称的。

最后, 由引理 5.6.2 得到

$$\mu_{\underset{\sim}{F}}(x, z) \geqslant \min\{\mu_{\underset{\sim}{F}}(x, y), \mu_{\underset{\sim}{F}}(y, z)\}。$$

于是,

$$\mu_{\underset{\sim}{F} \circ \underset{\sim}{F}}(x, z) = \sup_{y \in X} \min\{\mu_{\underset{\sim}{F}}(x, y), \mu_{\underset{\sim}{F}}(y, z)\}$$
$$\leqslant \mu_{\underset{\sim}{F}}(x, z)。$$

所以, $\underset{\sim}{F}$ 是传递的。因此, $\underset{\sim}{F}$ 是 X 上的模糊等价关系。 〔证毕〕

定理 5.6.3 设 $X = \{x_1, x_2, \cdots, x_n\}$, $\underset{\sim}{R}$ 是 X 上的一个自反且对称的模糊关系, 则存在一个自然数 k, 使得 $\underset{\sim}{R}^k$ 是一个模糊等价关系。

〔证〕 令 $\underset{\sim}{R}$ 的矩阵为 $M = (m_{ij})$, 则不难证明 $\underset{\sim}{R}^2$ 的矩阵为 $M \cdot M = (r_{ij})$, 其中

$$r_{ij} = \bigvee_{k=1}^{n} (m_{ik} \wedge m_{kj})。$$

在这里, $a \vee b = \max\{a, b\}, a \wedge b = \min\{a, b\}$。关系序列 $\underset{\sim}{R}, \underset{\sim}{R}^2$, $\underset{\sim}{R}^3, \cdots$ 所对应的矩阵为 $M, M^{(2)}, M^{(3)}, \cdots$, 每个 $M^{(m)}$ 均是 $\{1, 2, \cdots, n\} \times \{1, 2, \cdots, n\}$ 到 $\{m_{ij} \mid i, j = 1, 2, \cdots, n\}$ 的一个映射, 从而有 $(n^2)^{n^2} = n^{2n^2}$ 个不同的矩阵, 故在矩 $M, M^{(2)}, M^{(3)}, \cdots, (M^{n^{2n^2+1}})$ 中至少有两个相等。令 $M^{(i)} = M^{(j)}, 1 \leqslant i < j \leqslant n^{2n^2+1}$。又显然 $M \leqslant M^{(2)}$

$\leqslant M^{(3)} \leqslant \cdots$,从而当 $l \geqslant i$ 时,得到
$$M^{(i)} = M^{(l)}, \underset{\sim}{R}^i = \underset{\sim}{R}^l \text{。}$$

由引理 5.6.2 知,当 $k \geqslant n^{2n^2}$ 时,$\underset{\sim}{R}^k$ 是 X 上的等价关系。　〔证毕〕

于是,当 $\underset{\sim}{R}$ 是自反且对称时,可用二次幂法依次计算 $M, M^{(2)}$,$M^{(4)}, M^{(8)}, \cdots$ 直到得到一个 k 使 $M^{(k)} \circ M^{(k)} = M^{(k)}$ 止。$M^{(k)}$ 对应的模糊关系 $\underset{\sim}{R}^k$ 就是一个模糊等价关系。

因此,模糊聚类分析可如下进行:

设 X 是要分类的对象的全体元素之集,$\underset{\sim}{R}$ 是 X 上的一个"相似"关系,$\underset{\sim}{R}$ 是自反且对称的。

1°. 写出 $\underset{\sim}{R}$ 的矩阵 M。

2°. 把 $\underset{\sim}{R}$ 按定理 5.6.3 的证明中给出的方法改造成一个等价关系。

3°. 选定分类指标 $a \in [0,1]$,得到等价关系 R_a。

4°. 按 R_a 分类。

5.7　模糊集的分解定理

设 X 是一个集合,$\underset{\sim}{A}$ 是 X 的一个模糊子集,$\mu_{\underset{\sim}{A}}(x)$ 为 $\underset{\sim}{A}$ 的程度函数。由 $\underset{\sim}{A}$ 产生的一些子集,利用这些子集可以把 $\underset{\sim}{A}$ 表示出来。

定义 5.7.1　设 $\underset{\sim}{A} \in \mathsf{F}(X)$,则集合
$$A_a = \{x \mid \mu_{\underset{\sim}{A}}(x) > a\}, a \in [0,1]$$
称为模糊集 $\underset{\sim}{A}$ 的 a 弱截集,它是 X 的一个分明子集。集合
$$A_{\bar{a}} = \{x \mid \mu_{\underset{\sim}{A}}(x) \geqslant a\}, a \in [0,1]$$
称为 $\underset{\sim}{A}$ 的 a 强截集。

易见,$A_{\bar{0}} = X$。

定义 5.7.2　集合 $A_0 = \{x \mid \mu_{\underset{\sim}{A}}(x) > 0, x \in X\}$ 称为 $\underset{\sim}{A}$ 的支撑集(support)。

命题 5.7.1　设 $\underset{\sim}{A} \in \mathsf{F}(X), \alpha, \beta \in [0,1], \alpha \leqslant \beta$,则

$$A_\beta \subseteq A_\alpha, A_{\bar B} \subseteq A_{\bar \alpha}\circ$$

命题 5.7.2 $A_\alpha \subseteq A_{\bar \alpha}\circ$

命题 5.7.3 $A_\alpha = \bigcup\limits_{\alpha < \beta} A_\beta, A_{\bar \alpha} = \bigcap\limits_{\beta < \alpha} A_{\bar \beta}\circ$

〔证〕 设 $x \in A_\alpha$,则 $\mu_{\underset{\sim}{A}}(x) > \alpha\circ$令 $\beta = \mu_{\underset{\sim}{A}}(x)$,由命题 5.7.1 知,$x \in A_{\beta'}, \alpha < \beta' < \beta\circ$从而

$$A_\alpha \subseteq \bigcup\limits_{\alpha < \beta} A_\beta\circ$$

反之,对任何 $\beta, \alpha < \beta$,由命题 5.7.1 知 $A_\beta \subseteq A_\alpha$,从而 $\bigcup\limits_{\alpha < \beta} A_\beta\circ$所以,

$$A_\alpha = \bigcup\limits_{\alpha < \beta} A_\beta\circ$$

同理可证 $A_{\bar \alpha} = \bigcap\limits_{\beta < \alpha} A_\beta\circ$ 〔证毕〕

命题 5.7.4 $A_\alpha = \bigcup\limits_{\alpha < \beta} A_\beta, A_{\bar \alpha} = \bigcap\limits_{\beta < \alpha} A_\beta\circ$

命题 5.7.5 $\underset{\sim}{A} = \underset{\sim}{B}$,当且仅当 $\forall \alpha \in \left[0,1\right]$ 有

$$A_\alpha = B_\alpha\circ$$

定义 5.7.3 设 $\alpha \in \left[0,1\right], A \in 2^X, \alpha$ 与 A 的乘积 $\alpha \cdot A$ 是 X 的一个模糊子集,其程度函数定义为:$\forall x \in X$,

$$\mu_{\alpha \cdot A}(x) = \alpha \cdot \mu_{\underset{\sim}{A}}(x) = \begin{cases} \alpha, \text{当 } x \in A; \\ 0, \text{当 } x \bar\in A\circ \end{cases}$$

模糊集的分解定理 $\forall \underset{\sim}{A} \in \mathsf{F}(X)$,有

$$\underset{\sim}{A} = \bigcup\limits_{\alpha \in \left[0,1\right]} \alpha \cdot A_\alpha\circ$$

〔证〕 令

$$\underset{\sim}{B} = \bigcup\limits_{\alpha \in \left[0,1\right]} \alpha \cdot A_\alpha,$$

则

$$\mu_{\underset{\sim}{B}}(x) = \sup\limits_{\alpha \in \left[0,1\right]} \left\{ \mu_{\alpha \cdot A_\alpha}(x) \right\}$$

$$= \sup\limits_{\alpha \in \left[0,1\right]} \left\{ \alpha \cdot \mu_{A_\alpha}(x) \right\}$$

$$= \begin{cases} \sup_{\alpha < \mu_{\underset{\sim}{A}}(x)} \{\alpha\}, & \text{当 } \mu_{\underset{\sim}{A}}(x) > \alpha \text{ 时,} \\ 0, & \text{当 } \mu_{\underset{\sim}{A}}(x) \leqslant \alpha \text{ 时。} \end{cases}$$

因此，$\underset{\sim}{A} = \underset{\sim}{B} = \bigcup_{\alpha \in [0,1]} \alpha \cdot A_\alpha$。 〔证毕〕

类似地有

$$\underset{\sim}{A} = \bigcup_{\alpha \in [0,1]} \alpha \cdot A_{\underline{\alpha}}。$$

模糊集的分解定理很重要，它表明用 X 的一些分明子集，可以把 X 的模糊子集表示出来。

模糊关系的分解定理　设 $\underset{\sim}{R}$ 是 X 到 Y 的模糊关系，则

$$\underset{\sim}{R} = \bigcup_{\alpha \in [0,1]} \alpha \cdot R_\alpha。$$

〔证〕　与模糊集的分解定理相同。

分解定理的意义是十分明显的。首先，分解定理告诉我们，模糊子集可用一些特殊的分明子集表示出来，而分明子集是我们所熟悉的。特别是，模糊关系可以用分明关系来表示。因而通过分明的对象来认识和刻画模糊的对象。其次，在分解定理中的每个 $\alpha \cdot A_\alpha (\alpha \cdot R_\alpha)$ 又是一个模糊集（关系），它们是简单的。因此，分解定理又告诉我们，模糊集（关系）可以通过一些十分简单的模糊集（关系）来表示。即可以通过简单的模糊集来认识复杂的模糊集。这正是从简单到复杂的认识过程。

可以预见，那些比 $\alpha \cdot A_\alpha$ 次简单的模糊集，在研究复杂的模糊集时也有重要的作用。下面介绍其中的一种，称为模糊集的 λ 限制。

定义 5.7.4　设 $\underset{\sim}{A}$ 为 X 的一个模糊子集，$\lambda \in [0,1]$，程度函数为

$$\mu_{\underset{\sim}{A}\lambda}(x) = \begin{cases} \mu_{\underset{\sim}{A}}(x), & \text{当 } \mu_{\underset{\sim}{A}}(x) < \lambda \text{ 时,} \\ \lambda, & \text{当 } \mu_{\underset{\sim}{A}}(x) \geqslant \lambda \text{ 时,} \end{cases}$$

的 X 的模糊子集 $\underset{\sim}{A}_\lambda$ 称为 $\underset{\sim}{A}$ 的 λ 限制。

显然，$\underset{\sim}{A}_\lambda$ 比 $\underset{\sim}{A}$ 简单些。容易证明

$$\underset{\sim}{A} = \bigcup_{\lambda \in [0,1]} \underset{\sim}{A}_\lambda。$$

命题 5.7.6 下列各命题成立：

$1°$. 若 $\underset{\sim}{A},\underset{\sim}{B}$ 都是 X 的模糊子集，则 $\underset{\sim}{A}=\underset{\sim}{B}$ 当且仅当 $\forall\lambda\in[0,1]$，
$\underset{\sim}{A}_\lambda=\underset{\sim}{B}_\lambda$。

$2°$. 若 $\underset{\sim}{A}\subseteq\underset{\sim}{B}$，则 $\underset{\sim}{A}_\lambda\subseteq\underset{\sim}{B}_\lambda,\lambda\in[0,1]$。

$3°(\underset{\sim}{A}\bigcup\underset{\sim}{B})_\lambda=\underset{\sim}{A}_\lambda\bigcup\underset{\sim}{B}_\lambda,\lambda\in[0,1]$。

$4°(\underset{\sim}{A}\bigcap\underset{\sim}{B})_\lambda=\underset{\sim}{A}_\lambda\bigcap\underset{\sim}{B}_\lambda,\lambda\in[0,1]$。

$5°\underset{\sim}{A}_\lambda\subseteq\underset{\sim}{A},\lambda\in[0,1]$。

$6°$ 如果 $0\leqslant\lambda\leqslant\lambda'\leqslant1$，则 $\underset{\sim}{A}_{\lambda'}\supseteq\underset{\sim}{A}_\lambda$。

〔证〕 留作练习。

第二篇 图 论

　　人们已习惯于在纸上描点,以代表人物、地点或其他别的对象。在点之间,又联以线或矢线,以表达某种关系。这种以点和线组成的图表,以不同的名称在不同的学科中经常出现,如:社会结构、单纯形(拓扑学)、物理学、化学、经济学、交通网络、世系表等等。特别是在近代的通讯科学、计算机科学、生物遗传学、语言学中更是大量被应用。这种由点线组成的图表称之为图。系统地研究图的性质就构成了一门学科,被称为图论。

　　由于图论为任何一个包含了一种二元关系的系统提供了一种数学模型,以及使用了图解式的表示法,因而又具有一种直观的外形,所以应用广泛。因此,有必要用抽象术语和形式来叙述和研究这门科学,以使其结果得以应用到各种不同的领域中。本篇,我们将把图作为一个抽象的数学系统来研究。这个系统就是一个在有限集合上定义了一个二元关系的有穷系统。因此,本篇仍是集合论的继续。

　　由于图论在不同的领域中发展和应用,所以直到今天,图论中所用的术语尚未统一,各本图论的书和文献中所用的术语均不完全相同。而同一术语不同的作者有不同的含义,这种情况应特别注意。因此,我们将首先介绍本书所使用的术语的含义,随之研究它们的性质及其应用,特别将介绍图论在计算机科学中的应用。

　　图论在计算机科学领域中起着相当重要的作用,如在逻辑设计、计算机网络、数据结构、数据库系统、形式语言与自动机理论 … 等等的研究过程中,图论是一种十分有用的工具。因此,它是从事计算机科学的研究和应用的人员必备的基本知识。这些知识中的一些在本质上是相当初等的。希望通过本篇的学习,掌握图论的初步知识并获得能把实际问题转化为图论的问题,并通过对图论问题的解决以达到对实际问题之解决的初步能力,为图论在计算机科学中的应用打下一个良好的基础。这些知识也是图论在其他领域中应用的基础知识。

第六章　　图的基本概念

本章主要介绍无向图的一些基本概念：无向图、顶点的度、路、圈、子图、偶图、补图、连通图、图的支、欧拉图、哈密顿图、带权图、图的矩阵表示等。

6.1　　图论的产生与发展史概述

要准确地追溯图论的起源是困难的。但按现有的记载，大家认为欧拉（L.Euler，1707 – 1783）是图论的创始人。1736年欧拉解决了当时著名的哥尼斯堡七桥问题：事情发生在 18 世纪的哥尼斯堡城，那时这个城市属东普鲁士，原苏联的立陶宛共和国，并改名为加里宁格勒。普莱格尔河横贯市中，河上有七座桥把河中的两个岛以及岛与河岸联起来，如图 6.1.1 所示。

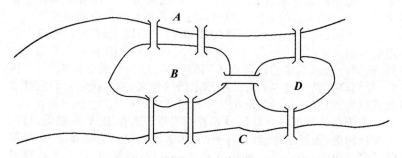

图 6.1.1　普莱格尔河上七桥图

当时那里的居民热衷于一个难题：一个散步者能否从一块陆地出发走遍七座桥，而且每座桥恰好走一次，最后回到出发点？这个问题似乎不难，谁都愿意试一试，但谁也回答不出。

欧拉是一位数学家，头脑比较冷静。千百人的失败使他猜想，也许那样的走法根本不存在。1736 年,欧拉证明了他的猜想,并在圣彼得堡科学院作了一次报告。

为了证明这个问题没有解,欧拉将每一块陆地用一个点来代表,将每座桥用联结相应的两个点的一条线来代替,从而得到了一个如图 6.1.2 所示的一个"图"。于是,七桥问题就变成了如下的一笔画问题:能否笔不离开纸,把图 6.1.2 的"图"一笔画成,使每条线只画一次,最后笔又回到出发点?欧拉证明了这个"图"不能一笔画成。

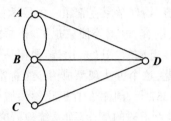

图 6.1.2　七桥问题的图

对上面一类新鲜问题,欧拉当然不满足解决一个七桥问题,终于找到了一个简便的判定法则,以鉴别任一"图"能否一笔画成。这个判别法则是:这个图必得是连通的并且每个顶点都与偶数条线相关联。

其后一百多年里,图论的发展是缓慢的,主要是解决一些游戏中的问题。例如,迷宫问题、棋盘上马的行走路线问题等。一些古老的难题吸引了许多学者,其中最著名的难题是四色猜想。这个猜想说,在一个平面或球面上任何地图能够只用四种颜色来着色,使得没有两个相邻的国家有相同的颜色。这里要求每个国家必须由一个单连通域构成,而两个国家相邻是指它们有一段公共边界线,不能仅仅有一个公共点。如果把每一个国家用一个点表示,相邻的两个国家的相应点间联一条线时,就得一个"图"。在平面上画出这个图时,显然没有相交的线,这种图称为平面图。如果将平面图的点用四种颜色着色或少于四种颜色着色,使得一条线的两个端点着不同颜色,四色猜想就证明了。半个多世纪以来,许多数学家做了许多工作,大大地推动了图论及其有关学科的发展,但始终未证明这个猜想。只是到了 1976

年 K·Appel 和 W·Haken 在 J·Koch 协助下,利用电子计算机证明了这个问题。他们用 100 亿个逻辑判断,花了 1200 个机时。

另一个著名的难题是哈密顿(W·R·Hamilton1805－1865)图问题、Ulam 问题等。

首先把图论用来解决工程问题的是物理学家克希霍夫(G·Kirchhoff)。1847 年,克希霍夫为了解一类线性联立方程组而发展了树的理论。这个线性方程组,描述了一个电网络的每一条支路中和环绕每一个回路的电流。物理学家克希霍夫象数学家那样思考问题,他把电网络中的电阻、电容、电感等抽象化了。于是他就把一个具体的电网络用一个由点线组成的"图"来代替。他用一个简单而有力的构造法解决了他的问题,这个方法现已成为一个标准的方法。

10 年以后,即 1857 年,凯莱在有机化学领域中研究同分异构体的结构时,又重新引入了树的概念。而系统地研究树,把树当成一个纯数学对象的是约当(C·Jordan,1838－1922)。

进入 20 世纪,随着科学技术的飞速发展,特别是由于计算机的广泛应用,图的理论得到了飞速发展。用图论来解决运筹学、网络理论、信息论、概率论、控制论、数值分析及计算机科学的问题,已显示出越来越大的效果。图论在物理学、化学、工程领域、社会科学和经济问题中有着广泛的应用。图论作为组合数学的一个分支,受到全世界数学界和工程技术界的广泛重视。

6.2　基本定义

历史上那些著名问题的解决,都归结为由点和线组成的"图"的某种问题。这种由点和线组成的"图",在工农业生产、交通运输、科学研究和日常生活中被广泛地使用。然而,图论的研究对象——图,其定义也未统一,但这并不妨碍我们的研究和应用。为了方便,我们采用下面的定义。

设 V 是一个非空集合,V 的一切二元子集之集合记为 $\mathscr{P}_2(V)$,即

$$\mathscr{P}_2(V) = \{A \mid A \subseteq V \text{且} \mid A \mid = 2\}。$$

定义 6.2.1 设 V 是一个非空有限集合，$E \subseteq \mathscr{P}_2(V)$，二元组 (V，E) 称为一个无向图。V 中元素称为无向图的顶点，V 为顶点集；E 称为边集，E 的元素称为图的边。如果 $\{u,v\} \in E$，则称 u 与 v 邻接。

以 V 为顶点集，E 为边集的无向图 (V,E) 常用一个字母 G 代替，即 G = (V,E)。如果 $\mid V \mid = p$，$\mid E \mid = q$，则称 G 为一个 (p,q) 图，即 G 是一个具有 p 个顶点 q 条边的图。(1,0) 图称为平凡图。

以后常用小写字母(有时带下标)u,v,w,… 为图的顶点命名，而用 x,y,z,… 为边命名。于是，如果 $x = \{u,v\}$ 是图 G 的一条边，则 x 为这条边的名字，u 和 v 称为边 x 的端点，这时还说顶点 u(同样地，v)与边 x 互相关联，还说 x 是联结顶点 u 和 v 的边，且记为 x = uv 或 x = vu。若 x 与 y 是图 G 的两条边，并且仅有一个公共端点，即 $\mid x \bigcap y \mid = 1$，则称边 x 与 y 邻接。

由定义 6.2.1 可知，一个无向图 G 就是一个有非空集合 V 上定义了一个反自反且对称的二元关系 E 的有限系统。当我们把 G 的边集 E 看成一个 V 上的二元关系时，每条边的两个端点构成的序对是没有次序的，所以是对称的。其次，由于每条边的两个端点必须互不相同，所以作为 V 上的二元关系 E 是反自反的。所以，一个无向图就是有限非空集 V 以及 V 上的一个反自反且对称的二元关系组成的关系系统。研究无向图，就是研究这个有限关系系统。

我们知道，有限关系可以用图示方法表示。正是有了这种图示法表示关系，使得图有一种直观的外形，富于启发而被广泛采用。由于作为边集 E 被视为关系时是对称的，所以其图示时画法也简化。一般地，将图的每个顶点在平面上用一个点或一个小圆圈表示，并在其旁写上顶点的名(如果顶点已命名)，如果 $x = \{u,v\}$ 是图的一条边，则就在代表 u 和 v 的两点间联一条线，这样得到的图形就叫做一个图的图解。注意，在画图的图解时，线的交点不是图的顶点。以后，图和它的图解不分，图解也说成图。

例如，$V = \{v_1, v_2, v_3, v_4, v_5\}$，$E = \{\{v_1, v_2\}, \{v_2, v_3\}, \{v_3, v_4\}, \{v_4,$

$v_5\}, \{v_5, v_1\}, \{v_1, v_3\}, \{v_2, v_5\}\}$，则无向图 $G = (V, E)$ 的图解如图 6.2.
1 所示。在这里，v_1 与 v_2 是邻接的顶点，而 v_2 与 v_4 不邻接。边 x 和 y 是
邻接的，而 x 与 z 不是邻接的两条边，x 与 z 的交点不是 G 的顶点。顶
点 v_2 与边 x 互相关联。G 是一个 $(5,7)$ 图。

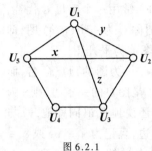

图 6.2.1

由图的定义可知，无向图的图解中没
有联结一个顶点与其自身的边 —— 这种
边称为环。无向图的图解中没有环是因为
E 是反自反的。允许有环存在的图称为带
环图。其次，图的两个不同顶点间至多有
一条边联结。如果一个图中允许两个顶点
间有多于一边存在，这样的图称为多重
图，这些边称为多重边。允许有环和多重
边存在的图，我们称之为伪图。易见，哥尼斯堡七桥问题的图是一个
多重图。

许多作者把无向图定义为伪图，而把我们的定义 6.2.1 所定义
的无向图叫做简单图。图论的许多重要结果是针对简单图而证明的，
它易于抽象的数学处理。但在许多应用中有时出现伪图或多重图。研
究了简单图的理论后，其结论在大多数情况下很容易推广到多重图
或伪图，并不妨碍应用。本书将遵循定义 6.2.1 进行讨论，偶而也会
在某些应用中出现多重图或伪图。

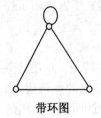
带环图

多重图

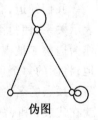
伪图

图 6.2.2　带环图、多重图和伪图

定义 6.2.2　设 $G = (V, E)$ 为无向图，如果 $E = \emptyset$，则称 G 为零

图。

零图是没有边的图。具有五个顶点的零图的图解如图 6.2.3 所示。零图无什么趣味,但它是一个无向图。

图 6.2.3   五个点的零图

定义 6.2.3   设 V 为一个非空有限集,$A \subseteq V \times V \setminus \{(u,u) \mid u \in V\}$,二元组 $D = (V,A)$ 称为一个有向图。V 中的元素称为 D 的顶点,A 中元素 (u,v) 称为 D 的从 u 到 v 的弧或有向边。如 $x = (u,v)$ 且 $y = (v,u)$ 均为 A 的弧,则称 x 与 y 为一对对称弧。

如果 $x = (u,v)$ 是有向图的一条弧,则称弧 x 起于顶点 u 终于顶点 v 的弧,或从 u 到 v 的弧,u 称为 x 的起点,v 为终点。画 D 的图解时,弧用矢线表示,从代表 u 的点画一条带箭头的线指向代表 v 的点。图 6.2.4 给出了具有三个顶点三条弧的有向图的图解,其中 (a)、(b) 里有对称弧。

定义 6.2.4   不含对称弧的有向图称为定向图。

(*a*)　　　　　(*b*)　　　　　(*c*)　　　　　(*d*)

图 6.2.4   具有三个顶点三条弧的有向图

类似于无向图,可以定义有向图的环、多重弧、带环有向图、多重有向图、伪有向图。在第十章中将专门研究有向图。如无特殊说明,本章到第九章中,图均指无向图。

从一个已知的图产生另一些图的方法是重要的,子图的概念就供了一种这种方法。

定义 6.2.5 设 G = (V,E) 是一个图,图 H = (V₁,E₁) 称为 G 的一个子图,其中 V₁ 是 V 的非空子集且 E₁ 是 E 的子集。

定义 6.2.6 设 G = (V,E) 是一个图。如果 F ⊆ E,则称 G 的子图 H = (V,F) 为 G 的生成子图。

易见,G 的生成子图就是包含 G 的所有顶点的子图。在图论中,"生成"这两个字具有特殊的用法,以后常涉及"图 G 的生成 …",这时常指"含有 G 的所有顶点的 …"。

图 6.2.5 中,G_1 和 G_2 都是 G 的子图,G_2 是 G 的生成子图,G_1 不是 G 的生成子图。

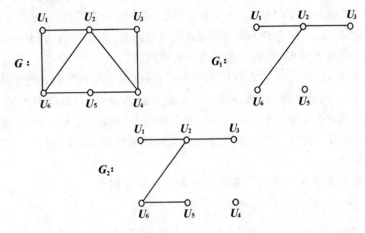

图 6.2.5 G 和它的两个子图

设 G_1 和 G_2 是图 G 的两个子图。如果 $G_1 \neq G$,则称 G_1 是 G 的真子图。如果 G_1 是 G_2 的子图,则说 G_2 包含 G_1。设 G 的子图 H 具有某种性质,若 G 中不存在与 H 不同的具有此性质且包含 H 的真子图,则称 H 是具有此性质的极大子图。

定义 6.2.7 设 S 为图 G = (V,E) 的顶点集 V 的非空子集,则 G 的以 S 为顶点集的极大子图称为由 S 导出的子图,记为 ⟨S⟩。

形式地,

$$\langle S \rangle = (S, \mathscr{P}_2(S) \bigcap E)。$$

于是，S 的两个顶点在 $\langle S \rangle$ 中邻接，当且仅当这两个顶点在 G 中邻接。在图 6.2.6 中，子图 G_1 是由 $S = \{v_1, v_2, v_3, v_4, v_6\}$ 导出的子图。

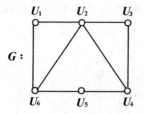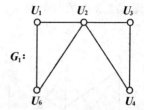

图 6.2.6　一个图和它的导出子图

设 $G = (V, E)$，$v \in V$，由 $V \setminus \{v\}$ 导出的子图 $\langle V \setminus \{v\} \rangle$ 记成 $G - v$。从图的图解上看，$G - v$ 的图解是从 G 的图中去掉顶点 v 及与 v 关联的边所得到的图解。类似地，设 x 是 G 的一条边，则 G 的生成子图 $(V, E \setminus \{x\})$ 简记为 $G - x$。如果 u 和 v 是 G 的两个不邻接的顶点，则图 $(V, E \bigcup \{u, v\})$ 简记成 $G + uv$，它是在 G 的图解中，把 u 与 v 间联一条线而得到的图。图 6.2.7 中给出了这些概念的图示。

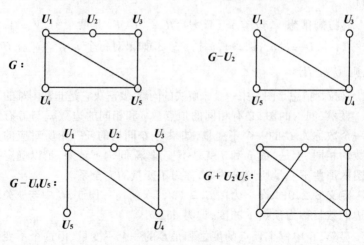

图 6.2.7　一个图加上或移一个点或边

图论中的许多术语和概念都是从直观的图解中得到的。

定义 6.2.8　设 $G = (V, E)$，$H = (U, F)$ 是两个无向图。如果

存在一个一一对应 $\varphi : V \to U$,使得 $uv \in E$ 当且仅当 $\varphi(u)\varphi(v) \in F$,则称 G 与 H 同构,记为 $G \cong H$。

图 6.2.8 中的两个图 G_1 与 G_2 是同构的图。为了看出它们同构,只须令 $\varphi(v_i) = u_i$ 即可。

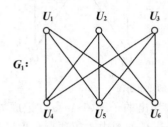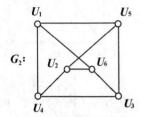

图 6.2.8 同构的两个图

图 G 的子图包含有 G 的信息。而下面的乌拉姆(S.M.Ulam,1909 –)猜想表明,形如 $G - v_i$ 的子图的全体,能给出足够多的关于 G 的信息。

乌拉姆猜想   设 $G = (V,E)$,$H = (U,F)$ 是两个图,$V = \{v_1, v_2,\cdots,v_p\}$,$U = \{u_1,u_2,\cdots,u_p\}$,$p \geqslant 3$。如果对每个 i,$G - v_i \cong H - u_i$,则 $G \cong H$。

乌拉姆猜想是图论中一个未解决的问题。要解决它是非常困难的。

显然,同构的图,必有相同的顶点数 p 和相同的边数 q。与 G 有关的一个数称为 G 的一个不变量,如果与 G 同构的任一图所对应的这种数均相同。于是,数 p 和 q 就是不变量。除同构不计外,足以确定一个图的那些不变量所形成的集,称为不变量的完全系。

定义 6.2.9   设 v 为图 $G = (V,E)$ 的任一顶点,G 中与 v 关联的边的数目称为顶点 v 的度,记为 $\deg v$。

显然,G 中每个顶点的度之和是 G 的一个不变量,但这个不变量不是独立的。

定理 6.2.1(Euler)   设 $G = (V,E)$ 是一个具有 p 个顶点 q 条边的图,则 G 中各顶点度的和等于边的条数 q 的两倍,即

$$\sum_{v \in V} \deg v = 2q。$$

〔证〕 因为 G 的每条边关联两个顶点，对和数 $\sum_{v \in V} \deg v$ 的贡献是 2，所以定理显然成立。 〔证毕〕

不难看出，这个定理对多重图也成立。

推论 6.2.1 任一图中，度为奇数的顶点的数目必为偶数。

〔证〕 设 $G = (V, E)$。令度为奇数的顶点之集为 V_1，则 $V_2 = V \setminus V_1$ 为度为偶数的顶点之集。于是，由定理 6.2.1 有

$$\sum_{v \in V} \deg v = \sum_{v \in V_1} \deg v + \sum_{u \in V_2} \deg u = 2q,$$

从而，

$$\sum_{v \in V_1} \deg v = 2q - \sum_{u \in V_2} \deg u = 偶数$$

所以，$|V_1|$ 必为偶数。 〔证毕〕

显然，对 (p, q) 图的每个顶点 v，有

$$0 \leqslant \deg v \leqslant p - 1。$$

引入记号：

$$\delta(G) = \min_{v \in V}\{\deg v\},$$

$$\triangle(G) = \max_{v \in V}\{\deg v\}。$$

定义 6.2.10 图 G 称为 r 度正则图，如果 $\triangle(G) = \delta(G) = r$，即 G 的每个顶点的度都等于 r。3 度正则图也叫做三次图。一个具有 p 个顶点的 $p-1$ 度正则图称为 p 个顶点的完全图，记为 K_p。

在 K_p 中，每个顶点与其余各顶点均邻接。显然，K_p 有 $\frac{1}{2}p(p-1)$ 条边。

由推论 6.2.1 立即得到

推论 6.2.2 每个三次图均有偶数个顶点。

度为 0 的顶点称为弧立顶点。0 度正则图就是零图。

例 6.2.1 证明：在至少有两个人的团体里，总存在两个人，使

得他们在此团体里恰有相同个数的朋友。

〔证〕 设此团体里共有 n 个人，$n \geq 2$。若用点表示人，两人互为朋友时就在相应点间联一条线，这样便得到了具有 n 个顶点的图 G。每个人的朋友数就是 G 中相应顶点的度。于是，我们的问题就变成证明 G 中必有两个顶点有相同的度。如果结论不成立，则 G 的各顶点度分别为 $0, 1, 2, \cdots, n-1$。度为 0 的顶点为弧立顶点，度为 $n-1$ 的顶点与其余各顶点邻接，所以不可能在 G 中既有弧立顶点又有度为 $n-1$ 的顶点。所以，本题结论成立。

例 6.2.2 （一个数学游戏问题 —— 四立方体难题 —— 包你迷）四个大小相同的正立方体，每个立方体的每个面涂上红(R)、蓝(B)、绿(G)、黄(Y) 四种颜色之一。试把四个立方体堆成一个柱体，使四种颜色在柱体的每个侧面上同时出现。

例如，对四个已涂好色的立方体的面展开如图 6.2.9 中的 ①、②、③、④ 所示。

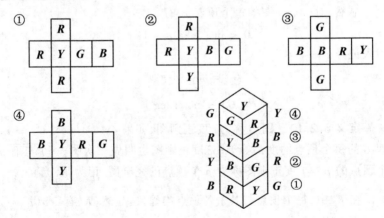

图 6.2.9　四立方体难题的一个实例

解：解答这个难题的原理如下：

1. 以四种颜色 R、B、G、Y 为顶点构造一个无向图 G，两个顶点之间有一条边当且仅当立方体的一对相对面的颜色为对应的两顶点所代表的颜色。于是,对每个立方体有一个对应的图。例如,对所给的实例,四个立方体对应的图如图 6.2.10 所示。

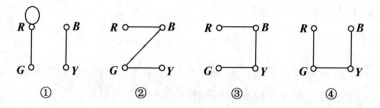

图 6.2.10　四个立方体对应的图

2. 把(1)中得到的四个图重叠成一个图。此时,每个立方体对应的图的各边上均标此立方体的编号。对所给的实例,得到如图 6.2.11 所示的伪图。

3. 判断(2)中得到的伪图中是否有下性质的子图(实际上是生成子图)H_1, H_2:

（a）H_1 和 H_2 无公共边,且都是 2 度正则图;

（b）H_1 和 H_2 中的每个恰好含有每个立方体的一条边。

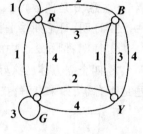

图 6.2.11　重叠后的伪图

如果无此性质的子图 H_1 和 H_2,则对此实例无解;否则有解且可按下步方法构造解。对开始给出实例得到的伪图中,H_1 与 H_2 如图 6.2.12 所示。

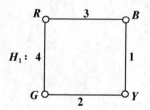
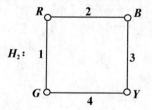

图 6.2.12

4. 以 H_1 作为堆成的前后面对应图，H_2 作为堆成柱体的左右两侧面各立体左右面对应的图，即可堆成所要的柱体。对所给的实例，堆成的柱体见图 6.2.9 所示。

习　　　题

1. 画出具有 4 个顶点的所有无向图(同构的只算一个)。

2. 画出具有 3 个顶点的所有有向图(同构的只算一个)。

3. 画出具有 4 个、6 个、8 个顶点的三次图。

4. 某次宴会上，许多人互相握手。证明：握过奇数次手的人数为偶数(注意，0 是偶数)。

5. 证明：哥尼斯堡七桥问题无解。

6. 证明：例 6.2.2 中的第 3 步里的结论是正确的。

7. 四个立方体已涂好色，见图 6.2.13。对这个实例，四立方体难题是否有解？如果有解，找出一个来！

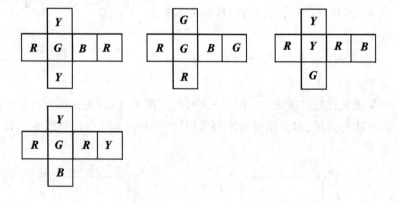

图 6.2.13

6.3 路、圈、连通图

图的最基本性质是它是否连通,直观上就是它是否分成不相连接的几部分。

定义 6.3.1 设 $G = (V, E)$ 是一个图。G 的一条通道是 G 的顶点和边的一个交错序列

$$v_0, x_1, v_1, x_2, v_2, x_3, \cdots, v_{n-1}, x_n, v_n,$$

其中 $x_i = v_{i-1} v_i$,$i = 1, 2, \cdots, n$。n 称为通道的长。这样的通道常称为 $v_0 - v_n$ 通道,并简记为 $v_0 v_1 v_2 \cdots v_n$。当 $v_0 = v_n$ 时,则称此通道为闭通道。

由上述定义可知,在通道上,顶点和边均可重复出现。在计算通道的长时,重复的边按重复的次数计算。

定义 6.3.2 如果图中一条通道上的各边互不相同,则称此通道为图的迹。如果一条闭通道上的各边互不相同,则此闭通道称为闭迹。

定义 6.3.3 如果一条通道上的各顶点互不相同,则称此通道为路。如果闭通道上各顶点互不相同,则称此闭通道为圈,或回路。

显然,圈上至少有三个顶点,圈的长度至少为 3。

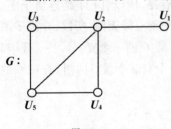

图 6.3.1

例 6.3.1 用图 6.3.1 说明上述各概念如下:$v_1 v_2 v_5 v_2 v_3$ 是一条长为 4 的 $v_1 - v_3$ 通道,它不是迹。而 $v_1 v_2 v_5 v_4 v_2 v_3$ 是一条长为 5 的迹,但它不是路。$v_1 v_2 v_5 v_3$ 是一条长为 3 的路。$v_2 v_4 v_5 v_2$ 是圈。$v_2 v_4 v_5 v_2 v_3 v_2$ 是闭通道,不是闭迹。

定义 6.3.4 设 $G = (V, E)$ 是图,如果 G 中任两个不同顶点间至少有一条路联结,则称 G 是一个连通图。

直观上,在一个连通的图的图解上,对任两顶点,从一个顶点沿着某些边走,一定能走到另一点。于是,一个不连通图的图解被分为

若干个互不相连的几个部分,每个部分是连通的,称为一个连通分支,或支。形式地有如下之定义:

定义 6.3.5 图 G 的极大连通子图称为 G 的一个支。

连通图只有一个支,就是它本身。例如,图 6.3.1 中的图是一个连通图。而图 6.3.2 的图是一个有 10 个支的不连通图。

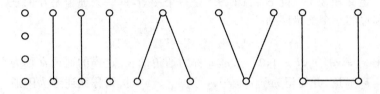

图 6.3.2 有 10 个支的不连通图

定理 6.3.1 设 $G = (V, E)$ 是一个图。在 V 上定义二元关系 $\cong$ 如下:$\forall u, v \in V$,

$$u \cong v \text{ 当且仅当 } u \text{ 与 } v \text{ 间有一条路,}$$

则 $\cong$ 是 V 上的等价关系,G 的支就是关于 $\cong$ 的每个等价类的导出子图。

〔证〕 我们认为,$\forall v \in V$, v 与 v 间有长为 0 的路,所以 $\cong$ 是自反的。容易验证 $\cong$ 是对称的且传递的。所以,$\cong$ 是等价关系。

$\forall v \in V$,等价类 $[v]$ 中各顶点间有路,所以 $\langle [v] \rangle$ 是连通子图。$\forall u \in V$,若 $u \not\cong [v]$,则 u 与 $[v]$ 的每个顶点间无路。所以,导出子图 $\langle [v] \rangle$ 是 G 的极大连通子图,故 $\langle [v] \rangle$ 是 G 的一个支。   〔证毕〕

定理 6.3.2 设 $G = (V, E)$ 是一个有 p 个顶点的图。若对 G 的任两个不邻接的顶点 u 和 v 有

$$\deg u + \deg v \geq p - 1,$$

则 G 是连通的。

〔证〕 如果 G 不连通,则 G 至少有两个支。设 $G_1 = (V, E_1)$ 是其中的一个支,其他各支构成的子图为 $G_2 = (V_2, E_2)$, $|V_1| = n_1$, $|V_2| = p - n_1$,则 $\forall u \in V_1, v \in V_2$,有

$$\deg u \leq n_1 - 1, \deg v \leq p - n_1 - 1。$$

于是，
$$\deg u + \deg v \leqslant (n_1 - 1) + (p - n_1 - 1) \leqslant p - 2。$$
这与假设相矛盾，所以 G 是连通的。 〔证毕〕

定理 6.3.3 设 $G = (V, E)$ 是至少有一个顶点不是弧立顶点的图。如果 $\forall v \in V, \deg v$ 为偶数，则 G 中有圈。

〔证〕 令 P 是 G 中的一条最长的路，
$$P = v_1 v_2 \cdots v_n,$$
则 $\deg v_1 \geqslant 2$，所以必有某个顶点 u 与 v_1 邻接。由于 P 是最长路，所以 u 必是 $v_2, \cdots, v_n$ 中的某个 $v_i, i \geqslant 3$。于是，$v_1 v_2 v_3 \cdots v_i v_1$ 是 G 的一个圈。 〔证毕〕

定理 6.3.4 如果图 G 中的两个不同顶点 u 与 v 间有两条不同的路联结，则 G 中有圈。

〔证〕 设 P_1 和 P_2 是 G 中两条不同的 $u - v$ 路。因为 $P_1 \neq P_2$，所以存在 P_2（或 P_1）的一条边 $x = u_1 v_1$ 不在 P_1（相应地，P_2）上。由 P_1 和 P_2 上的顶点和边构成的 G 的子图记为 $P_1 \bigcup P_2$。于是，$(P_1 \bigcup P_2) - x$ 是 G 的一个连通子图，所以 $(P_1 \bigcup P_2) - x$ 中包含一条 $u_1 - v_1$ 路 P。于是，$P + x = P + u_1 v_1$ 就是 G 的一个圈。 〔证毕〕

习 题

1. 设 u 与 v 是图 G 的两个不同顶点。如果 u 与 v 间有两条不同的通道（迹），则 G 中是否有圈？

2. 证明：一个连通的 (p, q) 图中 $q \geqslant p - 1$。

3. 若 G 是一个 (p, q) 图，$q > \frac{1}{2}(p - 1)(p - 2)$，试证 G 是连通图。

4. 设 G 是一个 (p, q) 图，$\delta(G) \geqslant \left[\frac{p}{2}\right]$，试证 G 是连通的。

5. 证明：在一个连通图中，两条最长的路有一个公共的顶点。

6. 在一个有 n 个人的宴会上，每个人至少有 m 个朋友（$2 \leqslant m \leqslant n$）。试证：有不少于 $m + 1$ 个人，使得他们按某种方法坐在一张圆桌旁,每人的左、右均是他的朋友。

7. 一个图 G 是连通的,当且仅当将 V 划分成两个非空子集 V_1 和 V_2 时,G 总有一条联结 V_1 的一个顶点与 V_2 的一个顶点的边。

8. 设 G 是图。证明:若 $\delta(G) \geqslant 2$,则 G 包含长至少是 $\delta(G)+1$ 的圈。

9. 设 G 是一个 (p,q) 图,证明:

(a) 若 $q \geqslant p$,则 G 中有圈;

(b) 若 $q \geqslant p+4$,则 G 包含两个边不重的圈。

10. 图 G 的围长是 G 中最短圈的长;G 中若没有圈,则定义 G 的围长为无穷大。证明:围长为 4 的 k 正则图至少有 $2k$ 个顶点,而且(在同构意义下)在 $2k$ 个顶点上恰好有一个这样的图。

6.4 补图、偶图

给定一个图,可以得到它的子图、生成子图、导出子图。除此之外,还可定义它的补图。在一些实际问题中,把它归结为图论问题之后,有时从它的补图着手往往能较快地解决问题。

定义 6.4.1 设 $G = (V, E)$ 是一个图,图
$$G^c = (V, \mathscr{P}_2(\vee) \setminus E)$$
称为 G 的补图。如果 G 与其补 G^c 同构,则称 G 是自补图。

显然,两个顶点 u 与 v 在 G^c 中邻接,当且仅当 u 与 v 在 G 中不邻接。图 6.4.1 给出了一个图 G 和它的补图 G^c 的图解。图 6.4.2 中的 3 个图都是自补图。

3 个顶点的完全图 K_3 称为三角形。

定理 6.4.1 对任一有 6 个顶点的图 G,G 中或 G^c 中有一个三角形。

〔证〕 设 v 是 G 的一个顶点,则 v 与 G 中的其余 5 个顶点的每一个或在 G 中邻接,或在 G^c 中邻接。不失一般性,可设 G 中有 3 个顶

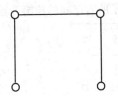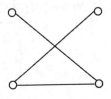

图 6.4.1 一个图和它的补图

图 6.4.2 3 个自补图

点 v_1, v_2, v_3 在 G 中均与 v 邻接,如果 v_1, v_2, v_3 中有 2 个顶点在 G 中邻接,那么这 2 个顶点与 v 是 G 中一个三角形的 3 个顶点,所以这时 G 中有三角形;如果 v_1, v_2, v_3 在 G 互不邻接,则 v_1, v_2, v_3 在 G^c 中两两互相邻接,所以 v_1, v_2, v_3 是 G^c 中一个三角形的 3 个顶点。这时 G^c 中有三角形。 〔证毕〕

利用定理 6.4.1 便可解决下述的非常有名的难题 —— 拉姆齐(I. S. Ramsey,1904 – 1930)问题:

试证:在任何 6 个人的团体中,存在 3 个互相认识的人或互相不认识的人。

为了解决这个问题,首先把它转化为图论问题。为此,用 6 个点代表 6 个人,如果 2 人互相认识,则在相应的两点间联一条线,于是得到一具有 6 个顶点的图 G。问题就变为证 G 或 G^c 中有三角形,这就是定理 6.4.1 所肯定的。

定理 6.4.1 的结果提出了一个一般性问题:求一个最小正整数 $r(m, n)$,使任何有 $r(m, n)$ 个顶点的图一定含有一个 K_m 或者含有 K_n^c。数 $r(m, n)$ 称为拉姆齐数。

求拉姆齐数问题还没有解决。下表中列出了所有已知的拉姆齐数：

	2	3	4	5	6	7
2	2	3	4	5	6	7
3	3	6	9	14	18	23
4	4	9	18			

由定理 6.4.1 得到 $r(3,3) \leqslant 6$。图 6.4.3 中给出了一个 5 个顶点的图 G，G 和 G^c 中均没有三角形。所以，$r(3,3) = 6$。

$G:$ 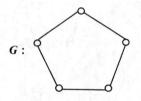　　$G^c:$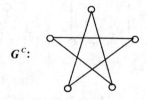

图 6.4.3

例 6.4.1　证明：$r(3,4) = 9$。即证明：任何 9 个人的团体里，或有 3 个人互相认识，或有 4 个互相不认识。但 8 个人的团体里，上述性质未必成立。

〔证〕　这就是要证任何 9 个顶点的图 G 中，或 G 中包含 K_3，或 G 中包含 K_4^c。并且有的 8 个顶点的图 H，H 中既不包含 K_3 也不包含 K_4^c，图 6.4.4 中给出了这样的一个图。

$G:$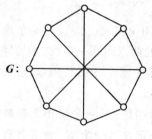

图 6.4.4

设 $G = (V, E)$，$|V| = 9$。

如果 $\exists v \in V, \deg v \geqslant 4$，则 G 中有 4 个顶点 v_1, v_2, v_3, v_4 在 G 中与 v 邻接。这时若有 $i \neq j, v_i v_j \in E$，则 $v v_i v_j$ 是 G 中的一个 K_3；否则 v_1, v_2, v_3, v_4 是 G 的互不邻接的 4 个顶点，所以 G 包含 K_4^c。

如果 $\forall v \in V, \deg v \leqslant 3$，则在 G^c 中每个顶点的度 $\geqslant 5$。但 9 是奇数，G^c 中奇度顶

点的个数必为偶数,所以有一个偶度顶点 u,u 的度 $\geqslant 6$。G^c 中与 u 邻接的 6 个顶点导出 G^c 中的 6 个顶点的子图。由定理 6.4.1 知 G^c 中有 K_3,它与 u 形成了 G^c 中的 K_4,即 G 中的 K_4^c,或 G^c 中含 K_3^c 即 G 包含 K_3。

因此,$r(3,4) = 9$。

下面研究偶图(bipartite graph)的性质。偶图也有称为双图、二部图、双色图等,但含义一样。

定义 6.4.2 $G = (V,E)$ 称为偶图,如果 G 的顶点集 V 有一个二划分 $\{V_1,V_2\}$,使得 G 的任一条边的两个端点一个在 V_1 中,另一个在 V_2 中,这个偶图有时记为 $((V_1,V_2),E)$。如果 $\forall\, u \in V_1,v \in V_2$ 均有 $uv \in E$,则这个偶图称为完全偶图,并记为 $K(m,n)$ 或 $K_{m,n}$,其中 $|V_1| = m$,$|V_2| = n$。

定义 6.4.3 设 $G = (V,E)$ 是一个图,u 和 v 是 G 的顶点。联结 u 和 v 的最短路的长称为 u 与 v 之间的距离,并记为 $d(u,v)$。如果 u 与 v 间在 G 中没有路,则定义 $d(u,v) = \infty$。

定义 6.4.2 图 G 为偶图的充分必要条件是它的所有圈都是偶数长。

〔证〕 设 $G = (V,E)$ 是偶图,则 V 有一个二划分 $\{V_1,V_2\}$,使得对任一 $uv \in E$ 有 $u \in V_1,v \in V_2$。设 $v_1v_2\cdots v_nv_1$ 是 G 的一个长为 n 的圈。不妨设 $v_1 \in V_1$,则这个圈 $v_1v_2\cdots v_nv_1$ 上奇数下标的顶点在 V_1 中,下标为偶数的顶点在 V_2 中。每个下标为偶数的顶点恰关联圈上两条边,所以此圈的长 n 为偶数。

反之,设 G 的每个圈的长为偶数,往证 G 是偶图。为此,不妨设 G 是连通的,否则可分别考虑 G 的每个支。任取 G 的一个顶点 u,定义集合

$$V_1 = \{v \mid v \in V, d(u,v) \text{ 是偶数}\},$$

$$V_2 = \{v \mid v \in V, d(u,v) \text{ 是奇数}\},$$

则 $\{V_1,V_2\}$ 是 V 的一个二划分。假设 w 与 v 是 V_1 的两个不同顶点,并

且 $vw \in E$,则令 P 是 u 与 v 间的最短路,Q 为 u 与 w 间的最短路,u_1 为从 u 开始,P 与 Q 的最后的一个公共顶点。因为 P 与 Q 是最短路,所以 P 和 Q 上的 $u - u_1$ 段也是最短的 u 与 u_1 间路,故有相同的长。而 P 和 Q 的长都是偶数,故 P 的 u_1 到 v 的段 P_1 与 Q 的 u_1 到 w 段 Q_1 有相同的奇偶性。于是,边 vw、Q_1、P_1 构成 G 中一个奇数长的圈,这与假设相矛盾。所以 V_1 的任两不同顶点 v 与 w 间无边。同理可证 V_2 的任两顶点间也没边。因此,G 是一个偶图。 〔证毕〕

显然,完全偶图 $K_{m,n}$ 中不含三角形且有 mn 条边。当 p 为偶数时,$K(\frac{p}{2}, \frac{p}{2})$ 有 $p^2/4$ 条边;当 p 为奇数时,$K(\frac{p-1}{2}, \frac{p+1}{2})$ 有 $\left[p^2/4 \right]$ 条边。不难验证,具有 p 个顶点的一切偶图中,$K(\left[\frac{P}{2} \right], \left[\frac{P}{2} \right])$ 是边数最多的偶图,在这里,$\left[\frac{P}{2} \right] = \left[\frac{p}{2} \right]$,$\left[\frac{P}{2} \right]$ 为不小于 $\frac{P}{2}$ 的最小整数。这个结果是下述图兰(P.Turán)定理的一个特例。

定理 6.4.3(Turán) 所有具有 p 个顶点而没有三角形的图中最多有 $\left[p^2/4 \right]$ 条边。

〔证〕 对于较小的 p,这个结果显然成立。今对 p 是奇数和偶数分别作归纳证明。在这里,我们只给出前者,而后者读者可作为练习来完成。假定对所有的奇数 $p \le 2n - 1$ 定理成立,往证当 $p = 2n + 1$ 时定理也成立。为此,令 G 是一个有 $2n + 1$ 个顶点且没有三角形的图。因为不需要考虑 G 为全不连通的情况,所以 G 至少有两个邻接的顶点 u 和 v。显然子图 $G' = G - \{u\} - \{v\}$ 有 $2n - 1$ 个顶点,并且没有三角形,所以由归纳假设,G' 至多有 $\left[(2n-1)^2/4 \right] = n^2 - n$ 条边。因为 G 中没有三角形,所以如果 u 与 G' 的 k 个顶点邻接,则 v 至多能与 G' 中剩下的 $2n - k - 1$ 个顶点邻接。于是,G 中至多有

$$n^2 - n + k + (2n - 1 - k) + 1 = n^2 + n$$

$$= \frac{4n^2 + 4n}{4} = \left[\frac{4n^2 + 4n + 1}{4} \right]$$

$$= \left[\frac{(2n+1)^2}{4} \right] = \left[p^2/4 \right]$$

条边。

另一方面,当 p 为奇数时,$K(\dfrac{p-1}{2},\dfrac{p+1}{2})$ 就是一个没有三角形且恰有 $\lfloor p^2/4 \rfloor$ 条边的 p 个顶点的图。于是,当 p 为奇数时,定理成立。类似可证,当 p 为偶数时一定成立。 〔证毕〕

上述的图兰定理是极值图论理论里的先驱。这个定理是下述问题的一个特殊情况:对于一个给定的图 H,求有 p 个顶点且不含子图 H 的图中最多能够含有的边数。关于"极图理论"已有丰富的内容和大量的结果。

例6.4.2 图6.4.5是半张象棋盘。一只马从某点跳了 n 步后又跳回到这点。试证:n 是偶数。

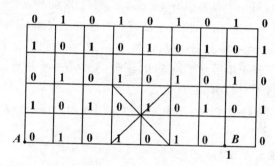

图 6.4.5 半张象棋盘图

〔证〕 如果按图上所示方法给棋盘的每个格点标上0或1,则我们发现,如果一个格点标以0,则它的4个邻点均标以1;反之,如果一个格点被标上1,则它的4个邻点都标有0。于是,相同标号的两点间没有边。略去棋盘下方的两条对角线,则它是一个偶图。一只马从一点跳起,走了 n 步后又回到出发点,则马跳过的路线是一个起于0并终于0的0,1的交错序列或起于1并终于1的1,0的交错序列。因此,n 是偶数。

如马从一点一步跳到另一点时,在这个偶图上的相应点间加一条边,这样当马回到出发点时,马的行走路线是偶图的一个闭通道。

由定理 6.4.2 的证明过程可知 n 是偶数。

习　　题

1. 证明:若图 G 不是连通图,则 G^c 是连通图。

2. 设 G 是一个 (p,q) 图,试证:

$$(a)\quad \delta(G) \cdot \delta(G^c) \leqslant \lfloor\frac{p-1}{2}\rfloor(\lfloor\frac{p-1}{2}\rfloor+1),$$

如果 $p \equiv 0,1,2 \pmod 4$;

$$(b)\quad \delta(G) \cdot \delta(G^c) \leqslant (\frac{p-3}{2})(\frac{p+1}{2}),$$

如果 $p \equiv 3 \pmod 4$。

3. 证明:每一个自补图有 $4n$ 或 $4n+1$ 个顶点。

4. 构造一个有 $2n$ 个顶点而没有三角形的三次图,其中 $n \geqslant 3$。

5. 在图 6.4.5 中,一只车从位置 A 出发,在半张棋盘上走,每步走一格,走了若干步后到了位置 B。证明:至少一个格点,没有车走过,或被走过不至一次。

6. 证明:唯一没有三角形的 $(p,\lfloor p^2/4 \rfloor)$ 图是 $K(\lfloor P/2 \rfloor,\lfloor p/2 \rfloor)$。

7. 完成定理 6.4.3 的证明。

8. 从图 6.4.5 的半张棋盘上去掉左下角和右上角的方格,然后给你 15 张大小一样的骨牌,每张骨牌恰好盖住棋盘的两个相邻方格。你能否用这 15 张骨牌不重叠地将这张剪了两个对角的棋盘盖住?证明你的结论。

9. 连通图 G 的直径 $d(G)$ 是数 $\max_{u,v \in V} d(u,v)$,证明:若 G 有大于 3 的直径,则 G^c 的直径小于 3。

10. 在计算机科学中,k – 立方体图具有重要意义。一个立方体 Q_k 是这样的图,它有 2^k 个顶点,每个顶点均标以一个 k 元组 $(a_1,a_2,\cdots,a_k)$ 其中每个 a_i 或为 0 或为 1。两个顶点邻接当且仅当这两点对应的两个 k 元组仅在一个相应分量不同。图 6.4.6 是 Q_3 的图解。

（a） Q_k 有多少条边？

（b） 证明 Q_k 是 k 度正则图。

（c） Q_k 是偶图吗？

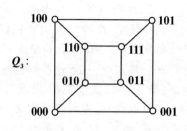

图 6.4.6　立方图 Q_3

6.5　欧　拉　图

1736 年欧拉解决了哥尼斯堡七桥问题。他继续研究，终于找到了一个简便的原则，可以鉴别一个图（多重图）能否一笔画成。

定义 6.5.1　包含图的所有顶点和所有边的闭迹称为欧拉闭迹。存在一条欧拉闭迹的图称为欧拉图。

定理 6.5.1　图 G 是欧拉图当且仅当 G 是连通的且每个顶点的度都是偶数。

〔证〕$\Rightarrow$ 设 G 是一个欧拉图，则 G 中有一条包含 G 的所有顶点和所有边的闭迹。所以，G 是连通的。当沿着这条闭迹走时，每经过一个顶点，均涉及两条以前未走过的边，其一是沿着这条边进入这个顶点，而另一条边是顺着它离开这个顶点。由于这条迹是闭迹，所以 G 的每个顶点的度都是偶数。

$\Leftarrow$ 设 G 是连通的且每个顶点的度都是偶数。由定理 6.3.3 知 G 中有一个圈 Z_1。如果 Z_1 包含了 G 的所有边，从而也就包含了 G 的所有顶点，因此 Z_1 是 G 的欧拉闭迹，故 G 是欧拉图。否则 Z_1 不包含 G 的所有边，这时从 G 中删去圈 Z_1 上的边，得到的图记为 G_1。显然，G_1

的每个顶点的度均为偶数,并且至少有一个顶点的度不为 0。再由定理 6.3.3,G_1 中有圈 Z_2。从 G_1 中删去 Z_2 上的边得到的图记为 G_2,若 G_2 中还有边,则同样的理由,G_2 中有圈 Z_3,如此等等。最后必得到一个图 G_n,G_n 中无边。于是,我们得到了 G 中的 n 个圈 $Z_1, Z_2, \cdots, Z_n$,它们是两两无共同边的。因此,G 的每条边在且仅在其中的一个圈上。于是,G 的边集被划分为 n 个圈。由于 G 是连通的,所以每个圈 Z_i 至少与其余的某个圈有公共顶点,从而这些圈构成一个欧拉闭迹。这可由数学归纳法得证:当 $n = 1$,显然成立。假设当 $n = k \geqslant 1$ 时结论成立,往证对 $n = k + 1$ 时也成立。由归纳假设 $Z_1, \cdots, Z_k$ 能构成一个闭迹,而 Z_{k+1} 必与某个圈,例如,与 Z_1 有公共点 v,则从 v 开始先走 $Z_1, \cdots, Z_k$ 构成的闭迹后回到 v,再从 v 走过 Z_{k+1} 后回到 v 即得到由 $Z_1, \cdots, Z_{k+1}$ 构成的闭迹。这就证明了 G 是一个欧拉图。 〔证毕〕

由定理 6.5.1 的证明过程得到:

推论 6.5.1 设 G 是一个连通图,则下列命题等价:

(1) G 是一个欧拉图。

(2) G 的每个顶点的度都是偶数。

(3) G 的边集能划分为若干互相边不相交的圈。

显然,定理 6.5.1 对多重图也成立。

定义 6.5.2 包含图的所有顶点和边的迹称为欧拉迹。

注意,按我们的定义,欧拉迹未必是闭的,即未必是欧拉闭迹。

推论 6.5.2 图 G 有一条欧拉迹当且仅当 G 是连通的且恰有两个奇度顶点。

〔证〕⇒ 设 G 有欧拉迹,则由定理 6.5.1 的证明可知,除了这条迹的起点和终点外的每个顶点的度都是偶数。

⇐ 假设 G 是连通且至多有两个奇度顶点。如果 G 没有奇度顶点,则由定理 6.5.1,G 有闭的欧拉迹。今设 G 恰有两个奇度顶点 u 和 v,则在 G 中于 u 与 v 间加一条边得到图 G'(G' 可能是多重图),由定理 6.5.1,G' 有欧拉闭迹。从这个欧拉闭迹中去掉所加于 u 与 v 间的边,便得到 G 的欧拉迹。 〔证毕〕

对于一个图、多重图能否一笔画成的问题,欧拉给出了完全、彻底地解决,而且解决得很漂亮。完全彻底是指他给出了一个充分必要的条件,因而一笔画和非一笔画的界限彻底划清了。漂亮是指他给的条件简单明了,很容易验证,并且用起来非常方便。

例如,图 6.5.1 中(a)的图是一个欧拉图,(b)的图不是欧拉图。

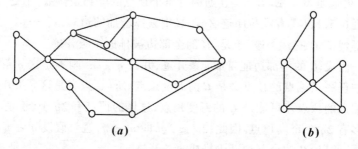

(a)　　　　　　　　　　　　　　　　**(b)**

图 6.5.1 (a)是欧拉图,(b)不是欧拉图

一个连通图是否有欧拉迹,相当于这个图能否笔不离开纸而一笔画成,使每条边只画一次且仅画一次。我们看到,欧拉给出的鉴别原则是只要看一下这个图的顶点的度数,如果恰有两个奇度顶点且图又是连通的,则这图能一笔画出,且应从一个奇度顶点开始画,最后终于另一个奇度顶点。若每个顶点的度均为大于或等于 2 的偶数,图又是连通的,则这个图能一笔画出,并且最后还能回到出发点。这本来是一个有趣的游戏问题,然而又是一个有实用价值的问题。例如,一个理想的邮递路线当然是从邮局出发,走遍每条街且每条街只走一次,最后又回到邮局。这样的路线由于没有重复显然是最短的。然而,理想的路线一定能找到吗?由定理 6.5.1 可知,存在理想的不重复的邮递路线的充分必要条件是投递范围的街道网是连通的且没有奇度顶点。

如果一个连通图 G 的奇度顶点的个数不是 0 或 2,那么这个图就不能一笔画成。于是,便产生了一个问题,即这时最少要多少笔才能画成呢?这个问题,想必也与顶点的度数的奇偶性有关。

定理 6.5.2　设 G 是连通图,G 恰有 $2n$ 个奇度数顶点,$n \geq 1$。则 G 的全部边可以排成 n 条开迹,而且至少有 n 条开迹。

〔证〕 G 的 $2n$ 个奇度顶点记为

$$v_1, u_1, v_2, u_2, \cdots, v_n, u_n。$$

在 G 中加入 n 条边 $x_k = u_k v_k, k = 1, 2, \cdots, n$,则得到一个图 G^*,G^* 可能是多重图。G^* 是连通的且每个顶点的度都是偶数。于是,由定理 6.5.1,G^* 有欧拉闭迹 Z。在 Z 中去掉新加的边 $x_1, x_2, \cdots, x_n$,从而得到了 G 的 n 条迹。于是,G 的全部边被排成 n 条开迹。

假设 G 的全部边能排成 q 条开迹,并且 $q < n$,则不是这 q 条开迹中任一条端点的顶点必是 G 的偶度顶点。所以,只有是这 q 条开迹的端点的顶点才可能是 G 的奇度顶点,这样的顶点有 $2q$ 个。于是,G 至多有 $2q$ 个奇度顶点。因此,$2n \leqslant 2q$,即 $n \leqslant q$,这与假设 $q < n$ 相矛盾。所以,G 的全部边至少排成 n 条开迹。 〔证毕〕

例 6.5.1 能否找一条折线,它与图 6.5.2 中的 16 条线段都相交一次且仅相交一次(不准在端点相交)?

解 初看起来这个问题似乎要找欧拉迹,但仔细一想又不是。对这个问题,应把它变成能用定理 6.5.1 或它的推论 6.5.2 来解决的问题。为此,令图 6.5.2 那个图形外面的区域为 1,图形中每个长方形区域分别用 2,3,4,5,6 编号。把每个区域作为顶点,如果两个区域有一条公共线段,则相应这两个区域的顶点间联一条边。于是,就得到了如图 6.5.3 所示的多重图 G^*。现在问题就等价于 G^* 是否有一条欧拉迹。由推论 6.5.2,本题无解。

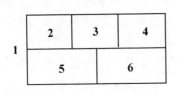

图 6.5.2

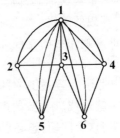

图 6.5.3

习　　题

1. 在图 6.5.4 所给出的图中,找一条欧拉闭迹。

2. 在图 6.5.5 所示的图中,找一条欧拉迹。

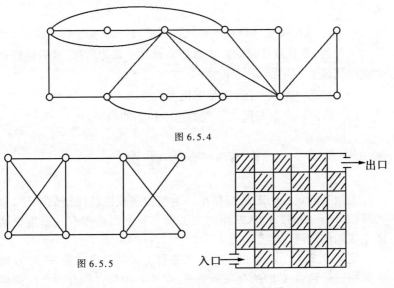

图 6.5.4

图 6.5.5

出口

入口

图 6.5.6

3. 某展览馆共有 36 个展室,布置如图 6.5.6 所示。有阴影的展室陈列实物,没有阴影的展室陈列图片。邻室之间都有门可以通行。有人希望每个展室都参观一次且仅一次,请你替他设计一条参观路线。

4. 设 $G = (V,E)$ 是一个图,则对称差 $\triangle$ 是 2^E 上的代数运算。K $= \{0,1\}$ 是一个模 2 的域(见 2.7 节的例 2.7.3),K 中元与 2^E 中元的乘法称为纯量乘法,定义为:$\forall\, F \subseteq E, 1 \cdot F = F, 0 \cdot F = \emptyset$。证明:$2^E$ 对 $\triangle$ 与纯量乘法形成了以 K 为域的向量空间,并称之为与图 G 关联的向量空间。这个向量空间的基是什么?

*5. 设 $G = (V,E)$ 是一个图,L 是与 G 关联的向量空间。

(a) 应用推论 6.5.1 证明:若 C 和 D 是 G 的圈,则 $C \triangle D$ 能被写

成边不相交的一些圈之并(在这里,圈被视为圈上边之集)。

(b)证明:G 的所有圈的如此之并的集是 L 的一个子空间(称为 G 的圈子空间)。

6. 给出求欧拉图的欧拉闭迹的算法,并且证明你的算法是正确的。

7. 一个欧拉图是从顶点 v 随机可周游的(ranodmly traceable),如果从 v 开始,并且以任意的方法永远不通过一条边两次,最后得到一个欧拉闭迹。

(a)给出一个欧拉图,它是随机可周游的。

(b)给出一个不是随机可周游的欧拉图的例子。

6.6　哈密顿图

类似于确定一个图是否存在一条欧拉迹或欧拉闭迹的问题,哈密顿(W.Hamilton)于 1859 年提出了确定一个图是否有一条生成路或生成圈的问题。

定义 6.6.1　图 G 的一条生成路称为 G 的哈密顿路。所谓 G 的生成路就是包含 G 的所有顶点的路。G 的一个包含所有顶点的圈称为 G 的一个哈密顿圈。具有哈密顿圈的图称为哈密顿图。

显然,有哈密顿路的图是连通图。每个哈密顿图是连通的,并且每个顶点的度大于或等于 2。

确定一个图是否为哈密顿图的问题称为哈密顿回路问题。

这个问题是从哈密顿发明的一个数学游戏引出的。1859 年哈密顿发明了一种游戏,并作为一个玩具以 25 个金币卖给了一个玩具商。这个玩具是用 12 个正五边形的面做成的一个正 12 面体,这个 12 面体共 20 个顶点,并以世界上 20 个著名城市名命名,如图 6.6.1 所示。要求游戏者沿着这个 12 面体的棱,走遍每个城市一次且仅一次,最后回到出发点。他把这个游戏称之为"周游世界"游戏。这个问题归结为求图 6.6.1 的一个哈密顿圈。按图中的编号顺序走,显然会成功。

例 6.6.1　图 6.6.2(a)中所给出的图是一个非哈密顿图。

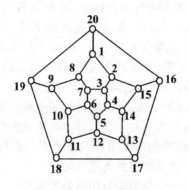

图 6.6.1 "周游世界"

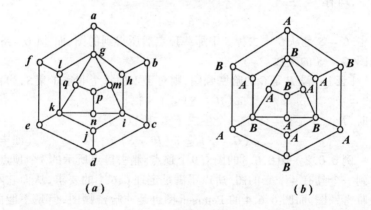

(a) (b)

图 6.6.2

　　实际上,如果把顶点 a 用 A 标记,再把与标记为 A 的顶点邻接的都标以 B,又把与标记为 B 的顶点邻接的标以 A,如此进行,直到所有顶点都标以 A 或 B 为止,如图 6.6.2(b) 所示。可见每条边的两个端点中,一个标以 A,另一个标以 B。如果这个图中有哈密顿圈,则圈上包含了图的所有顶点,并且这些点交替地标以 A 或 B。然而,这个图中共 9 个顶点标以 A,7 个顶点标以 B。这 16 个顶点不能产生 A 与 B 的交错序列,所以这个图不是哈密顿图。　　　　　　#

例 6.6.1 的证明方法称为着色法,视 A,B 各为一种颜色,给每个顶点用 A,B 两色之一着色,使每条边的两个端点着不同色。如果一个图的顶点能用两种颜色着色,且一种色顶点数不等于另一种色点数,则它不是哈密顿图。由此可见这种方法的局限性。

确定哈密顿路存在问题,既是一个有趣的游戏,又是一个很有实用价值的问题。在运筹学里,一条哈密顿路的确定是解决许多安排问题的钥匙。然而,迄今为止并未找到确定哈密顿圈存在的简单充要条件,仅找到了几个简单的必要条件及若干充分条件。实际上,哈密顿回路问题是图论中尚未解决的主要问题之一。

我们首先给出一个简单而有用的必要条件。

定理 6.6.1 设 $G = (V, E)$ 是哈密顿图,则对 V 的每个非空子集 S,均有

$$\omega(G - S) \leqslant |S|$$

其中 $G - S$ 是从 G 中去掉 S 中那些顶点后所得到的图,而 $\omega(G - S)$ 是图 $G - S$ 的支数。

〔证〕 设 H 是 G 的哈密顿圈,则对于 V 的每个非空子集 S,均有

$$\omega(H - S) \leqslant |S|。$$

同时,$H - S$ 是 $G - S$ 的一个生成子图,所以

$$\omega(G - S) \leqslant \omega(H - S)。 \qquad 〔证毕〕$$

例 6.6.2 图 6.6.3 的图有 9 个顶点。删去黑点所示的 3 个顶点,得到一个具有 4 个支的图。所以不满足定理 6.6.1 的要求,从而它不是哈密顿图。而图 6.6.4 的 Petersen 图也是非哈密顿图,但是不能由定理 6.6.1 推出这个结果。

下面按照历史的顺序介绍几个简单的充分条件。

定理 6.6.2 (G.A.Dirac)设 G 是一个有 p 个顶点的图,$p \geqslant 3$。如果 $\delta(G) \geqslant \dfrac{p}{2}$,则 G 是一个哈密顿图。

这个定理是迪拉克(G.A.Dirac)于 1951 年给出并证明的。下面的证明属于 L.Pósa(他想出这个证明还是在中学学习的时候)。

〔证〕 我们证明与定理 6.6.2 等价的命题:"设 G 是一个 p 个顶点的非哈密顿图,$p \geqslant 3$,则 G 中至少有一个顶点的度小 $p/2$。"

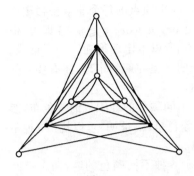

图 6.6.3

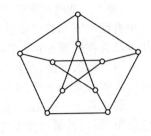

图 6.6.4　Petersen 图

因为完全图是哈密顿图,从而 G 不是完全图,因此 G 中至少有两个不邻接的顶点。把 G 中不邻接的两顶点间加一条边,如得到的不是哈密顿图,就重复上法做下去,经有限步后必可得到一个哈密顿图。然后去掉最后一次加进去的边,不妨设这条边为 $v_1 v_p$,所得到的图记为 G'。于是,G' 与 G 的顶点相同,并且 G' 的每一个顶点的度大于或等于该点在 G 中的度。因此,只须证明 G' 中至少有一个度小于 $p/2$ 的顶点即可。由图 G' 的做法可知,G' 中有一条起于 v_1 而终于 v_p 的哈密顿路(G' 的生成路),不妨设此生成路上各顶点依次为 $v_1, v_2, \cdots, v_p$。设 $\deg_{G'} v_1 = k, \deg_{G'} v_p = l$。在 G' 中与 v_1 邻接的顶点为 $v_{i_1}, v_{i_2}, \cdots, v_{i_k}$,其中 $2 = i_1 < i_2 < \cdots < i_k \leqslant p - 1$。这时顶点 $v_{i_r - 1}(r = 2, 3, \cdots, k)$ 不能与顶点 v_p 邻接。因为 G' 有哈密顿圈 $v_1 v_2 \cdots v_{i_r - 1} v_{p-1} \cdots v_{i_r} v_1$,因此 v_p 至少与 $v_1, v_2, \cdots, v_{p-1}$ 中的 k 个顶点不邻接。于是,$l \leqslant p - 1 - k$,从而 $k + l \leqslant p - 1$,故 k 与 l 中至少有一个小于 $p/2$。因此,G' 中有一个度小于 $p/2$ 的顶点。　　〔证毕〕

1960 年,奥尔(O.Ore)推广了迪拉克的定理。

定理 6.6.3(O.Ore)　设 G 是有 $p(p \geqslant 3)$ 个顶点的图。如果对 G 的任一对不邻接的顶点 u 和 v,均有

$$\deg u + \deg v \geqslant p,$$

则 G 是一个哈密顿图。

〔证〕 显然只须证明有 $p(p \geq 3)$ 个顶点的每个非哈密顿图中至少有两个不邻接的顶点 u 和 v，使之 $\deg u + \deg v \leq p - 1$ 即可。但此事已含在定理 6.6.2 的证明之中了。所以本定理得证。 〔证毕〕

用类似的方法，波塞(L.Pósa)证明了更一般的定理。还有些其他的更精细的充分条件，这里不再介绍。

例 6.6.3 某工厂，生产由 6 种不同颜色的纱织成的双色布。双色布中，每一种颜色至少和其他 3 种颜色搭配。证明：可以挑出 3 种不同的双色布，它们含有所有 6 种颜色。

〔证〕 用 6 个不同的点分别表示 6 种不同颜色的纱，两个点间联一条线当且仅当用这两点所表示的两种不同颜色的纱织成一种双色布。于是，我们得到一个有 6 个点的图 G。由于每种颜色的纱至少和 3 种其他颜色的纱搭配，所以 G 的每个顶点的度至少是 3。于是，由定理 6.6.2，G 有哈密顿圈。圈上有 6 条边，对应了 6 种不同的双色布。间隔取出 3 条边，它们包含了全部 6 种颜色。

例 6.6.4 某公司来了 9 名新雇员，工作时间不能互相交谈。为了尽快互相了解，他们决定利用每天吃午饭时间相互交谈。于是，每天吃午饭时他们围在一张圆桌旁坐下，他们是这样安排的，每一次每人的左、右邻均与以前的人不同。问这样的安排法能坚持多久？

解 平面上 9 个互不相同的点分别代表 9 个新雇员。因为每个人都可以为其他每个人的左或右邻，所以用两点的联线表示相应的两个人互为左右邻。于是得到了有 9 个顶点的完全图 K_9。于是，我们的问题中的一种坐法就是 K_9 的一个哈密顿圈。由于每次的安排中，每人的左、右邻均与以前的人不同，所以我们的问题就是求 K_9 中多少个两两无公共边的哈密顿圈。由图 6.6.5 不难发现，K_9 中恰有 4 个两两无公共边的哈密顿圈。它们是：123456789 1，135792468 1，147382596 1，158493627 1。

于是，他们的这种安排法仅能维持 4 天。

例 6.6.4 可推广为 n 个雇员的一般情况问题。这时，当 n 为奇数时，这种安排法仅能维持 $(n-1)/2$ 天；当 n 为偶数时，这种安排法仅能维持 $(n-2)/2$ 天。其证明留给读者作练习。

定理 6.6.4 设 G 是一个有 p 个顶点的图，如果对 G 的每一对

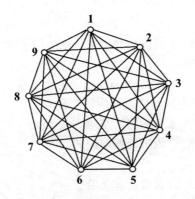

图 6.6.5

不邻接的顶点 u 和 v，均有

$$\deg u + \deg v \geqslant p - 1,$$

则 G 有哈密顿路。

〔证〕 只须证明 G 中最长路的长为 $p-1$ 即可。

假设 G 中的最长路为 $v_1 v_2 \cdots v_k$，$k < p$，我们证明 $v_1, v_2, \cdots, v_k$ 必在 G 的同一个圈上。假如 v_1 与 v_k 邻接，则 $v_1 v_2 \cdots v_k v_1$ 是 G 的一个圈；假如 v_1 与 v_k 不邻接，则 $\deg v_1 + \deg v_k \geqslant p - 1$。设 $v_{i_1}, v_{i_2}, \cdots, v_{i_r}$ 与 v_1 邻接，$2 = i_1 < i_2 < \cdots < i_r < k$，则 v_k 必与某个 $v_{i_s - 1}$ 邻接，$2 \leqslant s \leqslant r$。因为否则，$v_k$ 至多与最长路上其余的顶点邻接，所以

$$\deg v_1 + \deg v_k \leqslant r + ((k-1) - r) = k - 1$$
$$\leqslant (p-1) - 1 = p - 2$$

这是不可能的。于是，

$$v_1 v_2 \cdots v_{is-1} v_k v_{k-1} \cdots v_{is} v_1$$

是 G 的一个圈。总之，$v_1, v_2, \cdots, v_k$ 在 G 的同一个圈 C 上。

由于 G 是连通的，$k < p$，所以 G 必有某个顶点 v，v 不在 C 上，但与 C 上某个顶点 v_i 邻接。于是得到 G 的一个更长的路，这就出现了矛盾。 〔证毕〕

习　　题

1．给出一个 10 个顶点的非哈密顿图的例子，使得每一对不邻接的顶点 u 和 v，均有

$$\deg u + \deg v \geqslant 9$$

2．试求 K_p 中不同的哈密顿圈的个数。

3．试证：图 6.6.6 中的图不是哈密顿图。

4．完全偶图 $K_{m,n}$ 为哈密顿图的充分必要条件是什么？

5．菱形 12 面体的表面上有无哈密顿圈？

6．设 G 是一个 $p(p \geqslant 3)$ 个顶点的连通图。u 和 v 是 G 的两个不邻接的顶点，并且

$$\deg u + \deg v \geqslant p$$

证明：G 是哈密顿图当且仅当 $G + uv$ 是哈密顿图。

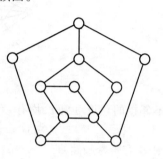

图 6.6.6

7．设 G 是一个有 p 个顶点的连通图。证明：如果 $p > 2\delta(G)$，则有长至少为 $2\delta(G)$ 的路。

8．设 G 是一个有 p 个顶点 q 条边的图。试证：如果 $q = \frac{1}{2}(p-1)(p-2) + 2$，则 G 是哈密顿图。

9．给出一个非哈密顿图 G 的例子，使得 G 有 p 个顶点和 $\frac{1}{2}(p-1)(p-2) + 1$ 条边。

10．证明具有奇数顶点的偶图不是哈密顿图。

11．证明：图 6.6.4 中的 Petersen 图不是哈密顿图。

12．证明：如果 p 为奇数，则 K_p 中有 $(p-1)/2$ 个两两无公共边的哈密顿圈。

228

6.7　图的邻接矩阵

一个无向图,就是一个有穷非空集合 V 上定义了一种反自反且对称的二元关系 E 组成的系统 (V,E)。二元关系可用矩阵表示,所以图也可用矩阵表示,从而将图存入计算机,进行各种处理。

设 $G=(V,E)$ 是一个图,$V=\{v_1,v_2,\cdots,v_p\}$。$p\times p$ 矩阵 $A=(a_{ij})$ 称为 G 的邻接矩阵,其中

$$a_{ij}=\begin{cases}1,\text{如果 }v_iv_j\in E,\\0,\text{如果 }v_iv_j\not\in E。\end{cases}$$

易见,图 G 的邻接矩阵包含了图 G 的全部信息。

G 的顶点数 p 就是 G 的邻接矩阵 A 的阶。

G 的边数 q 就是 G 的邻接矩阵 A 中 1 的个数的二分之一。

G 的顶点 v_i 的度 $\deg v_i$ 等于 G 的邻接矩阵 A 的第 i 行上 1 的个数,即 $\sum_{j=1}^{p}a_{ij}$。

G 的邻接矩阵 A 是对称的且对角线上的全部元素为 0。

图 G 的邻接矩阵是代数的对象,因而允许我们用代数的方法,特别是用线性代数来研究图。在计算机里存入一个图,本质上是存入它的邻接矩阵。

一个图的邻接矩阵随这个图的顶点编号方法而改变。如果 G 是不连通的,则对每个支连续编号时,得到的邻接矩阵是对角分块矩阵。

定理 6.7.1　设 A、B 是图 $G=(V,E)$ 对 V 的元素的两种不同编号下对应的邻接矩阵,则存在一个置换矩阵 P 使得 $A=PBP^T$。亦即适当地交换 B 的行及相应的列就得到 A。

定理 6.7.2　设 $G=(V,E)$ 是一个 (p,q) 图,$p\times p$ 矩阵 A 是 G 的邻接矩阵,则 G 中 v_i 与 v_j 间长为 l 通道的条数等于 A^l 的第 i 行第 j 列元素的值,其中 $i\ne j$。

〔证〕　施归纳于 l:

当 $l = 1$ 时,定理 6.7.2 显然成立。

假设当 $l = k \geqslant 1$ 时定理 6.7.2 成立,往证当 $l = k + 1$ 时定理 6.7.2 也成立。实际上,

$$\left(A^{k+1}\right)_{ij} = \left(A^k A\right)_{ij} = \sum_{h=1}^{p} \left(A^k\right)_{ih} a_{hj}。$$

上式右边的一般项 $\left(A^k\right)_{ih} a_{hj}$ 中,由归纳假设,$\left(A^k\right)_{ih}$ 为 v_i 到 v_h 的长为 k 通道的条数,当 $a_{hj} = 1$ 时,$v_h v_j$ 是 G 的边。所以,$\left(A^k\right)_{ih} a_{hj}$ 为 v_i 到 v_j 并通过 v_h 顶点然后一步就到 v_j 的通道的条数,而 $a_{hj} = 0$ 表明 G 中没有从 v_i 开始经过 v_h 然后一步就到 v_j 的长为 $k + 1$ 的通道。反之,G 的任一长为 $k + 1$ 的 v_i 与 v_j 的通道,在到达 v_j 的前一步必通过某个顶点 v_h。所以,$\left(A^{k+1}\right)_{ij}$ 就是 v_i 与 v_j 间长为 $k + 1$ 的通道的条数。

由数学归纳法原理,定理 6.7.2 的结论对任何自然数 l 都成立。

〔证毕〕

注意,定理 6.7.2 的结论得出的 G 中 v_i 与 v_j 之间长为 l 的通道的条数,不是 G 中 v_i 与 v_j 间长为 l 的路的条数。

例 6.7.1 设 G 为图 6.7.1 中所示的图。试求 v_2 与 v_5 间长为 4 的通道的条数。

解 首先写出 G 的邻接矩阵 A 如下:

$$A = \begin{pmatrix} 0 & 1 & 0 & 0 & 0 & 1 \\ 1 & 0 & 1 & 1 & 1 & 1 \\ 0 & 1 & 0 & 1 & 0 & 1 \\ 0 & 1 & 1 & 0 & 1 & 1 \\ 0 & 1 & 0 & 1 & 0 & 1 \\ 1 & 1 & 1 & 1 & 1 & 0 \end{pmatrix}$$

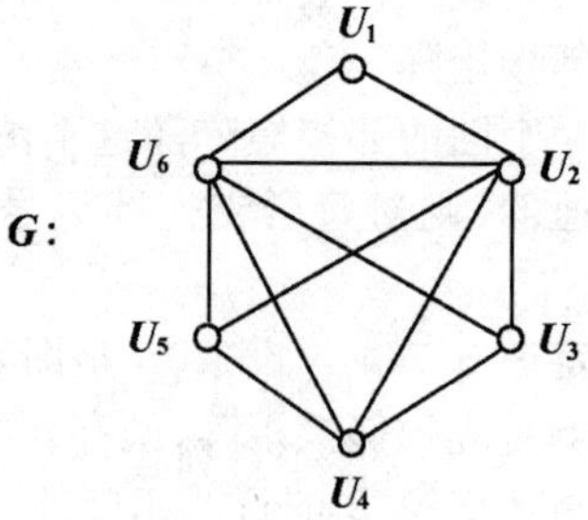

图 6.7.1

其次,计算 $\left(A^4\right)_{25} = \left(A^2 \cdot A^2\right)_{25} = 38$。因此,$v_2$ 与 v_5 之间长为 4 的通道共有 38 条。

定理 6.7.3 设 G 是一个有 p 个顶点的图，A 是它的邻接矩阵，则

$$G \text{ 是连通的} \Longleftrightarrow (A + I)^{p-1} > 0。$$

〔证〕$\Longrightarrow$ 设 G 是连通的，则对 G 的任两个不同顶点 v_i 与 v_j，v_i 与 v_j 间必有一条路。因此，对某 $l, 1 \leq l \leq p - 1$，$(A^l)_{ij} > 0$。所以，

$$\sum_{l=0}^{p-1} (A^l)_{ij} > 0$$

因此，$(A + I)^{p-1} = I + C_{p-1}^1 A + C_{p-1}^2 A^2 + \cdots + A^{p-1} \geq \sum_{l=0}^{p-1} A^l > 0$。

$\Longleftarrow$ 设 $(A + I)^{p-1} > 0$。由于

$$(A + I)^{p-1} = I + C_{p-1}^1 A + C_{p-1}^2 A^2 + \cdots + A^{p-1} > 0$$

所以，对任 $i, j, 1 \leq i, j \leq p$，若 $i \neq j$，则存在一个 $l, 1 \leq l \leq p - 1$，使得 $(A^l)_{ij} > 0$。因此，v_i 与 v_j 间有长为 l 的通道，从而必有路。所以，G 是连通的。 〔证毕〕

下面的定理表明，图的邻接矩阵的特征多项式含有图的信息。

定理 6.7.4 设 $p \times p$ 矩阵 A 是图 G 的邻接矩阵，A 的特征多项式为

$$P(\lambda) = |\lambda I - A|$$
$$= \lambda^p + C_1 \lambda^{p-1} + C_2 \lambda^{p-2} + \cdots + C_p,$$

则

(1) $C_1 = 0$；

(2) $-C_2$ 等于 G 的边数；

(3) $-C_3$ 等于 G 中三角形个数的两倍。

〔证〕(1) 由于行列式 $|\lambda I - A|$ 的展开式中有一项为主对角线上元素的连乘积

$$(\lambda - a_{11})(\lambda - a_{22}) \cdots (\lambda - a_{pp})$$

展开式中其余各项，至多包含主对角线上的 $n - 2$ 个元素，它对 λ 的次数至多为 $n - 2$。因此，特征多项式中含 λ 的 p 次与 $p - 1$ 次幂的项

只能在主对角线元素的连乘积中出现,它们是

$$\lambda^p - (a_{11} + a_{22} + \cdots + a_{pp})\lambda^{p-1}$$

由于在邻接矩阵 A 中,对角线上的元素都为 0,所以 $C_1 = 0$。

(2) 证明(2) 和(3)需要一个关于特征多项式系数的定理(见 Φ. P.甘特马赫尔著,《矩阵论》,1955 年,高等教育出版社,69 页):对每个 $i \in \{1, 2, \cdots, p\}$,$(-1)^i C_i$ 是 A 的所有 i 阶主子式之和。所谓 A 的 i 阶主子式,就是从 A 中选第 $r_1, r_2, \cdots, r_i$ 行及相应的第 $r_1, r_2, \cdots, r_i$ 列,这些行与列交叉处的那些元素形成的 A 的 i 阶子矩阵的行列式。

由这个定理,A 的一个非 0 二阶主子式必形如

$$\begin{vmatrix} 0 & 1 \\ 1 & 0 \end{vmatrix}$$

对于 G 的每条边,对应一个如此的主子式,这样的主子式的值为 -1。

因此,

$$(-1)^2 C_2 = C_2 = -|E|, \quad -C_2 = |E|。$$

(3) 对于非平凡的三阶主子式,实际上有三种可能,它们是

$$\begin{vmatrix} 0 & 1 & 0 \\ 1 & 0 & 0 \\ 0 & 0 & 0 \end{vmatrix} \qquad \begin{vmatrix} 0 & 1 & 1 \\ 1 & 0 & 0 \\ 1 & 0 & 0 \end{vmatrix} \qquad \begin{vmatrix} 0 & 1 & 1 \\ 1 & 0 & 1 \\ 1 & 1 & 0 \end{vmatrix}$$

前两个主子式的值为 0,而后一个主子式的值为 2。这后一种主子式对应于 G 中的一个三角形。所以,$-C_3$ 等于 G 中三角形的两倍。

〔证毕〕

定理 6.7.5 设 $G = (V, E)$ 为有 p 个顶点的 k 正则图,A 是 G 的邻接矩阵,则

(1) k 是 A 的一个特征值;

(2) 若 G 是连通的,则 k 的几何重数为 1;

(3) 对 A 的任何特征值 λ,$|\lambda| \leqslant k$。

〔证〕 (1)设 $X = (1, 1, \cdots, 1)^T$ 为一个 p 维列向量,则显然有

$$AX = kX$$

所以，k 是 A 的一个特征值。

（2）令 $Y = (y_1, y_2, \cdots, y_p)^T$ 是 A 的属于特征值 k 的任一特征向量。令

$$|y_j| = \max_{1 \leqslant r \leqslant p} |y_r|$$

则由于 $(AY)_j = ky_j$ 所以若令

$$L = \{i \mid v_i v_j \in E, v_i \in V\}$$

那么

$$\sum_{i \in L} y_i = ky_j, \quad \sum_{i \in L} (y_j - y_i) = 0$$

但 $|y_j| \geqslant |y_r|, r = 1, 2, \cdots, p$，所以

$$(y_j - y_i) \text{ 与 } y_j \text{ 有相同符号。}$$

因此，$\forall i \in L, y_i = y_j$。但 G 是连通的，所以必有 $y_1 = y_2 = \cdots = y_p$ = 常数 t。因此，$Y = tX$，即 A 的属于特值 k 的特征向量是线性相关的。因此，这些特征向量生成了一个一维子空间 —— 特征子空间。所以，k 的几何重数为 1。

（3）设 λ 是 A 的任一特征值，Y 是对应于 λ 的特征向量。令 $|y_j| = \max\limits_{1 \leqslant r \leqslant p} |y_r|$，则

$$\sum_{i \in L} y_i = \lambda y_j$$

于是，

$$|\lambda| |y_j| = \left| \sum_{i \in L} y_i \right| \leqslant k |y_j|$$

从而 $\quad |\lambda| \leqslant k$。 〔证毕〕

邻接矩阵虽然能完全刻画图，但当图的顶点较多，而边相对地较少时，其邻接矩阵中零元素较多。这不但浪费了存储单元，而且在处理边数与顶点数成比例的某些图论算法时，往往得不到比 $0(p^2)$ 低的好算法。因此，从算法设计的角度来看，用邻接矩阵表示图未必是一种好的方法。

图的另一种可能的表示方法是用表来表示。这时,对图的每个顶点 v 建立一个邻接表,表中的每一项是与 v 邻接的顶点。把与 v 邻接的顶点构成的表叫做 v 的邻接表。这样,一个图就可以用 $|V| = p$ 个邻接表表示。

由于图的每个顶点的度不完全相同,所以每个顶点的邻接表的长度也不完全相同。因此,在计算机中实现时,往往采用单链接表实现。单链接表的每个结点有两个域:顶点域和链域。顶点域中存放与 v 邻接的顶点;链域放与 v 邻接的另一个顶点的结点地址或指针,它指向表的下一个结点。如果没有与 v 邻接的顶点了,则链域为空,用"$\wedge$"表示。每个链接表有一个表头结点。通常把这些表头结点放在一个数组里,以便随机访问任一顶点,这个存放每个表头的数组称为表头数组,如果 HEAD 是表头数组名,则 HEAD 就表示了图 G,HEAD$[i]$ 是指向顶点 v_i 的邻接表的指针。

例 6.7.2 对图 6.7.1 的图 G,用邻接表表示成图 6.7.2。

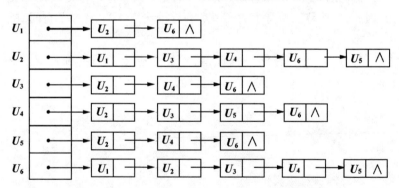

图 6.7.2　图 6.7.1 中的图的邻接表表示

习　　题

1. 偶图的邻接矩阵有什么特点?完全偶图的邻接矩阵有什么特点?

2. 怎样从图 G 的邻接矩阵求 G^c 的邻接矩阵?

3. 写出图 6.2.6 中 G 和 G_1 的邻接矩阵,并用邻接表来表示它们。

4. 求图6.2.1中的图的邻接矩 A。按定理6.7.2求出该图 v_1 与 v_3 之间的长为3的通道数。用穷举法求出这个图中 v_1 与 v_3 间长为3的路的条数。比较这两个数。

6.8 带权图与最短路问题

当用一个抽象的图去摸拟某个物理问题时,在许多场合下,我们希望把一些附加的信息赋给图的顶点或边,以供使用。例如,在表示城市间的公路联接图中,可以把两个城市间公路的长度赋给图中代表这公路的边。还可把每个城市的人口数,或对某种货物需求量,赋给图中代表城市的点。如此等等。

抽象地,有以下的定义:

定义 6.8.1   设 $G = (V, E)$ 是一个图,f 是 V 到集合 S 的一个映射,则称三元组 (V, E, f) 是一个顶点带权图,仍记为 $G = (V, E, f)$,$\forall v \in V, f(v)$ 称为顶点 v 的权。类似地,如果 g 是边集 E 到集合 T 的一个映射,则称三元组 (V, E, g) 为边带权图,也仍记为 $G = (V, E, g)$。$\forall x \in E, g(x)$ 称为边 x 的权。

根据上下文能分清是边或顶点带权图。所以,在记号上不会引起混淆。

所谓边(顶点)$x(v)$ 的权就是我们想赋给图的边(顶点)$x(v)$ 的信息。这些信息所形成的集合就是 $T(S)$。

一个图的顶点和边可以同时带权,这时称为顶点边带权图。权在不同的问题中可以有不同的意义。例如,顶点的权可以为人口数、商品的需求量、产量、符号串等等。同样,边的权也可以是各种各样:距离、流量、成本费、运输能力、…。

在许多应用问题中,带权图频繁出现。下面介绍一个著名的应用问题:

最短路问题

设 $G = (V, E)$ 是一个边带权图,权函数 g 是 E 到非负实数集 R

的映射。设 H 是 G 的一个子图，则 H 的权记为 $g(H)$ 是指 H 的各边的权之和 $\sum\limits_{x\in E(H)} g(x)$，其中 $E(H)$ 为 H 的边集。许多最优化问题相当于要在带权图中找出某类具有最小(最大)权的子图。其中之一就是最短路问题：给定一个公路交通网图 G，顶点代表城市，边代表公路，边 x 上的 $g(x)$ 表示公路的长度。u_0 是 G 的一个顶点(城市)，v_0 是另一个城市，则对一个想从 u_0 市到 v_0 市的汽车司机来说，对下面的问题最感兴趣：

1°. 从 u_0 到 v_0 有一条通路吗？

2°. 如果从 u_0 到 v_0 有路，那么哪条路最短？最短路的长是多少？怎么走法？

所谓最短路问题，就是求边带权无向图中两个给定顶点间的最短路。1959 年迪杰斯特拉(E.W.Dijkstra)给出了求边带权图的最短路算法。这个算法能求出从给定顶点到图中其他每个顶点的最短路。

设 u_0 是边带权图 $G = (V, E, g)$ 的一个顶点，其中 g 是 E 上的非负权函数。迪杰斯特拉算法的基本思想是：设 S 是 V 的真子集，$u_0 \in S, \overline{S} = V \setminus S$。如果 $P = u_0 \cdots \bar{u}\, \bar{v}$ 是 u_0 到 $\overline{S}$ 中各顶点间的路中最短的那条路，则除了 $\bar{v} \in \overline{S}$ 外，路 P 上的其他各顶点均在集合 S 中。于是，

$$d(u_0, \overline{S}) = d(u_0, \bar{u}) + g(\bar{u}\, \bar{v})$$

于是，u_0 到 $\overline{S}$ 的各顶点的距离(最短路上各边权之和)$d(u_0, \overline{S})$ 为

$$d(u_0, \overline{S}) = \min_{\substack{u\in S\\ v\in \bar S}}\{d(u_0, \bar{u}) + g(u\, v)\} \tag{1}$$

这样，求 u_0 到 G 的其他各顶点的最短距离，可如下进行：开始时，置 $S_0 = \{u_0\}$。

按公式(1)求得顶点 $u_1 \in \overline{S}_0 = V \setminus S_0$，使得

$$d(u_0, u_1) = d(u_0, \overline{S}_0) = \min_{v\in \bar S_0}\{g(u_0, v)\}$$

得到最短距离及最短路 $P_1 = u_0 u_1$，令 $S_1 = \{u_0, u_1\}$。如果 $S_0, S_1, \cdots, S_i$ 和路 $P_1, P_2, \cdots, P_i$ 已构造好了，则令 $\overline{S}_i = V \setminus S_i$，按公式(1)求

出顶点 $u_{i+1} \in \overline{S}_i$ 及某个 $u_j, j \leqslant i$，使得

$$d(u_0 u_{i+1}) = d(u_0, \overline{S}_i) = d(u_0, u_j) + g(u_j u_{i+1})。$$

于是，得到 u_{i+1}。在 P_j 后接上边 $u_j u_{i+1}$ 就得到 u_0 到 u_{i+1} 的最短路 P_{i+1}，它就是 u_0 到 $\overline{S}_i$ 的最短路。置 $S_{i+1} = S_i \cup \{u_{i+1}\}$，$\overline{S}_{i+1} = V \setminus S_{i+1}$。

Dijkstra 算法是上述过程的精心改进。这一改进是基于这样的考虑：若在每一步通过搜寻来计算(1)式的最小值，则许多次的比较成了不必要的重复。为避免重复计算并保留从每一步到下一步的计算信息，采用如下的标号程序，在整个算法中，每个顶点 v 给以标号 $l(v)$，它是 $d(u_0, v)$ 的一个上界。开始时，$l(u_0) = 0$，而对 $v \neq u_0$，则有 $l(v) = \infty$。(在实际计算中，∞ 被一个足够大的数所代替。) 在算法进行时，这些标号不断被修改：在第 i 步结束时

$$l(u) = d(u_0, u) \text{ 对 } u \in S_i \text{ 成立，}$$

并且

$$l(v) = \min_{u \in S_{i-1}} \{d(u_0, u) + g(u, v)\} \text{ 对 } v \in \overline{S}_i \text{ 成立。}$$

Dijkstra 算法

1. 初始化：置 $l(u_0) = 0$；$\forall v \in V$，若 $v \neq u_0$，则置 $l(v) = \infty$；$S = \{u_0\}$；$i = 0$；

2. $\overline{S} = V \setminus S$；若 $\overline{S} \neq \varnothing$，则 $\forall v \in \overline{S}$ 做 $l(v) \leftarrow \min\{l(v), l(u_i) + g(u_i v)\}$；若 $\overline{S} = \varnothing$，停机

3. 求 u_{i+1} 使 $l(u_{i+1}) = \min\limits_{v \in \overline{S}_i}\{l(v)\}$；

4. $S \leftarrow S \cup \{u_{i+1}\}$，$i \leftarrow i + 1$；

5. 转到步骤 2。

算法的框图如图 6.8.1 所示。

对 Dijkstra 算法的分析：

在 Dijkstra 算法中，执行框(1)，共需 $0(p)$ 步，其中 p 是图的顶点数。循环部分共执行 $0(p)$ 次，第 i 次执行循环时，(2)与(3)框各执行

一次,(4)需执行 $p-i-1$ 次加法及 $p-i-1$ 次比较,执行(5)需 $p-i-1$ 次比较,(6)需二次运算。所以,执行一次循环体需 $0(p)$ 步。因此,Dijkstra 算法求从 u_0 到其他各点的最短路的长度需要 $0(p^2)$ 时间。

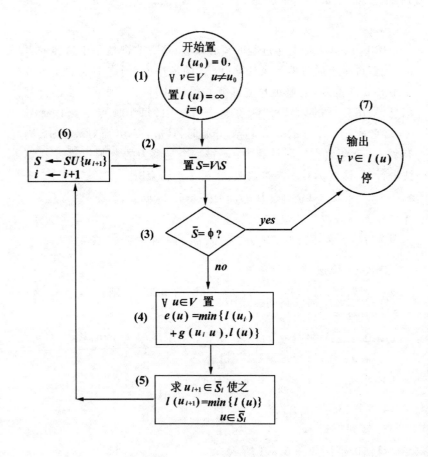

图 6.8.1　Dijkstra 算法框图

上述的 Dijkstra 算法仅求出了从 u_0 到其他各顶点的最短路距

离。如需要也可求出从 u_0 到各顶点的最短路。此项工作留给读者完成。

习　　题

1. 图 6.8.2 中的图 G 是一个边带权图。利用 Dijkstra 算法求出 u_0 到其他顶点的最短路的长度。

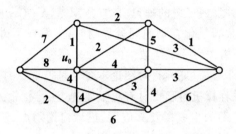

图 6.8.2

2. 中国邮路问题：一个邮递员从邮局出发投递信件，然后返回邮局。如果他必须至少一次走过他所管辖范围内的每条街道，那么如何选择投递路线，以便走尽可能少的路程。这个问题是我国数学家管梅谷于 1962 年首先提出的，国外称之为中国邮路问题。

（1）试将中国邮路问题用图论述语描述出来。

（2）中国邮路问题、欧拉图问题及最短路问题之间有何联系。

第七章　　树和割集

在图论中许多术语至今仍未统一。但有一类图所用的术语却是相同的,这就是树。1847 年克希霍夫在研究电网络问题时提出了树、生成树的概念并发展了树的理论。1857 年凯莱(A·Cayley)在研究有机化学方面计数碳氢化合物的同分异物时,又发现了树。后来,约当(C·Jordan)把树作为一个纯数学的对象来研究。

树是一种非常简单的图,对图论本身也是很重要的。树在不同的领域,特别是在计算机科学中具有更重要的应用。本章首先研究树的数学性质、连通图的生成树及其应用。最后讨论割点、桥和割集等概念,并研究它们的性质和应用。

7.1　　树及其性质

定义 7.1.1　　连通且无圈的无向图称为无向树,简称树(tree)。一个没有圈的无向图称为无向森林,简称森林(forest)。

易见,森林的每个支都是树,森林就是由若干棵树组成的图。

仅有一个顶点的树称为平凡树。

注意,在图论中没有空图,因此也无空树。

图 7.1.1 是一棵树的例子,图 7.1.2 是由三棵树组成的森林。

定理 7.1.1　　设 $G = (V, E)$ 是一个(p, q)图,则下列各命题等价:

(1)　　G 是树;

(2)　　G 的任两个不同顶点间有唯一的一条路联结;

(3)　　G 是连通的且 $p = q + 1$;

(4)　　G 中无圈且 $p = q + 1$;

(5)　　G 中无圈且 G 中任两个不邻接的顶点间加一条边,则得到

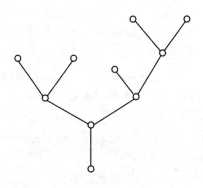

图 7.1.1　一棵树

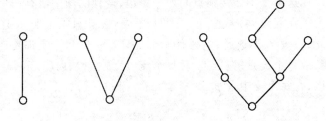

图 7.1.2　由三棵树组成的森林

一个有唯一圈的图;

(6)　G 是连通的,并且若 $p \geqslant 3$,则 G 不是 K_p。又若 G 的任两个不邻接的顶点间加一条边,则得到一个恰有唯一的一个圈的图。

〔证〕(1) $\Rightarrow$ (2):由定理 6.3.4 即得证。

(2) $\Rightarrow$ (3):设(2)成立,则 G 是连通的。今对 G 的顶点数 p 进行归纳证明 $p = q + 1$。当 p 为 1 或 2 时,连通图 G 中显然有 $p = q + 1$。假设对一切少于 p 个顶点且具有性质(2)的图 G 必有性质(3)。今设 G 是有 p 个顶点且对 G,(2)成立。从 G 中去掉一条边 x,则由于 G 的任两个不同顶点间有唯一的路,则 $G - x$ 恰有两个支。由归纳假设,每个支中顶点数与边数之间有关系式

$$p_1 = q_1 + 1, p_2 = q_2 + 1。$$

所以，$p = p_1 + p_2 = q_1 + q_2 + 2 = (q_1 + q_2 + 1) + 1 = q + 1$。

(3)$\Rightarrow$(4)：设(3)成立，要证(4)成立。显然，只须证 G 中无圈即可。设 G 中有一个长为 n 的圈 C_n，则圈上有 n 条边，所以 $n < p$。于是，G 中还有 $p - n$ 个顶点不在 C_n 上。由于 G 是连通的，所以不在 C_n 上的那 $p - n$ 个点的每一个均关联一条边，这些边互不相同，其中每一条都在该点与 C_n 的某点的最短路上。因此，除了 C_n 上的 n 条边之外，G 至少还有 $p - n$ 条边。所以，G 至少有 $q \geqslant p$ 条边，这与 $p = q + 1$ 相矛盾，故 G 中无圈。

(4)$\Rightarrow$(5)：设(4)成立，则只须证明(1)成立即可。因为若(1)成立，我们已证明了(2)成立，从而任两个不邻接顶点间在 G 中有唯一路，所以在这两个不邻接顶点间加一条边，得到的图中恰有一个唯一的圈。为了在假设(4)成立下，证明(1)成立，又只须证明 G 连通即可。为此，假设 G 不连通，则必有 k 个支且 $k \geqslant 2$。每个支都是连通的且无圈，故每个支是树。于是，对每个支(1)成立，从而(2)和(3)也成立。所以，在每个支中有 $p_i = q_i + 1, i = 1, 2, \cdots, k$。于是，

$$p = \sum_{i=1}^{k} p_i = \sum_{i=1}^{k} q_i + k = q + k。$$由假设 $k \geqslant 2$，这与 $p = q + 1$ 相矛盾。因此，G 是连通的。

(5)$\Rightarrow$(6)：假设(5)成立，所以 G 中无圈。因此，当 $p \geqslant 3$ 时，G 不是 K_p，因为 K_p 中有圈。这时 G 必连通，否则 G 至少有两个支。在两支中各选一顶点，并在此二顶点间加一条边，则得到的图中仍无圈。这与(5)成立相矛盾，所以 G 是连通的。于是(6)成立。

(6)$\Rightarrow$(1)：设(6)成立。为证(1)成立，只须证明 G 是无圈即可。对 $p = 1$ 或 2 时，显然 G 中没圈。当 $p \geqslant 3$ 时，由于 G 不是 Kp，所以 G 中有不邻接的两个顶点。于是，若这时 G 中有长为 n 的圈，则 $3 \leqslant n < p$。如果 $n > 3$，则或 G 中有两个圈，或 C_n 上两个不邻接顶点间加一条边得到的图中有两个圈，总之与(6)矛盾。所以，$n = 3$。于是，$p \geqslant 4$，并且 G 中有不邻接的两个顶点不全在 C_n 上。由于 G 是连通的，所以当在两个不邻接的顶点间加一条边时，得到的图中至少有两个圈，

这与(6)成立相矛盾。所以,(1)成立。 〔证毕〕

推论 7.1.1 任一非平凡树中至少有两个度为 1 的顶点。

〔证〕 非平凡树中最长路的两个端点就是两个度为 1 的顶点。

〔证毕〕

定义 7.1.2 连通图 G 称为是极小连通图,如果去掉 G 的任一条边后得到一个不连通图。

推论 7.1.2 图 G 是树当且仅当 G 是极小连通图。

定义 7.1.3 设 $G = (V, E)$ 是连通图,$v \in V$,数

$$e(v) = \max_{u \in V}\{d(v, u)\}$$

称为 v 在 G 中的偏心率。数

$$r(G) = \min_{v \in V}\{e(v)\}$$

称为 G 的半径。满足 $r(G) = e(v)$ 的顶点 v 称为 G 的中心点。G 的所有中心点组成的集合称为 G 的中心,G 的中心记为 $C(G)$。

定理 7.1.2 每棵树的中心或含有一个顶点,或含有两个邻接的顶点。

〔证〕 显然,对有一个顶点的树 K_1 与有两个顶点的树 K_2,定理 7.1.2 成立。设 T 是一棵树,T' 是从 T 中去掉度为 1 的那些顶点后所得到的树。易见,顶点 u 到 T 的其他各顶点 v 的距离中仅当 v 的度为 1 时才可能达到最大值。所以,T' 的每个顶点的偏心率比该点在 T 中的偏心率少 1。因此,T 与 T' 有相同的中心。重复地去掉度为 1 的顶点,我们得到一些与 T 有相同中心的树。由于 T 仅有限个顶点,所以最后必得到 K_1 或 K_2。所以,任何树的中心,或由一个顶点组成,或由两个邻接的顶点组成。 〔证毕〕

例 7.1.1 任何一个非平凡的树都可用两种颜色给其顶点染色,使得每条边的两个端点不同色。

这可由非平凡树是偶图立即得。

习　　题

1. 分别画出具有 4、5、6、7 个顶点的所有树(同构的只算一个)。

2. 证明:每个非平凡树是偶图。

3. 设 $a_1, a_2, \cdots, a_p$ 是 p 个正整数,$p \geq 2$,并且 $\sum\limits_{i=1}^{p} a_i = 2(p-1)$。证明:存在一个具有 p 个顶点的树,它的各个顶点的度分别为 $a_1, a_2, \cdots, a_p$。

4. 设 G 是一棵树且 $\triangle(G) \geq k$,证明:G 中至少有 k 个度为1的顶点。

5. 令 G 是一个有 p 个顶点,k 个支的森林,证明:G 有 $p-k$ 条边。

6. 设 T 是一个 $k+1$ 个顶点的树。证明:如果图 G 的最小度 $\delta(G) \geq k$,则 G 有一个同构于 T 的子图。

7. 设树 T 中有 $2n$ 个度为1的顶点,$3n$ 个度为2的顶点,n 个度为3的顶点,那么这棵树有多少个顶点和多少个边呢?

8. 一棵树 T 有 n_2 个度为2的顶点,n_3 个度为3的顶点,$\cdots$,n_k 个度为 k 的顶点,则 T 有多少个度为1的顶点?

9. 设 $S = \{1, 2, \cdots, n\}$,$T = \{\sigma_1, \sigma_2, \cdots, \sigma_{n-1}\}$ 是 S 上的 $n-1$ 个不同对换之集。如果某 $\sigma_k = (ij)$,则视 σ_k 为 S 中 i 与 j 间的一条边,则得到一个图 $G = (S, T)$。证明:G 是树当且仅当 $f = \sigma_1 \sigma_2 \cdots \sigma_{n-1}$ 是 S 的一个 $n-$ 循环置换。

7.2   生   成   树

定义 7.2.1   设 $G = (V, E)$ 是一个图,G 的一个生成子图 $T = (V, F)$ 如果是树,则称 T 是 G 的生成树。

图 7.2.1 中的图 G 中,由粗实线表示的那些边构成了 G 的一个生成树。

显然,若图 G 有生成树,则 G 是连通的。由于树是连通的,所以不连通图没有生成树。那么,连通图必有生成树吗?答案是肯定的。

定理 7.2.1   图 G 有生成树的充分必要条件是 G 为一个连通图。

〔证〕⇒因为树是连通的,所以如果 G 有生成树,则 G 必是连通的。

⇐设 G 是连通图。如果 G 中没有圈,则 G 是树,这时 G 就是自己本身的一个生成树。若 G 中有圈,则去掉圈上的一条边,得到 G 的一个生成子图 G_1。若 G_1 中无圈,则 G_1 是 G 的一个生成树。若 G_1 中有圈,则

$G:$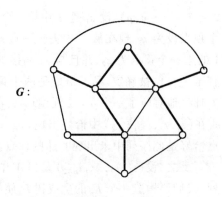

图 7.2.1　生成树

重复上述过程,去掉 G_1 中一个圈上的一条边,得到一个生成子图 G_2。如此进行。由于 G 仅有有限个圈,所以经有限步后,必得到一个没圈的生成子图 G_k,G_k 就是 G 的生成树。　　　　　　〔证毕〕

定理 7.2.1 的证明给出了一个求连通图的生成树的一种方法,称之为"破圈法"。但是,这个方法只能求得一个生成树。一个连通图可能有不止一个生成树。于是,怎样求出连通图的所有生成树?这个问题稍复杂些。

推论 7.2.1　设 G 是一个 (p, q) 连通图,则 $q \geqslant p - 1$。

定义 7.2.2　设 G 是一个图,若 G 的生成子图 F 是一个森林,则 F 称为 G 的一个生成森林。

显然,任一图必有生成森林。

1889 年,凯莱(A.Cayley,1821－1895)得到了完全图 K_p 的生成树的个数的计算公式。

定理 7.2.2　具有 p 个顶点的完全图 K_p 有 p^{p-2} 个生成树,$p \geqslant 2$。

〔证〕　设 K_p 的顶点集 $V = \{1, 2, \cdots, p\}$。定理中的数 p^{p-2} 恰好是以 V 中数为项的长为 $p - 2$ 的所有序列的个数。要证明本定理,只须在 K_p 的所有生成树之集与这些长为 $p - 2$ 的序列之集间建立一个一一对应即可。

为此,设 T 是 K_p 的一个生成树,并把 V 看成一个有序集(即 $1 <$

$2 < 3 < \cdots < p$)。设 s_1 是 T 中第 1 个度为 1 的顶点,与 s_1 邻接的那个顶点设为 t_1。现在从 T 中去掉顶点 s_1,得 $T - s_1$。设 $T - s_1$ 中度为 1 的第一个顶点为 s_2,并且与 s_2 邻接的顶点设为 t_2。如此重复进行,直至 t_{p-2} 已被确定。剩下恰好是两个顶点的树。按这个方法,每棵树 T 唯一地对应了一个 $p - 2$ 元组 $(t_1, t_2, \cdots t_{p-2})$。注意,$T$ 的任一顶点 v,在 $(t_1, t_2, \cdots, t_{p-2})$ 中恰好出现 $\deg_T v - 1$ 次。于是,T 中度为 1 的顶点恰好是此序列中未出现的那些顶点。

反之,设 $(t_1, t_2, \cdots, t_{p-2})$ 是以 V 中元为项的一个长为 $p - 2$ 的序列。我们要构造一个 K_p 的生成树 T,使 T 在上面的对应方法下恰好对应这个给定的序列 $(t_1, t_2, \cdots, t_{p-2})$。为此,设 s_1 为不在 $(t_1, t_2, \cdots t_{p-2})$ 中 V 的第 1 个顶点(即数值最小),联结 s_1 与 t_1 成一条边。其次,设 s_2 是不在 $(t_2, \cdots t_{p-2})$ 中的 $V \setminus \{s_1\}$ 的第 1 个顶点,联结 s_2 与 t_2 成为一条边。如此继续下去,直止确定了 $p - 2$ 条边,$s_1 t_1, s_2 t_2, \cdots, s_{p-2} t_{p-2}$。再把剩下的两个顶点间加一条边,得到的图记为 T。易见,T 有 p 个顶点,$p - 1$ 条边,并且 T 中没有圈。所以,T 是树,从而是 K_p 的生成树。我们还必须证明在上一段的对应下,T 恰好对应了这个给定的序列 $(t_1, t_2, \cdots, t_{p-2})$。由上述 T 的构造,s_1 是 T 中度为 1 的顶点,T 是连通的,所以 $\deg_T t_1 > 1$。同理,其他各点 $t_2, \cdots, t_{p-2}$ 在 T 中的度 $\geqslant 2$。再由 T 的构造便知,T 对应于 $(t_1, t_2, \cdots, t_{p-2})$,故这个对应是满映射。容易验证这个对应也是单射,从而是一一对应。   〔证毕〕

应该特别注意的是,定理 7.2.2 的结论是 K_p 中不同生成树的个数,而不是不同构的生成树的个数。

定理 7.2.3 设 $G = (V, E)$ 是连通图,$T_1 = (V, E_1)$ 和 $T_2 = (V, E_2)$ 是 G 的两个不同的生成树。如果 $e_1 \in E_1 \setminus E_2$,则 $\exists e_2 \in E_2 \setminus E_1$ 使得 $(T_1 - e_1) + e_2$ 为 G 的生成树。

〔证〕 因为 $T_1 - e_1$ 恰有两个支,所以可设这两支为 $G_1 = (V_1, F_1), G_2 = (V_2, F_2)$。$\forall uv \in E_2$,则或 $u, v \in V_1$,或 $u, v \in V_2$,或 $u \in V_1$ 且 $v \in V_2$。由于 $T_1 \neq T_2$,所以 $\exists e_2 = st \in E_2 \setminus E_1$ 使得 $s \in V_1$,

$t \in V_2$。所以,$(T_1 - e_1) + e_2$ 是 G 的生成树。 〔证毕〕

定义 7.2.3　设 T_1, T_2 是 G 的生成树,是 T_1 的边但不是 T_2 的边的条数 k 称为 T_1 与 T_2 的距离,记为 $d(T_1, T_2) = k$。

显然,$d(T_1, T_2) \geqslant 0$;$d(T_1, T_2) = d(T_2, T_1)$;$d(T_1, T_2) \leqslant d(T_1, T_3) + d(T_3, T_2)$。所以,$d$ 是 G 的所有生成树之集 $T(G)$ 上的距离函数。

其次,若 $d(T_1, T_2) > 0$,则 T_1 中有一条边 e_1 不在 T_2 中,T_2 中也有一条边不在 T_1 中。于是,

$$T_2 = (T_1 - e_1) + e_2,$$

它称为从 T_1 到 T_2 的一个基本变换。

定理 7.2.4　设 T_0 和 T 是 G 的两距离为 k 的生成树,则从 T_0 开始经 k 次基本树变换便可得到 T。

〔证〕　显然,当 $k = 0$ 或 1 时定理成立。假设对 $k - 1$ 时定理成立,往证对 k 定理亦真。为此,设 $d(T_0, T) = k \geqslant 1$。由定理 7.2.3,从 T_0 中去掉一条不在 T 中边 e_1 后,必在 T 中找到一条不在 T_0 中边 e_2 使得 $(T_0 - e_1) + e_2 = T_1$ 为生成树。显然,$d(T_1, T) = k - 1$。由归纳假设,从 T_1 经 $k - 1$ 个基本树变换便可得到 T。因此,从 T_0 经 k 个基本树变换得到 T。 〔证毕〕

于是,如果 T_0 是连通图 G 的一个生成树,则 G 的所有生成树的集合 $T(G)$,就是与 T_0 的距离为 1 的那些生成树、与 T_0 的距离为 2 的那些生成树、…,的并集。至于如何求出图 G 的所生成树,看参阅有关文献。

最小生成树问题　在生成树的应用中,往往提出如下问题:给定任一边带权连通图 G,求 G 的最小生成树。在这里,G 中边的权是一个非负实数,生成树中各边的权之和称为该生成树的权。这个问题就是要求 G 的生成树中权最小的那个生成树。

求图的最小生成树的实际意义可从下面的实际问题得知:在 n 个城市之间修建公路网,由于资金问题,目前只要求这个公路网是连通的。如果已知城市 c_i 与 c_j 间修建公路的费用为 d_{ij},则这个问题就是

要求某个图的最小生成树。在许多问题中，具有实际意义的，恰恰是最小生成树。因此，研究出各种求带权图的最小生成树的有效算法，就显得十分重要。

为此，先讨论一下最小生成树的若干性质。

定义 7.2.4　设 T 是连通图 G 的生成树，G 的不是 T 的边称为 T 的弦。

显然，若 G 是一个 (p,q) 连通图，T 是 G 的生成树，则 T 有 $q-p+1$ 条弦。如果 e 是 T 的一条弦，则 $T+e$ 中有唯一的一个圈，这个圈称为 G 的相对生成树 T 的基本圈。基本圈是克希霍夫首先引入的，在电网络分析中，基本圈具有基本重要的意义。在电路图中，仅需考虑相对于任一生成树的那些基本圈，而其他圈都是某些基本圈的组合。

设 $G=(V,E,w)$ 是一个边带权图，其中对每条边 $x\in E$，$w(x)>0$。如果 T_0 是 G 的一个最小生成树，e 是 T_0 的一条弦，则 $T+e_0$ 中有唯一的一个圈 C，并且 C 上的每条边 x 有 $w(x)\leqslant w(e)$。在这些记号下，我们有

定理 7.2.5　设 $G=(V,E,w)$ 是一个边带权图，边上的权函数 w 是非负的。$\{(V_1,E_1),(V_2,E_2),\cdots,(V_k,E_k)\}$ 是 G 的生成森林，$k>1$，$F=\bigcup_{i=1}^{k}E_i$。如果 $e=uv$ 是 $E\setminus F$ 中权值最小的边且 $u\in V_1,v\in V_1$ 中，则存在 G 的一个包含 $F\cup\{e\}$ 的生成树 T，使得 T 的权不大于任一包含 F 的生成树的权。

〔证〕　用反证法证明之，即如若不然，则 G 有一个生成树 $T'=(V,E')$，T' 包含 F（即 $F\subseteq E'$）但不含边 e，T' 的权小于任一包含 $F\cup\{e\}$ 的生成树的权。今把边 e 加到 T' 中，则 $T'+e$ 中有唯一的圈 C 使得 C 上除了边 e 外，必还有边 $e'=u'v',u'\in V_1,v'\in V_1$。根据关于 e 的假设必有 $w(e)\leqslant w(e')$。从 $T'+e$ 中去掉边 e'，于是得到一生成树 T，T 包含了 $F\cup\{e\}$，并且 T 的权不大于 T' 的权。这与关于 T' 的假定相矛盾，从而定理 7.2.5 成立。　　〔证毕〕

这个定理提供了求带权连通图 G 的最小生成树的一个方法。对

此,我们用 VT 来存放 V 的非空不相交子集构成的集族。$\forall u \in VT, u$ 是 G 的某个生成森林中一个支(一棵树)的顶点的集合,而 ET 用来存放生成森林的边。开始时,VT 和 ET 均空。然后,把 G 的每个顶点视为 G 的一个子图,它无边,所以是树。于是,得到 G 的一个由 $|V|$ 个树组成的森林。这个生成森林的每个的顶点集 $\{v\}$ 放入 VT 中。由定理 7.2.5,E 中权最小的边 e_1 应在最小生成树中,所以把 e_1 放入 ET 中。边 e_1 的两个端点应在生成森林的同一个树中,所在 VT 中把边 e_1 的两个端 u 与 v 对应的子集 $\{u\}$,$\{v\}$ 合并为一个子集 $\{u, v\}$ 并取代 $\{u\}$ 和 $\{v\}$。于是得到了一个新的生成森林。它的边集是 ET,各个支的顶点集在 VT 中。一般地,假定已经得到了某个生成森林,它的边集为 ET,森林中各支,即各个树的顶点集合在 VT 中,则依定理 7.2.5,从不在 ET 中的边集 $E \setminus ET$ 中找一条权最小的边 $e = uv$,如果 e 的端点 u 和 v 分别 W_1 和 W_2 里,$W_1 \in VT$,$W_2 \in VT$,$W_1 \neq W_2$,则 e 在最小生成树中,把 e 加入 ET 中,把 W_1 与 W_2 合并并用 $W_1 \cup W$ 取代 VT 中的 W_1 与 W_2。这样又得到一新的生成森林,它的支数较前一个生成森林的支数少 1;如果刚找的有最小权的边 e 的端点 u 和 v 在同一个集 $W \in VT$ 中,则 e 与以 W 为顶点集的树的一些边形成圈,所以应放弃边 e,去找另一个具有最小权的 $e' \in E \setminus \{e\} \setminus ET$。直到找到一条两端在不同树中的最小边。如此进行,直至 VT 中各集均合并为一个集为止。

求连通带权图的最小生成树的 Kruskal 算法如下:

Kruskal 算法

输入:带权连通图 $G = (V, E, w)$

输出:G 的最小生成树 $T = (VT, ET)$

方法:

开始

1. $ET \leftarrow \emptyset$;

2. $VT \leftarrow \emptyset$;

3. 把 E 中边按权函数 w 规定的值从小到大排成一个序列 Q;

4. 对每个顶点 $v \in V$，把 $\{v\}$ 加入 VT 中；

5. 当 $|VT| > 1$ 时，做

    开始

6.   从 Q 中选出权最小边 $\{u, v\}$；

7.   从 Q 中删去边 $\{u, v\}$；

8.   如果 u 和 v 分别在 VT 中的不同子集 W_1 和 W_2 中，则

      开始

9.   用 $W_1 \bigcup W_2$ 代替 VT 中的 W_1 和 W_2；

10.   把 $\{u, v\}$ 加到 ET 中

      结束

    结束

  结束

  注意，如果第 8 步为假时，又重新从步 6 开始。而在步 5 中，当 $|VT| \leqslant 1$ 时，算法结束。

  由 Kruskal 算法的步 8 和步 9 可知，VT 中的每个集都是生成森林中某棵树的顶点集，算法结束时得到的边集 ET 中的边不能形成任何圈。其次，开始时 $|VT| = |V|$，结束时 $|VT| = 1$。每当 $|VT|$ 减少 1，$|ET|$ 增加 1，所以最后得到的 $|ET| = |V| - 1$。因此，由定理 7.1.1 的(4)得知，算法结束时得到的 T 是 G 的生成树。

  事实上，求带权连通图 G 的最小生成树的大多数算法都依据定理 7.2.5，或其等价形式。下面的定理是它的一个等价形式。

  定理 7.2.6 设 $G = (V, E, w)$ 是一个边带权连通图，U 是 V 的一个真子集。如果 $\{u, v\}$ 是 $u \in U, v \in V \setminus U$ 的 G 的一条边，并且是所有的这样的边中，$\{u, v\}$ 的权 $w(u, v)$ 最小，则 G 中一定存在一个最小生成树，它以 $\{u, v\}$ 为其中一条边。

  〔证〕 假设 G 的最小生成树都不含边 $\{u, v\}$，把边 $\{u, v\}$ 加到 G 的一棵最小生成树 T 中，那么 $T + uv$ 中有一个含边 uv 的圈，并且圈上有一条边 $\{u', v'\}$ 使得 $u' \in U, v' \in V \setminus U$，见图 7.2.2。令 $T' = (T + uv) - u'v'$。由于 $w(u, v) \leqslant w(u', v')$，所以，$T'$ 的权 $\leqslant T$ 的权。

于是，T' 是含边 $\{u,v\}$ 的最小生成树，这与假设相矛盾。 〔证毕〕

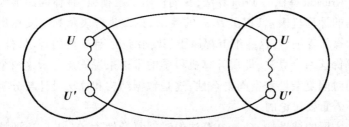

图 7.2.2　包含边 $\{u,v\}$ 的一个圈

　　构造边带权连通图的最小生成树的另一个常用算法是 Prim 算法。设 $G=(V,E,w)$ 是带权连通图，$V=\{1,2,\cdots,p\}$。Prim 算法的基本思想是：先置 $U=\{1\}$。然后，只要 U 是 V 的真子集，就选取满足 $i\in U$ 且 $j\in V\setminus U$ 的边 $\{i,j\}$ 使 $w(i,j)$ 最小，并把 j 加到 U 中，直到 $U=V$ 为止。在这个过程中所得到的所有边正好是 G 的生成树上的所有边，它就是 G 的一棵最小生成树。

　　用类 Pascal 语言描述，Prim 算法的梗概如下：

Procedure Prim（G:graph;var T:set of edges）;

　　　　var

　　　　　　U:顶点的集合；

　　　　　　u,v:顶点；

　　　　begin

　　　　　　$T:=\varnothing$;

$U:=\{1\}$;

　　　　　　While $U\neq V$ do begin

　　　　　　　　令 $\{u,v\}$ 是使 $u\in U,v\in V\setminus U$ 的权最小的边；

　　　　　　　　$T:=T\bigcup\{\{u,v\}\}$;

　　　　　　　　$U:=U\bigcup\{v\}$;

　　　　　　end

end:Prim

Kruskal 算法与 Prim 算法,我们仅给出了梗概,具体的细节涉及到图的计算机表示、权函数 ω 的表示,以及集合表示和定义在集合上的操作等细节。这些细节都属于《数据结构》课中的内容。另外,如何评价这两个算法,即用计算机科学的术语来说就是分析这两个算法的时间复杂性和空间复杂性,这是数据结构和算法设计与分析领域中着重要讨论的。

主要的结果是:Kruscal 算法的时间复杂性为 $O(q\log q)$,即该算法所需的时间与 $q\log q$ 成正比,其中 q 是 G 的边数。Prim 算法的时间复杂性是 $O(p^2)$,其中 p 为 G 的顶点数。当 q 与 p^2 差不多大小时,Prim 算法比 Kruscal 算法好,但当 q 远小于 p^2 时,Kruscal 算法却比 Prim 算法好得多。

习　　题

1. 设 G 是一个连通图。试证:G 的子图 G_1 是 G 的某个生成树的子图,当且仅当 G_1 没有圈。

2. 证明:连通图的任一条边必是它的某个生成树的一条边。

*3. 设 σ 是一个 n 次的 n 循环置换。证明:将 σ 写成 $n-1$ 个对换的积的方法数 $A(\sigma)$ 等于 n^{n-2}。

4. 设 G 是一个边带权连通图,G 的每条边均在 G 的某个圈上。试证:如果 G 的边 e 的权大于 G 的任一他边的权,则 e 不在 G 的任一最小生成树中。

5. 设 $G=(V,E,w)$ 是一个边带权连通图,$\forall x \in E, w(x) \geqslant 0$。试证:$G$ 的一个生成树 T 是 G 的最小生成树,当且仅当对 G 的任一与 T 的距离为 1 的生成树 T' 满足条件:在 T 中而不在 T' 中的边 e 的权 $w(e)$ 不大于在 T' 中而不在 T 中的边 e' 的权 $w(e')$。

*6. 某镇有 1000 人,每天他们中的每个人把昨天听到的消息告诉他认识的人。已知任何消息,只要镇上有人知道,都会经这种方式逐渐地为全镇上所有人知道。试证:可选出 90 个居民代表使得只要

同时向他们传达某一消息,经 10 天就会为全镇居民知道。

7. 设 $G = (V, E, w)$ 是边带权连通图,对 G 的每条边 $x, w(x) \geqslant 0$。证明:下述的 Kruscal 型算法并不一定产生具有最小权的生成路:

1°. 选一条边 e_1,使 $w(e_1)$ 尽可能小;

2°. 若边 $e_1, e_2, \cdots, e_i$ 已选定,则用下述方法从 $E \setminus \{e_1, e_2, \cdots, e_i\}$ 中选一条边 e_{i+1};

（ⅰ）导出子图 $\langle \{e_1, \cdots, e_{i+1}\} \rangle$ 是不相交路的并图;

（ⅱ）$w(e_{i+1})$ 是满足（ⅰ）的尽可能小的权。

3°. 当第 2° 步不能执行时,则停止。

7.3 割点、桥和割集

我们发现,去掉树中任一度大于 1 的顶点,便得到了由几棵树组成的森林。而去掉树的任一条边,就破坏了树的连通性。对于一个一般的图,有时也可以找到具有类似性质的顶点和边。

定义 7.3.1 设 v 是图 G 的一个顶点。如果 $G - v$ 的支数大于 G 的支数,则称顶点 v 为图 G 的一个割点。

例如,图 7.3.1 中的图,v_2 和 v_5 都是割点,其他顶点都不是割点。

定义 7.3.2 图 G 的一条边 x 称为 G 的一座桥,如果 $G - x$ 的支数大于 G 的支数。

例如,图 7.3.1 中的图,边 v_2v_5 是桥,其他边都不是桥。

对铁路、公路交通图,割点和桥有显然的军事意义和经济意义。

显然,有割点的图不是哈密顿图。其次,如果 uv 是 G 的桥且 $\deg u \geqslant 2$,则 u 是 G 的一个割点。割点和桥的概念和性质都很直观,下面是它们的一些特征性质。

定理 7.3.1 设 v 是连通图 $G = (V, E)$ 的一个顶点,则下列命题等价:

(1) v 是图 G 的一个割点。

(2) 存在与 v 不同的两个顶点 u 和 w,使得 v 在每一条 u 与 w 间

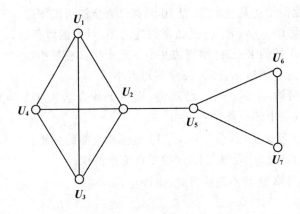

图 7.3.1

的路上。

(3) 集合 $V \setminus \{v\}$ 有一个二划分 $\{U, W\}$ 使得 $\forall u \in U, w \in W$，v 在联结 u 和 w 的每条路上。

〔证〕(1) $\Rightarrow$ (3)：设 v 是 G 的一个割点，则由定义知 $G - v$ 是一个不连通图。于是，$G - v$ 至少有两个支。令 U 是其中一个支的顶点集，W 是其他各支构成的 $G - v$ 的子图的顶点集。显然，$\{U, W\}$ 是 $V \setminus \{v\}$ 的一个二划分。$\forall u \in U$ 及 $\forall w \in W$，u 与 w 不在 $G - v$ 的同一个支中，所以在 $G - v$ 中 u 与 w 间无路，而在 G 中有路。因此，在 G 中 v 在联结 u 与 w 的每一条路上。

(3) $\Rightarrow$ (2)：(2) 是 (3) 的特例，所以 (3) 成立时 (2) 必成立。

(2) $\Rightarrow$ (1)：假设 (2) 成立，往证 (1) 成立。为此，只须证 $G - v$ 是不连通图。用反证法，即假定 $G - v$ 连通，则在 $G - v$ 中至少有一条联结 u 和 w 的路。于是，G 中就有一条不过 v 的联结 u 和 w 的路，这与假设 (2) 成立相矛盾。所以，$G - v$ 是不连通图，从而 v 是 G 的割点，即 (1) 成立。　　　　　　　　　　　　　　　　　　　　　　　　〔证毕〕

定理 7.3.2　每个非平凡的连通图至少有两个顶点不是割点。

〔证〕　非平凡的连通图必有生成树，非平凡的树至少有两个度为 1 的顶点，它们就是原图的非割点。　　　　　　　　　　　　　〔证毕〕

定理 7.3.3　设 x 是连通图 $G = (V, E)$ 的一条边,则下列命题等价:

(1) x 是 G 的桥;

(2) x 不在 G 的任一圈上;

(3) 存在 G 的两个不同顶点 u 和 v,使得边 x 在联结 u 和 v 的每条路上;

(4) 存在 V 的一个划分 $\{U, W\}$,使得 $\forall u \in U, w \in W, x$ 在每一条连接 u 与 w 的路上。

由桥的定义便立刻证明这个定理,因此把它留作练习。

我们现在来推广桥的概念。

定义 7.3.3　设 $G = (V, E)$ 是图,$S \subseteq E$。如果从 G 中去掉 S 中的所有边得到的图 $G - S$ 的支数大于 G 的支数,而去掉 S 的任一真子集中的边得到的图的支数不大于 G 的支数,则称 S 为 G 的一个割集 (cut - set)。

定理 7.3.4　设 S 是连通图 $G = (V, E)$ 的割集,则 $G - S$ 恰有两个支。

〔证〕　假如 $G - S$ 的支数大于2,则把 S 的边逐一加入 $G - S$ 中时,每加入一条边至多能把 $G - S$ 的两个支联结在一起,所以存在 S 的一个真子集 A 使 $G - A$ 的支数大于 G 的支数。这与 S 是 G 的割集相矛盾,所以 $G - S$ 只有两个支。　　　　　　　　　〔证毕〕

推论 7.3.1　设 G 是一个有 k 个支的图。如果 S 是 G 的割集,则 $G - S$ 恰有 $k + 1$ 个支。

推论 7.3.2　不连通图 G 的每个割集必是 G 的某个支的割集。

定理 7.3.5　设 T 是连通图 $G = (V, E)$ 的任一生成树,则 G 的每个割集至少包含 T 的一条边。

〔证〕　设 S 是 G 的一个割集,并且 S 与连通图 G 的一棵生成树 T 没有公共边,则 T 仍是 $G - S$ 的生成树。于是,$G - S$ 是连通的。所

以，S 不是 G 的割集，矛盾。 〔证毕〕

定理 7.3.6 连通图 G 的每个圈与 G 的任一割集有偶数条公共边。

〔证〕 设 C 是连通图 G 中的一个圈，S 是 G 的一个割集，G_1 和 G_2 是 $G - S$ 的仅有的两个支。如果 C 在 G_1 中或 G_2 中，则 C 与 S 无公共边，所以公共边数为 0。0 是偶数，故这时定理的结论成立。现在假设圈 C 与割集 S 有公共边，则 C 上既有 G_1 的顶点又有 G_2 的顶点。于是，当从 G_1 的一个顶点 v_1 开始沿 C 周游时，必经一条边其两端分别在 G_1 和 G_2 里，然后在某个时候又经过一条如此的边返回 G_1，如此走下去，当走完圈的边而回到 v_1 时经过偶数次这样的边：两个端点分别在 G_1 与 G_2 中，这样的边必在 S 中。所以，这时 C 与 S 也有偶数条边。 〔证毕〕

设 $G = (V, E)$ 是一个连通图，$T = (V, F)$ 是 G 的一个生成树。对 $E \setminus F$ 中的每条边 e，$T + e$ 中有唯一的一个圈。在定义 7.2.4 中称 e 为 T 的弦，而 $T + e$ 中的唯一圈称为 G 的相对于生成树 T 的基本圈。这些基本圈之集称为与 T 关联的基本圈系统。对于 T 的每条边 x，$T - x$ 有两个支，于是 V 被分为两个不相交子集 V_1 和 V_2。G 的一个端点在 V_1 里，另一端点在 V_2 里的边形成了 G 的一个割集，这个割集是由边 x 确定的。所有这些割集之集称为 G 的相对 T 的基本割集系统，每个割集称为 G 的相对 T 的基本割集，或称由边 x 确定的基本割集。

定理 7.3.7 设 T 是连通图 G 的一个生成树，e 是 T 的一条弦，C 是由 e 确定的 $T + e$ 中的一个基本圈，则 e 含在 C 上除 e 外的每条边确定的基本割集中，但不在其他割集中。

〔证〕 令 C 上各边之集为 $\{e, e_1, \cdots, e_k\}$，$S_1 = \{e_1, x_1, \cdots, x_r\}$ 是由 e_1 确定的一个割集，其中 $x_1, \cdots, x_r$ 都是 T 的弦。于是，$T - e_1$ 的顶点集被划分为恰好两个不相交的非空子集 V_1 和 V_2，而每条边 $x_i \in S_1$ 的两个端点，一个在 V_1 中，另一个在 V_2 中。但 $(T_1 - e_1) + e$ 是

连通的,所以 e 的两个端点中一个在 V_1 中,另一个在 V_2。因此,$e \in S_1$。同理,e 必在每个由 e_i 确定的基本割集中,$2 \leqslant i \leqslant k$。

其次,设 f 是 T 的一条边,但 $f \bar\in C$。于是,C 是 $T - f$ 的一个支中加边 e 得到的子图中的圈。所以,e 不在由 f 确定的基本割集中。

〔证毕〕

定理 7.3.8 设 T 是连通图 G 的生成树,x 是 T 的一条边,S 为由 x 确定的相对 T 的一个基本割集,则 x 必在由 S 的每条弦确定的基本圈上,而不在任一基本圈上。

〔证〕 设 $S = \{x, y_1, \cdots, y_k\}$ 是相对于 T 由 x 确定的基本割集,C_1 是由弦 y_1 确定的基本圈,并且 $C_1 = \{y_1, z_1, \cdots, z_r\}$。由定理 7.3.6,$C_1$ 与 S 有偶数条公共边,而 $y_1 \in S$,所以必有某 $z_i \in C_1$ 使 $z_i \in S$,故 $x = z_i$。因此,$x \in C_1$,即 x 在弦 y_1 确定的基本圈上。同理,x 在每个 y_i 确定的基本圈上,$i = 2, 3, \cdots, k$。

其次,设 y 是不在 S 中的 T 的一条弦,C 是 y 确定基本圈,即 C 是 $T + y$ 的那个唯一圈。现在要证明 T 的边 x 不在 C 上。假如 x 在 C 上,则 x 是 C 和 S 的一条公共边。由定理 7.3.6,C 和 S 必还有一条公共边 y_i。但 y_i 是 T 的弦,所以 y_i 不在 C 上。这与 y_i 是 C 与 S 的公共边相矛盾。所以,x 不在 C 上。 〔证毕〕

在研究通讯网络、运输网络时,割集的理论极其重要。

习   题

1. p 个顶点的图中,最多有多少个割点?

2. 证明:恰有两个顶点不是割点的连通图是一条路。

3. 证明:有一条桥的三次图中至少有 10 个顶点。

4. 设 v 是图 G 的一个割点,证明 v 不是 G 的补图 G^c 的割点。

5. 设 v 是图 G 的一个顶点。证明:v 是 G 的割点当且仅当有邻接

v 的两个不同的顶点 u 和 w,使得 v 在 u 与 w 间的每一条路上。

6. 完成定理 7.3.3 的证明。

7. 找出图 7.3.2 中图 G 的所有割集。

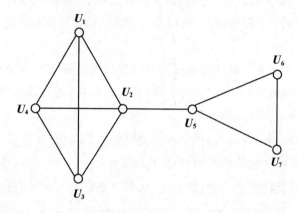

图 7.3.2

8. 找出图 7.3.2 中图 G 的一棵生成树 T。然后求出相对 T 的基本图系统、基本割集系统。

9. 有割点的连通图是否一定不是欧拉图?是否一定不是哈密顿图?有桥的连通图是否一定不欧拉图和哈密顿图?

10. 设 L 是连通图 G 的一个圈,x 和 y 是 L 上的两条边。证明:G 有个割集 S 使得 x 与 y 恰好是 L 与 S 的公共边。

*11. 设在一个长为 n 的圈外再加一个新的顶点,并且新顶点与圈上每个顶点联结一条边,所得到的图称轮,新加的边称为轮的幅。在有 n 条辐的轮中,给出一个求生成树棵数的公式。

第八章　　连通度和匹配

一个图是否是连通的,这是图的一个重要性质。本章首先引入图的顶点连通度和边连通度,由此可以比较两个图中哪个"更加连通"。接着讨论了它们的一些简单性质。连通性理论的基本结果是明格尔(K.Menger)定理。由明格尔定理可以推出另一个十分重要的霍尔(P.Hall)定理,这个定理不但在偶图的匹配问题有用,而且在许多其他领域中也有十分重要的应用。特别在计算机科学及通讯网络理论中也有非常重要的应用。

8.1　顶点连通度和边连通度

树的每个度大于 1 的顶点都是割点。一个具有割点的连通图,当去掉这个割点时,就产生了一个不连通图。对于一个没有割点的连通图,必须去掉多于一个顶点才有可能得到一个不连通图。于是,具有割点的连通图较之没有割点的连通图的"连通程度"低。

类似地,树的每条边都是桥。有桥的连通图,当去掉桥时,就产生了一个不连通图。对于无桥的连通图,要想去掉一些边得到不连通图,至少要去掉两条才有可能得到不连通图。从去掉边来获得不连通图的角度看,有桥的连通图较之无桥的连通图的"连通程度"低。特别是,一个非平凡树是一个有最少边连通图。

图的顶点和边,在不同应用中有不同意义。在通讯网络中,通讯站是顶点,通讯线路是边。它们的失灵势必危机系统的通讯。所以,网络图的"连通程度"越高,通讯网络越可靠。

这种直观的想法,启发我们建立以下的严格概念:

定义 8.1.1　设 $G = (V, E)$ 是一个无向图,V 的子集 S 称为分离图 G,如果 $G - S$ 是不连通的。图 G 的顶点连通度 $\kappa = \kappa(G)$ 是为

了产生一个不连通图或平凡图所需要从 G 中去掉的最少顶点数目。

对这个定义我们需要说明的是,我们希望每个图都有顶点连通度。但对完全图 K_p,不论去掉哪些顶点,都不会得到不连通图,当去掉 $p-1$ 个顶点时得到 K_1—— 平凡图。为了使这样的连通图也有顶点连通度,所以在定义中加入了"为产生平凡图所需要去掉的顶点的最少数"这一条件。

图 G 的"顶点连通度",以后简称 G 的"连通度"。

于是,不连通的图的顶点连通度为 0;有割点的连通图的连通度是 1;完全图 K_p 的连通度为 $p-1$;K_1 的连通为 0。

定义 8.1.2 图 G 的边连通度 $\lambda = \lambda(G)$ 是为了从 G 产生不连通图或平凡图所需从 G 中去掉的最少边数。

于是,$\lambda(K_1) = 0$;当 $p \geqslant 1$ 时,$\lambda(K_p) = p - 1$;非平凡树的边连通度为 1;有桥的连通图的边连通度为 1。

图的连通度、边连通度、最小度之间有以下的关系:

定理 8.1.1 对任一图 G,有

$$\kappa(G) \leqslant \lambda(G) \leqslant \delta(G)。$$

〔证〕 先证 $\lambda(G) \leqslant \delta(G)$。如果 $\delta(G) = 0$,则 G 不连通,从而 $\lambda(G) = 0$。所以,这时有 $\lambda(G) \leqslant \delta(G)$;如果 $\delta(G) > 0$,不妨设 deg $v = \delta(G)$,从 G 中去掉与 v 关联的 $\delta(G)$ 条边后,得到的图中 v 是孤立顶点。所以,这时 $\lambda(G) \leqslant \delta(G)$。因此,对任何图 G 有 $\lambda(G) \leqslant \delta(G)$。

其次,证明对任何图 G 有 $\kappa(G) \leqslant \lambda(G)$。如果 G 是不连通的或平凡图,则显然有

$$\kappa(G) = \lambda(G) = 0;$$

今设 G 是连通的且非平凡的。如果 G 有桥 x,则去掉 x 的某个端点就得到一个不连通图或平凡图,从而 $\kappa(G) = 1 = \lambda(G)$。所以,这时有 $\kappa(G) \leqslant \lambda(G)$;如果 G 没有桥,则 $\lambda(G) \geqslant 2$。于是,从 G 中去掉某些 $\lambda(G)$ 边得到一个不连通图。这时从 G 中去掉这 $\lambda(G)$ 条边的每一条的某个端点后,至少去掉了这 $\lambda(G)$ 条边。于是,产生了一个不连通

图或平凡图,从而 $\kappa(G) \leqslant \lambda(G)$。因此,对任何 $G,\kappa(G) \leqslant \lambda(G)$。

〔证毕〕

定理 8.1.2 对任何整数 $a,b,c,0<a \leqslant b \leqslant c$,存在一个图 G 使得

$$\kappa(G)=a,\lambda(G)=b,\delta(G)=c。$$

〔证〕 如果 $a=b=c$,则图 $G=K_{a+1}$ 就是所要求的图。

如果 $a=b<c$,则所要求的图 G 的图解为图 8.1.1(a) 所示。

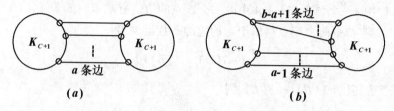

图 8.1.1

如果 $a<b=c$,则 $G=2K_{b-a+1}+K_a$ 就是所要求的图。其中 G 的图解是这样画出的:把完全图 K_{b-a+1} 的图解在平面上画两次,再画出 K_a 的图解,然后在 K_a 的每个顶点与每个 K_{b-a+1} 的每个顶点间联一条边而得到的图。

如果 $a<b<c$,则所要的图 G 的图解见图 8.1.1(b)。因为显然有:$\kappa(G)=a,\lambda(G)=b,\delta(G)=c$。 〔证毕〕

定理 8.1.2 的结果表明,不对图 G 加任何限制,定理 8.1.1 的结论不能再改进了。但当对图 G 再加上某些限制,例如,当 $\delta(G)$ 充分大时,我们能证明 $\lambda(G)=\delta(G)$。为此,先证明下面的引理:

引理 8.1.1 设 $G=(V,E)$ 是一个图且 $\lambda(G)>0$,则存在 V 的真子集 A,使得 G 中联结 A 中的一个顶点与 $V \setminus A$ 中一个顶点的边的总数恰为 $\lambda(G)$。

〔证〕 因为 $\lambda(G)>0$,所以 G 中有 $\lambda(G)$ 条边,把它们去掉后得到一个恰有两个支的不连通图。令其中一个支的顶点集为 A,则 A 是 V 的一个真子集。由于 $\lambda(G)>0$,那些被去掉的每一条边,其一个端

点在 A 中,另一个端点在 $V \setminus A$ 中。这些边当然为 $\lambda(G)$ 条。〔证毕〕

定理 8.1.3 设 $G = (V, E)$ 有 p 个顶点且 $\delta(G) \geqslant \left[\dfrac{p}{2}\right]$,则 $\lambda(G) = \delta(G)$。

〔证〕 因为 $\delta(G) \geqslant \left[\dfrac{P}{2}\right]$,所以 G 是连通的。由定理 8.1.1 知 $\lambda(G) \leqslant \delta(G)$。于是,只须证明 $\delta(G) \leqslant \lambda(G)$ 即可。由于 G 是连通的,所以 $\lambda(G) > 0$。由引理 8.1.1,存在 V 的真子集 A 使得 G 中联结 A 中的一个顶点与 $V \setminus A$ 中的一个顶点的边恰有 $\lambda(G)$ 条。设 $|A| = m$,则 G 中两个端点均属于 A 的边的条数至少为

$$\frac{1}{2}(m\delta(G) - \lambda(G))。$$

于是,假如 $\lambda(G) < \delta(G)$,则

$$\frac{1}{2}(m\delta(G) - \lambda(G)) > \frac{1}{2}(m\delta(G) - \delta(G))$$

$$= \frac{1}{2}\delta(G)(m - 1)。$$

若 $m \leqslant \delta(G)$,则

$$\frac{1}{2}(m\delta(G) - \lambda(G)) > \frac{1}{2}m(m - 1)。$$

这是不可能的,所以 $\delta(G) < m$。于是

$$m \geqslant \delta(G) + 1 \geqslant \left[\frac{p}{2}\right] + 1 \geqslant \frac{p+1}{2}。$$

同理可证 $|V \setminus A| = p - m \geqslant \dfrac{p+1}{2}$。因此,$|V| > p$,矛盾。所以,$\lambda(G) \geqslant \delta(G)$。于是,$\lambda(G) = \delta(G)$。

定理 8.1.4 设 G 是一个 (p, q) 图,则

(1°) 若 $q < p - 1$,则 $\kappa(G) = 0$;

(2°) 若 $q \geqslant p - 1$,则 $\kappa(G) \leqslant \left[\dfrac{2q}{p}\right]$。

〔证〕 (1°) 若 $q < p - 1$,则 G 不连通,故 $\kappa(G) = 0$。

(2°) 若 $q \geqslant p - 1$,则 G 中所有顶点度之和为 $2q$,顶点的平均度

数为 $\left\lceil\dfrac{2q}{p}\right\rceil$,所以 $\delta(G)\leqslant\left\lceil\dfrac{2q}{p}\right\rceil$。由定理 8.1.1 便得到 $\kappa(G)\leqslant\left\lceil\dfrac{2q}{p}\right\rceil$。

〔证毕〕

定义 8.1.3 设 G 是一个图,如 $\kappa(G)\geqslant n$,则称 G 是 n – 顶点连通的,简称 n – 连通;如果 $\lambda(G)\geqslant n$,则称 G 是 n – 边连通的。

显然,图 G 是 1 – 连通的,当且仅当 G 是连通的。

定理 8.1.5 设 $G=(V,E)$ 是 p 个顶点的图,$p\geqslant 3$,则 G 是 2 – 连通的,当且仅 G 的任两个不同顶点在 G 的同一个圈上。

〔证〕$\Leftarrow$ 设 G 的任两不同顶点在 G 的一个圈上,则 G 是没有割点的连通图,所以 G 是 2 – 连通的。

$\Rightarrow$ 设 G 是 2 – 连通的,u 和 v 是 G 的两个不同顶点。施归纳于 u 与 v 的距离 $d(u,v)$ 来证明 u 与 v 在一个圈上。当 $d(u,v)=1$,由于 $\kappa(G)\geqslant 2$,所以 uv 不是桥。由定理 7.3.3,边 uv 必在 G 的某个圈上,所以 u 与 v 在 G 的某个圈上。

假设对 $d(u,v)<k$ 的任意两个不同顶点 u 和 v,u 与 v 必在 G 的某个圈上。今设 $d(u,v)=k$,往证 u 和 v 在 G 的某个圈上。考虑 G 中 u 与 v 间的一条长为 k 的路 $P:uv_1v_2\cdots v_{k-1}v$。显然 $d(u,v_{k-1})=k-1$。由归纳假设 u 与 v_{k-1} 在 G 的某个圈上。于是,u 与 v_{k-1} 间有两条没有内部公共顶点(即除 u 与 v_{k-1} 外)的两条路 W,Q。由于 $\kappa(G)\geqslant 2$,所以 G 无割点,从而 $G-v_{k-1}$ 是连通图。于是,$G-v_{k-1}$ 中有 u 到 v 的路 S。u 是 W,Q,S 的公共顶点。设 w 是 S 上从 u 到 v 且在 Q 或 W 上的最后一个顶点(见图 8.1.2)。不妨设 w 在 Q 上,则在 G 中就有含 u 与 v 的圈:Q 上的 u 与 w 间一段后接 S 上 w 与 v 间的那段,然后是边 $v_{k-1}v$,最后是 W。

〔证毕〕

定理 8.1.6 图 $G=(V,E)$ 是 n – 边连通的充分必要条件是不存在 V 的真子集 A,使得 G 的联结 A 的一个顶点与 $V\setminus A$ 的一个顶点的边的总数小于 n。

〔证〕$\Rightarrow$ 设 G 是 n – 边连通的,则 $\lambda(G)\geqslant n$。如果存在 V 的真子集 A,使得 G 的联结 A 的一个顶点与 $V\setminus A$ 的一个顶点的总数 $j<n$,

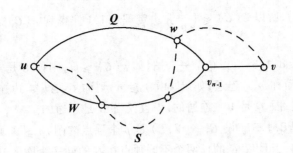

图 8.1.2

则去掉这 j 条边便得到一个不连通图,所以 $\lambda(G) \leqslant j$。这与 $\lambda(G) \geqslant n$ 相矛盾。因此,V 的这样的真子集 A 是不存在的。

$\Leftarrow$ 如果 $\lambda(G) < n$,则由引理 8.1.1,存在 V 的真子集 A,使得 G 的联结 A 的一个顶点与 $V \setminus A$ 的一个顶点的总数为 $\lambda(G) < n$,这与假设不存在 V 的这样真子集 A 相矛盾。所以,$\lambda(G) \geqslant n$。　〔证毕〕

习　　题

1. 设 G 是一个有 p 个顶点的图,$\delta(G) \geqslant ((p+k)-2)/2$。试证:$G$ 是 k – 连通的,其中 $k < p$。

2. 如果 (p, q) 图 G 是 k – 边连通的,试证:$q \geqslant kp/2$。

3. 设 G 是 k – 边连通的,$k > 0$,E' 是 G 的 k 条边的集合。证明:$G - E'$ 的支数小于或等于 2。

4. 构造一个 (p, q) 图 G 使得 $\delta(G) = \left[\dfrac{p}{2} - 1\right]$,$\lambda(G) < \delta(G)$。

5. 设 $k > 0$。构造一个 k – 连通图 G,以及 G 的 k 个顶点之集 V',使得 $G - V'$ 的支数大于 2。

6. G 是一个三次正则图,试证:$\kappa(G) = \lambda(G)$。

7. 设 $r \geqslant 2$,G 是 r 正则图且 $\kappa(G) = 1$。证明:$\lambda(G) \leqslant \left[\dfrac{r}{2}\right]$。

8. 构造一个图 G,使得
$$\kappa(G) = 3, \lambda(G) = 4, \delta(G) = 5。$$

9. 证明:轮形图(见第七章,7.3 节后习题 11) 是 3 - 连通的。

10. 证明:图 G 是 2 - 边连通的当且仅当任两个不同顶点间至少有两条边不重路。

11. 设 $G = (V, E)$ 是 2 - 连通图,X 和 Y 是 V 的子集,$|X| \geqslant 2$,$|Y| \geqslant 2$ 且 $X \cap Y = \varnothing$。在 G 中加入两个新的顶点 s 和 t,s 与 X 的每个顶点之间联成一条边,t 与 Y 的每个顶点间加一条边,这样得到的图记为 G'。试证:G' 是 2 - 连通的。

*12. G 是 2 - 连通的,X 与 Y 同 11 题。证明:G 中包含路 P 与 Q 使得

(ⅰ)P 与 Q 的起点都属于 X;

(ⅱ)P 与 Q 的终点都属于 Y;

(ⅲ)P 与 Q 的内部顶点都不属于 $X \cup Y$。

*8.2　门格尔定理

凭直观觉得,刻画连通图的"连通程度",应该与图中任两个不同顶点间的路的条数有关。1927 年,门格尔证明了一个图的连通度与联结图中两个不同顶点不相交路的条数有关。

定义 8.2.1　设 u 与 v 是图 G 的两个不同顶点。两条联结 u 和 v 的路,如果除了 u 与 v 外没有公共顶点,则称此两条路是联结 u 和 v 的不相交路。如果联结 u 和 v 的两条路上没有公共边,则称这两条路是联结 u 和 v 的边不相交路。

定义 8.2.2　图 G 的顶点集 S 称为分离 G 的两个不邻接的顶点 u 和 v,如果 u 和 v 分别在 $G - S$ 的两个不同支中。G 的边集 $F \subseteq E$ 称为分离 G 的两个不同顶点 u 和 v,如果 u 和 v 分别在 $G - F$ 的两个不同支中。

显然,不存在分离 G 的两个邻接顶点的顶点集。

下述的定理 8.2.1 是门格尔定理的"顶点形式":

定理 8.2.1(K.Menger,1927)　分离图 G 的两个不邻接的顶点 s

和 t 的顶点最少数目等于联结 s 和 t 的不相交路的最多数目。

〔证〕 显然,如果 k 个顶点的集合能分离 s 和 t,那么联结 s 和 t 的不相交路至多有 k 条。对 $k = 0$ 或 1,定理的结论显然成立。

假设定理不成立,则必有一个使定理不成立的最小自然数 $k \geqslant 2$ 及边数最少的图 G,使之对这个 k 及 G,分离 G 中两个不邻接的顶点 s 和 t 的最少顶点数目为 k,而 G 中至多有 $k - 1$ 条 $s - t$ 不相交路。于是,在这样的 G 中一定不存在顶点 u 使之 u 与 s 及 t 都邻接,因为否则 $G - u$ 就是分离其中 s 和 t 需最少 $k - 1$ 个顶点,而 $G - u$ 至多有 $k - 1$ 条 $s - t$ 路的图,这与 k 的最小性相矛盾。

设 W 是分离 s 和 t 的 k 个顶点的集合。假设 s 和 t 与 W 中的顶点都不邻接。令 G_s 是从 G 用下述方法得到的图:把包含 s 的 $G - W$ 的支用单个顶点 s' 代替,并联结 s' 和 W 中的每个顶点。在 G_s 中我们还需要 k 个顶点才能分离 s' 和 t,而且用 s' 代替的那支至少有两个顶点,G_s 的边数比 G 的边数少。因为 G 是对 k 使定理不成立的边数最少的图,所以 G_s 应是对 k 使定理成立的图。于是,在 G_s 中存在不相交的 $s' - t$ 路最多数目就是 k。这 k 条 $s' - t$ 不相交路的每一条的 t 到 W 部分路有下性质:任两不同部分路恰有一个公共顶点 t。特别对每个 $w \in W$,这些部分路中有一条是 $t - w$ 路。如果我们把 s 换成 t 实行类似的过程,则得到 k 条从 s 到 W 的路。于是我们得到 s 到 W 的 k 条路之集,以及 t 到 W 的 k 条路的集合。这两个路集合结合起来就给出了 G 的 k 条不相交 $s - t$ 路。这与开始时我们对 G 的假设相矛盾。因此,对分离 s 和 t 的任何 k 个顶点的集合 W,或 s 与 W 的每个顶点都邻接,或 t 与 W 的每个顶点都邻接。

令 $s v_1 v_2 \cdots v_l t$ 是一条最短 $s - t$ 路,则 $l \geqslant 2$。由 G 的最小性,在图 $G - v_1 v_2$ 中可以找到一个分离 s 和 t 的 $k - 1$ 个顶点的集 W_0。因此,$W_1 = \{v_1\} \bigcup W_0$ 和 $W_2 = \{v_2\} \bigcup W_0$ 都是分离 s 和 t 的 k 个顶点的集。因为 v_1 与 t 不邻接,故 s 与 W_1 的每个顶点邻接。由于 s 与 v_2 不邻接,所以 t 与 W_2 的每个顶点都邻接。这蕴含下列矛盾:s 和 t 至少有一个公共的邻接顶点,这是因为 W_0 的每个顶点既与 s 邻接又与 t 邻接,

而 $|W_0| = k - 1 \geqslant 1$。因此,定理成立。 〔证毕〕

推论 8.2.1 图 G 是 n - 连通的当且仅当每一对不同顶点间至少有 n 条不相交路。

定理 8.2.2 分离一个图的两个不同的顶点 s 和 t 的边的最少数目等于边不相交 s - t 路的最多数目。

〔证〕 显然,联结图的两个不同顶点 s 和 t 的边不相交路的条数不能超过分离 s 和 t 的最少边数。对图 G 边数 q 施行归纳,以证明这两个数恰好相等。显然,当 $q = 0$ 时,定理成立。今假定定理对一切边数少于 q 的图成立。现在 G 是边数为 q 的图,往证定理对图 G 也成立。为此,设 s 和 t 是 G 的两个不同的顶点,F 是分离 s 和 t 的最少边之集,$|F| = k$。于是,有两种可能:

$1°$。顶点 s 不能与 F 的每条边关联且顶点 t 也不能与 F 的每条边关联。于是,$G - F$ 有两个支,其中一个支包含 s,另一个支包含 t。今定义两个新的图 G_1 和 G_2:G_1 是把 G 中包含 s 的支收缩成点 s,而 G_2 是 G 中含 t 的那个支收缩成点 t。所谓收缩到 t,即把含 t 的那个支的所有点在 G 中都重合于 t,相应边消失。显然,G_1 和 G_2 的边数都小于 q,并且 F 仍是分离 s 和 t 的最少边集。由归纳假设,G_1 中有 k 条边不相交 s - t 路,G_2 中也有 k 条边不相交 s - t 路。于是,在 G 中就可组成 k 条边不相交 s - t 路。

$2°$。或 s 与 F 中每条边关联,或 t 与 F 的每条边关联。不失一般性,不妨设 G 的每条边都在分离 s 和 t 的某个最少边的 k 元集中,因为去掉不在其中的某条边并不影响值 k。由归纳假设,必有 k 条边不相交 s - t 路。于是推得从 s 到 t 的每条路,不是由一条边组成的就是由两条边组成的。所以,每一条 s 到 t 的路 P 至多含分离 s 和 t 的最少边集中的一条边。从 P 中去掉 G 的一条边得到的图中至少有 $k - 1$ 条边不相交 s - t 路。这 $k - 1$ 条路与 P 合在一起,就是 G 的 k 条边不相交路。 〔证毕〕

由定理 8.2.2 的证明可知,此定理对多重图也成立。

推论 8.2.2 图 G 是 k - 边连通的当且仅当 G 的任一对不同的

顶点间至少有 k 条边不相交路。

习　　　题

1. 对图 8.2.1,验证定理 8.2.1 和定理 8.2.2。

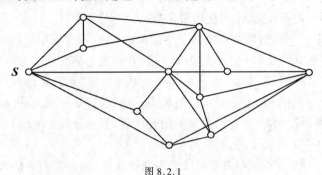

图 8.2.1

8.3　匹配、霍尔定理

定义 8.3.1　设 $G = (V, E)$ 是一个图,G 的任两条不邻接的边 x 与 y 称为是互相独立的。G 的边集 E 的子集 Y 称为 G 的一个匹配,如果 Y 中任两条边是互相独立的。

如 Y 是图 G 的一个匹配,则 $\forall v \in V, v$ 至多与 Y 中的一条边关联。

定义 8.3.2　图 G 的一个匹配 Y 称 G 的最大匹配,如果对 G 的任一匹配 Y',恒有 $| Y' | \leqslant | Y |$。

定义 8.3.3　设 $G = (V, E)$ 是一个偶图且 $V = V_1 \bigcup V_2, \forall x \in E, x$ 是联结 V_1 的一个顶点与 V_2 的一个顶点的边。如果存在 G 的一个匹配 Y 使 $| Y | = \min\{| V_1 |, | V_2 |\}$,则称 Y 是偶图 G 的完全匹配。

显然,偶图 G 若有完全匹配 Y,则 Y 是 G 的最大匹配。但是,偶图 G 的最大匹配未必是 G 的完全匹配。许多问题提出了偶图的完全匹配的存在性问题。

问题 8.3.1(结婚问题)　已知由若干个小伙子组成的集合 F，若干个姑娘之集为 G。姑娘们都渴望结婚，但也不希望媒人介绍，随便嫁给一个她不认识或不可接受的小伙子。实际上，每个姑娘心中都有一张可接受为配偶的小伙子的名单。问在什么条件下才能把所有的姑娘嫁出去呢？

如果认为这个问题不够严肃的话，那么下面这个严肃的问题实际上与上面的问题等价。

问题 8.3.2(工作安排问题)　一个车间有 m 个工人和 n 件不同的工作，每件工作只需一位工人干，而每位工人仅能熟练地干其中的几件工作。问在什么条件下车间主任能为每位工人分配一件他能胜任的工作呢？

这两个问题的等价性是显然的。如果把工人和每件工作用点来表示，若一位工人能胜任某项工作，则在相应点间联结一条线，则得到一个偶图 G。要回答的是在什么条件下这个偶图有一个完全匹配？

在数学的一些领域中也常提出一些类似问题：设 X 是一个有穷集合，$A_1,A_2,\cdots,A_n$ 是 X 的子集的一个序列，问在什么条件下存在 X 的一个 n 元子集 S，使得 S 为 $A_1,A_2,\cdots,A_n$ 中各取一个元素组成的？亦即若 $S=\{s_1,s_2,\cdots,s_n\}$，则 $s_i\in A_i,i=1,2,\cdots,n$。如果存在这样的 n 元集 S，则 S 称为系统

$$T:A_1,A_2,\cdots,A_n$$

的相异代表系。于是，在什么条件下系统 T 存在相异代表系呢？

1935 年，霍尔给出上述问题有解的充分必要条件。由于这个问题十分重要，我们给出霍尔定理的几种证法，并且证明霍尔给出的充分必要条件可以从门格尔定理推出。

定理 8.3.1　设有 m 个姑娘，n 个小伙子，则结婚问题有解的充分必要条件是对任意的 $k(1\leqslant k\leqslant m)$ 及任意 k 个姑娘认识的小伙子总数不少于 k。

〔证〕　我们用数学归纳法证明：对姑娘的个数 m 进行归纳。

显然,结婚问题有解,则对任何正整数 k,$1 \leqslant k \leqslant m$,那么对任意 k 个姑娘,她们认识的小伙子的总数不能少于 k。

现在证明充分性:当 $m = 1$ 时,即只有一位姑娘,她至少认识一位小伙子,则就把这位姑娘嫁给她认识的小伙子即可。因此,这时问题有解。假设姑娘的个数少于 m 时,条件是充分的,即姑娘都能嫁出去。今设有 m 个姑娘,并且对任何 k,$1 \leqslant k \leqslant m$,任意 k 个姑娘认识的小伙子总数不少于 k。分两种情况:

情况 1:对任意少于 m 的 k 个姑娘,她们认识的小伙子总数至少为 $k + 1$。这时可任意安排一对接受的婚配,而剩下的 $m - 1$ 个姑娘和 $n - 1$ 个小伙子,仍满足定理的充分条件。由归纳假设,剩下的 $m - 1$ 个姑娘也能嫁出去。于是,在这种条件下,定理给出的条件是充分的。

情况 2:存在某个 k,$1 \leqslant k \leqslant m - 1$,以及有 k 个姑娘,她们恰好总共认识了 k 个小伙子。由归纳假设,这 k 个姑娘可以嫁出去。那么剩下的 $m - k < m$ 个姑娘能嫁出去吗?如果不计已娶亲的小伙子,则其他 $m - k$ 个姑娘也能嫁出去。实际上,由归纳假设,只须证明对剩下的 $m - k$ 个姑娘和 $n - k$ 个小伙子仍满足定理中的条件即可。假如对剩下 $m - k$ 个姑娘和 $n - k$ 个小伙子,定理的条件不成立了,则必有 $l(1 \leqslant l \leqslant m - k)$ 个姑娘,她们总共认识剩下的 $n - k$ 个小伙子中的少于 l 个。于是,这 l 个姑娘与已出嫁的 k 个姑娘共 $l + k$ 个人,她们认识 n 个小伙子中的总数少于 $k + l$ 个,这与假设 $k + l$ 个姑娘认识的小伙总数不少于 $k + l$ 个相矛盾。因此,剩下的 $m - k$ 个姑娘也能嫁出去。于是,充分性得证。   〔证毕〕

下面的定理与定理 8.3.1 实际上是一样的,只是换了一种叙述方式,同时也给出另一证明方法。

定理 8.3.2(Hall,1935)   设 X 是一个有限集,系统

$$T:A_1,A_2,\cdots,A_n$$

是 X 的一些子集组成的,则 T 有相异代表系的充分必要条件是 $\forall I \subseteq \{1,2,\cdots,n\}$ 有

$$\left| \bigcup_{i \in I} A_i \right| \geqslant | I | \qquad \text{(Hall 条件)}$$

〔证〕 条件的必要性显然成立。

今证充分性。基本思想是：如果

$$T : A_1 , A_2 , \cdots , A_n$$

满足 Hall 条件且每个 A_i 都是单元素集，即 $A_i = \{a_i\}$，则它们两两不相交且有相异代表系 $A = \bigcup\limits_{i=1}^{n} A_i$。如果 T 中各个集 A_i 不都是单元素集，例如，某个 $|A_i| \geqslant 2$，则从 A_i 中去掉某个元素后得到 $A_i^{'}$，那么新的系统

$$T' : A_1 , \cdots , A_{i-1} , A_i^{'} , A_{i+1} , \cdots , A_n$$

仍满足 Hall 条件。重复这个过程若干次，最后必得到一个满足 Hall 条件且都是单元素集的系统。

为了叙述方便，不妨设 $|A_1| \geqslant 2 , a , b \in A_1 , a \neq b$。我们证明系统

$$T_a : A_1 \setminus \{a\} , A_2 , \cdots , A_n$$

$$T_b : A_1 \setminus \{b\} , A_2 , \cdots , A_n$$

中必有一个满足 Hall 条件。否则有 A、$B \subseteq \{2,3,\cdots,n\}$ 使得

$$\left| \bigcup_{i \in A} A_i \cup (A_1 \setminus \{a\}) \right| < |A| + 1,$$

$$\left| \bigcup_{i \in B} A_i \cup (A_1 \setminus \{b\}) \right| < |B| + 1.$$

令

$$P = \bigcup_{i \in A} A_i \cup (A_1 \setminus \{a\}),$$

$$Q = \bigcup_{i \in B} A_i \cup (A_1 \setminus \{b\})$$

则

$$|P \cup Q| = \left| \bigcup_{i \in A \cup B} A_i \cup A_1 \right|, \quad |P \cap Q| \geqslant \left| \bigcup_{j \in A \cap B} A_j \right|.$$

于是，

$$
\begin{aligned}
|A| + |B| &\geqslant |P| + |Q| = |P \cup Q| + |P \cap Q| \\
&\geqslant \left| \bigcup_{i \in A \cup B} A_i \cup A_1 \right| + \left| \bigcup_{j \in A \cap B} A_j \right| \\
&\geqslant (|A \cup B| + 1) + |A \cap B| \\
&= |A| + |B| + 1.
\end{aligned}
$$

这是一个矛盾。所以，T_a 与 T_b 中必有一个满足 Hall 条件。反复利用这个过程就得到一个满足 Hall 条件的系统，它的每个集均是单元素集。因此，T 有相异代表系。　　　　　　　　　　　　　　　〔证毕〕

设 $G = (V_1 \cup V_2, E)$ 是一个偶图，$|V_1| \leqslant |V_2|$，$V_1 = \{v_1, v_2, \cdots, v_m\}$，$V_2 = \{u_1, u_2, \cdots, u_n\}$。令 $\varphi: V_1 \to 2^{V_2}$，$\forall v_i \in V_1$，

$$\varphi(v_i) = \{u_j \mid u_j \in V_2 \text{ 且 } v_i u_j \in E\}。$$

于是，偶图 $G = (V_1 \cup V_2, E)$ 确定了 V_2 上的一个系统

$$T: \varphi(v_1), \varphi(v_2), \cdots, \varphi(v_m)$$

显然，偶图 G 有完全匹配当且仅当 G 确定的系统 T 有相异代表系。由 Hall 定理 8.3.2，T 有相异代表系当且仅当 $\forall S \subseteq V_1$ 总有 $|\varphi(S)| \geqslant |S|$。因此，偶图 $G = (V_1 \cup V_2, E)$ 有完全匹配当且仅当对每个自然数 k，$1 \leqslant k \leqslant |V_1|$，与 V_1 中任意 k 个顶点邻接的那些顶点数至少为 k。

于是，我们有

推论 8.3.1 设 $G = (V_1 \cup V_2, E)$ 为偶图，$|V_1| \leqslant |V_2|$，则 G 有完全匹配的充分必要条件是对 V_1 的任一子集 S，$|\varphi(S)| \geqslant |S|$，其中

$$\varphi(S) = \{u \mid u \in V_2 \text{ 且 } \exists v \in S \text{ 使 } vu \in E\}。$$

定义 8.3.4 设 Y 是图 $G = (V, E)$ 的一个匹配，如果 $2 |Y| = |V|$，则称 Y 为 G 的一个完美匹配。

推论 8.3.2 任何 r 正则偶图 $G = (V_1 \cup V_2, E)$ 必有一个完美匹配，其中 $r \geqslant 1$。

〔证〕 因为 G 是 r 正则偶图，所以，$r|V_1| = r|V_2| = |E|$，故 $|V_1| = |V_2|$。又对 $S \subseteq V_1$，

$|\varphi(S)| = |\{u \mid u \in V_2, \exists v \in S \text{ 使 } uv \in E\}|$ 与 S 中每个顶点关联的边数为 $r|S|$，而与 $\varphi(S)$ 一顶点关联的边数为 $r|\varphi(S)|$。显然，与 S 某个顶点关联的边必与 $\varphi(S)$ 中某个顶点关联，所以

$$r|\varphi(S)| \geqslant r|S|。$$

因此，$|\varphi(S)| \geq |S|$。由 Hall 定理 8.3.2，G 有一个完全匹配，这个完全匹配就是 G 的完美匹配。　　　　　　　　　　〔证毕〕

设 $T: A_1, A_2, \cdots, A_n$ 是有限集 X 的子集构成的系统，系统 T 的子系统 S 是 T 的子序列

$$A_{i_1}, A_{i_2}, \cdots, A_{i_r}$$

构成的系统，$1 \leq i_1 < i_2 < \cdots < i_r \leq n$。如果 T 的子系统 S 有相异代表系，则称子系统 S 的相异代表系为系统 T 的部分相异代表系。

定理 8.3.3　设 $T: A_1, A_2, \cdots, A_n$ 为有限集 X 的子集组成的系统，则 T 有一个由 t 个不同元素组成的 T 的部分相异代表系的充分必要条件是 $\forall A \subseteq I = \{1, 2, \cdots, n\}$，

$$\left| \bigcup_{i \in A} A_i \right| \geq |A| - (n - t)。$$

〔证〕　设 $D = \{d_1, d_2, \cdots, d_{n-t}\}$ 且 $D \cap \left(\bigcup_{i=1}^{n} A_i \right) = \varnothing$。令

$$T': A_1 \cup D, A_2 \cup D, \cdots, A_n \cup D,$$

则 T 有 t 个不同元素组成的部分相异代表系当且仅当 T' 有相异代表系。实际上，不妨设 $\{a_1, a_2, \cdots, a_t\}$ 是 T 的子系统 $(A_1, A_2, \cdots, A_t)$ 的相异代表系，则显然 $\{a_1, a_2, \cdots, a_t, d_1, d_2, \cdots, d_{n-t}\}$ 便是 T' 的相异代表系。反之，设

$$\{c_1, c_2, \cdots, c_n\}$$

为 T' 的相异代表系。显然，$c_1, c_2, \cdots, c_n$ 中至多有 $n - t$ 个元素在 D 中，从而至少有 t 个元素在 T 的 t 个子集中。因此，T 有一个由 t 个不同元素组成的 T 的部分相异代表系。

由定理 8.3.2，T' 有相异代表系当且仅当 Hall 条件成立，即当且仅当 $\forall A \subseteq I$

$$\left| \bigcup_{i \in A} (A_i \cup D) \right| \geq |A|。$$

但是，

$$\left| \bigcup_{i \in A} (A_i \cup D) \right| = \left| \bigcup_{i \in A} A_i \right| + |D|$$
$$= \left| \bigcup_{i \in A} A_i \right| + (n - t)$$

$$\geqslant |A|,$$

所以，$|\bigcup_{i \in A} A_i| \geqslant |A| - (n - t)$。

因此，T' 有相异代表系，当且仅当 $\forall A \subseteq I$ 有

$$|\bigcup_{i \in A} A_i| \geqslant |A| - (n - t)。$$ 〔证毕〕

定理 8.3.4 设 T 是 X 的子集组成的系统

$$T : A_1, A_2, \cdots, A_n$$

则 T 的部分相异代表系所含元素个数的最大值 t 等于

$$\min_{A \subseteq I}\{|\bigcup_{i \in A} A_i| + (n - |A|)\}$$

其中，$I = \{1, 2, \cdots, n\}$。

〔证〕 设 t 为 T 的部分相异代表系中所含元素的个数的最大值，则由定理 8.3.3 知，$\forall A \subseteq I$，$|\bigcup_{i \in A} A_i| + (n - |A|) \geqslant t$。所以

$$\min_{A \subseteq I}\{|\bigcup_{i \in A} A_i| + (n - |A|)\} \geqslant t。$$

再由 t 的最大性及定理 8.3.3，$\exists A_0 \subseteq I$ 使得

$$|\bigcup_{i \in A_0} A_i| + (n - |A_0|) < t + 1,$$

从而

$$\min_{A \subseteq I}\{|\bigcup_{i \in A} A_i| + (n - |A|)\} \leqslant t。$$

因此，

$$\min_{A \subseteq I}\{|\bigcup_{i \in A} A_i| + (n - |A|)\} = t。$$

〔证毕〕

设 $G = (V_1 \bigcup V_2, E)$ 是一个偶图，$|V_1| \leqslant |V_2|$，G 的最大匹配中边的条数记为 $M(G)$。由定理 8.3.4 得到

推论 8.3.3 设 $G = (V_1 \bigcup V_2, E)$ 是一个偶图，$|V_1| \leqslant |V_2|$，则

$$M(G) = \min_{A \subseteq V_1}\{|\bigcup_{v \in A} \varphi(v)| + (|V_1| - |A|)\}$$

$$= \min_{A \subseteq V_1}\{|A| + |\varphi(V_1 \backslash A)|\}$$

〔证〕 由定理 8.3.4，我们有

$$M(G) = \min_{A \subseteq V_1} \left\{ \left| \bigcup_{v \in A} \varphi(v) \right| + (|V_1| - |A|) \right\}$$

$$= \min_{A \subseteq V_1} \left\{ |\varphi(A)| + |(V_1 \setminus A)| \right\}$$

$$= \min_{A \subseteq V_1} \left\{ |A| + |\varphi(V_1 \setminus A)| \right\}。$$

〔证毕〕

定理 8.3.5   由门格尔定理能推出 Hall 定理。

〔证〕   设由有穷集合 X 的子集组成一个系统

$$T: A_1, A_2, \cdots, A_n。$$

令 $V_1 = \{1, 2, \cdots, n\}$, $V_2 = X$, $G = (V_1 \bigcup V_2, E)$ 为偶图。在这里，$\forall i \in V_1$, $s \in V_2$, $is \in E$ 当且仅当 $s \in A_i$。设系统 T 满足 Hall 条件，则对 V_1 的每个子集 A 有

$$|\varphi(A)| \geqslant |A|。$$

在此假设下，我们应用门格尔定理证明 G 有一个完全匹配。为此，令 $G' = (V', E')$ 是在 G 中加入两个新的顶点 s 和 t 及一些新的边而得到的图。具体地，$V' = V_1 \bigcup V_2 \bigcup \{s, t\}$, $E' = E \bigcup \{si \mid i \in V_1\} \bigcup \{ut \mid u \in V_2\}$。

于是，G 有一个完全匹配当且仅当 G' 中联结 s 和 t 的不相交路的条数最大值等于 $|V_1|$。由门格尔定理，只须证明分离 G' 中 s 和 t 的最少顶点数目等于 $|V_1|$。然而，显然 V_1 是分离 s 和 t 的顶点集。设 $A \subseteq V_1$, $B \subseteq V_2$，并且 $A \bigcup B$ 为分离 s 和 t 的顶点集，则 $\forall v \in V_1 \setminus A$, $u \in V_2 \setminus B$, $vu \notin E$。因此，$\varphi(V_1 \setminus A) \subseteq B$，从而

$$|V_1 \setminus A| \leqslant |\varphi(V_1 \setminus A)| \leqslant |B|。$$

所以，

$$|A \bigcup B| = |A| + |B| \geqslant |A| + |V_1 \setminus A| = |V_1|。$$

故分 s 和 t 的每个顶点集中所含顶点数不少于 $|V_1|$。所以，$|V_1|$ 是分离 s 和 t 的顶点数目的最小值。因此，G 有完全匹配。所以，Hall 定理成立。

〔证毕〕

习　　题

1. 设 $X = \{1,2,3,4,5\}$。判断下列各系统哪些有相异代表系：

(a) $\{1\}$, $\{2,3\}$, $\{1,2\}$ $\{1,3\}$, $\{1,4,5\}$。

(b) $\{1,2\}$, $\{2,3\}$, $\{4,5\}$, $\{4,5\}$。

(c) $\{1,3\}$, $\{2,3\}$, $\{1,2\}$, $\{3\}$。

(d) $\{1,3,4\}$, $\{1,4,5\}$, $\{2,3,5\}$, $\{2,4,5\}$。

2. 设 $X = \{1,2,\cdots,50\}$, 系统

T: $\{1,2\}$, $\{2,3\}$, $\{3,4\}$, $\cdots$, $\{49,50\}$, $\{50\}$ 有多少个相异代表系？

3. 设 $G = (V_1 \bigcup V_2, E)$ 是一个偶图。如果 $\forall u \in V_1$ 及 $\forall v \in V_2$, $\deg u \geqslant \deg v$, 试证: G 有一个完全匹配。

4. 设 X 是一个有限集, X 的子集构成的系统

$$T: A_1, A_2, \cdots, A_n$$

有相异代表系。$S_t = \{a_1, a_2, \cdots, a_t\}$ 是 T 的子系统 $A_1, A_2, \cdots, A_t$ 的一个相异代表系。证明: T 有一个相异代表系 S 使得 $S_t \subseteq S$。

5. 设 X 是非空有限集,

$$T: A_1, A_2, \cdots, A_n$$

是 X 的子集构成的系统。$p_1, p_2, \cdots, p_n$ 为 n 个正整数, 则有两两不相交的 X 的子集 $X_1, X_2, \cdots, X_n$ 使得 $|X_i| = p_i$, $i = 1, 2, \cdots, n$, 当且仅当 $\forall A \subseteq \{1, 2, \cdots, n\}$ 有

$$\left| \bigcup_{i \in A} A_i \right| \geqslant \sum_{i \in A} p_i。$$

6. 证明: 在一个 $n \times n$ 矩阵 $M = (a_{ij})$ 的行列式展开式中, 每一项均为 0 当且仅当存在一个 $p \leqslant n$, 使得 M 有一个 $p \times (n - p + 1)$ 阶子矩阵, 其所有元素均为 0。

第九章　　平面图和图的着色

在图论的理论研究和实际应用中,需要考虑一个图能否画在平面上使得它的边仅在端点相交的问题。一个图能画在平面上使得它的边仅可能在端点相交,则这个图称为平面图。本节讨论平面图的欧拉公式以及由它推出的平面图的一些性质。我们介绍了 Grinberg 发现的平面图是哈密顿图的一个必要条件,这个发现导致了许多非哈密顿平面图的出现。许多实际问题中,重要的是判断一个图是否是一个平面图。例如,在印刷电路的布线中,人们感兴趣的是要知道一个特定的电网络是否可以嵌入平面上。

平面图的研究涉及平面拓扑学。然而我们仅采用朴素的拓扑观点介绍平面图的部分内容。

由于当把地图上的国家用点表示,两个国家相邻就在相应点间联一条线,这样就得到了一个平面图。地图上每个国家涂一种色,相邻国家染色不同。这就引出图的顶点着色问题。在这里,我们讨论了图的顶点着色及其几个简单性质、给出了平面图的五色定理的证明、介绍了四色猜想,四色猜想已于 1976 年用计算机证明了它是对的。类似地,也可讨论图的边着色。

9.1　　平面图及其欧拉公式

一个图可以用它的图解来表示,我们把一个图的图解就看成是这个图本身。但对一个给定的图,其图解的画法并不唯一,即从几何图形上看可以很不一样。一个图的图解不仅可以画在一个平面上,还可以画在球面上或任一给定的曲面上。本章以下几节将考虑这样一类图,其图解画在一个平面上时,有一种画法能使其边仅可能在顶点相交,而在边的内部不相交,这种图称为平面图。

在图论的许多实际应用,顶点和边往往具有某些具体的意义。由于实际问题的需要往往要求边不能在内部相交。例如,在印刷电路的布线问题中就是如此。又如图9.1中,H_1,H_2,H_3 表示三座楼房,W,G 和 E 分别表示自来水厂、煤气站和电站(或变电所),图中的边则分别表示地下水管、煤气管道和地下电缆。为了安全起见,我们要求这些管道不能直接接触交叉。图9.1.1显然不是个好的设计方案。但工程设计要求能达到吗?这就提出了这个图是否为平面图的问题。

定义 9.1.1 图 G 称为被嵌入平(曲)面 S 内,如果 G 的图解已画在 S 上,而且任何两条边均不相交(除可能在端点相交外)。已嵌入平面内的图称平面图。如果一个图可以嵌入平面,则称此图是可平面的。

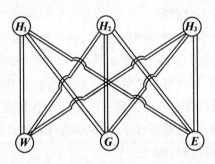

图 9.1.1

例如,图9.1.2(a) 中的图 K_4 是可平面的,因为图9.1.2(b)是 K_4 的一种平面嵌入法,显然(a)与(b)中的图是同构的。

定义 9.1.2 平面图 G 把平面分成了若干个区域,这些区域都是单连通的,称之为 G 的面,其中无界的那个连通区域称为 G 的外部面,其余的单连通区域称为 G 的内部面。

显然,平面图的每个内部面都是 G 的某个圈围成的单连通区

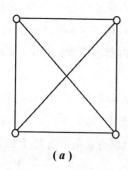
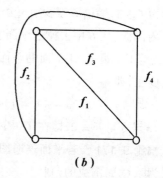

(a) (b)

图 9.1.2 K_4 是可平面图及其一种嵌入法

域。一个平面图可以没有内部面,但必有外部面,例如树作为平面图就没有内部面。图 9.1.2(b) 中的图有 4 个面,f_4 是外部面,f_1,f_2,f_3 都是内部面。

平面图这个论题是欧拉在对多面体的研究中发现的。欧拉发现,一个具有 V 个顶点 E 条棱和 F 个面的球形多面体中有关系式

$$V - E + F = 2。$$

这就是所谓的欧拉凸多面体公式。多面体的欧拉公式是数学的经典结果之一。想象一个用橡皮做的凸多面体,撕开一个面,经拉伸后可铺在一个平面上形成一个平面连通图。下面我们对平面连通图叙述并证明欧拉公式。

定理 9.1.1(欧拉公式)   如果有 p 个顶点 q 条边的平面连通图 G 有 f 个面,则

$$p - q + f = 2。$$

〔证〕 用数学归纳法证明,施归纳于面的个数:

当 $f = 1$ 时,G 没有内部面,所以 G 中没有圈,故 G 是树。因此,$p = q + 1$。所以,$p - q + f = 2$ 成立。

假如对一切有不超过 $f - 1$ 个面的平面连通图欧拉公式成立,往证若 G 是一个有 f 个面的(p,q) 连通图时欧拉公式也成立,其中 $f \geqslant$

2。因为 $f \geqslant 2$，所以 G 至少有一个内部面，从而 G 中有一个圈，它围成一个内部面。从 G 中去掉这个圈上一条边 x，则 $G - x$ 就是一个有 p 个顶点 $q - 1$ 条边 $f - 1$ 个面的平面连通图。由归纳假设，对 $G - x$ 欧拉公式成立，即

$$p - (q - 1) + (f - 1) = 2。$$

因此，$p - q + f = 2$，即在 G 中欧拉公式也成立。　　　　　〔证毕〕

推论9.1.1　若平面连通图 G 有 p 个顶点 q 条边且每个面都是由长为 n 的圈围成的，则

$$q = n(p - 2)/(n - 2)$$

〔证〕　因为 G 的每个面是一个长为 n 的圈围成的区域，所以 G 的每条边在两个面上，所以 $2q = nf$。从而 $f = 2q/n$，代入 $p - q + f = 2$ 中便得到 $q = n(p - 2)/(n - 2)$。　　　　　　　　　〔证毕〕

一个最大可平面图是一个可平面图，对此可平面图中不能再加入边而不破坏可平面性。

推论9.1.2　设 G 是一个有 p 个顶点 q 条边的最大可平面图，则 G 的每个面都是三角形，而且 $q = 3p - 6$。

推论9.1.3　若 G 是一个 (p, q) 可平面连通图，而且 G 的每个面都是一个长为 4 的圈围成的，则

$$q = 2p - 4$$

推论9.1.4　若 G 是任一有 p 个顶点 q 条边的可平面图，$p \geqslant 3$，则 $q \leqslant 3p - 6$。若 G 是 2 - 连通的且没有三角形，则 $q \leqslant 2p - 4$。

〔证〕　因为当平面图中每个面都是三角形时其边数最多，所以由推论 9.1.2 立即得到 $q \leqslant 3p - 6$。

我们也可以利用欧拉公式直接证明这个结论。由于 G 的每条边是两个面的公共边，每个面上至少有 3 条边，所以 $2q \geqslant 3f$，故 $f \leqslant \frac{2}{3}q$。于是，

$$p - q + \frac{2}{3}q \geqslant 2, p - \frac{1}{3}q \geqslant 2.$$

所以, $q \leqslant 3p - 6$。

推论 9.1.5 K_5 和 $K_{3,3}$ 都不是可平面图。

〔证〕 K_5 有 5 个顶点,10 条边。如果 K_5 是可平面图,则欧拉公式成立,所以 $5 - 10 + f = 2$,即 $f = 7$。每个面至少 3 条边,所以 $2q \geqslant 3f$,从而 $20 \geqslant 21$,矛盾。因此, K_5 不是可平面图。

假设 $K_{3,3}$ 是可平面图,则 $p - q + f = 2$,在这里 $p = 6$, $q = 9$。所以 $f = 5$。在偶图 $K_{3,3}$ 中每个圈的长至少为 4,所以 $2q \geqslant 4f = 20$, $q \geqslant 10$,但 $q = 9$,矛盾。所以, $K_{3,3}$ 是不可平面的。 〔证毕〕

推论 9.1.6 每个平面图 G 中顶点度的最小值不超过 5,即 $\delta(G) \leqslant 5$。

〔证〕 假如 G 的每个顶点的度均大于或等于 6,则由欧拉定理 6.2.1 有 $6p \leqslant 2q$,即 $q \geqslant 3p$。但由推论 9.1.4, $q \leqslant 3p - 6$。于是,得到一个矛盾。所以, $\delta(G) \leqslant 5$。 〔证毕〕

习 题

1. 设 G 是一个有 p 个顶点的平面图, $p \geqslant 4$。证明: G 中有 4 个度不超过 5 的顶点。

2. 设 G 是一个有 k 个支的平面图。若 G 的顶点数、边数、面数分别为 p, q 和 f,试证:

$$p - q + f = k + 1.$$

3. 若 G 是顶点数 $p > 11$ 的平面图,试证 G^c 不是平面图。

4. 设 $S = \{x_1, x_2, \cdots, x_n\}$ 是平面上 n 个顶点的集合, $n \geqslant 3$,其中任两顶点的距离至少是 1。证明: S 中至多有 $3n - 6$ 对顶点,其距离为 1。

5. 证明:不存在 7 条棱的凸多面体。

6. 图 G 的最短圈的长度称为 G 的围长;若 G 中无圈,则定义 G 的围长为无穷大。

（ⅰ）证明:围长为 r 的平面连通图 G 中有

$$q \leqslant r(p-2)/(r-2), r \geqslant 3。$$

（ⅱ）利用（ⅰ）证明 Petersen 图（见图 6.6.4）不是平面图。

7. 每个至少有 9 个顶点的可平面图的补图是不可平面图,而 9 是这种数目中最小的一个,试证明之(提示:用穷举法证之)。

9.2 非哈密顿平面图

1968 年,Grinberg 发现了平面图是哈密顿图的一个必要条件。这一发现导致了许多非哈密顿平面图的出现。

定理 9.2.1 设 $G = (V, E)$ 是一个 (p, q) 平面哈密图,C 是 G 的哈密顿圈。令 f_i 为 C 的内部由 i 条边围成的面的个数,g_i 为 C 的外部 i 条边围成的面的个数,则

$$(1°)1 \cdot f_3 + 2 \cdot f_4 + 3 \cdot f_5 + \cdots = \sum_{i=1}^{p} (i-2)f_i = p - 2;$$

$$(2°)1 \cdot g_3 + 2 \cdot g_4 + 3 \cdot g_5 + \cdots = \sum_{i=1}^{p} (i-2)g_i = p - 2;$$

$$(3°)\ 1 \cdot (f_3 - g_3) + 2 \cdot (f_4 - g_4) + 3 \cdot (f_5 - g_5) + \cdots$$

$$= \sum_{i=1}^{p} (i-2)(f_i - g_i) = 0。$$

〔证〕 因为 C 是 G 的哈密顿圈,所以 G 的所有顶点都在圈 C 上。因此,C 的内部及外部不再含有 G 的顶点。于是,C 的内部的每个面都是由 C 上的某些边及 C 上两顶点间的"对角线"围成的区域。设 q' 是 C 的内部(不含 C)边的条数,这些边之集记为 E'。先把 C 内部视为一个单连通区域,把 E' 的一条边加入 C 中,就把 C 分成两个单连通区域,再加入 E' 的另一条边就把这两个区域之一分为两个区域,

如此进行,直到把 E' 的边都加入为止。这样,C 的内部就有 $q' + 1$ 个区域——G 的包含在 C 的内部的面。因此,

$$f_1 + f_2 + f_3 + \cdots = \sum_{i=1}^{p} f_i = q' + 1。 \tag{1}$$

当然了,这些 f_i 中有许多为零。

其次,由 j 条边围成面共 f_j 个,这些面上的边的总数为 $j \cdot f_j$。所以,C 内部的 $q' + 1$ 个面上共有 $\sum_{i=1}^{p} i \cdot f_i$ 条边。其中 C 上的每条边在每个面上至多出现一次且不是两个面的公共边,所以在上述计数中 C 上每条边各计数一次。但 E' 中的每条边是两个面之公共边,所以每条边计数两次。因此,

$$\sum_{i=1}^{p} i \cdot f_i = 2q' + p。 \tag{2}$$

从(2)式两边分别减去(1)式两边的两倍便得到

$$\sum_{i=1}^{p} (i - 2) \cdot f_i = p - 2。 \tag{3}$$

于是,(1°)得证。

类似有(2°):

$$\sum_{i=1}^{p} (i - 2) \cdot g_i = p - 2。 \tag{4}$$

(3)式两边分别减(4)式的两边即得(3°):

$$\sum_{i=1}^{p} (i - 2)(f_i - g_i) = 0。 \qquad \text{〔证毕〕}$$

例 9.2.1 应用 Grinberg 定理证明 Grinberg 图(见图 9.2.1)不是哈密顿图。

〔证〕 假设这个图是哈密顿图,则定理 9.2.1 成立。但这个图的每个面或是由 5 条边围成的,或由 8 条边围成的,或 9 条边围成的,所以由定理 9.2.1 的(3°),得到

$$3(f_5 - g_5) + 6(f_8 - g_8) + 7(f_9 - g_9) = 0。$$

但在这个图中仅有一个由9条边围成的面,它在整个图的外部。所以 $f_9 - g_9$ 为1或 -1。于是,我们推出

$$3 \cdot (f_5 - g_5) + 6 \cdot (f_8 - g_8) = \pm 7。 \tag{5}$$

注意,9条边围成面或是内部面,或是外部面,但不可兼得。(5)式左边能被3整除,但(5)式右边为7或 -7,不能被3整除。所以,(5)式不能成立。因此,图9.2.1中的Grinberg图不是哈密顿图。

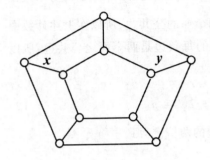

图9.2.1 Grinberg图   图9.2.2

例9.2.2 图9.2.2中的图是哈密顿图。证明:任一哈密顿圈上包含边 x,那么这个哈密顿圈上就一定不包含边 y。

〔证〕 图9.2.2中的图 G 是哈密顿平面图,它的面或由4条边围成,或由5条边围成。由定理9.2.1有

$$2(f_4 - g_4) + 3(f_5 - g_5) = 0。$$

所以,$f_4 - g_4$ 能被3整除,即五个由4条边围成面中有四个面在 G 的哈密顿圈 C 外,一个在 C 内;或相反,即一个在 C 外,四个在 C 的内部。假如 C 既含边 x 又含边 y,则以 x 为公共边的两侧的四条边围成的两面中必一个在 C 的内部,另一个在 C 的外部。同样,以 y 为公共边的两侧的四条边围成的两个面中,必一个在 C 的内部,另一个在 C 的外部。因此,C 的内部与 C 的外部均至少有两个四条边围成的面。

这就得到矛盾,故 C 不能同时含边 x 和 y。

习 题

1. 证明:图 9.2.3 中的图里不存在以 v_1 和 v_2 为端点的哈密顿路。

2. 证明:彼德森图(见图 6.6.4)不是哈密顿图,但去掉任一顶点得到的图是哈密顿图。

3. 图 9.2.4 中的图称为托特(W.T.Tutte)图,它是 3 正则的且 3 – 连通的。证明:托特图不是哈密顿图。它有哈密顿路吗?

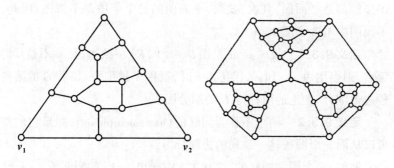

图 9.2.3   图 9.2.4

4. 利用例 9.2.2 证明图 9.2.5 中的图里,没有包含边 x 和 y 的哈密顿圈

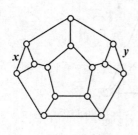

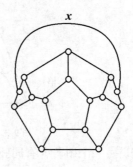

图 9.2.5   图 9.2.6

5. 利用上题证明图 9.2.6 中的图里每个哈密顿圈都含边 x。

9.3 库拉托斯基定理、对偶图

平面性是图的一个基本性质,所以判断哪些图是平面图,哪些不是平面图就显得十分重要。1930 年,库拉托斯基(K. Kuratowski)给出了平面图的特征,这个特征十分简单。

我们已经证明 K_5 和 $K_{3,3}$ 不是平面图,而 K_5 和 $K_{3,3}$ 的每个真子图显然都是平面图。其次,显然,平面图的每个子图是平面图。因此,平面图中不含子图 K_5 和 $K_{3,3}$。

定义 9.3.1 设 $x = uv$ 是图 $G = (V, E)$ 一条边,又 w 不是 G 的顶点,则当用边 uw 和 wv 代替边 x 时,就称 x 被细分。如果 G 的某些条边被细分,产生的图称为 G 的细分图。

定义 9.3.2 两个图称为同胚的(homeomorphism),如果它们都可以从同一个图通过一系列的边细分得到。

例如,两个圈是同胚的。图 9.3.1 中画出了 K_4 的同胚象。

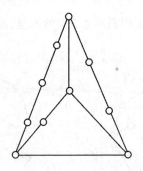

图 9.3.1 K_4 的一个同胚象

于是,一个图若含有同胚于 K_5 或 $K_{3,3}$ 的子图,它就不是平面图。库拉托斯基指出,这个必要条件也是充分的。

定理 9.3.1(库拉托斯基,1930) 一个图是可平面的充分必要条件是它没有同胚于 K_5 或 $K_{3,3}$ 的子图。

这个定理的充分性的证明比较复杂,故略去。想要了解证明的细节的可参阅 F.哈拉里著,《图论》,李慰萱译,上海科学技术出版社,1980.1。或参阅 J.A.帮迪,U.S.R.默蒂著,《图论及其应用》,吴望名等译,北京:科学出版社,1987.4。

存在着平面图若干其他特征。为了描述另外的特征,引入下面定义。

定义 9.3.3   一个图 G 的一个初等收缩由等同两个邻接的顶点 u 和 v 得到,即从 G 中去掉 u 和 v,然后再加上一个新顶点 w,使得 w 邻接于所有邻接于 u 或 v 的顶点。一个图 G 可收缩到图 H,如果 H 可以从 G 经一系列的初等收缩得到。

于是,从 G 中删去边 uv,然后 u 与 v 重合就得到 G 的一个初等收缩。例如,图 9.3.2(a) 中的图 G,将 u 与 v 等同就收缩到(b) 中的图

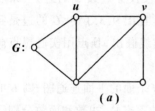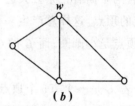

(a)　　　　　　　　　　(b)

图 9.3.2

1937 年,瓦格纳(K.Wagner)证明了:

定理 9.3.2   一个图是可平面的当且仅当它没有一个可以收缩到 K_5 或 $K_{3,3}$ 的子图。

自从库拉托斯基的工作以来,还发现了可平面性的几个别的判别定理。上面的定理 9.3.2 是用收缩的说法描述的。惠特尼(H.Whitney)用对偶图的存在性表达了可平面性。我们不想继续深入讨论这些内容,因为它超出本书的目标。然而,对偶图还是一个很有用的概念,对此简单介绍如下。

定义 9.3.4 设 $G = (V, E)$ 是一个平面图, 由 G 按如下方法构造一个图 G^*, G^* 称为 G 的对偶图: 对 G 的每个面 f 对应地有 G^* 的一个顶点 f^*; 对 G 的每条边 e 对应地有 G^* 的一条边 e^*: G^* 的两个顶点 f^* 与 g^* 由边 e^* 联结, 当且仅当 G 中与顶点 f^* 与 g^* 对应的面 f 与 g 有公共边 e, 如果某条边 x 仅在一个面中出现而不是两个面的公共边, 则在 G^* 中这个面对应的顶点有一个环。

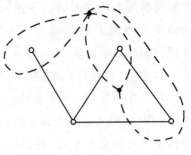

图 9.3.3　一个平面图和它的对偶

在几何图形上, 当平面图 G 已画在平面上时, G 的对偶图如下构造: 在 G 的每个面内放一个顶点, 若两个面有一条公共边 x, 则用一条仅仅穿过边 x 的边 x^* 来联结相应的顶点。这样总产生一个平面伪图。在图 9.3.3 中, G 的边是实线, 顶点是小圆圈, 而 G 的 G^* 的边用虚线画出, 顶点用实心黑点画出。

若 G 是一个有 p 个顶点和 q 条边及 f 个面的平面连通图, 则 G 的对偶图 G^* 也是一个平面图。如果 G^* 的顶点数、边数和面数分别记为 p^*, q^* 和 f^*, 则 $p^* = f$, $q^* = q$, $f^* = p$。

显然, G^* 有一个环当且仅当 G 有一条桥; 而 G^* 有多重边当且仅当 G 的两个面至少有两条公共边。

由于一个抽象的可平面图嵌入平面上时, 可能有不止一种嵌入方法, 因而产生了不止一个对偶图。尽管 G 的不同嵌入法得到的平面图是同构的, 但不同嵌入产生的平面图的对偶图可能不同构。图 9.3.4 中的 (a) 和 (b) 是同一个可平面图 G 的两种不同方法嵌入平面, G 中的顶点和边分别用小圆圈和实线画出, 而它们的对偶图 G^* 分别在同一图上用黑点和虚线画出顶点和边。由于 (a) 中有一面是五条围成的,而(b)没有这样的面,所以(a)产生的对偶图中有一个顶点度为5,而(b)产生的对偶图中没度为5的顶点,所以这两个对偶图不同构。

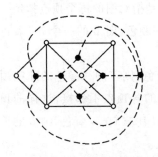 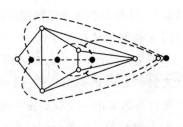

图 9.3.4　对偶图不同构的两个同构平面图

惠特尼给对偶以一个组合的定义,引出组合对偶的概念,并且证明了一个图是可平面的当且仅当它有一个组合对偶。这些内容涉及图论的更深入的讨论,限于篇幅,本节仅对平面图的特征作以上的简单介绍。

习　　题

1. 设 G 是一个平面连通图。证明:G 的对偶图 G^* 中的面数等于 G 的顶点数。

2. 设 G 是平面图。证明:G^{**} 同构于 G 当且仅当 G 是连通的。

3. 若一个平面图与它的对偶图同构,则称这个平面图是自对偶的。

(a) 证明:若 G 是自对偶的,则 $q = 2p - 2$。

(b) 对每个 $p \geq 4$,找出具有 p 个顶点的自对偶平面图。

9.4 图的顶点着色

定义 9.4.1 图的一种(顶点)着色是指对图的每个顶点指定一种颜色,使得没有两个邻接的顶点有同一颜色。图 G 的一个 n – 着色是用 n 种颜色对 G 的着色。

于是,若图 $G = (V, E)$ 的顶点已着色,则着同一颜色的那些顶点之集称为 G 的一个色组。同一色组内的各顶点不邻接,这样的顶点集合称为 G 的一个顶点独立集,如果 G 有一个 n – 着色,则 G 的顶点集 V 被这种 n – 着色划分为 n 个色组。

定义 9.4.2 图 G 的色数是使 G 为 n – 着色的数 n 的最小值,图 G 的色数记为 $\chi(G)$。若 $\chi(G) \leqslant n$,则称 G 是 n – 可着色的。若 $\chi(G) = n$,则称 G 是 n 色的。

对一个 (p, q) 图 G,显然 G 有一个 p – 着色和一个 $\chi(G)$ 着色。因此,当 $\chi(G) < n < p$ 时,G 一定有一个 n – 着色。

某些图的色数已经知道,例如,$\chi(K_p) = p$,$\chi(K_p^c) = 1$,$\chi(K_{m,n}) = 2$。若 G 是偶数个顶点圈 C_{2n},则 $\chi(C_{2n}) = 2$;若 G 是奇数个顶点的圈 C_{2n+1},则 $\chi(C_{2n+1}) = 3$。对任何一个非平凡树 T,$\chi(T) = 2$。显然,图 G 是 1 色的当且仅当 G 没有边。

定理 9.4.1 一个图是可双色的当且仅当它没有奇数长的圈。

当 $n \geqslant 3$ 时,n – 可着色图的特征还未找到。除了穷举法外,我们还不知道有什么有效的方法求图的色数。人们已经证明:判断一个图是否是 n – 可着色的问题是一个 NP – 完全问题。它与一大批问题之间可在多项式时间互相转化,每个问题的解都能在多项式时间加以验证。这是计算机科学中的未解决问题。

定理 9.4.2 设 $\triangle = \triangle(G)$ 为图 G 的顶点度的最大值,则 G 是 $(\triangle + 1)$ – 可着色的。

〔证〕 对 p 进行归纳证明之。

显然对顶点数 $p = 1$ 或 2 等定理成立。假设对顶点数为 $p - 1$ 的图定理成立,今设 G 是一个有 p 个顶点的图。从 G 中去掉一个顶点 v,则 $G - v$ 有 $p - 1$ 个顶点,并且 $\triangle(G - v) \leqslant \triangle(G)$。由归纳假设 $G - v$ 是 $(\triangle + 1) -$ 可着色的。但在 G 中与 v 邻接的顶点至多 $\triangle$ 个,所以在 G 中用不同于与 v 邻接的那些顶点在 $G - v$ 中着色时所用的色来为 v 着色,G 的其他顶点的着色同 $G - v$ 的 $(\triangle + 1)$ 着色,这就得到了 G 的一个 $(\triangle + 1) -$ 着色。 〔证毕〕

1941 年,布鲁克斯(R.L.Brooks)证明了这个界常常还可改进。

定理 9.4.3 如果 G 是一个连通图且不是完全图也不是奇数长的圈,则 G 是 $\triangle(G) -$ 可着色的。

〔证〕 显然,只须证明如果 G 是一连通非完全图且 $\triangle(G) \geqslant 3$,则 G 是 $\triangle(G) -$ 可着色的即可。我们对 G 的顶点数进行归纳证明之。假如 G 中有一个顶点 v 的度 $\deg v < \triangle(G)$,则可仿定理 9.4.2 证明,这时对这样的图 G 本定理成立。因此,不妨设 G 是 $r -$ 正则图,这时 $\triangle(G) = r$。于是,只须证明对正则图定理成立即可。

对顶点个数较少图结论显然成立。假设对一切不超过 $p - 1$ 个顶点 $r -$ 正则图结论成立,$r \geqslant 3$,往证对有 p 个顶点的 $r -$ 正则图 G 结论也成立,其中 $r \geqslant 3$。设 v 为 G 的任一顶点,则 $G - v$ 有 $p - 1$ 个顶点,其最大顶点度至多为 r。由归纳假设 $G - v$ 是 $r -$ 可着色的。我们要选一种色,为此设 G 中与 v 邻接的顶点依顺时针方向排列为 $v_1, v_2, \cdots, v_r$。我们还假设 $v_1, v_2, \cdots, v_r$ 在 $G - v$ 的一个 $r -$ 着色下分别着 $c_1, c_2, \cdots, c_r$ 色。否则将有一剩余颜色,给 v 着此色后便得到 G 的一个 $r -$ 着色了。

现在我们定义 G 的子图 $H_{ij}(i \neq j, 1 \leqslant i, j \leqslant r)$,$H_{ij}$ 的顶点集 V_{ij} 是在 $G - v$ 的一个 $r -$ 着色中着 c_i 或 c_j 的那些顶点组成的,而 H_{ij} 的边集是一端着 c_i 另一端着 c_j 色的那些边之集 E_{ij}。如果 v_i 与 v_j 在 H_{ij} 的

不同分支中,则在含 v_i 的支中把着 c_i 色顶点都改着 c_j 色,原着 c_j 色的顶点改着 c_i 色。于是得到 $G - v$ 的又一 $r -$ 着色,这时用 c_i 色给 v 着色得到 G 的一个 $r -$ 着色。因此,我们可以假设 v_i 与 v_j 在 H_{ij} 的同一个支中,这个支记为 C_{ij}。于是,在 C_{ij} 中 v_i 与 v_j 间有一条路。

显然,如果 v_i 与至少两个着 c_j 色的顶点邻接,那么就有一个颜色(不是 c_i),这种颜色在与 v_i 邻接的顶点着色时未被采用。在这种情况下,v_i 改用这种颜色着色,用 c_i 给 v 着色便得到 G 的一个 $r -$ 着色。假如这种情况不会发生,则我们能用类似的推理证明 C_{ij} 的除了 v_i 和 v_j 外的每个顶点的度是 2。因为如果 w 是从 v_i 到 v_j 度大于 2 的第一个顶点,那么就能使用与 c_i 或 c_j 不同的一种色重新对 w 着色。于是就破坏了 v_i 与 v_j 被 C_{ij} 中一条路联结这个性质。因此,我们可以假设对任何 i 和 j,支 C_{ij} 仅由一条从 v_i 到 v_j 的路组成。

现在我们看到形如 C_{ij} 和 C'_{jl}($l \neq i$)的两路能被假定仅在 v_j 处相交,因为如果 w 是另一个交点,那么 w 就能用与 c_i 和 c_j 及 c_l 不同的颜色被重新着色,这就与 v_i 和 v_j 间被一条路联结相矛盾。

为了完成证明,我们选择两个不邻接的顶点 v_i 和 v_j,w 是邻接于 v_i 着 c_j 色的顶点。如果对某个 $l \neq j$,C'_{jl} 是一条路,我们就能交换这条路上顶点的着色,而不影响图中其余顶点的着色。但如果我们执行这种交换,那么 w 就是路 C_{ij} 和 C_{jl} 的公共顶点,这就矛盾。从而定理成立。 〔证毕〕

定理 9.4.4 每个平面图是 $6 -$ 可着色的。

〔证〕 与定理 9.4.2 的证明类似,对平面图的顶点数 p 进行归纳来证明本定理。

对于顶点数小于 7 的平面图显然是 $6 -$ 可着色的。假设对 $p - 1$ 个顶点的平面图是 $6 -$ 可着色的,$p \geqslant 7$,往证对有 p 个顶点的平面图也是 $6 -$ 可着色的。为此,设 G 是一个有 p 个顶点的平面图。由推论 9.1.6 知 G 有顶点 v,$\deg v \leqslant 5$。于是,$G - v$ 是一个 $p - 1$ 个顶点的平面图,则由归纳假设,$G - v$ 是 6 – 可着色的。与 v 邻接的顶点至多 5 个,所以与 v 邻接的顶点着色时至多用了 5 种色,用另一种未用的色对 v 着色即得 G 的一个 6 – 着色。因此,G 是 6 – 可着色的。〔证毕〕

定理 9.4.5　每个可平面图是 5 – 可着色的。

〔证〕　对可平面图的顶点数进行归纳证明。

当 $p \leqslant 5$ 时,定理显然成立。假设对一切有 p 个顶点的可平面图都是 5 – 可着色的,往证对一切有 $p + 1$ 个顶点的可平面图也是 5 – 可着色的。设 G 是一个有 $p + 1$ 个顶点可平面图,由推论 9.1.6 知 G 中有一个顶点 v 使 $\deg v \leqslant 5$。于是,$G - v$ 是一个有 p 个顶点的可平面图,由归纳假设,$G - v$ 是 5 – 可着色。如果 $\deg v \leqslant 4$,则必有一种颜色,在 $G - v$ 的一种 5 – 着色时,对与 v 邻接的顶点着色中未用此色。于是,用此色对顶点 v 着色便得到 G 的 5 – 着色。

因此,我们假定 $\deg v = 5$ 且对 $G - v$ 的 5 – 着色中,与 v 邻接的 5 个顶点 v_1, v_2, v_3, v_4, v_5 分别着 5 种颜色 c_1, c_2, c_3, c_4, c_5。这 5 个顶点按顺时针方向排列,见图 9.4.1。

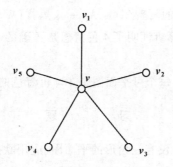

图 9.4.1

令 G_{13} 为 $G - v$ 的一个子图,其顶点为着 c_1 色或 c_3 色的顶点之集 V_{13},G_{13} 就是 V_{13} 导出的子图。若 v_1 和 v_3 在 G_{13} 的不同支中,则在含 v_1 的支中交换两种色,即原着 c_1 色顶点改着 c_3 色,原着 c_3 色的顶点改着

c_1 色。然后用 c_1 色给顶点 v 着色。于是得到 G 的一种 5 - 着色。

如果 v_1 和 v_3 在 G_{13} 的同一个支中，则在 G_{13} 中有一条从 v_1 到 v_3 的路。于是，在 G 中 $v_1 v v_3$ 与这条路合起来形成一个圈。这个圈或把 v_2 圈在圈内或把 v_4 和 v_5 圈在内。任一种情况，不存在联结 v_2 和 v_4 的路且路上各顶点或着 c_2 或着 c_4 色。从而，若令 G_{24} 表示 $G-v$ 的由着 c_2 或 c_4 色的顶点导出的子图，则 v_2 与 v_4 属于 G_{24} 的不同支里。于是，同前面一样，交换 G_{24} 的含 v_2 支中着 c_2 色顶点与着 c_4 色顶点的颜色，得到 $G-v$ 的又一 5 - 着色。然后，用 c_2 色为 v 着色得到 G 的一个 5 - 着色。   [证毕]

在图论中，也许是全部数学中，最出名的问题是四色猜想。这个猜想说，在一个平面或球面上的任何地图能够只用四种颜色来着色，使没有两个相邻的国家有相同的颜色。在这里，每个国家必须是一个单连通区域构，两个国家相邻是指它们有一段公共边界线，不能只有一个公共点。这个问题可用图论术语叙述。

4 色猜想　每个可平面图是 4 - 可着色的。

1975 年由美国的阿普尔（K. Appel）、黑肯（W. Haken）和考齐（J. Koch）等 3 人靠计算机证明了 4 色猜想是正确的。因此，现在也可以叫它为 4 色定理。

定理 9.4.6　每个可平面图是 4 - 可着色的。

习　　题

1. 设 G 是一个没有三角形的平面图。应用欧拉公式证明 G 中有一个顶点 v 使得 $\deg \leqslant 3$。

2. 设 G 是一个没有三角形的平面图。应用数学归纳法证明 G 是 4 - 可着色的（事实上，可以证明 G 是 3 - 可着色的。）

3. 设 G 是一个有 p 个顶点的 d - 正则图，证明：$\chi(G) \geqslant p/(p-d)$。

4. 试图用 5 色定理 9.4.5 的证明方法来证明 4 色定理,在哪一点证明会失败呢?

5. 设 G 是一个 (p, q) 图,证明:
$$\chi(G) \geqslant p^2/(p^2 - 2q)。$$

6. 证明:若 G 的任两个奇数长的圈都有一个公共顶点,则 $\chi(G) \leqslant 5$。

7. 证明:每个哈密顿平面图都是 4 – 面可着色的。

*9.5 图的边着色

定义 9.5.1   图 G 的一个 k – 边着色是对 G 的每条边指定 k 种色之一,使得任何两条邻接的边被指定色是不同的。如果图 G 是 k – 边着色的,但不是 $(k-1)$ – 边着色的,则称 G 的边色数为 k,G 的边色数记为 $\chi'(G)$。

图 9.5.1 中边上的数字表示该边被着的颜色号,对这个图 G 有 $\chi'(G) = 4$。

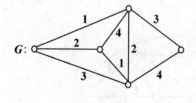

图 9.5.1

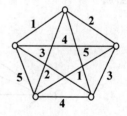

图 9.5.2

如果 $\triangle = \triangle(G)$ 是图 G 的顶点的最大度数,则显然有 $\triangle \leqslant \chi'(G)$。

对某些特殊类型的图,我们能容易地确定它的边色数。例如,如果 C_{2n} 是一个长为 $2n$ 的圈,则 $\chi'(C_{2n}) = 2$;而对奇数长的圈 C_{2n+1} 有 $\chi'(C_{2n+1}) = 3$。但是,对一般图,尚无有效的办法确定图的边色数。

定理 9.5.1　如果 p 是不为1的奇数,则 $\chi'(K_p) = p$。如果 p 是偶数,则 $\chi'(K_p) = p - 1$。

〔证〕　设 p 是奇数,把 K_p 的 p 个顶点安放在正 p 边形的顶点上,对正 p 边形的 p 个边分别着 p 个不同色,而平行于 p 边形的对角线的边着与这条边同一颜色,这就得到 K_p 的一个 p – 边着色(参见图 9.5. 2)。其次,K_p 不是 $(p - 1)$ – 边着色这个事实可从这样的观察得到,即着同色的边数至多为 $\frac{1}{2}(p - 1)$,所以 K_p 最多有 $\frac{1}{2}(p - 1)\chi'(K_p)$ 条边。

若 $p(\geqslant 4)$ 是偶数,则 K_{p-1} 中加一顶点 v 且 v 与 K_{p-1} 的每一顶点联结一条边而得到 K_p。于是,用上述方法对 K_{p-1} 的边着色需 $p - 1$ 种色。这时与 K_{p-1} 每个顶点关联的边用去 $p - 2$ 个色,剩下的那个色留给该点与 v 的边即可得到 K_p 的一个 $(p - 1)$ – 边着色(见图 9.5.3)。事实上,与每个顶点关联的 K_{p-1} 的 $(p - 1)$ – 边着色中未用之色互不相同,所以这样得到的是 K_p 的 $(p - 1)$ – 边着色。当 $p = 2$ 时,结论显然成立。　　　　　　　　　　　　　　　　　　　〔证毕〕

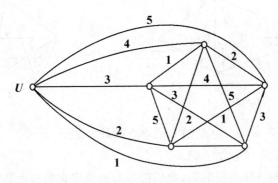

图 9.5.3

定理 9.5.2　如果 G 是偶图,则 $\chi'(G) = \triangle(G)$,即偶图的边色

数等于它的顶点的最大度。

〔证〕 施归纳于 G 的边数 q。由于对较小的 q 容易验证定理的结论成立,所以只须证明对有 q 条边的偶图 G,如果 G 的 $q-1$ 条边都用 $\triangle(G)$ 种色对边着色了,只剩边 uv 未着色,则这条边 uv 也可用这 $\triangle(G)$ 种色之一着色就可以了。

为了说话方便,若色 α 在与顶点 u 关联的那些已着色边中未用此色,则说 α 在顶点 u 缺席。现在设 G 的 $q-1$ 条边已用 $\triangle(G)$ 种色着色,而边 uv 未着色。于是,在 u 点必有一种色 α 缺席,在顶点 v 必有种色 β 缺席。如果 $\alpha=\beta$,则用色 α 为边 uv 着色即得到 G 的一个 $\triangle(G)$ – 边着色。今设在顶点 u 缺席颜色中没有一个与在顶点 v 缺席的颜色相同,因此不妨设 α 与 β 就这样的两个不同颜色。令 $H_{\alpha\beta}$ 是 G 的这样的一个连通子图:$H_{\alpha\beta}$ 的顶点和边是这样的,即从 v 可经一条着 α 或 β 色的边的路可达到的顶点和边组成的。由于 G 是偶图,所以 u 不在 $H_{\alpha\beta}$ 中。所以,在 $H_{\alpha\beta}$ 中交换颜色 α 和 β,从而可用色 α 为 uv 着色。因此,G 是 $\triangle(G)$ – 边着色的。 〔证毕〕

推论 9.5.1 $\chi'(K_{m,n})=\max\{m,n\}$。

定理 9.5.3 (Vizing,1964) 如果 G 是一个图,则

$$\triangle(G)\leqslant\chi'(G)\leqslant\triangle(G)+1 。$$

〔证〕 参见 J.A.帮迪,U.S.R.默蒂著,《图论及其应用》。

习　　　题

1. 设 G 是一个立方体哈密顿图,证明:$\chi'(G)=3$。

*2. 如果 r 是奇数且 G 是 r – 正则图,证明:$\chi'(G)=r+1$。

3. 若 G 是彼德森图,证明:$\chi'(G)=4$。

第十章 有 向 图

第六、七、八和九章中讨论了无向图。无向图为任何一种包含一个对称二元关系的有穷系统提供了数学模型。但现实生活中,特别是一些工程科学中,往往出现这样的一些有穷系统,该系统中有一种非对称的二元关系。这种有穷系统在工程中经常出现,从而引出了有向图的概念。

本章将主要讨论有向图有关的基本概念,而且主要强调那些与无向图不同的有关概念和性质,而与无向图类似的概念和性质一带而过。因此,我们将主要集中在有向图的连通性,即强连通、单向连通和弱连通概念、有序树,特别是二元树、判定树上,因为它们在计算机科学上有广泛的应用。

10.1 有向图的概念

定义 10.1.1 设 V 是一个有限非空集,$A \subseteq V \times V \setminus \{(v,v) \mid v \in V\}$,二元组 $D = (V, A)$ 称为一个有向图。V 称为有向图 D 的顶点集,V 中的元素称为 D 的顶点。A 称为 D 的弧集或有向边集,A 中的元素称为 D 的弧或有向边。如果 $x = (u, v) \in A$,则 u 称为弧 x 的起点,v 称为 x 的终点。

如果弧 (u, v) 和 (v, u) 都是有向图 D 的弧,则称 (u, v) 与 (v, u) 是 D 的对称弧。如果 D 中不含对称弧,则称 D 是定向图。D 的弧 (u, v) 常记为 uv,并说是从 u 到 v 的弧,而且还说弧 uv 关联于顶点 u 和 v。这时,我们也说 u 邻接于 v 以及 v 由 u 邻接。

与无向图类似,习惯上用一个图解来表示抽象的有向图,并且把有向图的图解就看成是这个有向图。有向图的图解的画法与无向图的图解的画法类似,即把有向图 $D = (V, A)$ 的每个顶点在平面上用点或小圆圈表示,如果 (u, v) 是 D 的一条弧,则在代表 u 和 v 的顶点间画一条由 u 指向 v 的矢线。这样,在平面上就得到了一个由点和带箭头的线组成的图形,这个图形就称为 D 的图解。应该注意的是有向图的图解不是唯一的。

具有三个顶点和三条弧的有向图中的四个图解画在图 10.1.1 的 (a)、(b)、(c)、(d) 中。其中 (c) 和 (d) 是定向图,而 (a) 和 (b) 不是定向图。

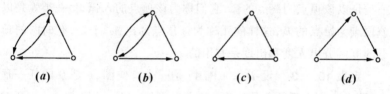

(a) $\qquad$ (b) $\qquad$ (c) $\qquad$ (d)

图 10.1.1

按定义 10.1.1,有向图中没有从一个顶点到自身的弧 —— 称为环,而且两个不同的顶点间若有弧,则在此二顶点间指向同一顶点的弧也只能有一条。在有向图的许多应用中,往往出现带环有向图和两个不同顶点间有多于一条方向相同的弧 —— 称为多重有向图。为了叙述简单,以后凡说有向图系指定义 10.1.1 所定义的有向图。当实际中遇到带环图或多重有向图时,只要把所讲的概念和理论略加修改即可应用于带环图或多重图。

由定义 10.1.1,一个有向图 $D = (V, A)$ 实际上是一个非空有穷集合 V 及 V 上的一个反自反的二元关系 A 所组成的有穷关系系统。这个二元关系 A 未必是对称的,所以必须区别方向。

定义 10.1.2 设 $D = (V, A)$ 是一个有向图,D 的反向图是有向图 $D^T = (V, A^T)$,其中

$$A^T = \{(u, v) \mid (v, u) \in A\}。$$

当把弧集 A 视为 V 上的二元关系时，A^T 就是 A 的逆关系 A^{-1}。而 D^T 的图解就是把 D 的图解中每条有向边的方向倒转过来。图 10.1.2 给出了一个有向图及其反向图的图解。

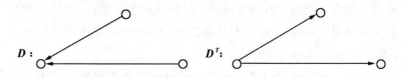

图 10.1.2　一个有向图及其反向图

由于有向图的弧有方向，所以与每个顶点关联的弧被分为两类：一类是以该顶点为终点的弧，它们称为该顶点的入弧；另一类弧是以该顶点为始点的弧，这样的弧称为该顶点的出弧。于是，有向图的顶点的度区分出入度和出度是有用的。

定义 10.1.3　设 $D = (V, A)$ 是一个有向图，v 是 D 的任一顶点。顶点 v 的入弧的条数称为 v 的入度，记为 $id(v)$。顶点 v 的出弧的条数称为 v 的出度，记为 $od(v)$。

显然，

$$id(v) = |\{u \mid (u, v) \in A, u \in V\}|,$$
$$od(v) = |\{w \mid (v, w) \in A, w \in V\}|。$$

由于每条弧有一个始点和一个终点，所以所有顶点的入度之和等于所有顶点出度之和，它们都等于有向图中弧的条数 q，即

$$\sum_{v \in V} id(v) = \sum_{u \in V} od(u) = q。$$

于是，我们有

定理 10.1.1　设 $D = (V, A)$ 为有向图且 $|A| = q$，则

$$\sum_{v \in V} id(v) = \sum_{v \in V} od(v) = q$$

从而

$$\sum_{v \in V} (id(v) + od(v)) = 2q。$$

定义 10.1.4 有向图 $D = (V,A)$ 称为完全有向图,如果 $A = V \times V \setminus \{(v,v) \mid v \in V\}$。

于是,在完全有向图中,任两不同顶点间有一对对称弧。

定义 10.1.5 有向图 $D = (V,A)$ 的补图 D^c 是有向图 $D^c = (V, A^c)$,其中

$$A^c = (V \times V \setminus \{(u,u) \mid u \in V\}) \setminus A。$$

有向图 $D = (V,A)$ 的补图 D^c 的图解就是从以 V 为顶点集的完全有向图的图解中去掉 D 中所有弧所得到的图解。

定义 10.1.6 设 $D_1 = (V_1,A_1)$, $D_2 = (V_2,A_2)$ 都是有向图,如果存在一个一一对应 $\varphi: V_1 \rightarrow V_2$,使得 $\forall u,v \in V_1,(u,v) \in A_1$ 当且仅当 $(\varphi(u),\varphi(v)) \in A_2$,则称 D_1 与 D_2 是同构的有向图。

类似地可定义有向图的子图、生成子图、导出子图、带权有向图等概念。

习　　题

1. 给出有向图的子图、生成子图、导出子图的定义。

2. 画出具有三个顶点的所有互不同构的有向图的图解。

3. 具有 p 个顶点的完全有向图中有多少条弧?

4. 找出图 10.1.3 中哪两个图是同构的。

图 10.1.3

10.2　有向路和有向圈

有向图与无向图的主要区别在于有向图的弧有方向,而无向图的边没有方向。这种区别导致了有向图的某些概念与无向图的类似概念的差别。路、圈、连通图是无向图的重要概念和性质,在有向图中也有类似的概念。

定义 10.2.1　设 $D = (V, A)$ 是一个有图。D 的顶点和弧的交错序列

$$v_0, x_1, v_1, x_2, v_2, \cdots, v_{n-1}, x_n, v_n$$

称为 D 的一个有向通道,如果 $x_i = (v_{i-1}, v_i)$, $i = 1, 2, \cdots, n$。v_0 称为该通道的起点,v_n 称为该通道的终点,并且也说它是从 v_0 到 v_n 的有向通道,n 称为该有向通道的长。如果 $v_0 = v_n$,则称它是闭有向通道。含 D 的所有顶点的通道(闭通道)称为 D 的生成通道(闭通道)。

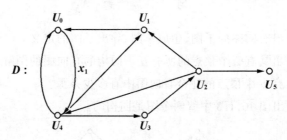

图 10.2.1

在图 10.2.1 的有向图 D 中,

$$v_0, (v_0, v_4), v_4, (v_4, v_3), v_3, (v_3, v_2), v_2, (v_2, v_4), v_4, (v_4, v_3), v_3$$

是 v_0 到 v_3 的一条有向通道,它不是闭通道,它的长为 5。通道

$$v_0, (v_0, v_4), v_4, (v_4, v_0), v_0, (v_0, v_4), v_4, (v_4, v_1), v_1, (v_1, v_0), v_0$$

是长为 5 的闭通道。

注意,按定义,通道和闭通道上,顶点可重复出现,弧也可以重复

出现,其长是弧的条数(按出现的次数计数)。

定义 10.2.2 设 $D = (V, A)$ 是一个有向图,D 的一条有向迹是 D 的一条所有弧均不相同的有向通道。起点和终点相同的迹称为闭迹。迹上出现的弧的条数称为迹的长。

在图 10.2.1 中,通道

$$v_4, (v_4, v_0), v_0, (v_0, v_4), v_4, (v_4, v_1), v_1$$

是一条 v_0 到 v_1 的长为 3 的迹。在此迹后再接上弧 (v_1, v_0) 得到一条闭有向迹。

在迹上边不能重复,但顶点可重复出现。含 D 的所有顶点的(闭)迹称为 D 的生成(闭)迹。

定义 10.2.3 设 $D = (V, A)$ 是有向图。D 的一条不含重复顶点的有向通道称为 D 的一条有向路,有向路上弧的条数称为该有向路的长。一条至少含有两个不同顶点的闭通道称为一个有向圈,如果该闭有向通道上各顶点互不相同(起点和终点除外)。有向圈也称为有向回路。

含有向图 D 的所有顶点的有向圈称为 D 的生成有向圈。有有向生成圈的有向图称为哈密顿有向图,有向生成圈也叫做有向哈密顿圈。类似地有生成路、有向哈密顿路等概念。

定义 10.2.4 设 $D = (V, A)$ 是有向图,u 和 v 是 D 的顶点。如果在 D 中有一条从 u 到 v 的有向路,则称从 u 能达到顶点 v,或 v 是从 u 可达的。特别,当 $u = v$ 时,我们认为从 u 可达到 u。

于是,在有向图 D 的顶点集 V 上定义了一个可达二元关系 R: $\forall u, v \in V$,

$$uRv \text{ 当且仅当从 } u \text{ 可达到 } v。$$

显然,可达关系 R 是自反的且传递的。但一般地,R 未必是对称的。

有向图的可达性概念是十分直观的。从有向图的图解上看,从顶点 u 可达到顶点 v,就是从顶点 u 开始,必有一条路使得沿着弧的方

向走便可走到 v。

有向图 D 的两个顶点 u 与 v 间若有一条有向通道(有向迹、有向路),则这条有向通道(有向迹、有向路)就把这两个顶点连接起来。而这种连接是有方向的,即从 u 连接到 v,从而沟通了 u 和 v,但它是单向沟通。直观上,还有一种连接 u 与 v 的可能情况,即当不考虑弧的方向时,u 与 v 间有一条无向路。

定义 10.2.5 有向图 $D = (V, A)$ 中顶点和弧的交错序列
$$v_0, x_1, v_1, x_2, v_2, \cdots, v_{n-1}, x_n, v_n$$
称为 D 的一条半通道或弱通道,如果 $x_i = (v_{i-1}, v_i)$ 或 $x_i = (v_i, v_{i-1})$,$i = 1, 2, \cdots, n$。如果还有 $v_0 = v_n$,则称它为闭半通道或闭弱通道。如果 D 的一条半通道上各顶点互不相同(可能除去两个端点外),则称此半通道为半路或弱路。如果闭半通道上各顶点互不相同,则称此闭半通道为半圈或弱圈,或弱回路。

类似地可定义半(弱)迹、闭半(弱)迹、生成弱路、生成弱圈、…。

于是,连接有向图 D 的两个顶点 u 和 v 有以下几种情况:

(1) u 与 v 可以互达,即从 u 可达到 v 且从 v 可达到 u;

(2) 从 u 可达到 v 或从 v 可达到 u;

(3) u 与 v 间有一条弱路连接。

上述的每一种情况都反映了 u 与 v 间的连接性,但连接的"强"、"弱"不同。

定义 10.2.6 有向图 D 称为是强连通的,如果对 D 的任两个不同的顶点 u 和 v,u 与 v 是互达的。

定理 10.2.1 有向图 $D = (V, A)$ 是强连通的,当且仅当 D 有一闭生成通道。

这个定理的证明留给读者自证。

定理 10.2.2 令 $D = (V, A)$ 是有向图,R_D 是 V 上的如下二元关系: $\forall u, v \in V$,

$$uR_Dv \text{ 当且仅当 } u \text{ 与 } v \text{ 互达,}$$

则 R_D 是 V 上的等价关系。

〔证〕 因为 $\forall v \in V, vR_Dv$, 所以 R_D 是自反的。R_D 是对称的且传递的也是容易看出的。因此, R_D 是等价关系。 〔证毕〕

由定理 10.2.2 知, 有向图 $D = (V, A)$ 是强连通的当且仅当在等价关系 R_D 下, $\mid V/R_D \mid = 1$, 即 R_D 的等价类只有一个。设 $V/R_D = \{V_1, V_2, \cdots, V_m\}$, 则由每个 V_i 诱导出的子图 $D_i = (V_i, A_i)$ 是 D 的强连通子图, 其中 $A_i = (V_i \times V_i) \bigcap A$。不难看出 D_i 是 D 的极大强连通子图。

定义 10.2.7 有向图 D 的极大强连通子图称为 D 的一个强支。

定理 10.2.3 有向图的每个顶点恰好在 D 的一个强支中。

定义 10.2.8 有向图 $D = (V, A)$ 称为单向连通的, 如果对 D 的任两个不同顶点 u 和 v, 或从 u 可达到 v, 或从 v 可达到 u。

显然, 强连通的有向图必是单向连通的, 但反之不真。其次, 有向图 D 是单向连通的, 当且仅当 D 有生成通道。有向图 D 的极大单向连通子图称为 D 的单向支。

定义 10.2.9 有向图 D 称为弱连通的, 如果对 D 的任两个不同顶点间有一条弱路。

显然, 有向图 D 是弱连通的当且仅当略去 D 的弧的方向后得到的无向图(可能是多重图)是连通的。其次, D 是弱连通的当且仅当 D 有一条弱生成通道。

定理 10.2.3 有向图 D 的每个顶点和每条弧恰在一个弱支中。

定义 10.2.10 一个有向图称为连通的, 如果它是弱连通的。

在有向图的许多实际应用中, 一个有向图是否有有向圈将起决定性作用。下面的几个定理指出了它们的几个简单性质。

定理 10.2.4 一个没有有向圈的有向图中至少有一个出度为零的顶点。

〔证〕 设 $D = (V, A)$ 是一个没有有向圈的有向图。考虑 D 中任一条最长的有向路的最后顶点 v,则 $od(v) = 0$。因为若 $od(v) \neq 0$,则必有一顶点 u 使得 $(v, u) \in A$。于是,若 u 不在此最长路上,则此最长路便不是 D 中的最长路,这是与前面的假设相矛盾。若 u 在此最长路上,则 D 中有有向圈,这又与定理的假设相矛盾。因此,$od(v) = 0$。 〔证毕〕

定理 10.2.5 有向图 $D = (V, A)$ 中没有有向圈当且仅当 D 中每一条有向通道都是有向路。

〔证〕⟹ 设 $D = (V, A)$ 中没有有向圈,P 是 D 中的一个有向通道。若 P 上有两个相同的顶点,则显然 D 中有有向圈,这与假设相矛盾。因此,P 是一条有向路。

⟸ 显然。 〔证毕〕

定理 10.2.6 有向图 $D = (V, A)$ 有有向圈的充分必要条件是 D 有一个子图 $D_1 = (V_1, A_1)$,使得 $\forall v \in V_1$,

$$id(v) > 0 \text{ 且 } od(v) > 0。$$

〔证〕⟹ 显然。

⟸ 设 $D_1 = (V_1, A_1)$ 是 D 的一个子图,且 $\forall v \in V_1$ 有 $id(v) > 0, od(v) > 0$。令 P 是 D_1 中的一条最长的有向路,不妨设 $P = v_1 v_2 \cdots v_n$。由于 $\forall v \in V_1, id(v) > 0, od(v) > 0$,所以 P 上必有顶点 $v_i, i \neq n$,使得 $(v_n, v_i) \in A_1$。从而 $v_i v_{i+1} \cdots v_n v_i$ 是 D_1 中的一个有向圈。

〔证毕〕

定理 10.2.7 设 $D = (V, A)$ 是一个连通的有向图。如果 $\forall v \in V, od(v) = 1$,则 D 中恰有一个有向圈。

〔证〕 由定理 10.2.6 的证明可知 D 中至少有一个有向圈。若 D 中有两个不同的有向圈 C_1 与 C_2,则 C_1 与 C_2 必有公共的顶点。因为若 C_1 与 C_2 没有公共顶点,则因 D 是连通的,从而 C_1 上的任一顶点

与 C_2 上的任一顶点间必有一条弱路。于是，C_1 上或 C_2 上必有一顶点出度至少为 2，或其他某顶点出度至少为 2，这是不可能的。其次，因为每个顶点的出度均为 1，所以 C_1 和 C_2 不能有唯一的公共顶点 v，否则 $od(v) > 1$。于是，C_1 与 C_2 至少有两个公共顶点。当沿 C_1 的弧的方向前进时，最后一个公共顶点的出度至少为 2，这又引出矛盾。因此，D 中有唯一的有向圈。   〔证毕〕

习   题

1. 设 D 是一个有 p 个顶点 q 条弧的有向图。如果 D 是连通的，证明
$$p - 1 \leqslant q \leqslant p(p - 1)。$$

2. 设 D 是一个有 p 个顶点 q 条弧的强连通的有向图，则 q 至少是多大？

3. 在有向图中，含有所有顶点和所有弧的有向闭迹称为有向欧拉闭迹。一个有向图若含有有向欧拉闭迹，则称此有向图为有向欧拉图。证明：有向图 $D = (V, A)$ 是有向欧拉图当且仅当 D 是连通的且 $\forall v \in V$ 总有 $id(v) = od(v)$.

4. 证明：有向图 D 是单向连通的当且仅当 D 有一条生成通道。

10.3   强连通图的应用

有向图有许多重要的应用。本节仅介绍强连通图在计算机科学中的两个应用。

在多道程序的计算机系统中，可以同时运行几十个程序。实际上，程序共享计算机系统中的资源：中央处理机、主存储器、磁盘设备、磁带机、编译程序、打印机 …。操作系统是一个系统软件，它行使着两种基本无关的职能。其一是向用户提供一个与基础硬件等价，但比基础硬件易于进行程序设计的扩展机或虚拟机；其二是登录谁在

使用什么资源,响应资源请求,组织使用,以及协调各程序和各用户的矛盾需求。当一个程序要求使用某种资源时,它必须向操作系统提出申请,操作系统必须保证对这一请求得到满足。

对资源的请求可能发生冲突,例如程序 A 控制着资源 r_1,而正在请求资源 r_2。可是程序 B 已得到了资源 r_2 的控制权,而请求资源 r_1,这种现象称为计算机系统处于死锁状态。操作系统的设计过程必须防止这种情况发生。有向图能够模拟资源请求并帮助发现和纠正死锁。

假定一个程序对一切资源的请求,在程序执行完之前必须得到满足。在请求的时间内,被请求的资源不能利用,程序控制着已得到的资源,等待不能利用的资源。

令 $P_t = \{p_1, p_2, \cdots, p_m\}$ 为计算机系统某时刻 t 的程序的集合,$A_t \subseteq P_t$,A_t 是活动程序的集合,即时刻 t 已获得部分资源的那些程序的集合。设 $R_t = \{r_1, r_2, \cdots, r_n\}$ 是系统在时刻 t 的资源的集合。所谓时刻 t 的资源分配图 G_t 是一个有向图,它表示时刻 t 系统的资源分配状态。G_t 的顶点集 $V = R_t$,弧的集合为 B_t。每个资源在平面上用一个点表示,当且仅当有一个已分配到资源 r_i 而正在请求资源 r_j 的程序 $p_r \in A_t$ 时,从代表 r_i 的点到 r_j 的点有一条弧,弧上标以 p_r。于是,资源分配图 G_t 是一个带权有向图。

例如,设 $R_t = \{r_1, r_2, r_3, r_4\}$,$A_t = \{p_1, p_2, p_3, p_4\}$,资源分配状态为:

p_1 有资源 r_4 且正在请求资源 r_1;

p_2 有资源 r_1 且正在请求资源 r_2 和 r_3;

p_3 有资源 r_2 且正在请求资源 r_3;

p_4 有资源 r_3 且正在请求资源 r_1 和 r_4。

于是,时刻 t 的资源分配状态图 G_t 如图 10.3.1 所示。

容易证明：当且仅当分配图 G_t 包含强连通支时，在时刻 t 计算机系统中存在死锁状态。

图 10.3.1 的资源分配状态图 G_t 是强连通的，所以存在死锁状态。

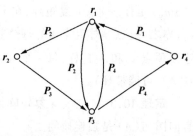

图 10.3.1

强连通图在数值计算中也是有用的。许多数值计算最后归结为求解线性方程组。如果能把高阶线性方程组化为等价的两个低阶线性方程组的计算，则对计算是有用的。1912 年 Frobenius 引入了不可约矩阵的概念。

设 A 是 $n \times n$ 复矩阵，当 $n \geqslant 2$ 时，如果存在 $n \times n$ 置换矩阵 P 使

$$PAP^T = \begin{bmatrix} A_{11} & A_{12} \\ 0 & A_{22} \end{bmatrix} \tag{1}$$

其中 A_{11} 为 $r \times r$ 子矩阵，A_{22} 为 $(n-r) \times (n-r)$ 子矩阵，$1 \leqslant r < n$，则称 A 为可约矩阵。如果不存在这样的置换矩阵 P，则称 A 为不可约。当 A 为 1×1 复矩阵时，若它的唯一的元素不为零，则称 A 为不可约，否则便称为可约。

把 (1) 中那样的矩阵称为可约的动机是十分明显的，因为如果要方程 $\underset{\sim}{A}X = K$，其中 $\underset{\sim}{A} = PAP^T$ 为分块矩阵 (1)，那么可把向量 X 和 K 类似地划分，使矩阵方程 $\underset{\sim}{A}X = K$ 能写成

$$A_{11}X_1 + A_{12}X_2 = K_1$$

$$A_{22}X_2 = K_2。$$

于是，对 X_2 求解第二个方程并用所得的解 X_2 来对 X_1 求解第一个方程，我们便把原来的矩阵方程的解法化为两个低阶矩阵方程的解法。

用图论的术语来对不可约的概念作几何解释是很有用的。令 A

$= (a_{ij})$ 是任一 $n \times n$ 复矩阵,在平面上任取 n 个不同的点 $v_1, v_2, \cdots,$ v_n,称之为顶点。对矩阵 A 的每个非零元素 a_{ij} 用一条从 v_i 指向 v_j 的弧连接顶点 v_i 和 v_j。这样,每一个 $n \times n$ 矩阵 A 就可对应于一个有向图 $G(A)$(可能带环)。

定理 10.3.1 $n \times n$ 复矩阵 A 为不可约的充分必要条件是 A 的有向图 $G(A)$ 是强连通的。

我们把这个定理的证明留作读者作为练习。

有向图对研究非负矩阵的深入性质是很有用的工具,但我们不想再深入讨论下去。有兴趣的读者可参阅有关文献。

10.4 有向图的邻接矩阵

定义 10.4.1 设 $D = (V, A)$ 是一个有向图,V 中的元素编号为 $v_1, v_2, \cdots, v_p$,$p \times p$ 矩阵 $B = (b_{ij})$ 称为 D 的邻接矩阵,其中

$$b_{ij} = \begin{cases} 1, \text{若}(v_i, v_j) \in A, \\ 0, \text{若}(v_i, v_j) \in A_\circ \end{cases}$$

若 $B = (b_{ij})$ 是有向图 $D = (V, A)$ 的邻接矩阵,$|V| = p$,则

$$id(v_j) = \sum_{k=1}^{p} b_{kj},$$

$$od(v_j) = \sum_{k=1}^{p} b_{jk}\circ$$

D 的反向图 D^T 的邻接矩阵为 B^T。

定理 10.4.1 设 B 是有向图 $D = (V, A)$ 的邻接矩阵,$V = \{v_1, v_2, \cdots, v_p\}$,则从顶点 v_i 到顶点 v_j 的长为 l 的有向通道的条数等于 B^l 的第 i 行第 j 列元素 $(B^l)_{ij}$ 的值。

〔证〕 类似于定理 6.7.2 的证明。

定义 10.4.2 设 $D = (V, A)$ 为有向图,$V = \{v_1, v_2, \cdots, v_p\} \circ p$

$\times p$ 矩阵 $R = (r_{ij})$ 称为 D 的可达矩阵,如果 $i \ne j$,

$$r_{ij} = \begin{cases} 1,\text{如果从 } v_i \text{ 可达到 } v_j, \\ 0,\text{如果从 } v_i \text{ 不能达到 } v_j。 \end{cases}$$

而 $r_{ii} = 1, i = 1,2,\cdots,p$。

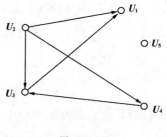

图 10.4.1

例 10.4.1 对图 10.4.1 中的有向图 D,其邻接矩阵 B 和可达矩阵 R 分别如下:

$$B = \begin{bmatrix} 0 & 0 & 0 & 0 & 0 \\ 1 & 0 & 1 & 1 & 0 \\ 1 & 0 & 0 & 0 & 0 \\ 0 & 0 & 1 & 0 & 0 \\ 0 & 0 & 0 & 0 & 0 \end{bmatrix}, R = \begin{bmatrix} 1 & 0 & 0 & 0 & 0 \\ 1 & 1 & 1 & 1 & 0 \\ 1 & 0 & 1 & 0 & 0 \\ 1 & 0 & 1 & 1 & 0 \\ 0 & 0 & 0 & 0 & 1 \end{bmatrix}。$$

定理 10.4.2 设 $p \times p$ 矩阵 B 是有向图 $D = (V,A)$ 的邻接矩阵,则 D 的可达矩阵

$$R = I \bigvee B \bigvee B^{(2)} \bigvee \cdots \bigvee B^{(p-1)}。$$

〔证〕 如果 $r_{ij} = 1, i \ne j$,则从顶点 v_i 能达到 v_j,故从 v_i 到 v_j 有一条有向路,其长 $\le p-1$。因此,有 $l(1 \le l \le p-1)$ 使 $(B^{(l)})_{ij} = 1$,从而矩阵

$$I \bigvee B \bigvee B^{(2)} \bigvee \cdots \bigvee B^{(p-1)}$$

的第 i 行第 j 列元素为 1。若 $r_{ij} = 0$,则 v_i 不能达到 v_j,故从 v_i 到 v_j 没有有向路,所以对 $k = 1,2,\cdots,p-1$,有 $(B^k)_{ij} = 0$。因此,

$$I \bigvee B \bigvee B^{(2)} \bigvee \cdots \bigvee B^{(p-1)}$$

的第 i 行第 j 列的元素为 0。所以,

$$R = I \bigvee B \bigvee B^{(2)} \bigvee \cdots \bigvee B^{(p-1)}。 \qquad 〔证毕〕$$

定理 10.4.3 设 $p \times p$ 矩阵 R 为有向图 $D = (V,A)$ 的可达矩

阵，$C = R \wedge R^T$，C 的第 i 行上为 1 的元素为 C_{ij_1}，C_{ij_2}，$\cdots$，C_{ij_k}，则 v_i 在由 $V_i = \{v_{j_1}, v_{j_2}, \cdots, v_{j_k}\}$ 诱导出的 D 的子图 —— D 的强支中。

〔证〕 因为

$$C_{ij_1} = C_{ij_2} = \cdots = C_{ij_k} = 1,$$

第 i 行的其他元素为 0，所以由 $R \wedge R^T$ 的定义知

$$r_{ij_t} = r_{j_t i} = 1, \ t = 1, 2, \cdots, k。$$

于是，从顶点 v_i 能达到顶点 v_{j_t}，并且从 v_{j_t} 能达到 v_i，故 v_i 与 v_{j_t} 互达。反之，设 v_i 与 v_j 互达，则 $r_{ij} = r_{ji} = 1$，故

$$C_{ij} = r_{ij} \wedge r_{ji} = 1。$$

因此，在等价关系 R_D 下，v_i 所在的等价类为 V_i。从而，v_i 在 V_i 导出的强支中。 〔证毕〕

定义 10.4.3 设 $D = (V, A)$ 是一个有 p 个顶点 q 条弧的有向图，$V = \{v_1, v_2, \cdots, v_p\}$，$A = \{x_1, x_2, \cdots, x_q\}$。$p \times q$ 矩阵 $H = (h_{ij})$ 称为 D 的关联矩阵，如果

$$h_{ij} = \begin{cases} 1, & \text{如果 } v_i \text{ 是弧 } x_j \text{ 的起点}, \\ -1, & \text{如果 } v_i \text{ 是弧 } x_j \text{ 的终点}, \\ 0, & \text{如果 } v_i \text{ 不是弧 } x_j \text{ 的起点也不是 } x_j \text{ 的终点}。 \end{cases}$$

例 10.4.2 图 10.4.2 中的有向图 D 的关联矩阵为

$$H = \begin{array}{c} \\ v_1 \\ v_2 \\ v_3 \\ v_4 \end{array} \begin{array}{ccccc} x_1 & x_2 & x_3 & x_4 & x_5 \\ \left[\begin{array}{ccccc} 1 & 0 & 1 & 1 & 0 \\ -1 & 0 & 0 & 0 & -1 \\ 0 & 1 & 0 & -1 & 0 \\ 0 & -1 & -1 & 0 & 1 \end{array} \right] \end{array}$$

易见，有向图的关联矩阵与邻接矩阵一样，也是有向图的一种矩阵表示。由于有向图中每条弧关联两个顶点，一个是弧的起点，另一

个是弧的终点,所以,有向图的关联矩阵的每一列中仅有两个非零元素,其中一个为"1",另一个是"– 1"。

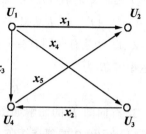

有向图的顶点 v_i 的出度等于关联矩阵 H 中第 i 行里 1 的个数;v_i 的入度等于 H 中第 i 行里 – 1 的个数。

图 10.4.2

定理 10.4.4 具有 p 个顶点的连通有向图的关联矩阵的秩等于 $p – 1$。

〔证〕 设 $D = (\vee, A)$ 是连通有向图,$|\vee| = p$,$|A| = q$,则 D 中至少有 $p – 1$ 条弧,所以 $q \geqslant p – 1$。由于 D 的关联矩阵的每列有一个 1 与一个 – 1,其他元素都为 0,所以关联矩阵的行向量是线性相关的。因此,D 的关联矩阵的秩 $\leqslant p – 1$。

又因为 D 是连通的有向图,所以当不考虑 D 的弧的方向时,得到一无向图(可能是多重图)G。G 是连通的,所以 G 有生成树 T。今对 D 的顶点和弧重新编号:取 T 的一个度为 1 的顶点,并记为 v_1,与 v_1 关联的边记为 x_1;再从 $T – v_1 = T_1$ 中取一个度为 1 的顶点,并记为 v_2,与 v_2 关联的边为 x_2;如此进行,直到 D 的所有顶点均已编号完了,若还有边(在 G 中),则随意对剩下的边编号。当恢复弧的方向时,在如此的编号下,D 的关联矩阵中有一个 $p – 1$ 阶子式不为 0,这个子式的矩阵是一个下三角形,其对角线上的元素不是 1 就是 – 1。因此,D 的关联矩阵的秩为 $p – 1$。 〔证毕〕

有向图的关联矩阵有许多重要的应用。

习　　题

1. 设 A 是一个 $n \times n$ 布尔矩阵,试证:

$$(I \vee A)^{(2)} = (I \vee A) \circ (I \vee A) = I \vee A \vee A^{(2)},$$

其中 I 是 $n \times n$ 单位矩阵。其次,证明:对任意的正整数 r,有

$$(I \vee A)^{(r)} = I \vee A \vee A^{(2)} \vee \cdots \vee A^{(r)}。$$

2. 设 B 是有向图 $D = (\vee, A)$ 的邻接矩阵,$|\vee| = p$。试证 D 的可达矩阵 R 为

$$R = (I \vee B)^{(p)}。$$

3. 有向图 D 的图解如图 10.4.3 所示

(1)写出 D 的邻接矩阵及可达矩阵;

(2)写出 D 的关联矩阵;

(3)按定理 10.4.4 的证明所给出的方法,对 D 的顶点和弧重新编号,以便找出 D 的关联矩阵中的一个 $p-1$ 阶不为 0 子式。

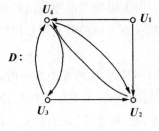

图 10.4.3   图 10.4.4

4. 设 D 为图 10.4.4 中的有向图,试求 v_2 到其余每个顶点的长 $\leqslant$ 4 的所有通道的条数。

5. 已知有向图 D 的邻接矩阵 B,如何从 B 求 D 的可达矩阵 R?

10.5 有向树与有序树

定义 10.5.1 一个没有弱圈的弱连通的有向图称为有向树。

一个有向树是这样的有向图,当抹去弧的方向时,得到的无向图是一棵无向树。因此,在有向树中,顶点数 p 与弧的条数 q 之间满足关系式 $q = p - 1$。这种十分一般的有向树,在计算机科学中用处不

大。在计算机科学中有广泛应用的是有根树、有序树。

定义 10.5.2 有向树 D 称为有根树,如果 D 中恰有一个顶点的入度为 0,而其余每个顶点的入度均为 1。有根树中入度为 0 的顶点称有根树的根,出度为 0 的顶点称为叶子,非叶顶点称为分枝点或内顶点。

有根树的图解的画法,习惯上把根顶点画在最上面,弧的方向朝下。图 10.5.1 中画出了两个有根树的图解。

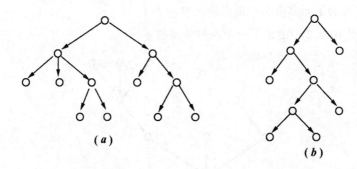

图 10.5.1

定理 10.5.1 有向图 $D = (V, A)$ 是一个有根树当且仅当 D 有一个顶点可以达到其他任一顶点且 D 中没有弱圈。

〔证〕⇒ 设 D 是有根树,则由定义 10.5.2,D 是弱连通的且没有弱圈。所以,根顶点到其他每个顶点有一条弱路。又由于由 D 确定的无向图是无向树,所以根顶点到其他每一顶点的弱路是唯一的。其次,再由除根顶点外每个顶点的入度为 1,所以根顶点到其他每个顶点的弱路必是有向路。因此,从根顶点可以达到其他每个顶点。

⇐ 设有向图 D 中没有弱圈且有一个顶点 v 可达到其他每个顶点。于是,D 是弱连通的且无弱圈,故 D 是有向树。再由 v 可达到其他任一顶点便知 v 的入度为 0,因为如若不然,必有某顶点 u 使 (u, v) 为 D 的弧,于是,D 中由 v 到 u 的路与 (u, v) 合起来形成 D 中的圈,矛盾。设 w 是 D 的任一顶点且 $w \neq v$，则 $id(w) = 1$。否则，若 $id(w)$ ≥ 2，则有 v_1, v_2 使 (v_1, w)，(v_2, w) 是 D 的两条不同弧。由于从 v 可达到 v_1 也可达到 v_2，所以从 v 到 w 有两条不同有向路。所以，D 中有弱圈，矛盾。因此，D 是有根树。 〔证毕〕

有根树也叫做出树。与出树对偶的，还有入树。

定义 10.5.3　有根树的反向树称为入树。

于是，入树是这样的弱连通无弱圈的有向图：有一个出度为 0 的顶点（称为汇），其余每个顶点的出度均为 1。

图 10.5.2 中画出了一个入树的图解。

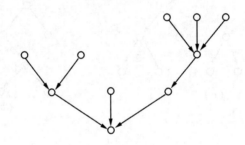

图 10.5.2

类似于定理 10.5.1，我们有

定理 10.5.2　有向图 D 是一个入树当且仅当 D 中没有弱圈且有顶点 v_0 使之其余的每一顶点均可达到 v_0。

例 10.5.1　设 $D = (V, A)$ 是一个有根树，其每个顶点的出度不是 0 就是 2。如果 D 有 n 个叶子，试求 D 的弧的条数。

解　设 D 有 p 个顶点 q 条弧，则 $q = p - 1$。其次，D 中所有顶点的入度之和为 $p - 1$，而所得顶点的出度之和为 $2(p - n)$。所以，

$$2(p - n) = p - 1。$$

因此，$p = 2n - 1$。把 $p = 2n - 1$ 代入 $q = p - 1$ 中便得 $q = 2(n - 1)$。所以，D 中有 $2(n - 1)$ 条弧。

定义 10.5.4 设 $D = (V, A)$ 是有根树。如果 $(u, v) \in A$，则称 v 是 u 的儿子，而顶点 u 称为 v 的父亲。如果从顶点 u 能达到顶点 w，则 w 称为 u 的子孙，而 u 称为 w 的祖先。如果 u 是 w 的祖先且 $u \neq w$，则 u 称为 w 的真祖先，而 w 称为 u 的真子孙。于是，每个顶点都是自身的子孙，也是自身的祖先。

定义 10.5.5 设 $T = (V, A)$ 是一个以 v_0 为根的有根树。从 v_0 到顶点 v 的有向路的长度称为 T 的顶点 v 的深度。从顶点 v 到 T 的叶子的最长有向路的长度称为顶点 v 在 T 中的高度。根顶点 v_0 的高度称为树 T 的高度。

定义 10.5.6 设 $T = (V, A)$ 是一个有根树，v 是 T 的一个顶点，由 v 及其子孙所导出的 T 的子图称为 T 的以 v 为根的子树。

在有根树中，根据各顶点在树中的深度划分层次。具有同一深度的顶点在同一层上。按深度从小到大依次从上到下画出各顶点，同一层上各顶点总是画在同一水平线上。两层之间有次序，但在同层上各顶点没有次序。但在许多实际应用中，要求同一层上各顶点之间是有序的。于是，我们有

定义 10.5.7 设 $T = (V, A)$ 是一个有根树。如果 T 的每个顶点的各儿子排定了次序，则称 T 为一个有序树。

当画一个有序树的图解时，我们总是假设每个顶点的儿子是从左到右依次排序的。于是，严格说来有序树不是有根树。在有根树中顶点的儿子们未排序，所以其图解有各种画法，它们均代表了同一个有根树。但对有序树就不同了。

有序树有各种各样的应用。

例 10.5.2 英语句子"The big elephant ate the peanut."就可以用图 10.5.3 的图解式表示出其句法结构，称为这个句子的语法树。这种图解把句子分解成它的各组成部分，以此描述句子的语法。显然，句子的语法树是一个有序树。

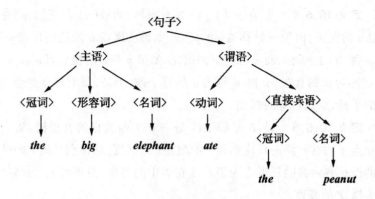

图 10.5.3　语法树

定义 10.5.8　有序树 T 称为 m 元有序树,如果 T 的每个顶点的出度 $\leq m$。一个 m 元有序树 T 称为正则 m 元有序树,如果 T 的每个顶点的出度不是 0 就是 m。

类似可定义 m 元有根树和正则 m 元有根树。不过,计算机科学中几乎总是用有序树,特别是用二元有序树,简称二元树。这时,二元树是这样的有序树:

1°. 任一顶点的儿子或被区分为左儿子,或被分为右儿子。特别是一个顶点若只有一个儿子时,也要指明它是左儿子还是右儿子;

2°. 没有一个顶点有一个以上的左儿子或一个以上的右儿子。

于是,对二元有序树的每个顶点的儿子有以下四种情况:没有儿子;有左儿子没右儿子;没左儿子但有右儿子;有左儿子且又有右儿子。

例 10.5.3　算术表达式 $A * (B - C) - (C + D)/E$ 可用图 10.5.4(a) 中带标号的二元树表示。其中,$1, 2, \cdots, 11$ 是各顶点的名字,各顶点旁是顶点的标号。算术表达式的标号树的构造如下:

1°. 每个树叶的标号是运算对象,并称这个运算对象为该树叶所代表的表达式;

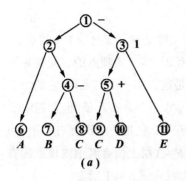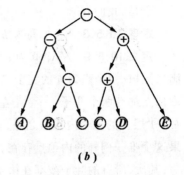

图 10.5.4　表达式 $A * (B - C) - (C + D)/E$ 的树表示

2°. 每个内顶点的标号是运算符。

图 10.5.4(b) 是 (a) 的简化,略去了顶点的名,顶点的标号 —— 表达的信息,直接写在顶点上。

有序树是一种重要的数据结构。直观地看,树结构就是通过树的分枝的办法把数据之间的关系形象地表示出来。

在有序树中,二元树特别重要。因为每一个有序树都可以唯一地表示一个二元树。因此,详细地研究在二元树上的各种操作的有效算法,就成为数据结构的重要内容。而详细地讨论二元树作为数据结构的各种应用自然不是本书的任务。

现在我们来研究二元树的一些简单性质。前面已讨论了树的高度、顶点的深度,以及顶点的层次。我们约定根顶点为第 0 层,深度为 1 的顶点为第一层,$\cdots$,深度为 i 的顶点为第 i 层,如此等等。

于是,对一个二元树而言,第 0 层有一个顶点,第 1 层上至多有 $2 = 2^1$ 个顶点,第 2 层上至多有 $4 = 2^2$ 个顶点。一般地,假如第 i 层上至多有 2^i 个顶点,则这 2^i 个顶点的每一个至多有两个儿子,所以第 $i + 1$ 层上至多有 2^{i+1} 个顶点。所以,一个高为 h 的二元树的顶点数至多为

$$1 + 2 + 2^2 + \cdots + 2^h = 2^{h+1} - 1。$$

于是,我们有

定理 10.5.3 一个高为 h 的二元树至多有 $2^{h+1} - 1$ 个顶点。

定义 10.5.9 一个高为 h 且恰有 $2^{h+1} - 1$ 个顶点的二元树称为满二元树。一个高为 h 的完全二元树是这样的一个二元树,它的每个内顶点都有两个儿子,一个是左儿子,另一个是右儿子。但可能除了 $h - 1$ 层上的一个内顶点之外,它只有一个左儿子而没有右儿子,如果这个唯一例外的内顶点存在,则在 $h - 1$ 层上所有其他内顶点的右边;其次,所有的叶子或都在第 h 层上或在第 $h - 1$ 层上。

完全二元树的这个定义显得有点冗长,而且这个术语也未统一。图 10.5.5 中画出了一个高为 3 的完全二元树。其中顶点 5 就是那个可能存在的唯一例外的内顶点,它只有一个左儿子,没有右儿子。而且在第 2 层上,顶点 5 的右边没有内顶点。

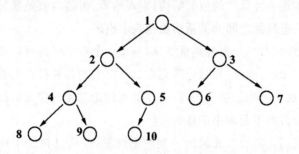

图 10.5.5

定理 10.5.4 高为 h 的完全二元树的顶点数 p 满足关系式
$$2^h \leqslant p \leqslant 2^{h+1} - 1。$$

因此,我们有
$$h \leqslant \log_2 p < h + 1,$$

即 $h = [\log_1 p]$。

为了避免与数据结构重复,本节未介绍有序树,特别是二元树在数据结构中的应用。

习　　题

1. 设 T 是一个正则 m 元有序树, 它有 n_0 个叶子, T 有多有多少条弧?

2. 设 T 是一个高为 h 的 m 元有序树, 根顶点到每个叶子的路长均为 h, 试求 T 的顶点数。

3. 设 T 是一个有 n_0 个叶子的二元树, 出度为 2 的顶点为 n_2, 试证: $n_0 = n_2 + 1$。

4. 用二元树表示以下算术表达式:

$(1)(A + B) * C$;

$(2)A + B * C$;

$(3)A * B - C/(D - E)$;

$(4)A * B + (D + E/F) * (- C)$。

5. 具有三个顶点的有序树共有多少个? 具有三个顶点的有根树有多个? 注意, 同构的只算一个。

6. 一个有序树称为一个 $2 - 3$ 树, 如果每个内顶点有 2 个或 3 个儿子, 并且从根顶点到每个叶子的路长均相等。试证: 若 T 是一个高为 h 的 $2 - 3$ 树, 则

(1)　T 的顶点数 p 满足

$$2^{h+1} - 1 \leqslant p \leqslant 3^{h+1} - 1。$$

(2)　T 的叶子数在 2^h 与 3^h 之间。

*7. AVL 树是这样的一个二元树: 每个顶点的左、右儿子的高度相差至多为 1。若某处缺少一棵子树, 就认为其高度为 $- 1$。证明: 高度为 h 的 AVL 树至多有 $2^{h+1} - 1$ 个顶点, 至少有

$$\frac{5 + 2\sqrt{5}}{5}\left(\frac{1 + \sqrt{5}}{2}\right)^h + \frac{5 - 2\sqrt{5}}{5}\left(\frac{1 - \sqrt{5}}{2}\right)^h - 1$$

个顶点

8. 令 T 是一个正则二元树,它有 i 个内顶点(出度为 2)。如果 E 为所有内顶点深度之和,I 为所叶顶点的深度之和,证明:

$$I = E + 2i。$$

9. 令 T 是一个正则 m 元树,它有 i 个内顶点(出度为 m)。如果 E 为所有内顶点深度之和,I 为所有叶顶点深度之和,证明:

$$I = (m - 1)E + mi。$$

10.6 判 定 树

有序树的一个重要应用是作为判定。让我们考虑一个众所周知的"八个硬币问题":设有八枚硬币 a,b,c,d,e,f,g,h。已知其中有一枚是假的,其外表与其他真硬币一样,但其重量不一样。试用天平称出哪个硬币是假的,并指出假硬币较真硬币轻还是重。如果这个问题不再附加任何条件,则是容易解决的。如果要求所用的比较次数最少,那么怎样来解决这个问题呢?为了解答这个问题,用 $a + b$ 表示把硬币 a 和 b 放在天平的一边,如此等等。用 V 表示假硬较真硬币重,而用 L 表示假硬币较真硬币轻。

如果 $a + b + c < d + e + f$,则假硬币就在这六个中。于是,g 和 h 为真硬币。在下一次测量中去掉 c 和 f,并交换 b 和 d。如果 $a + d < b + e$,则 c 和 f 是真硬币,而且 b 和 d 也是真的。于是,a 和 e 中有一个是假的。现在取一个真硬币,例如取 b,对 b 和 a 进行比较,则若 $a = b$,那么 e 是假的且 e 比真硬币重;否则 a 是假的且 a 比真硬币轻。如果 $a + d = b + e$,则 c 和 f 中有一个是假的。仿上,取一个真硬币进行比较,便可区分 c 和 f 哪个是假的,以及假硬币较真硬重还是轻。若 $a + d > b + e$,则情况类似于 $a + d < b + e$,也可得出哪个是假的及假币轻真币重还是轻。

如果开始时,$a + b + c > d + e + f$,则假硬币就在这六个中,找出假硬币的过程与上述情况类似。

最后一种可能是,在开时 $a+b+c=d+e+f$。这时,这六个硬币都是真的,而 g 和 h 中有一个是假的。于是,取一个真硬币与 g 比较即可判断哪一个为假。

上述找假硬币的全过程可用图 10.6.1 的树表示出来。仔细地考察这棵树可以看出,所有可能的情况均被包括进去了。这样的一棵树称为判定树。这棵树的高度为 3,所以只要称三次就能找出哪个是假币,并且还能指出假币比真币重还是轻。

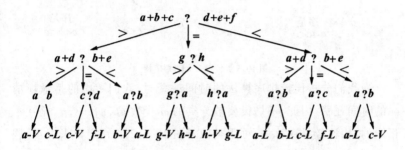

图 10.6.1 8 个硬币问题的判定树,其中"?"表示判断两边式子的大小关系

作为判定树的另一个重要应用,让我们考虑用比较与交换两种操作进行排序的算法的速度问题。所谓排序问题,就是从某个全序集中抽出 n 个元素(可以有相同的)组成一个序列

$$a_1, a_2, \cdots, a_n$$

我们要找一个 n 次置换 π,使得

$$a_{1\pi}, a_{2\pi}, \cdots, a_{n\pi}$$

是一个不减序列,即对 $1 \leqslant i < n$,$a_{i\pi} \leqslant a_{(i+1)\pi}$。通常,将产生出已排好序的序列,而不是求出置换 π。

现在的问题是排序算法中所用的运算只是比较运算及互换两个元素的位置。我们称这样的一类排序算法为"比较分类算法或比较排序算法"。比较排序算法可用判定树来表示。例如，三个数 a、b 和 c 的排序程序可以用图 10.6.2 所示的棵判定树来表示。在这里，我们假定 a,b 和 c 互不相同。

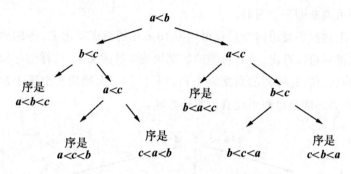

图 10.6.2　三个元的判定树

当我们分析比较排序算法的时间耗费时，我们考虑的是最坏情况的时间耗费。因此，不妨设要被分类的 n 个数 $a_1, a_2, \cdots, a_n$ 是互不相同的。用比较排序算法，可用类似于图 10.6.2 的判定树来表示。假定在判定树的某个顶点 v 上，数 a 与 b 进行比较时，若 $a < b$，则转向 v 的左儿子，而若 $a > b$，则转向 v 的右儿子。

引理 10.6.1　高为 h 的二元树至多有 2^h 个叶子。

〔证〕　施归纳于 h：当 $h = 0$ 时，结果显然正确。假设对一切 $0 \leqslant k < h$ 的 k，高为 k 的二元树至多有 2^k 个叶子，今证对高为 h 的二元树至多有 2^h 个叶子。为此，去掉这棵树的根顶点后得到至多两个高小于 h 的两个二元子树，由归纳假设每个子树至多有 2^{h-1} 个叶子，所以这个高为 h 的二元树至多有 $2 \cdot 2^{h-1} = 2^h$ 个叶子。　　〔证毕〕

定理 10.6.1　将 n 个不同数排序的判定树的高度至少为 $\log_2(n!)$。

〔证〕　因为 n 个不同数有 $n!$ 个排列，所以对 n 个不同数 $a_1, a_2, \cdots, a_n$ 的比较算法就有 $n!$ 个可能的输入。而对这 n 个不同数的排序

结果可以是 $n!$ 个排列的任一个。因此,对 n 个不同数进行排序的判定树中必有 $n!$ 个叶子。由引理 10.6.1,判定树的高度至少为 $\log_2(n!)$。   〔证毕〕

推论 10.6.1   对 n 个数用比较分类算法排序时其最坏情况至少要求 $O(n\log_1 n)$ 次比较。

〔证〕   对 $n > 1$,我们有

$$n! \geqslant n(n-1)(n-2)\cdots(\lceil \frac{n}{2} \rceil)$$

$$\geqslant (\frac{n}{2})^{n/2}。$$

所以,对 $n \geqslant 4$,

$$\log_2(n!) \geqslant (\frac{n}{2})\log_2(\frac{n}{2}) \geqslant \frac{n}{4}\log_2 n。$$

而在算法设计中确实可以设计出一个比较排序法,其比较运算的次数为 $O(n\log_2 n)$。   〔证毕〕

习   题

1. 在 12 个硬币中仅有一枚是假的,假硬币的外表与真硬币一样,但重量不一样。现有一个灵敏的天平,没有法码,要求称量不超过 3 次,找出假硬币且指出假币比真币重还是轻。问如何进行?(提示:12 个硬币分别用 $1,2,\cdots,12$ 编号。分别对下述三种情况秤量:(1)1,2,3,4,对 5,6,7,8;(2)1,2,3,5 对 4,9,10,11;(3)1,6,9,12 对 2,5,7,10。通过这三种秤量的结果就可以确定哪一枚是假币。)

10.7   比赛图及应用

定义 10.7.1   一个比赛图是一个定向完全图,即任两不同顶点间有且仅有一条弧。

图 10.7.1 中画出了所有的 2 个、3 个和 4 个顶点的比赛图。

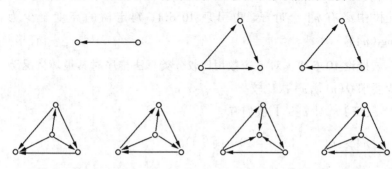

图 10.7.1　小的比赛图

在一个循环赛中，一个给定的选手集或队的集进行一种比赛。按这比赛的规则没有平局。每一对选手都互相比赛并产生出一个胜利者。选手用点来代表，对每一对点画一条从胜者指向负者的弧，这就产生一个比赛图。

定理 10.7.1　每一个比赛图有条生成有向路。

〔证〕 设 $D = (V, A)$ 是一个有 p 个顶点的比赛图。令 P: $v_1 v_2 \cdots v_k$ 是 D 的一条最长的有向路。假如 $k < p$，则 $\exists v \in V$ 使得 v 不在路 P 上。由 D 是比赛图且 P 是最长路，所以 $(v, v_1) \in A, (v_k, v) \in A$。于是，必有 $(v_1, v) \in A$ 且 $(v, v_k) \in A$。令 v_i 是路 P 上从 v_1 到 v_k 的最后一个使得 $(v_i, v) \in A$ 的顶点，易见 $1 \leqslant i < k$。于是 $(v, v_{i+1}), \cdots, (v, v_k)$ 为 D 的弧。因此，

$$v_1 v_2 \cdots v_i v v_{i+1} \cdots v_k$$

是 D 的一条比 P 更长的有向路，这与 P 是 D 的最长路相矛盾。因此，$k = p$，即 D 中的最长路 P 是 D 的生成路。　　　　〔证毕〕

也可对比赛图的顶点数 p 使用数学归纳法证明定理 10.7.1。

于是，每个比赛图中必有哈密顿路。

作为比赛图的一个应用，我们考虑如下的工件排序问题。

工件排序问题　设有某台机器必须加工多种工件：$J_1, J_2, \cdots,$ J_n；在一种工件加工完毕之后，为了加工下一种工件，机器必须进行调整。如果从工件 J_i 到工件 J_j 的调整时间为 t_{ij}，求这些工件的一个排序，使整个机器的调整时间最少。

这个问题显然与巡回售货员问题有关。关于它的求解，目前还没有已知的有效算法。所以，我们希望有一个方法来得到相当好的解（未必是最优解）。下面的方法是基于定理 10.7.1：

第 1 步　构造顶点 $v_1, v_2 \cdots, v_n$ 的有向图 $D = (V, A)$，使得（v_i, v_j）$\in A$ 当且仅当 $t_{ij} \leqslant t_{ji}$。

由此，D 中含有一个生成比赛图。

第 2 步　求 D 的有向哈密顿路 $v_{i1} v_{i2} \cdots v_{in}$。按此哈密顿路安排工件的排序。

为了实现这个算法，我们有一个 $n \times n$ 矩阵 $T = (t_{ij})$ 表示各调整时间，称为调整矩阵。由于在第 1 步丢掉调整矩阵的一大半，所以合理地推测：一般来说，这个方法将产生相当好的工件排序。

作为一个例子，假设有六个工件 J_1, J_2, J_3, J_4, J_5 和 J_6，其调整矩阵为

	J_1	J_2	J_3	J_4	J_5	J_6
J_1	0	5	3	4	2	1
J_2	1	0	1	2	3	2
J_3	2	5	0	1	2	3
J_4	1	4	4	0	1	2
J_5	1	3	4	5	0	5
J_6	4	4	2	3	1	0

按第 1 步构造出有向图 D，见图 10.7.2。

序列 $J_1 \rightarrow J_2 \rightarrow J_3 \rightarrow J_4 \rightarrow J_5 \rightarrow J_6$ 的调整时间为 13 个单位。由于 $v_1 v_6 v_3 v_4 v_5 v_2$ 是 D 的哈密顿路，因而产生排序

$$J_1 \rightarrow J_6 \rightarrow J_3 \rightarrow J_4 \rightarrow J_5 \rightarrow J_2,$$

它的调整时间只需 8 个单位时间。

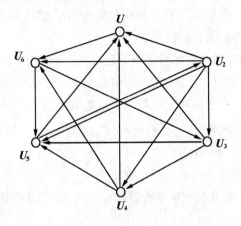

图 10.7.2

习　　　题

1. 对比赛图的顶点数 p 使用归纳法证明定理 10.7.1。

2. 叙述求比赛图中哈密顿路的一个好算法。

3. 设 $p \geqslant mn + 1$，D 是一个有 p 个顶点的比赛图。对 D 的弧任意涂上红色与黄色之一，试证：D 中有一条长至少为 m 的由红色边组成的有向路，或有一条至少长为 n 的由黄色边组成的有向路。

4. 由上题的结果证明例 2.2.5 中的问题。

第三篇　近世代数

　　前面几章,讨论了集合、映射、关系、图等概念及有关理论。集合用来描述研究对象——具有某种性质的事物的全体,或我们感兴趣的一些事物。映射是描述事物之间的单值依赖关系的工具,通过这种联系,使我们便于发现事物的运动规律,指导人们的实践活动。由于现实世界的复杂性,反映在事物之间的联系也是复杂的,而关系这个概念就可以用来描述事物之间的复杂联系。于是,集合、映射、关系等概念和理论,就成为描述某些系统并为之建立数学模型之有力工具。而图论则为任何一种包含了一种二元关系的有穷系统,提供了一个数学模型。由于图具有一种直观的外形,为研究该有穷系统的性质提供了直观的启发。这些内容及其方法,在现代科学中,特别是对计算机科学都尤为重要,并为解决其中相当广泛的一类问题提供了某些基本的概念、理论和技术,指导人们的实践活动。

　　但是,在现实生活中大多数概念是不精确的,很多概念是模糊的。经典数学的精确性与现实世界的不精确性之间始终存在着很大的矛盾。从而对许多复杂系统建立一个较为合适的数学模型就成为迫切需要的了。但经典的集合论和图论并不是总能应付的,而现代的模糊集合论则为此提供了一个较为合适的工具,这就是近些年所说的模糊数学。然而,模糊数学是以模糊集为基础的,经典的集合论仍是模糊集的基础。

　　我们还讨论了康托的无穷集合论,这一理论孕育着强有力的方法和观念,使得数学家们把无穷多元素的集合当成一个完全存在的整体,而不仅仅是潜在的存在,使得证明常常成功。即使象计算机科学这样多少有些偏重于实际的学科,当涉及到它的理论问题时,也无法摆脱无穷集合。

在研究一个系统中,人们常在所研究的对象间引入各种运算,它们服从某些熟知的规律。这样不仅能简化所获得公式,而且在许多场合下,往往能简化科学结论的逻辑结构。当这些运算与某些关系发生一定的联系时就更为有用。当一个集合或几个集合间引入了代数运算后,我们便说集合与代数运算一起形成了一个代数系统或构成了一个代数结构。详细地研究代数运算的规律及各种代数结构的性质是近世代数的中心问题。

本篇将讨论代数系统:半群、幺半群、群、环、域、格和布尔代数等,其中群是最重要的代数系统。

第十一章　半群和幺半群

11.1　近世代数的特点

　　所谓近世代数,与以方程的根的计算与分布为其研究中心的古典代数有所不同。近世代数是以研究数字、文字和更一般元素的代数运算的规律及各种代数结构(系统)——群、环、域、代数和格等的性质为其中心问题。由于代数运算贯穿在任何数学理论和应用中,以及代数运算和其中元素的一般性,近世代数的研究在数学里是具有基本性的,它的方法和结果渗透到那些与它相近的各个不同的数学分支中,从而近世代数学就对全部数学的发展有着显著的影响,成为现今数学的各个部门不可缺少的有力工具。因此,近世代数的一些基本概念、方法和结果就成为现今每个数学工作者的必备知识。不但如此,近世代数学在其他一些科学领域也有较直接的应用,特别是在计算机科学领域——这个新兴的急速发展的科学中——有着重大的影响。近世代数中的某些内容不但在计算机科学中有直接应用,而且还成为这个年青的科学的理论基础之一。因此,对于计算机科学工作者及计算机软件的研制人员来说,近世代数学的某些基本概念、方法和结果也成为其必备的知识。

　　为了更好地认识和掌握这门学科,在此我们对近世代数的一般方法先进数言,也许对读者不无好处。

　　近世代数学,可以说就是"代数系统的理论"或说"代数结构理论"。所谓代数系统,就是由一个非空集合 S 及定义在 S 上的若干个代数运算组成的一个系统。如果用符号"+"、"。"表示其中的运算,则在集合 S 上有代数运算"+"和"。"的代数系统记成(S, +, 。)。这时,集合的元素间就具有了某种代数结构。其中的代数运算可以是二元运算,一元运算,也可以是 n 元运算。不过,常用的是二元运算和一元运算。例如,将要讨论的半群、群就是一些具有一个二元代数运算的代数系统;环、域和格等就是具有两个二元代数运算的代数系统;而布尔代数则是有两个二元代数运算和一个一元代数运算的代数系统。

近世代数学作为"代数系统的理论",其方法的特点之一就是"采用集合论的记号"。关于集合论中的一些基本概念及其有关理论已在第 1 到 5 章中讨论过了。

第二个特点是对"对运算及其运算规律的重视"。可以说,我们主要是研究代数系中的运算规律和性质,至于运算对象究竟是什么,有些什么性质是不管的,我们是在最纯粹的形式下研究代数运算的,只从运算的观点来考虑代数系统中的元素。于是,运算律有着特别的重要性。在初等代数中,象交换律、结合律、分配律是常用的运算律,而且有时是不自觉地使用。但是,在近世代数中,它们中的某些,将以公理形式加到运算上予以固定,并给以特别注意,它们是否成立,将影响着整个代数系的性质。因此,在近世代数中,诸如交换律、结合律、分配律等是否成立,我们是给予特别地位加以重视。在运算时要十分小心,自觉地使用,不能象在初等代数中那样只是说说而已。

第三个特点是使用"抽象化和公理化的方法"。这里所说的抽象化表现在:第一,运算对象是抽象的。正如上面所说的,运算对象是些东西,然而并未说明是些什么具体的东西,也不知道它们有些什么属性。所以,我们称运算对象是些元素。第二,代数运算是抽象,而且是用公理化的方法规定的。其中的运算,只假定是一个满足一些运算规律和性质的代数运算,它们是以公理的形式规定的。至于究竟如何运算是不管的。这样就避免了在研究中混杂有元素的特殊属性和特殊运算的特殊性质,从而使结果具有广泛的应用性。这样,在具体问题中就允许我们对元素及其运算作具体解释,只要符合公理,则就可以应用已有的研究成果。

采用抽象化和公理化的方法的结果使得所得到的理论具有普遍性。其次还使得论证确切和严格,从而结果是精确肯定的。不过也会带来不利的一面,这就是给读者增加了一定的困难,特别是由于缺乏一定的直观性,而感到不习惯,不过这是可以克服的。当你克服了这个困难,你就前进了一大步,你的能力也就提高了。

应该注意的是,在近世代数学中,是严格地遵从概念所规定的含义和公理的形式进行推理和运算的,概念和公理是出发点。不能利用初等代数中的已知概念、公式、规则。当你遵从这个方法时,你会发现,你已有的初等代数的知识中的某些,只是知道如何运算,而不知道为什么这样算,为什么它是真的。逐渐你会清楚它们的理论基础,从而大大地加深了你对它们的认识——本质的认识。于是,你会爱上它,发现它的内在之美。

另外,还要注意,近世代数学中的一些名词术语,是从算术、初等代数、初等数论中借用过来并加以推广,它既有原来的含义也有与之不同之处。因此,为了学好这门学科,我们提出以下几点意见:

1°. 必须清楚地掌握每个概念。对每个概念既要清楚地掌握它的含义,又要掌握引入它时的实际背景,既要了解正面定义,又要正确理解其否定。

2°. 掌握基本的推理方法,学会运用概念和公理进行正确的逻辑推理。能正确地运用概念和已知的事实进行正确的推理,这实际上就是训练分析问题和解决问题的能力。

任何问题都包含知识的积累和能力的训练两个方面。在数学上,能力的训练比起单纯的知识的积累,要重得多。

3°. 学会把抽象的理论和方法运用到具体和实际问题中去。

最后,我们引用华罗庚先生在其名著《数论导引》序中的一段话来结束本节:

"从具体到抽象是数学发展的一条重要大道。因此,具体的例子往往是抽象概念的源泉,而所用的方法也往往是高深数学里所用的方法的依据。仅仅熟读了抽象的定义和方法而不知具体来源的数学工作者,是没有发展前途的,这样的人要搞深刻研究是可能会遇到无法克服的难关。数学史上也屡见不鲜地刊载着实际中来的问题和方法促进了数学发展的事实。"

11.2 若干基本概念

既然近世代数学是代数系的理论,主要研究代数系中代数运算的规律和性质,并且是在最纯粹的形式下研究代数运算。那么对什么是运算、各种运算律等一系列概念就应给以严格的抽象定义,它们有怎样的初等性质,也是首先要讨论的问题。其中有些概念已在2.7节讲过,为了完整起见,在这也作简要地重复。

定义 11.2.1 设 X 是一个集合,一个从 X × X 到 X 的映射 φ 称为 X 上的一个二元代数运算。

常用符号"。"、"·"等表示 X 上的抽象的二元代数运算,并且称为乘法。如果 $x, y \in X$,则 x 与 y 在"。"下的象。(x, y) 常记成 $x \circ y$,并且把 $x \circ y$ 叫做 x 与 y 的积。

定义 11.2.2 一个从集合 X 到集合 Y 的映射称为 X 到 Y 的一个一元运算。当 X = Y 时,则称此一元代数运算为 X 上的一元代数运算。

我们常用的是 X 上的一元代数运算。

注意,由定义 11.2.1 和 11.2.2 知,X 上的二元和一元代数运算,对 X 中的任两个元素 x 和 y,所算得的结果必在 X 中,这个性质称为运算的封闭性。按定义,运算的封闭性已蕴含在定义中。

定义 11.2.3 设"。"是 X 上的一个二元代数运算。如果 $\forall a, b, c \in X$,恒有

$$(a \circ b) \circ c = a \circ (b \circ c)$$

则称二元代数运算"。"适合结合律。如果对 X 的任两元素 a 与 b 恒有

$$a \circ b = b \circ a,$$

则称代数运算"。"适合交换律。

定义 11.2.4 设"。"是非空集合 S 上的一个二元代数运算,则称二元组(S,。)为一个(有一个代数运算的)代数系。

类似地可以有具有两个代数运算的代数系,具有三个代数运算的代数系,等等。在代数系(S,。)中,二元代数运算"。"赋以 S 的元素间一种代数结构。

定理 11.2.1 设(S,。)是一个代数系。如果二元代数运算"。"适合结合律,则 $\forall a_i \in S, i = 1,2,\cdots,n$, n 个元素 $a_1, a_2, \cdots, a_n$ 的乘积仅与这 n 个元素及其次序有关而唯一决定。

〔证〕 应用数学归纳法证明。施归纳于 n:

当 $n = 1,2$ 时结论显然成立。而 $n = 3$ 时,由代数运算适合结合律保证结论成立。

假设对 S 中 k 个元素结论成立, $k < n$。今证对 S 中任 n 个元素 $a_1, a_2, \cdots, a_n$ 定理之结论也成立。对这 n 个元素按 $a_1, a_2 \cdots, a_n$ 的次序不论用什么方法加括号确定计算方案,最后一步必是两个元的乘积,不妨设为 $b_1 \cdot b_2$。其中 b_1 必为前 $k \geq 1$ 个元素 $a_1, \cdots, a_k$ 之积,而 b_2 为后 $n - k$ 个元素 $a_{k+1}, \cdots, a_n$ 之积。由归纳假设

$$b_1 \circ b_2 = (a_1 \circ a_2 \circ \cdots \circ a_k) \circ (a_{k+1} \circ a_{k+2} \circ \cdots \circ a_n)$$
$$= (a_1 \circ a_2 \circ \cdots \circ a_k) \circ ((a_{k+1} \circ \cdots \circ a_{n-1}) \circ a_n)$$
$$= (a_1 \circ a_2 \circ \cdots \circ a_{n-1}) \circ a_n。$$

这表明对 $a_1, a_2, \cdots, a_n$ 这 n 个元素按此次序不论用什么方法(加括号),计算的结果都等于

$$(a_1 \circ a_2 \circ \cdots \circ a_{n-1}) \circ a_n。$$

因此,对 S 的任意 n 个元素 $a_1, a_2, \cdots, a_n$,它们的乘积仅与这 n 个元素及其顺序有关并唯一确定。

由数学归纳法原理,定理 11.2.1 成立。 〔证毕〕

定理 11.2.2 设 $(S,。)$ 是一个代数系。如果二元代数运算"。"适合结合律和交换律,则 $\forall a_i \in S, i = 1,2,\cdots,n$, n 个元素 $a_1, a_2, \cdots, a_n$ 的乘积仅与这 n 个元素有关而与它们的次序无关。

〔证〕 对 n 施行归纳来证明,其细节由读者自行补上。〔证毕〕

当研究具有两个二元代数运算的代数系时,这两个代数运算往往有一定的联系。分配律就是反映两种二元代数运算之间的联系的一种代数运算律。

定义 11.2.5 设 $(S, \circ, +)$ 是具有两个二元代数运算 "$\circ$" 和 "$+$" 的代数系。如果 $\forall a, b, c \in S$, 恒有

$$a \circ (b + c) = (a \circ b) + (a \circ c)$$

则称 "$\circ$" 对 "$+$" 满足左分配律。如果 $\forall a, b, c \in S$, 总有

$$(b + c) \circ a = (b \circ a) + (c \circ a)$$

则称 "$\circ$" 对 "$+$" 满足右配律。

显然,如果二元代数运算 "$\circ$" 满足交换律,则左分配律与右分律合而为一,这时便说 "$\circ$" 对 "$+$" 满足分配律。

用数学归纳法可以证明

定理 11.2.3 设 $(S, \circ, +)$ 是具有两个二元代数运算的代数系。如果加法 "$+$" 满足结合律,乘法对加法满足左 (右) 分配律,则 $\forall a, a_i \in S, i = 1, 2, \cdots, n$, 有

$$a \circ (a_1 + a_2 + \cdots + a_n) = (a \circ a_1) + (a \circ a_2) + \cdots + (a \circ a_n)$$
$$((a_1 + a_2 + \cdots + a_n) \circ a = (a_1 \circ a) + (a_2 \circ a) + \cdots + (a_n \circ a)).$$

定义 11.2.6 设 $(S, \circ)$ 是一个代数系,如果存在一个元素 $a_l \in S$, 使得 $\forall a \in S$ 有

$$a_l \circ a = a,$$

则称 a_l 为乘法 "$\circ$" 的左单位元素;如果存在元素 $a_r \in S$ 使得 $\forall a \in S$ 有

$$a \circ a_r = a,$$

则称 a_r 为乘法 "$\circ$" 的右单位元素;如果存在一个元素 $e \in S$ 使得 $\forall a \in S$ 有

$$e \circ a = a \circ e = a,$$

则称 e 为 "$\circ$" 的单位元素。

显然,如果乘法有单位元 e, 则 e 既是左单位元又是右单位元。

定理 11.2.4 设 $(S, \circ)$ 是一个代数系。如果二元代数运算 $\circ$ 既有左单位元 a_l 又有右单位元 a_r，则 $a_l = a_r$，从而有单位元。

〔证〕 由 a_l 为左单位元，所以 $a_l \circ a_r = a_r$。同样地，由于 a_r 为右单位元，所以 $a_l a_r = a_l$。于是，

$$a_l \circ a_r = a_r = a_l \qquad \text{〔证毕〕}$$

在近世代数中，如果代数系中的二元代数运算 $\circ$ 满足交换律，则习惯上常用加号"+"代替"$\circ$"，并称为加法。这时如果加法有单位元素，则单位元素常用"0"表示。但在代数系中，乘法的零元素是如下定义的：

定义 11.2.7 设 $(S, \circ)$ 是一个代数系。如果存在一个元素 $z \in S$ 使得 $\forall a \in S$ 有

$$z \circ a = a \circ z = z,$$

则称 z 是"$\circ$"的零元素。

类似地也可以定义左零元素、右零元素。不过本书中几乎未涉及这些概念。

以后，在研究代数系及其应用时，有时要考虑某些子集，并借助于代数系中的代数运算来定义子集间的代数运算。如果 $(S, \circ)$ 是一个具有二元代数运算"$\circ$"的代数系，而 $A, B \subseteq S$，则定义

$$A \circ B = \{a \circ b \mid a \in A \text{ 且 } b \in B\}。$$

根据上下文，如不会发生误会，也常把 $A \circ B$ 记为 AB，而把 $a \circ b$ 写成 ab。特别是，当 $A = \{a\}$ 时，$AB = \{a\}B$ 简记为 aB。于是，

$$aB = \{a \circ b \mid b \in B\},$$
$$Ba = \{b \circ a \mid b \in B\},$$

注意，一般说来 $aB \neq Ba$。即使 $aB = Ba$ 时，ax 也未必与 xa 相等，其中 $x \in B$。

11.3　半群与幺半群的概念

首先研究的代数系是半群和幺半群。在形式语言和自动机的理

论中可以找到幺半群的应用。

定义 11.3.1 设"。"是非空集合 S 上的一个二元代数运算,称为乘法。如果 $\forall a, b, c \in S$,有

$$(a \circ b) \circ c = a \circ (b \circ c)$$

则称集合 S 对乘法。形成一个半群(*semigroup*),并记为(S,。)。

于是,半群就是具有满足结合律的二元代数运算的代数系。在半群中的乘法,只要求它满足结合律,并未要求它必须满足交换律。但是,如果半群中的二元代数运算 —— 乘法,还满足交换律,则称此半群为交换半群或可换半群。

例 11.3.1 整数集合 Z 对通常的加法构成的代数系是一个半群,它还是一个可换半群。全体实数集 R 对通常的加法 +、乘法 · 分别构成可换半群(R, +)、(R, ·)。由此可见,同一个集合 R,对不同的代数运算构成的半群应看成是不同的半群。

例 11.3.2 设 M_n 为所有 $n \times n$ 实矩阵构成的集合,矩阵的乘法是 M_n 上的二元代数运算,并且满足结合律。从而 M_n 对矩阵乘法构成一个半群(M_n, ·)。由于矩阵乘法不满足交换律,所以(M_n, ·)是一个不可交换的半群。

例 11.3.3 所有 n 次置换构成的集合 S_n 对置换的乘法形成一个半群(S_n,。),它也是一个不可交换半群。由于 $| S_n | = n!$,所以半群(S_n,。)中仅有 $n!$ 个元素。

只含有有限个元素的半群称为有限半群,否则称为无限半群。于是,例 11.3.3 中的半群(S_n,。)是有限半群,而例 11.3.1 及例 11.3.2 中的半群都是无限半群。

一般地,对任何一个正整数 n,必有一个恰好含有 n 个元素的半群。

例 11.3.4 令 $Z_n = \{[0], [1], \cdots, [n-1]\}$ 为整数集 Z 上在模 n 的同余关系下等价类之集,即

$$[i] = \{m \mid m \in Z \text{ 且 } m \equiv i \pmod{n}\}。$$

在 Z_n 上定义加法运算"+"如下:$\forall [i], [j] \in Z_n$,

$$[i] + [j] = [i + j]。$$

今证"+"是 Z_n 上的二元代数运算。实际上,如果 $k \in [i], l \in [j]$,则 $[k] = [i], [l] = [j], [k] + [l] = [i] + [j]$。按定义 $[k] + [l] = [k + l], [i] + [j] = [i + j]$。所以,只须证明 $[k + l] = [i + j]$,即加法的定义是不依赖于 $[i]、[j]$ 的表示即可。由于 $n \mid (k - i)$,$n \mid (l - j)$,所以 $(k - i) + (l - j) = (k + l) - (i + j)$ 也能被 n 整除,故 $k + l \equiv i + j \pmod{n}$,因此,$k + l \in [i + j]$,这表明"+"的定义与 $[i]、[j]$ 的具体表示无关,故"+"是 Z_n 中的代数运算。又因为 $\forall [i], [j], [k] \in Z_n$,

$$([i] + [z]) + [k] = [i + j + k],$$
$$[i] + ([j] + [k]) = [i + j + k],$$

所以,

$$([i] + [j]) + [k] = [i] + ([j] + [k])。$$

于是,加法满足结合律,从而 $(Z_n, +)$ 是一个半群,它恰有 n 个元素。

上述四个例中的半群都有单位元素。$(R, +)$ 中单位元为 0,$(R, \cdot)$ 中单位元为 1,$(S_n, \circ)$ 中单位元为 n 次恒等置换 I,$(Z_n, +)$ 中的单位元为 $[0]$。

例 11.3.5 全体偶整数之集 E 对通常的乘法构成一个可交换半群 $(E, \cdot)$,它没有单位元。

有单位元素并不是半群的固有性质。在没有单位元素的半群中可能有左单位元素,或有右单位元素,而且左(右)单位元素也可能不只一个,甚至可能有无穷多个。

例 11.3.6 设 S 为一切形如

$$\begin{bmatrix} a & b \\ 0 & 0 \end{bmatrix}, a, b \in N$$

的 2×2 矩阵之集。不难验证,S 对矩阵的乘法构成一个不可交换半群。容易验证:$\forall d \in N, 2 \times 2$ 矩阵

$$\begin{pmatrix} 1 & d \\ 0 & 0 \end{pmatrix}$$

是左单位元素。于是,$(S,\circ)$ 有无穷多个左单位元素。然而它却没有右单位元素。

由定理 11.2.4 便立即得到

定理 11.3.1　如果半群 $(S,\circ)$ 中既有左单位元素又有右单位元素,则左单位元素与右单位元素相等,从而有单位元素且单位元素是唯一的。

定义 11.3.2　有单位元素的半群 $(S,\circ)$ 称为独异点(*monoid*)。或称为幺半群。

在抽象地讨论幺半群时,其单位元素常记为 e。为了突出幺半群 $(S,\circ)$ 中有单位元素 e,就把幺半群记为 $(S,\circ,e)$。

例 11.3.1 – 11.3.4 中各半群都是幺半群,而例 11.3.5 及例 11.3.6 的半群都不是幺半群。

例 11.3.7　令 S 是任一非空集合,则 $(2^S,\bigcup,\emptyset)$ 和 $(2^S,\bigcap,S)$ 都是幺半群。

例 11.3.8　设 S 是一个非空集合,$f:S\to S$ 是一个特定的映射,则 $f^0 = I_S, f^1 = f, f^2 = f\circ f, \cdots, f^{n+1} = f^n\circ f, \cdots$ 都是 S 到 S 的映射。令

$$\langle f\rangle = \{f^k \mid k\in\{0,1,2,\cdots\}\},$$

则 $\langle f\rangle$ 对映射的合成构成了一个以 $f^0 = I_s$ 为单位元的幺半群 $(\langle f\rangle, \circ, I_S)$。

例 11.3.9　设 S 为非空集,$M(S) = \{f\mid f:S\to S\}$,则 $M(S)$ 对映射的合成构成了一个以 I_S 为单位元的幺半群 $(M(S),\circ,I_S)$,它是不可交换幺半群。

幺半群 $(S,\circ,e)$ 称为有限幺半群,如果 S 是有限集。通常我们把 S 的基数称为幺半群 $(S,\circ,e)$ 的阶。

幺半群在形式语言和自动机理论中找到了应用。

定理 11.3.2　有限半群 $(S,\circ)$ 为一个幺半群当且仅当 $\exists s,t\in$

S 使得

$$sS = S, St = S。$$

〔证〕 ⇒ 显然。

⇐ 设 $(S, \circ)$ 是半群且 $\exists s, t \in S$ 使 $sS = S, St = S$。令 $\varphi: S \to sS, \forall x \in S, \varphi(x) = s \circ x$。于是，由

$$\varphi(S) = \{sx \mid x \in S\} = sS$$

知 φ 是满射。又由于 $sS = S$，所以 φ 是单射，从而 φ 是一一对应。因此，φ 是 S 上的一个置换。由数学归纳法可以证明，$\forall x \in S$，

$$\varphi^n(x) = s^n x，$$

从而有某个正整数 m 使 φ^m 为恒等置换，所以

$$\varphi^m(x) = s^m x = x。$$

于是，s^m 是左单位元。类似可证，$(S, \circ)$ 有右单位元。由定理 11.3.1，$(S, \circ)$ 有单位元 e，故 $(S, \circ)$ 是一个幺半群。 〔证毕〕

在幺半群 $(S, \circ, e)$ 中可以定义非负整数次幂的运算。$\forall a \in S$，

$$a^0 = e, a^{n+1} = a^n \circ a, n \geqslant 0。$$

不难证明

定理 11.3.3 设 $(S, \circ, e)$ 是一个幺半群，m, n 是任意的非负整数，则 $\forall a \in S$

$$a^m \circ a^n = a^{m+n},$$

$$(a^m)^n = a^{mn}。$$

如果 $(S, \circ, e)$ 是可交换的，则 $\forall a, b \in S$ 有

$$(a \circ b)^n = a^n \circ b^n。$$

在 11.2 节中已说过，一个二元代数运算如果满足交换律，则习惯上用加号"+"表示这个二元运算。而且若有单位元，则单位元常记为 0。于是，一个抽象的幺半群常记为 $(S, +, 0)$，而 a^n 就记为 na，即

$$0a = 0, 1a = a, na = (n-1)a + a, n \geqslant 1。$$

亦即，当 $n \geqslant 1$ 时

$$na = \underbrace{a + a + \cdots + a}_{n个a相加}。$$

注意,na 不是 n 乘 a,而应读成 n 倍的 a。

由于幺半群中有单位元,所以可定义一个重要的概念 —— 逆元素。

定义 11.3.3 设 $(S,\circ,e)$ 是一个幺半群。元素 $a\in S$ 称为有左逆元素,如果存在 $a_l\in S$ 使 $a_l\circ a=e$,这时 a_l 叫做 a 的左逆元素。如果存在元素 $a_r\in S$ 使得 $a\circ a_r=e$,则称 a_r 为 a 的右逆元素。如果存在 $b\in S$ 使得 $a\circ b=b\circ a=e$,则称 a 有逆元素,而 b 叫做 a 的逆元素。

定理 11.3.4 幺半群 $(S,\circ,e)$ 中元素 a 若有左逆素 a_l 又有右逆元素 a_r,则 $a_l=a_r$。于是,a 有逆元素且 a 的逆元素是唯一的,a 的这个唯一逆元素记为 a^{-1}。

〔证〕 因为 $a_l\circ a=e$,两边同右乘以 a_r 得

$$(a_l\circ a)\circ a_r=e\circ a_r。$$

由结合律得到 $(a_l\circ a)\circ a_r=a_l\circ(a\circ a_r)$。再由 $a\circ a_r=e$ 便得到 $a_l\circ e=e\circ a_r$,即 $a_l=a_r$。 〔证毕〕

定义 11.3.4 每个元素都有逆元素的幺半群称为群。

在第十二章中我们详细讨论群。

定理 11.3.4 有限半群 $(S,\circ)$ 是一个群的充分必要条件是 $\forall s\in S$ 有 $sS=S$ 且 $\exists t\in S$ 使得 $St=S$。

〔证〕 由定理 11.3.2 知道,半群 $(S,\circ)$ 是一个幺半群,所以有单位元 e。再由定理 11.3.2 的证明过程可知,对 S 的每个元素 s,都有一个相应的正整数 m 使得 $s^m=e$。于是,当 $m=1$ 时,$s=e$,s 有逆元;若 $m>1$,则 $e=s\cdot s^{m-1}=s^{m-1}\cdot s$ 所以 s 有逆元素 s^{m-1}。因此,S 的每个元素都有逆元素,故 $(S,\circ)$ 是群。 〔证毕〕

如果 a 是幺半群 $(S,\circ,e)$ 的一个可逆元,则可定义 a 的负整数次幂:对任何 $n\geqslant 1$ 有

$$a^{-n}=(a^{-1})^n。$$

容易验证:对任何整数 m,k 有

$$a^m\circ a^k=a^{m+k}$$

$$(a^m)^k = a^{mk}$$

习　　题

1. 找一个半群,它有有限个左(右) 单位元素。

2. 找一个半群,它有无穷多个右单位元素。

3. 设 $(S, \circ)$ 是一个半群, $a \in S$ 称为左消去元素,如果 $\forall x, y \in S$,有 $a \circ x = a \circ y$,则一定有 $x = y$。试证:如果 a 和 b 均为左消去元,则 $a \circ b$ 也是左消去元。

4. 设 Z 为整数集合, $M = Z \times Z$。在 M 上定义二元运算"$\circ$"如下: $\forall (x_1, x_2), (y_1, y_2) \in M$,

$(x_1, x_2) \circ (y_1, y_2) = (x_1 y_1 + 2 x_2 y_2, x_1 y_2 + x_2 y_1)$,

试证:

1°. M 对上述定义的代数运算构成一个幺半群。

2°. 若 $(x_1, x_2) \neq (0, 0)$,则 (x_1, x_2) 是左消去元。

3°. 运算"$\circ$"满足交换律。

5. 证明:有限半群中一定有一个元素 a 使得 $a \circ a = a$。

6. 设 $(M, \circ, e)$ 是一个幺半群, $m \in M$ 是 M 的一个特定元素。在 M 上定义一个新的乘法运算"$*$"如下: $\forall a, b \in M, a * b = a \circ m \circ b$。试证: $(M, *)$ 是一个半群,问 m 满足什么条件时半群 $(M, *)$ 是一个幺半群?

7. 设 $(S, \circ)$ 是一个半群, $u \notin S, M = S \bigcup \{u\}$。把 S 中的乘法"$\circ$"扩充到 M 上,仍记为 $\circ$: $\forall a \in M$,

$$u \circ u = u, u \circ a = a \circ u = a。$$

试证: M 对"$\circ$"构成一个幺半群。

8. 设 S 是一个非空集合。试证: S 的幂集 2^S 对集合的对称差运算"$\triangle$"构成一个群。

9. 设 S 是一个非空集合。在 S 上定义乘法"$\circ$"如下: $\forall x, y \in S$, $x \circ y = y$。证明: S 对乘法"$\circ$"构成一个半群。在什么条件下它是一个幺半群。

10. 设 $(S, \circ, *)$ 是一个具有两个二元代数运算 "$\circ$" 和 "$*$" 的代数系。如果对 "$\circ$" 和 "$*$" 分别有单位元素 e_1 和 e_2，并且 "$\circ$" 对 "$*$" 以及 "$*$" 对 "$\circ$" 分别都满足左及右分配律，证明：$\forall x \in S$ 都有

$$x \circ x = x, x * x = x。$$

11. 习题 9 中的半群称为左零半群。类似地可定义右零半群。如果 $(S, \circ)$ 是一个半群且 $a, b, c, d \in S$，只要 $a \circ b = c \circ d$，则就有 $a = c$ 或 $b = d$。试证：$(S, \circ)$ 或为左零半群，或为右零半群。

11.4 子半群、子幺半群、理想

在研究各种代数系时，往往通过对某些"子代数系"及一些子集的研究而达到对整个代数系的研究。因此，代数系的子集的代数性质的研究就显得十分重要。

定义 11.4.1 设 $(S, \circ)$ 是一个半群，B 是 S 的一个非空子集。如果 $\forall a, b \in B$，都有 $a \circ b \in B$，则称代系数系 $(B, \circ)$ 是 $(S, \circ)$ 的一个子半群，并简称 B 是 S 的子半群。

由此定义可知，当把 "$\circ$" 限制在 B 上时，B 对 "$\circ$" 构成一个半群。因此，子半群也是半群。应该注意的是子半群 $(B, \circ)$ 是对 $(S, \circ)$ 中的乘法构成半群，而当在 B 上定义了另外的乘法 "$*$" 时，尽管 B 对 "$*$" 也构成半群 $(B, *)$，但 $(B, *)$ 也不能叫做 $(S, \circ)$ 的子半群。

定义 11.4.2 设 $(S, \circ, e)$ 是一个幺半群，$P \subseteq$。如果 $e \in P$ 且 P 是 S 的子半群，则称 P 是 S 的子幺半群。

显然，半群 $(S, \circ)$ 的非空子集 B 是子半群当且仅当 $B \cdot B \subseteq B$。幺半群 $(M, \circ, e)$ 的子集 P 是子幺半群当且仅当 $e \in P$ 且 $P \cdot P \subseteq P$。

例 11.4.1 设 $(Z, \cdot)$ 是整数的乘法半群，它也是幺半群。$\{0, 1\} \subseteq Z$，则 $\{0, 1\}$ 对整数乘法构成的半群 $(\{0, 1\}, \cdot)$ 是整数乘法群 $(Z, \cdot)$ 的子半群，也是子幺半群。但是，$(\{0, 1\}, \cdot)$ 不是整数加法半群 $(Z, +)$ 的子半群，因它为们的代数运算不同。

例 11.4.2 设 $(S, \circ)$ 是一个半群，a 是 S 的一个特定元素，$B =$

$\{a^n \mid n \geqslant 1\}$，则 B 是 S 的一个子半群。类似的，设 $(M, \circ, e)$ 是一个幺半群，$P = \{a^n \mid n \geqslant 0\}, a \in M$，则 P 是 M 的一个子幺半群。

其次，令 Q 为 $(M, \circ, e)$ 中所有可逆元素之集，则显然 $e \in Q$，故 $Q \neq \emptyset$。又设 $a, b \in Q$，则

$$(a \circ b) \circ (b^{-1} \circ a^{-1}) = a \circ (b \circ b^{-1}) \circ a^{-1} = a \circ e \circ a^{-1} = e,$$
$$(b^{-1} \circ a^{-1}) \circ (a \circ b) = b^{-1} \circ (a^{-1} \circ a) \circ b = b^{-1} \circ e \circ b = e,$$

所以 $a \circ b \in Q$。因此，$(Q, \circ, e)$ 也是子幺半群。显然，Q 还是群。

定理 11.4.1　一个幺半群的任意多个子幺半群的交集仍是子幺半群。

〔证〕　设 $(M, \circ, e)$ 是一个幺半群，$\{M_\alpha\}_{\alpha \in I}$ 是 M 的一些（未必是全部的）子幺半群构成的集族。令 $P = \bigcap\limits_{\alpha \in I} M_\alpha$，则因为 $\forall \alpha \in I, e \in M_\alpha$，所以 $e \in P$。其次，$\forall a, b \in P$，则 $\forall \alpha \in I$，有 $a, b \in M_\alpha$，从而 $a \circ b \in M_\alpha$。因此，$a \circ b \in P$。所以，P 是 M 的子幺半群。　〔证毕〕

定理 11.4.2　设 $(S, \circ)$ 是一个半群，A 是 S 的一个非空子集，则 S 的一切包含 A 的子半群的交集 Q 也是子半群。

〔证〕　显然，$A \subseteq Q$，所以 $Q \neq \emptyset$。其次，$\forall a, b \in Q$，a 与 b 属于每个包含 A 的半群 B 中，从而 $a \circ b \in B$，故 $a \circ b \in Q$。因此，Q 为子半群。　〔证毕〕

如果 A 是半群 $(S, \circ)$ 的一个非空子集，可以用定理 11.4.2 的方法产生一个子半群，它是 S 中包含 A 的所有子半群的交。这样，当 S 中某些具有特殊性质的元素形成集合 A，或 S 中一些我们感兴趣的对象形成一个集合 A 时，虽然 A 不是子半群，但可以把它扩大些而形成一个子半群，但要扩大得尽量地小。这是近世代数中的一个有用的方法，所以我们有

定义 11.4.3　设 A 是半群 $(S, \circ)$ 的一个非空子集，由 S 的包含 A 的所有子半群的交所形成的子半群称为由 A 生成的子半群，记为 (A)。类似地，如果 A 是幺半群 $(M, \circ, e)$ 的子集，M 中包含 A 的所有子幺半群的交称为由 A 生成的子幺半群。

显然，由 A 生成的子半群（子幺半群）是半群 S（幺半群 M）的包

含 A 的最小子半群(子幺半群)。

定义 11.4.4 半群$(S, \circ)$的一个非空子集 A 称为 S 的一个左(右)理想,如果 $SA \subseteq A (AS \subseteq A)$。如果 A 既是 S 的左理想又是 S 的右理想,则称 A 是 S 的理想。

类似地可定义 S 的非空子集 A 生成的左(右)理想为 S 的所有包含 A 的左(右)理想的交。S 的包含A的一切理想的交称为由A生的理想。

定理 11.4.3 设 A 是半群$(S, \circ)$的一个非空子集,则

1°. 由 A 生成的左理想是 $A \cup SA$。

2°. 由 A 生成的右理想是 $A \cup AS$。

3°. 由 A 生成的理想是 $A \cup SA \cup AS \cup SAS$。

〔证〕 1°. 因为 $S(A \cup SA) = SA \cup S(SA) \subseteq SA \cup A$ 所以 $A \cup SA$ 是包含 A 的一个左理想。设 P 是 S 的任一包含 A 的左理想,则 $A \subseteq P$ 且 $SP \subseteq P$。于是,$SA \subseteq SP \subseteq P$,从而 $A \cup SA \subseteq P$。这表明包含 A 的任一左理想都包含左理想 $A \cup SA$。因此,$A \cup SA$ 是由 A 生成的左理想。

2°. 类似可证,由 A 生成的右理想是 $A \cup AS$。

3°. 由于
$$S(A \cup SA \cup AS \cup SAS) \subseteq SA \cup SA \cup SAS$$
$$\subseteq A \cup SA \cup AS \cup SAS$$

以及
$$(A \cup SA \cup AS \cup SAS)S \subseteq AS \cup AS \cup SAS$$
$$\subseteq A \cup AS \cup SA \cup SAS$$

所以 $A \cup SA \cup AS \cup SAS$ 是包含 A 的理想。

其次,设 P 是 S 的任一包含 A 的理想,则 $A \subseteq P, SP \subseteq P, PS \subseteq P$。于是,$SA \subseteq SP \subseteq P, AS \subseteq PS \subseteq P$。因此,$A \cup SA \cup AS \subseteq P$。再由 $SAS \subseteq P$ 便知
$$A \cup SA \cup AS \cup SAS \subseteq P。$$

所以,由 A 生成的理想就是 $A \cup SA \cup AS \cup SAS$。 〔证毕〕

定理 11.4.4 设 A 是幺半群$(M, \circ, e)$ 的一个子集,则

$1°$. 由 A 生成的 M 的左理想是 SA。

$2°$. 由 A 生成的 M 的右理想是 AS。

$3°$. 由 A 生成的 M 的理想是 SAS。

〔证〕 留作读者自证。 〔证毕〕

定义 11.4.5 一个半群(幺半群)称为一个循环半群(循环幺半群),如果这个半群(幺半群)是由其中的某个元素生成的半群(幺半群)。由元素 a 生成的循环半群记为(a)。

例 11.4. 自然数集 N 对加法的半群$(N, +)$ 是由 1 生成的循环半群。所有非负整数之集 $N_0 = N \cup \{0\}$ 对加法构成的幺半群$(N_0, +)$ 是一个由 1 生成的循环幺半群。

定理 11.4.5 循环半群(幺半群) 必是可交换半群(幺半群)。

〔证〕 设$(S, \circ)$ 是一个由 a 生成的半群,则 $S = \{a, a^2, a^3, \cdots\}$。于是,$\forall x, y \in S$ 有 m, k 使 $x = a^m, y = a^k$。因此 $a^{m+k} = x \circ y = y \circ x$。所以 S 是可交换半群。 〔证毕〕

习 题

1. 设 A 是半群$(S, \circ)$的非空子集, $G(A)$ 为由 A 生成的子半群,证明:

$$G(A) = \{x \mid \exists a_1, a_2, \cdots, a_n \in A \text{ 使 } x = a_1 a_2 \cdots a_n, n \geqslant 1\}。$$

2. 设$(M, \circ, e)$ 是一个幺半群, $a \in M$ 称为幂等元,如果 $a \circ a = a$。证明:如果 M 是可交换的幺半群,则 M 的所有幂等元之集是 M 的一个子幺半群。

3. 循环幺半群的子幺半群是否还是循环幺半群?证明你的结论。

4. 设$(Z, \cdot)$ 是整数的乘法半群。研究 Z 的理想有何形式。

5. 设$(S, \circ)$ 与$(T, *)$ 是半群,在 $S \times T$ 上定义二元运算"·"如下:$\forall (s_1, t_1), (s_2, t_2) \in S \times T,$

$$(s_1, t_1) \cdot (s_2, t_2) = (s_1 \circ s_2, t_1 * t_2)。$$

证明：

1°. $S \times T$ 对 "·" 构成一个半群。

2°. 如果 S_1 是 S 的子半群，T_1 是 T 的子半群，$S_1 \times T_1$ 是 $S \times T$ 的子半群吗？

11.5 同构、同态

当抽象地讨论半群、幺半群时，用什么符号表示其元素，用什么符号表示其代数运算是没有什么关系的。因为我们是在最纯粹形式下研究半群（幺半群）中代数运算的，仅从运算的观点来考虑其中的元素，至于它们是什么，有什么属性是不考虑的。

那么在上述观点下，两个半群（幺半群）怎样才能算是一样的呢？能否把这些抽象系统弄得具体些呢？所谓具体些，就是其元素和代数运算都是更具体些。这样，对半群（幺半群）的研究就更直观些，直观的启发可能有助于思考，从而在方法论上可能有重要意义。

要进行这项工作，应该想到一一对应的应用，即把对等的两个集在某种意义上视为一样的。由于在研究代数系时，我们主要感兴趣的是代数运算的性质，是从代数运算的观点来考虑其元素的，所以这种一一对应与其运算发生联系才有用，才能成为有力的比较工具。在这种联系中，两个元素乘积的象元素等于两个元素的象的乘积，应该是最重要的。

定义 11.5.1 设 $(S, \circ)$ 与 $(T, *)$ 是两个半群。如果存在一个从 S 到 T 的一一对应 φ，使得 $\forall a, b \in S$ 有

$$\varphi(a \circ b) = \varphi(a) * \varphi(b),$$

则称半群 $(S, \circ)$ 与 $(T, *)$ 同构，记为 $(S, \circ) \cong (T, *)$，常简记为 $S \cong T$。这时 φ 称为 S 到 T 的一个同构。

定义 11.5.2 设 $(M, \circ, e)$ 和 $(M', *, e')$ 是两个幺半群，如果存在从 M 到 M' 的一个一一对应 φ，使得 $\forall x, y \in M$

$$\varphi(e) = e', \varphi(x \circ y) = \varphi(x) * \varphi(y),$$

则称$(M, \circ, e)$和$(M', *, e')$同构,记为$(M, \circ, e) \cong (M', *, e')$,或简记为$M \cong M'$。这时$\varphi$称为$M$到$M'$的一个同构。

易见,若φ是从幺半群M到M'上的一个同构,则定义11.5.2中的条件$\varphi(e) = e'$是多余的要求,它可从$\varphi(x \circ y) = \varphi(x) * \varphi(y)$这个条件推出。这是因为$\forall x \in M$有

$$\varphi(x) = \varphi(x \circ e) = \varphi(x) * \varphi(e) = \varphi(e) * \varphi(x) = \varphi(e \circ x)$$

因为φ为一一对应,所以φ是满的,即$\varphi(M) = M'$。所以$\varphi(e)$是M'的单位元素,故$\varphi(e) = e'$。

于是,同构的概念完整地刻画了两个抽象的半群(幺半群)是一样的(即代数性质一样)。于是,当我们仅对半群(幺半群)的代数性质感兴趣时,那么同构的半群(幺半群)就可看成一样的,所不同的仅是元素和运算符号的表示不同而已。

当把同构的半群(幺半群)看成一样的时,就可以把抽象半群(幺半群)弄得更具体些。为此,设$(S, \circ)$是一个半群,考虑S到S的如下变换(映射)$\rho_a : \forall x \in S$,

$$\rho_a(x) = a \circ x,$$

其中a为S的一个元素,称ρ_a为由a确定的S上的左变换。设$a, b \in S$,则ρ_a与ρ_b的合成$\rho_b \circ \rho_a = \rho_{b \circ a}$。令$L(S) = \{\rho_a \mid a \in S, \forall x \in S, \rho_a(x) = a \circ x\}$,则$L(S)$对变换的合成构成一个半群$(L(S), \circ)$,称为变换半群。

令$\varphi : S \to L(S), \forall a \in S, \varphi(a) = \rho_a$。现在我们来证明:如果$S$具有性质:$\forall x \in S, a \circ x = b \circ x$,则$a = b$,那么$\varphi$是一个同构。实际上,这时有$\forall a, b \in S$,若$a \neq b$,则$\rho_a \neq \rho_b$,故$\varphi$是单射。$\varphi$显然是满的,所以$\varphi$为一一对应且$\forall a, b \in S$,

$$\varphi(a \circ b) = \rho_{a \circ b} = \rho_a \cdot \rho_b = \varphi(a) \circ \varphi(b).$$

于是,我们有

定理 11.5.1(幺半群的 *Cayley* 定理) 任何幺半群$(M, \circ, e)$同构于变换幺半群$(L(M), \circ, I_M)$。

〔证〕 显然，ρ_e 是 M 上的映恒映射 I_M，所以 $L(M)$ 是幺半群。其次，$\forall a, b \in M$，若 $a \neq b$，则 $\rho_a \neq \rho_b$。实际上，如果 $\rho_a = \rho_b$，则 $a \circ e = b \circ e$，从而 $a = b$，矛盾。于是，$\varphi : M \to L(M)$，$\forall a \in M$，$\varphi(a) = \rho_a$，是 M 到 $L(M)$ 上的一个同构。所以，$M \cong L(M)$。 〔证毕〕

于是，我们可以把 M 与 $L(M)$ 看成一样的，但 $L(M)$ 的元素比较具体 —— 变换(即映射，或就叫函数)，而 $L(M)$ 中的运算是变换的合成运算，也比较具体。这样，任何一个抽象的幺半群都可以用一个"比较具体的"变换幺半群作为其模型(表示)。

我们发现，同构的概念要求的条件较严格，它只能用在比较两个代数系的代数性质是否一样。能否把同构的条件放宽些，这时虽然不能断定两个代数系的性质完全一样，但通过这种联系使之有可能从一个代数系的若干性质推知另一代数系的某些性质，这显然是一种很有用的工具。

定义 11.5.3 设 $(S, \circ)$ 和 $(T, *)$ 是半群，如果存在 $\varphi : S \to T$ 使得 $\forall x, y \in S$ 有
$$\varphi(x \circ y) = \varphi(x) * \varphi(y),$$
则称 $(S, \circ)$ 与 $(T, *)$ 是同态的，φ 称为 S 到 T 的一个同态，$\varphi(S)$ 称为同态象。同样地，若 $(M, \circ, e)$ 与 $(M', *, e')$ 是幺半群，如果有 $\varphi : M \to M'$ 使得 $\forall x, y \in S$ 有
$$\varphi(e) = e', \varphi(x \circ y) = \varphi(x) * \varphi(y),$$
则称 $(M, \circ, e)$ 与 $(M', *, e')$ 同态，φ 称为幺半群 M 到 M' 的一个同态。

如果同态 φ 是满映射，则往往习惯于记成 $S \sim T(M \sim M')$。显然，当同态为一一对应时，φ 就是同构。

例 11.5.1 设 S 是一个非空集，$S^S = \{f \mid f : S \to S\}$，则 S^S 对映射的合成运算形成一个半群 $(S^S, \circ)$。若 $(S, \circ)$ 是一个半群，则 S 与 S^S 同态，但不是满同态。

例 11.5.2 令 $(M, \circ, e)$ 与 $(M', *, e')$ 是幺半群。设 $\varphi : M \to M'$，$\forall x \in M$，$\varphi(x) = e'$，则 φ 是一个同态，但若 $|M| > 1$，则 φ 不

是满同态。

例 11.5.3 令 $(Z, \cdot, 1)$ 为整数的乘法幺半群。令 $\varphi: Z \to Z$，$\forall z \in Z, \varphi(z) = 0$，则 φ 不是同态，因为 $\varphi(1) = 0 \neq 1$。

定理 11.5.2 设 $(S, \circ)$ 是一个半群，$(T, *)$ 是一个具有二元代数运算 "$*$" 的代数系。如果存在一个满映射 $\varphi: S \to T$ 使得 $\forall x$，$y \in S$ 有

$$\varphi(x \circ y) = \varphi(x) * \varphi(y),$$

则 $(T, *)$ 是半群。

〔证〕 因为 φ 是满射，所以 $\forall t_1, t_2, t_3 \in T, \exists s_1, s_2, s_3 \in S$ 使得 $\varphi(s_1) = t_1, \varphi(s_2) = t_2, \varphi(s_3) = t_3$。于是，

$$\begin{aligned}
\varphi((s_1 \circ s_2) \circ s_3) &= \varphi(s_1 \circ s_2) * \varphi(s_3) \\
&= (\varphi(s_1) * \varphi(s_2)) * \varphi(s_3) \\
&= (t_1 * t_2) * t_3
\end{aligned}$$

类似地有

$$\varphi(s_1 \circ (s_2 \circ s_3)) = t_1 \circ (t_2 \circ t_3)。$$

由于 $(s_1 \circ s_2) \circ s_3 = s_1 \circ (s_2 \circ s_3)$，所以 $\varphi((s_1 \circ s_2) \circ s_3) = \varphi(s_1 \circ (s_2 \circ s_3))$。因此，

$$(t_1 * t_2) \circ t_3 = t_1 \circ (t_2 \circ t_3)$$

所以，$(T, *)$ 是半群。 〔证毕〕

注意，定理 11.5.2 中的 φ 是满射这个条件不能去掉。

定理 11.5.3 设 $(S, \circ, e)$ 是幺半群，$(T, *)$ 是半群。如果 φ 是 S 到 T 的满半群同态，则 $\varphi(e)$ 是 T 的单位元，从而 $(T, *, \varphi(e))$ 是幺半群。

〔证〕 因为 φ 是满射，所以对 T 的每个元素 t，在 S 中必有相应的元素 s 使得 $\varphi(s) = t$。于是，

$$t = \varphi(s) = \varphi(s \circ e) = \varphi(s) * \varphi(e) = t * \varphi(e),$$

$$t = \varphi(s) = \varphi(e \circ s) = \varphi(e) * \varphi(s) = \varphi(e) * t,$$

所以，$\varphi(e)$ 是 T 的单位元素。 〔证毕〕

定理 11.5.4 设 $(M_1, \circ, e_1)$ 与 $(M_2, *, e_2)$ 是幺半群。如果 M

到 T 有一个同态 φ,则 M 的可逆元素 a 的象 $\varphi(a)$ 也可逆且 $\varphi(a)^{-1} = \varphi(a^{-1})$。

〔证〕 因为

$$e_2 = \varphi(e_1) = \varphi(a^{-1} \circ a) = \varphi(a^{-1}) * \varphi(a)$$
$$= \varphi(a \circ a^{-1}) = \varphi(a) * \varphi(a^{-1}),$$

所以 $\varphi(a)$ 是可逆的且 $\varphi(a^{-1})$ 是 $\varphi(a)$ 的逆元素,从而

$$\varphi(a)^{-1} = \varphi(a^{-1})。$$ 〔证毕〕

定理 11.5.5 设 φ 是半群 $(S_1, \circ)$ 到半群 $(S_2, *)$ 的同态,ψ 是 $(S_2, *)$ 到半群 $(S_3, \cdot)$ 的同态,则 $\psi \circ \varphi$ 是 $(S_1, \circ)$ 到 $(S_3, \cdot)$ 的同态。

〔证〕 留为作业 〔证毕〕

设 $(S, \circ)$ 与 $(T, *)$ 为半群,φ 是 S 到 T 的同态,则由 3.7 节知,由 φ 确定了 S 上的一个等价关系 $E_\varphi : \forall x, y \in S$,

$$xE_\varphi y \text{ 当且仅当 } \varphi(x) = \varphi(y)。$$

今利用 S 上的代数运算"$\circ$"定义 S/E_φ 上的一个代数运算"$\cdot$":$\forall [a], [b] \in S/E_\varphi$,

$$[a] \cdot [b] = [a \circ b]。$$

为证明了"$\cdot$"是二元代数运算,我们需要证明:$\forall a' \in [a], b' \in [b]$,总有 $[a' \circ b'] = [a \circ b]$,即 $[a] \cdot [b]$ 与 $[a]$ 与 $[b]$ 的表示方式无关。由 $a' \in [a], b' \in [b]$ 得到 $\varphi(a) = \varphi(a'), \varphi(b) = \varphi(b')$。再由 φ 为同态便有

$$\varphi(a \circ b) = \varphi(a) * \varphi(b) = \varphi(a') * \varphi(b')$$
$$= \varphi(a' \circ b'),$$

从而 $a' \circ b' \in [a \circ b]$,故 $[a' \circ b'] = [a \circ b]$。

其次,$\forall [a], [b], [c] \in S/E_\varphi$,有

$$([a] \cdot [b]) \cdot [c] = [a \circ b] \cdot [c] = [(a \circ b) \circ c],$$

$$[a] \cdot ([b] \cdot [c]) = [a] \cdot [b \circ c] = [a \circ (b \circ c)]。$$

但 $(a \circ b) \circ c = a \circ (b \circ c)$,所以

$$([a] \cdot [b]) \cdot [c] = [a] \cdot ([b] \cdot [c])。$$

因此,"$\cdot$"满足结合律,从而 $(S/E_\varphi, \cdot)$ 是半群。

定义 11.5.4 设 $(S, \circ)$ 和 $(T, *)$ 是半群，φ 是 S 到 T 的同态。半群 $(S/E_\varphi, \cdot)$ 称为商半群。令 $\gamma: S \rightarrow S/E_\varphi, \forall a \in S, \gamma(a) = [a]$，则称 γ 为 S 到商半群 S/E_φ 的自然同态。

类似地，如果 φ 是幺半群 $(M, \circ, e)$ 到幺半群 $(M', *, e')$ 的同态，则由 φ 确定的 M 上的等价关系 E_φ 确定了 M 的划分 M/E_φ。按上面的方法在 M/E_φ 上定义的二元运算 "·" 使 $(M/E_\varphi, \cdot)$ 成为一个幺半群，$[e]$ 是单位元。幺半群 $(M/E_\varphi, \cdot, [e])$ 称为商幺半群。

定理 11.5.6(幺半群的同态基本定理) 设 φ 是幺半群 $(M, \circ, e)$ 到幺半群 $(M', *, e')$ 的同态，则

1°. 同态象 $\varphi(M)$ 是 M' 的一个子幺半群

2°. 由 φ 确定的等价关系 E_φ 是同余关系，即如果 $aE_\varphi a'$ 且 $bE_\varphi b'$，则 $a \circ bE_\varphi a' \circ b'$。于是，$\forall [a], [b] \in M/E_\varphi, [a] \cdot [b] = [a \circ b]$ 是 M/E_φ 上二元代数运算，$(M/E_\varphi, \cdot, [e])$ 是幺半群。

3°. 存在唯一的 M/E_φ 到 M' 的单(射)同态 $\bar{\varphi}$ 使

$$\varphi = \bar{\varphi} \circ \gamma$$

其中 γ 为 M 到 M/E_φ 的自然同态。

4°. 如果 φ 是满同态，则 M/E_φ 与 M' 同构。

〔证〕 1°. 由于 φ 为幺半群同态，所以 $\varphi(e) = e'$，故 $e' \in \varphi(M)$。其次，$\forall t_1, t_2 \in \varphi(M), \exists s_1, s_2 \in M$ 使 $\varphi(s_1) = t_1, \varphi(s_2) = t_2$，故 $\varphi(s_1 \circ s_2) = \varphi(s_1) * \varphi(s_2) = t_1 * t_2$，因此，$t_1 * t_2 \in (\varphi(M), *, e')$，故 $(\varphi(M), *, e')$ 是 M' 的子幺半群。

2°. 前面已证明过。

3°. 由定理 3.7.1 和 3.7.2 知有 M/E_φ 到 M' 的唯一单射 $\bar{\varphi}$ 使 φ 等于 M 到 M/E_φ 的自然映射 γ 与 $\bar{\varphi}$ 的合成，即 $\varphi = \bar{\varphi} \circ \gamma$。$\gamma$ 是同态是显然的。由于 $\forall \quad\quad [a] \in M/E_\varphi, \bar{\varphi}([a]) = \varphi(a)$，所以若 $[a], [b] \in M/E_\varphi$，则

$$\bar{\varphi}([a] \cdot [b]) = \bar{\varphi}([a \circ b]) = \varphi(a \circ b)$$

$$= \varphi(a) * \varphi(b) = \bar{\varphi}([a]) * \bar{\varphi}([b])。$$
$$\bar{\varphi}([e]) = \varphi(e) = e'。$$

因此, $\bar{\varphi}$ 是单同态。

4°. 如果 φ 是满射,则 $\bar{\varphi}$ 也是满射(见 3.7 节),所以 $\bar{\varphi}$ 是同构。

〔证毕〕

对幺半群的同态基本定理作如下的一些说明或许是有意义的。在这幺半群起了重要作用,而之所以能建立商幺半群,关键在由同态 φ 确定的等价关系 E_φ 是同余关系,它使我们能在商集 M/E_φ 上定义二元代数运算"·"。而 E_φ 是同余关系是借助于同态 φ 得到的。由于同余关系在近世代数中十分重要,下面我们给出一般的定义。

定义 11.5.5 设 $\cong$ 是代数系 $(X, \circ)$ 上的等价关系。$\forall a, a', b, b' \in X$,如果 $a \cong b$ 且 $a' \cong b'$,则必有 $a \circ a' \cong b \circ b'$,那么称 $\cong$ 是 X 上的同余关系。以后常用"$\equiv$"代表同余关系。

于是,简单地说,同余关系是可乘的等价关系。

定理 11.5.7 设 $\cong$ 是代数系 $(X, \circ)$ 上的一个关系。$\forall [a], [b] \in X/\cong$,定义

$$[a] \cdot [b] = [a \circ b],$$

则"·"是 $X/\cong$ 上的二元代数运算当且仅当 $\cong$ 是同余关系。

〔证〕 $\Rightarrow$ 设"·"是 $X/\cong$ 上的一个二元代数运算。若 $a \cong b$ 且 $a' \cong b'$,则 $[a] = [b]$,$[a'] = [b']$。于是,$[a] \cdot [a'] = [a \circ a'] = [b] \cdot [b'] = [b \circ b']$,故 $[a \circ a'] = [b \circ b']$。因此,$a \circ a' \cong b \circ b'$。所以 $\cong$ 是同余关系。

$\Leftarrow$ 设 $\cong$ 是同余关系,若 $b \in [a]$,$b' \in [a']$,则 $a \cong b$ 且 $a' \cong b'$,从而 $a \circ a' \cong b \circ b'$,故 $[a \circ a'] = [b \circ b']$。因此,$[a] \cdot [a'] = [b] \cdot [b']$,即"·"的定义与运算对象 $[a]$ 与 $[a']$ 的表示形式无关,从而是代数运算。

〔证毕〕

由于商幺半群中元素是 M 的子集,而且是等价类(以后称为同

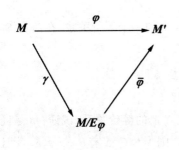

图 11.5.1

余类),而同余类的运算是用 M 中的运算定义的,所以通过自然同态容易通过 M 来考虑 M/E_φ。又由于当 φ 为满射时,M/E_φ 与 M' 同构,所以性质完全一样。而当 φ 不是满射时,$\bar\varphi$ 是单同态,从而 M/E_φ 与 M' 的子幺半群 $\bar\varphi$ (M/E_φ) 同构。总之,同态 φ 分解为 $\bar\varphi \circ \gamma$,为从已知的幺半群认识幺半群 M' 提供了重要的方法。

$\varphi = \bar\varphi \circ \gamma$ 意味着图 11.5.1 的图是交换图。

习　　题

1. 设 $(M_1, \circ, e_1)$ 与 $(M_2, *, e_2)$ 是两个幺半群,φ 是从 M_1 到 M_2 上的同态。证明:$\varphi^{-1}(e_2)$ 是 M_1 的一个子幺半群。$\varphi^{-1}(e_2)$ 是否是 M_1 的理想?

2. 试证:两个同态的合成还是同态。

3. 把幺半群的同态基本定理推广到半群上。

4. 设 φ_1 是半群 $(S, \circ)$ 到半群 $(S_1, \cdot)$ 的同态,φ_2 是半群 $(S_1, \cdot)$ 到半群 $(S_2, *)$ 的同态。如果 $\varphi_1 \circ \varphi_1 \subseteq \varphi_2 \circ \varphi_2^{-1}$($\varphi_1, \varphi_2$ 视为二元关系,φ_1^{-1} 和 φ_2^{-1} 是其逆),试证:存在一个 S_1 到 S_2 的同态 θ 使得 $\varphi_1 \circ \theta = \varphi_2$。

5. 设 $(S, \circ)$ 是半群,I 是 S 的一个理想,在 S 上定义二元关系 R 如下:$\forall a, b \in S$,aRb 当且仅当 $a = b$ 或 $a \circ b \in I$。

1°. R 是一个等价关系,试证之。

2°. 把 S/R 记为 S/I。若 $[a], [b] \in S/I$,则定义 $[a] \cdot [b] = [a$

$\circ\ b$]。S/I 对"·"构成一个半群吗?

6. 设 $(S,\circ)$ 是一个半群,$\cong$ 是 S 上的一个等价关系。在商集 $S/$ $\cong$ 上定义

$$[a]\cdot[b]=[a\circ b],[a],[b]\in S/\cong。$$

问"·"是 $S/\cong$ 上的二元代数运算吗?

7. 设 $(X,\circ)$ 是一个代数系,$\cong$ 是 X 上的等价关系。试证:$\cong$ 是同余关系当且仅当 $\forall a,b\in X$ 若 $a\cong b$,则 $\forall x\in X$ 有 $a\circ x\cong b\circ x$ 且 $x\circ a=x\circ b$。

11.6 有穷字母表上的自由幺半群、语言

一种特殊的幺半群 —— 有限字母表上的自由幺半群,在形式语言理论中是基本的。

一个非空有限集合 Σ 称为有限字母表,简称字母表。字母表 Σ 中的元素称为字母或符号。一个字母表并不一定必须是有限的,但为了我们的目的,我们仅对有限字母表感兴趣。例如,

$$\Sigma_1=\{0,1\}$$
$$\Sigma_2=\{a,b,c,\cdots,x,y,z\}$$
$$\Sigma_3=\{a,b,c,\cdots,x,y,z,0,1,2,\cdots,9\}$$

等都是字母表。

字母表 Σ 中的符号构成的有穷序列称为 Σ 上的符号行或字。空符号行是不含任何符号的符号行。空符号行记为 ε。注意空符号行与空集在概念上的区别。符号行 $a_1,a_2,\cdots,a_n$ 简记为 $a_1a_2\cdots a_n$。一个符号行的长度是该有穷序列的项数,即符号行中出现的符号数(重复的符号按重复的次数计算)。空符号行 ε 的长定义为 0。符号行 $a_1a_2\cdots a_n$ 常记为 β,写成 $\beta=a_1a_2\cdots a_n$,β 的长度记为 $|\beta|$。

形式上,Σ 上的一个长为 n 的符号行 β 是 $\{1,2,\cdots,n\}$ 到 Σ 的映射,β 常记为 $\beta(1)\beta(2)\cdots\beta(n)$,$n\geqslant 1$。$\Sigma$ 上所有符号行(包括空符号

行 ε)构成的集合记为 Σ^*。集合 $\Sigma^* \setminus \{\varepsilon\}$ 记为 Σ^+。例如,若 $\Sigma = \{0, 1\}$,则

$$\Sigma^* = \{\varepsilon, 0, 1, 00, 01, 10, 11, 000, 001, \cdots\}。$$

注意 $\{\varepsilon\}$,$\{\varnothing\}$,$\varnothing$ 间的区别。

在 Σ^* 上定义二元代数运算"·",称为联结运算如下:$\forall \alpha, \beta \in \Sigma^*$,如果

$$\alpha = a_1 a_2 \cdots a_m, \beta = b_1 b_2 \cdots b_n,$$

则

$$\alpha \cdot \beta = a_1 a_2 \cdots a_m b_1 b_2 \cdots b_n。$$

$\alpha \cdot \beta$ 以后简记为 $\alpha\beta$。而 $\varepsilon \cdot \varepsilon = \varepsilon, \varepsilon \circ \alpha = \alpha \cdot \varepsilon = \alpha$。

显然,联结运算不满足交换律,但满足结合律,ε 是单位元素。于是,$(\Sigma^*, \cdot, \varepsilon)$ 是一个幺半群。由于 $\Sigma \subset \Sigma^*$,而 Σ^* 中任一非空符号行 α 对 Σ 有唯一的分解,即存在 Σ 中唯一的一组 $a_1, a_2, \cdots, a_n$ 使

$$\alpha = a_1 a_2 \cdots a_n。$$

于是,Σ^* 是由 Σ^* 中的有限子集 Σ 生成的幺半群。

在幺半群 $(\Sigma^*, \cdot, \varepsilon)$ 中消去律成立,即如果 $\alpha, \beta, \gamma \in \Sigma^*$,并且 $\alpha\beta = \alpha\gamma$,则 $\beta = \gamma$;而如果 $\beta\alpha = \gamma\alpha$,则 $\beta = \gamma$。

幺半群 $(\Sigma^*, \cdot, \varepsilon)$ 称为以 Σ 为基的自由幺半群。以字母表 Σ 为基的自由幺半群 Σ^* 在形式语言的代数理论研究中是基本的。我们知道,各种自然语言,特别是欧美各民族的语言,程序设计语言等,抽象地看,每个句子就是某个字母表上的符号行,其语言就是那些正确的句子的集合,即以这个字母表为基的自由幺半群的子集。

定义 11.6.1 设 Σ 为一个字母表,Σ^* 的任一子集 L 称为 Σ 上的一个语言。

定义 11.6.2 设 $L_1, L_2 \subseteq \Sigma^*$,$L_1$ 与 L_2 的积记为 $L_1 L_2$,它定义为集合

$$L_1 L_2 = \{\alpha\beta \mid \alpha \in L_1 \text{ 且 } \beta \in L_2\}。$$

显然,一般地,$L_1 L_2 \neq L_2 L_1$。

定理 11.6.1　$\forall L_1, L_2, L_3 \in 2^{\Sigma^*}$ 有
$$(L_1 L_2) L_3 = L_1 (L_2 L_3),$$
$$\{\varepsilon\} L_1 = L_1 \{\varepsilon\} = L_1。$$

因此，2^{Σ^*} 对语言的乘积构成一个幺半群，其单位元是 $\{\varepsilon\}$。

定理 11.6.2　设 L_1, L_2, L_3 是 Σ 上的任何语言，则

$1°.\ L_1 \emptyset = \emptyset L_1 = \emptyset。$

$2°.\ L_1 (L_2 \bigcup L_3) = L_1 L_2 \bigcup L_1 L_3$

$3°.\ (L_1 \bigcup L_2) L_3 = L_1 L_3 \bigcup L_2 L_3$

$4°.\ L_1 (L_2 \bigcap L_3) = L_1 L_2 \bigcap L_1 L_3$

$5°.\ (L_1 \bigcap L_2) L_3 = L_1 L_3 \bigcap L_2 L_3。$

其次，若 $L \subseteq \Sigma^*$，则定义
$$L^0 = \{\varepsilon\}, L^1 = L, L^{n+1} = L^n L, n \geq 1。$$

定义 11.6.3　设 Σ 为字母表，L 是 Σ 上的一个语言，则语言 L 的闭包记为 L^*，它是
$$L^* = \bigcup_{n=0}^{\infty} L^n。$$

语言 $\bigcup\limits_{n=1}^{\infty} L^n$ 称为 L 的正闭包，记为 L^+。于是，
$$L^+ = \bigcup_{n=1}^{\infty} L^n。$$

下面定理中各结论是显然的：

定理 11.6.3　设 L, L_1, L_2, L_3 都是 Σ 上的语言，则

$6°.$ 如果 $L \subseteq L_1, L_2 \subseteq L_3$，则 $L L_2 \subseteq L_1 L_3$。

$7°.$ 对任意的非负整数 m, n
$$L^m L^n = L^{m+n},$$
$$(L^m)^n = L^{mn}。$$

$8°.\ L^n \subseteq L^+ \subseteq L^* = L^+ \bigcup \{\varepsilon\}, n \geq 1。$

$9°.\ L \subseteq L L_1^*, L \subseteq L_1^* L。$

$10°.$ 如果 $L \subseteq L_1$，则 $L^+ \subseteq L_1^+, L^* \subseteq L_1^*。$

$11°.LL^* = L^*L = L^+$。

$12°.\varepsilon \in L$ 当且仅当 $L^+ = L^*$。

$13°.(L^*)^* = L^*L^* = L^*$。

$14°.(L^*)^+ = (L^+)^* = L^*$。

$15°.L^*L^+ = L^+L^* = L^+$。

$16°.(L^*L_1^*)^* = (L \cup L_1)^* = (L^* \cup L_1^*)^*$。

$17°.(L \cup L_1)^* \supseteq L^* \cup L_1^*, L^+ \cup L_1^+ \subseteq (L \cup L_1)^+$。

〔证〕 留为作业。 〔证毕〕

定理 11.6.4（Dean Arden） 设 $A, B \subseteq \Sigma^*, \varepsilon \bar{\in} A$，则 $X = A^*B$ 是方程 $X = AX \cup B$ 的唯一解。

〔证〕 首先证明 A^*B 是方程 $X = AX \cup B$ 的解。这可由

$$A(A^*B) \cup B = (AA^*)B \cup B = (A^+ \cup \{\varepsilon\})B = A^*B$$

得知。于是，方程 $X = AX \cup B$ 至少有一个解。

其次，证明方程 $X = AX \cup B$ 的任一解 X 必等于 A^*B。为此，设 R 是方程 $X = AX \cup B$ 的任一解，则 $R = AR \cup B$，从而

$$\begin{aligned}
R &= A(AR \cup B) \cup B = A^2R \cup (B \cup AB) \\
&= A^2(AR \cup B) \cup (B \cup AB) \\
&= A^3R \cup (B \cup AB \cup A^2B) \\
&= \cdots\cdots \\
&= A^nR \cup (B \cup AB \cup A^2B \cup \cdots \cup A^{n-1}B)
\end{aligned}$$

由数学归纳法可以证明:对任何正整数 n 有

$$\begin{aligned}
R &= A^nR \cup (B \cup AB \cup \cdots \cup A^{n-1}B) \\
&= A^nR \cup (\{\varepsilon\} \cup A \cup A^2 \cup \cdots \cup A^{n-1})B。
\end{aligned}$$

从而,对任何正整数 n 有

$$(A° \cup A \cup A^2 \cup \cdots \cup A^{n-1})B \subseteq R。$$

所以,若 $\alpha \in A^*B$，必有 $\alpha_1 \in A^*$ 及 $\beta \in B$ 使 $\alpha = \alpha_1\beta$。从而必有 n 使 $\alpha_1 \in A^{n-1}$，故 $\alpha \in (A° \cup A \cup \cdots \cup A^{n-1})B$。因此，$\alpha \in R$，故 $A^*B \subseteq R$。其次，设 $\alpha \in R$，若 $|\alpha| = 0$，则 $\alpha = \varepsilon$，由 $\varepsilon \bar{\in} A$ 及 $R = AR \cup$

B 知 $\alpha \in B$,从而 $\alpha \in A^* B$。如果 $|\alpha| \neq 0$,则令 $|\alpha| < m \geqslant 1$。由于 $R = A^m R \bigcup (A^\circ \bigcup A \bigcup \cdots \bigcup A^{m-1}) B$ 及 $\varepsilon \in A$ 知 $\alpha \in A^m R$,从而 $\alpha \in (A^\circ \bigcup A \bigcup \cdots \bigcup A^{m-1}) B$。因此,$\alpha \in A^* B$,故 $R \subseteq A^* B$。所以,$R = A^* B$。这表明 $A^* B$ 是方程 $X = AX \bigcup B$ 的唯一解。 〔证毕〕

定理 11.6.5 设 Σ 是一个字母表,$(M, \circ, e)$ 是一个幺半群,$\varphi_0: \Sigma \to M$,则 φ_0 能用唯一的方法被扩充成从 Σ^* 到 M 的同态。

〔证〕 $\forall \alpha \in \Sigma^*$,如果 $\alpha = \varepsilon$,则令 $\varphi(\varepsilon) = e$。如果 $\alpha = \sigma_1 \sigma_2 \cdots \sigma_n$,则令 $\varphi(\alpha) = \varphi_0(\sigma_1) \varphi_0(\sigma_2) \cdots \varphi_0(\sigma_n)$,其中 $\sigma_i \in \Sigma, i = 1, 2, \cdots, n, n = 1, 2, \cdots$。易见,$\forall \sigma \in \Sigma, \varphi(\sigma) = \varphi_0(\sigma)$。所以,$\varphi$ 是 φ_0 在 Σ^* 上的扩张。又 $\forall \alpha, \beta \in \Sigma^*$,显然有

$$\varphi(\alpha\beta) = \varphi(\alpha)\varphi(\beta),$$

所以 φ 是 Σ^* 到 M 的同态。

设 ψ 是 Σ^* 到 M 的同态,且 $\forall \sigma \in \Sigma, \psi(\sigma) = \varphi(\sigma)$,则 $\forall \alpha \in \Sigma^*$,设 $\alpha = \sigma_1 \sigma_2 \cdots \sigma_n$,那么

$$\begin{aligned}
\psi(\alpha) &= \psi(\sigma_1 \sigma_2 \cdots \sigma_n) = \psi(\sigma_1)\psi(\sigma_2) \cdots \psi(\sigma_n) \\
&= \varphi(\sigma_1)\varphi(\sigma_2) \cdots \varphi(\sigma_n) = \varphi(\sigma_1 \sigma_2 \cdots \sigma_n) \\
&= \varphi(\alpha)。
\end{aligned}$$

所以 $\psi = \varphi$。 〔证毕〕

定义 11.6.4 设 L_1 和 L_2 是字母表 Σ 上的两个语言,语言

$$\{x \mid 存在 y \in L_2 使得 xy \in L_1\}$$

称为 L_1 与 L_2 的商,记为 L_1/L_2。

于是,

$$L_1/L_2 = \{x \mid 存在 y \in L_2 使得 xy \in L_1\}。$$

习 题

1. 完成定理 11.6.3 的证明。

2. 举例说明定理 11.6.3 中的 17° 式不能改为等式。

3. 设 $\Sigma = \{a, b\}$,求 Σ^* 中长 $\leqslant 10$ 的符号行的集合。如果 $L =$

$\{aa,bbb\}$,求 L^*L^+。

4. 试证:如果 $L \neq \varnothing$ 且 $L^2 = L$,则 $L^* = L$。

5. 用有限集及其运算描述字母表 $\Sigma = \{a,b\}$ 上的下列各语言。例如,长为偶数的符号行所形成的语言就是 $\{aa,ab,ba,bb\}^*$。

(a) 奇数长的符号行构成的语言。

(b) 恰好含有一个 a 的一切符号行构成的语言。

(c) 第一个符号为 a 或最后一个符号为 b 的所有符号行构成的语言。

(d) 其中至少有三个 a 的一切符号行构成的语言。

(e) 含有子行 $bbab$ 的所有符号行构成的语言。

6. 设 $L_1, L_2, \cdots, L_n$ 都是 Σ 上的语言,等式
$$(L_1 \bigcup L_2 \bigcup \cdots \bigcup L_n)^* = (L_1^* L_2^* \cdots L_n^*)^*$$
总成立吗?证明你的结论!

7. 设 $\Sigma^* = \{a,b\}^*$,$L = \{a\}$,$L' = \{b\}$。应用定理 11.6.4 求 Σ^* 的子集 X_1, X_2 使它满足下列方程组:

$(a)\begin{cases} X_1 = (L \bigcup L')X_1 \bigcup L'X_2 \bigcup \{\varepsilon\} \\ X_2 = LX_1 \bigcup L'X_2 \end{cases}$

$(b)\begin{cases} X_1 = LX_1 \\ X_2 = LL'(X_1 \bigcup \{\varepsilon\}) \end{cases}$

8. 设 $A, B \subseteq \Sigma^*$,$\varepsilon \in A$,试求方程 $X = AX \bigcup B$ 的解。

9. 设 A、B、$C \subseteq \Sigma^*$,$\varepsilon \in A$,$B \subseteq C$。证明:A^*C 是方程 $X = AX \bigcup B$ 的一个解。

10. 设 $A \subseteq \Sigma^*$,为什么在一般情况下
$$A^+ \neq A^* \setminus \{\varepsilon\}?$$
如果 $\Sigma = \{a\}$,试求使 $A^+ \neq A^* \setminus \{\varepsilon\}$ 的最小语言 $A \subseteq \Sigma^*$。

11. 设 $\{B_l\}_{l \in I} \subseteq 2^{\Sigma^*}$,$A \subseteq \Sigma^*$。证明:
$$A\left(\bigcup_{l \in I} B_l\right) = \bigcup_{l \in I} AB_l,$$
$$A^*B = \bigcup_{n=0}^{\infty} A^n B。$$

12. 设 A, B, C 为字母表 Σ 上的任意三个语言,下列各关系式哪些是真的?对真的给出证明,对假的给出反例:

(a) $(A^*)^n = (A^n)^*$,$n \geqslant 1$。

(b) $(AB)^* = (BA)^*$。

(c) $(A \setminus B)C = AC \setminus BC$。

(d) 如果 $A^* \subseteq B^*$,则 $A \subseteq B$。

(e) $(AB)^* A = A(BA)^*$

(f) $(A^c)^* = (A^*)^c$。

(g) $(A^* B^*)^* = (B^* A^*)^*$。

(h) $(A^* B^*)^* A^* = (A^* \bigcup B^*)^*$。

(i) $A \bigcup B \bigcup C \subseteq A^* B^* C^*$。

13. 设 L_1, L_2, L_3 是 Σ 上任意三个语言,试证:

(a) $(L_1 \bigcup L_2)/L_3 = (L_1/L_3) \bigcup (L_2/L_3)$。

(b) $L_1/(L_2 \bigcup L_3) = (L_1/L_2) \bigcup (L_2/L_3)$。

(c) $(L_1/L_2)/L_3 = L_1/(L_3 L_2)$。

(d) $(L_1 L_3)/L_2 = L_1(L_3/L_2) \bigcup L_1/(L_2/L_3)$。

第十二章 群

许多物理、化学以及其他科学技术问题，都可归结为具有一种二元代数运算的代数系。在数学的各部门中，很多代数系只有一种代数运算。在具有一种代数运算的代数系中，最重要的是群。群有非常广泛的应用，是近世代数学的基础。

本章介绍群、子群、循环群、正规子群、商群、群的同构和同态等概念以及它们的一些初等性质，为进一步学习近世代数提供必要的入门知识。

12.1 群的定义及例子

在定义 11.3.4 中把群定义为每个元素都有逆元素的幺半群。下面给出另一个等价的定义，但条件较弱，因而用起来更方便。

定义 12.1.1 设 G 是一个非空集合，"。"是 G 上的二元代数运算，称为乘法。如果下列各个条件同时成立，则称 G 对它的乘法"。"构成一个群（*group*）：

I. 乘法"。"满足结合律，即 $\forall a, b, c \in G$

$$(a \circ b) \circ c = a \circ (b \circ c)。$$

II. 对乘法"。"，G 中有一个左单位元 e，即 $\forall a \in G$

$$e \circ a = a。$$

III. 对 G 的每个元素，关于乘法"。"有一个左逆元素，即对 G 的每个元素 a 有一个相应元素 b，使得

$$b \circ a = e。$$

其中 e 总是 II 中的同一个左单位元素。

显然，定义 11.3.4 给出的群均符合定义 12.1.1 的要求。后面将证明这两个定义是等价的。

例 12.1.1 全体整数的集合 Z 对通常的加法构成一个群。在这里数 0 是一个左单位元，而 $\forall i \in Z$，$-i$ 是 i 的一个左逆元。群(Z, +) 称为整数加群。

例 12.1.2 设 Q_+ 是全体正有理数构成的集合，则 Q_+ 对有理数的通常乘法构成一个群。在这里，1 是一个左单位元，$\forall a \in Q$，$\frac{1}{a}$ 是 a 的左逆元。

例 12.1.3 设 M_n 为所有 $n \times n$ 非奇异的实矩阵之集，则 M_n 对矩阵的乘法构成一个群。在这里 $n \times n$ 单位矩阵是一个左单位元，$\forall A \in M_n$，A 的左逆元是 A 的逆矩阵。

例 12.1.4 设 S 是一个集合，$|S| = n$，则 2^S 对集合的对称差运算构成一个群。在这里，空集 $\varnothing$ 是一个左单位元素，$A \subseteq S$ 的左逆元就是 A 本身。

例 12.1.5 令 $S = \{1, 2, \cdots, n\}$，S_n 为 S 的所有 n 次置换之集，则 S_n 对置换的乘法构成一个群，称为 n 次对称群。在这里，恒等置换是左单位元，n 次置换 σ 的左逆元是 σ 的逆置换 σ^{-1}。

按定义，群是一个集合对其中某个代数运算而言的。仅说某个集合是一个群是不完整的。同一个集合，对其中的两个不同的运算有时都构成群，但这是两个不同的群。因此，集合 G 对其乘法 "。" 构成的群应记为(G, 。)。但为了说话方便，当已知集合 G 对哪个运算构群时，以后就可简单地说 G 是一个群。

在定义 12.1.1 中，条件 Ⅰ、Ⅱ、Ⅲ 称为群的公理，这是用来规定群中二元代数运算的性质的，它并没有确定具体应怎样运算。注意，按公理 Ⅰ，群中的二元代数运算必须满足结合律，但并未要求必须满足交换律。可是，在有些群里，交换律成立。例如，在例 12.1.1、12.1.2、12.1.4 中交换律成立。而在例 12.1.3、12.1.5 的群中交换律不成立。

定义 12.1.2 群(G, 。) 称为交换群或可换群，如果乘法 "。" 满足交换律，即 $\forall a, b \in G$，

$$a \circ b = b \circ a。$$

可换群习惯上也叫做阿贝尔(N. H. Abel. 1802 - 1829)群。阿贝尔群中的乘法习惯上称为加法,并用加号"+"表示,其左单位元用零"0"表示,其左逆元称左负元,从而是右负元,故左、右负元相等,称为负元。a 的负元记为 $-a$。

定义 12.1.3 群(G,$\circ$)称为有限群,如果 G 是有限集。G 的基数称为群 G 的阶。如果 G 含有无穷多个元素,则称 G 为无限群。

例 12.1.6 设 n 是一个正整数,整数集 **Z** 关于模 n 的剩余类(模 n 同余关系的等价类)之集 $\{[0], [1], \cdots, [n-1]\}$ 对剩余类的加法构成一个 n 阶阿贝尔群。

于是,对任何正整数 n,必有 n 阶有限群。

有限集合中二元代数运算,不妨称为乘法,常用乘法表给出。从乘法表上,可以容易判断它是否是一个代数算。如果某行元素与表的上方元素对应相同,则该行垂线左边的元素是左单位元。如果每一列上都有一个相同的左单位元,则每个元均有左逆元。可惜,结合律是否成立,从乘法不易判断,需另外通过计算判断。虽然如此,对一个有限集,要判断它对其某种运算是否构成群,先把乘法表构造出来,然后按上法检验,看是否满足群的公理,显然是方便的。

习 题

1. 设 R 是实数的集合,$S = \{(a,b) \mid a \neq 0, a, b \in R\}$。在 S 上利用通常的加法和乘法定义二元运算"$\circ$"如下:$\forall (a,b), (c,d) \in S$

$$(a,b) \circ (c,d) = (ac, ad+b)。$$

验证:$(S, \circ)$ 是群。

2. n 次方程 $x^n = 1$ 的根称为 n 次单位根,所有 n 次单位根之集记为 U_n。证明:U_n 对通常的复数乘法构成一个群。

3. 设 S 是通常三维空间中全体点的集合,在 S 中两点的距离是通常三维空间中两点的距离。S 中的一个变换 $\varphi: S \to S$ 称为位移,如

果 S 中的任何两点 P 和 Q, P 与 Q 的距离等于 $\varphi(P)$ 与 $\varphi(Q)$ 的距离。空间 S 中一切位移的集合为 G, 试证: G 对变换的合成构成一个群。

4. 举例说明,当把群的定义 12.1.1 的公理 Ⅲ 改成 "$\forall a \in G$, G 中有一个元素 b, 称为 a 的右逆元, 使得 $a \circ b = e$ 时", G 对其乘法未必构成一个群。

5. 令
$$G = \left\{ \begin{bmatrix} 1 & 0 \\ 0 & 1 \end{bmatrix}, \begin{bmatrix} -1 & 0 \\ 0 & -1 \end{bmatrix}, \begin{bmatrix} 1 & 0 \\ 0 & -1 \end{bmatrix}, \begin{bmatrix} -1 & 0 \\ 0 & 1 \end{bmatrix} \right\}$$
试证: G 对矩阵乘法构成一个群。

12.2   群的简单性质

设 $(G, \circ)$ 是一个群。若 $a, b \in G$, 则 $a \circ b$ 简写成 ab。本节将从群的公理推出群的一些简单性质, 特别, 证明定义 12.1.1 与定义 11.3.4 等价。

定理 12.2.1   设 $(G, \circ)$ 是一个群, 则 $\forall a \in G$, a 的左逆元也是 a 的右逆元。

〔证〕   设 $a \in G$, a_l 是 a 的一个左逆元, 则 $a_l a = e$。两边同时右乘以 a_l 得
$$(a_l a) a_l = e a_l = a_l。$$
由公理 Ⅰ 有 $a_l(a a_l) = a_l$。在此等式两边同时左乘以 a_l 的左逆元, 由公理 Ⅰ 和 Ⅱ 得
$$e(a a_l) = e, \text{ 即 } a a_l = e。 \qquad 〔证毕〕$$

定理 12.2.2 G 的左单位元 e 也是右单位元。

〔证〕   因为 $\forall a \in G$ 有
$$ae = a(a_l a) = (a a_l) a = ea = a,$$
所以 e 也是右单位元。 〔证毕〕

于是, 群 G 中有单位元。因此, G 的每个元素 a 有逆元, a 的逆元也是唯一的, 记为 a^{-1}。显然, G 中的单位元也是唯一的, 仍记为 e。

于是,我们有

定理 12.2.3 群的定义 12.1.1 与 11.3.4 等价。

定理 12.2.4 设 a 与 b 是群 $(G, \circ)$ 的任两个元素,则
$$(a^{-1})^{-1} = a,$$
$$(ab)^{-1} = b^{-1}a^{-1}。$$

〔证〕 由逆元素的定义立即得到 $(a^{-1})^{-1} = a$。
再由
$$(ab)(b^{-1}a^{-1}) = a(bb^{-1})a^{-1} = aea^{-1} = aa^{-1} = e$$
$$(b^{-1}a^{-1})(ab) = b^{-1}(a^{-1}a)b = b^{-1}eb = b^{-1}b = e。$$
即得 $(ab)^{-1} = b^{-1}a^{-1}$。 〔证毕〕

定理 12.2.5 $\forall a, b \in G$,在群 G 中,方程
$$ax = b \tag{1}$$
$$ya = b \tag{2}$$
关于未知量 x 与 y 皆有唯一解。

〔证〕 显然, $a^{-1}b$ 是(1)的一个解, ba^{-1} 是(2)的一个解。其次,设 z 是(1)的任一解,则 $az = b$。在等式 $az = b$ 的两边同时左乘以 a^{-1},则 $z = a^{-1}b$。因此,(1)有唯一解 $a^{-1}b$。同理可证(2)有唯一解 ba^{-1}。 〔证毕〕

定理 12.2.6 非空集合 G 对其二元代数运算"$\circ$"构成一个群的充分必要条件是下列两个条件同时成立:

1°."$\circ$"满足结合律,即 $\forall a, b, c \in G$
$$(a \circ b) \circ c = a \circ (b \circ c)。$$

2°. $\forall a, b \in G$,方程
$$a \circ x = b$$
$$y \circ a = b$$
在 G 中有解。

〔证〕 ⟹ 由定理 12.2.5 即得。

⟸ 设"$\circ$"是非空集合 G 上满足 1° 和 2° 两个条件的二元代数运算。由 1° 知群的公理 I 成立。设 b 是 G 的一个特定元素,则由 2° 知方

程 $y \circ b = b$ 有解,设 e 是一个解。于是 $e \circ b = b$。又 $\forall a \in G$,由 2° 知方程 $b \circ x = a$ 在 G 中有解,设 c 为其解,则 $b \circ c = a$。于是,我们有

$$e \circ a = e \circ (b \circ c) = (e \circ b) \circ c = b \circ c = a,$$

从而 e 是左单位元,故公理 Ⅱ 成立。

其次,$\forall a \in G$,由 2° 知方程 $y \circ a = e$ 在 G 中有解,其解便是 a 的左逆元。于是,公理 Ⅲ 满足。因此,G 是群。　　　　〔证毕〕

定理 12.2.7　群 G 中的乘法满足消去律,即 $\forall x, y, a \in G$,有

如果 $ax = ay$,则 $x = y$(左消去律)

如果 $xa = ya$,则 $x = y$(右消去律)

〔证〕　显然。　　　　　　　　　　　　　　　　　　　〔证毕〕

定理 12.2.8　非空有限集合 G 对其二元代数运算"$\circ$"构成群的充分必要条件是下两条件同时成立:

1°."$\circ$"满足结合律。

2°."$\circ$"满足左、右消去律。

〔证〕　⇒ 由定理 12.2.7 即得。

⇐ 只须证,$\forall a, b \in G$,方程 $a \circ x = b$ 及 $y \circ a = b$ 在 G 中有解即可。显然,$aG = \{ac \mid c \in G\} \subseteq G$。又由 2° 成立,所以当 $c_1, c_2 \in G$ 且 $c_1 \neq c_2$ 时,$ac_1 \neq ac_2$。因此,$|aG| = |G|$,从而 $aG = G$。所以,$\forall b \in G$,$\exists c \in G$ 使得 $ac = b$。所以,方程 $a \circ x = b$ 在 G 中有解。类似地可以证明方程 $y \circ a = b$ 在 G 中有解。由定理 12.2.6 知 G 是一个群。　　　　　　　　　　　　　　　　　　　　〔证毕〕

定理 12.2.6 可以作为群的另一等价定义,而定理 12.2.8 的条件可作为有限群的另一定义。有限群的这个定义比原来的定义用起来方便些。因为对一个非空有限集,当它的代数运算用乘法表给出时,消去律是否成立,只要看一看表中每一行及每一列是否包含了该有限集的全部元素即可。但定理 12.2.8 对无限群不成立,例如,所有非零整数之集 $\mathbf{Z} \setminus \{0\}$ 对通常的乘法不构成群,但满足结合律和消去律。

由于群中的单位元是唯一的,每个元素的逆元是唯一的,所以可在 G 中引入方幂运算。我们定义: $\forall\, a \in G$,
$$a^0 = e, a^1 = a, a^{n+1} = a^n \circ a, n \geqslant 1$$
$$a^{-n} = (a^{-1})^n, n \geqslant 1.$$

显然,若 $a \in G, m, n$ 是任意整数,则
$$a^m a^n = a^{m+n}, (a^m)^n = a^{mn}.$$

若 G 是一个阿贝尔群,其代数运算用加号"$+$"表示,称为加法。a 的幂称为 a 的倍,其定义如下:
$$0a = 0, 1a = a, (-1)a = -a,$$
$$(n+1)a = na + a, -na = n(-a), n \geqslant 1.$$
显然,对任何整数 m, n 有
$$(mn)a = m(na),$$
$$ma + na = (m+n)a,$$
$$n(a+b) = na + nb.$$

定义 12.2.1 设 $(G, \circ)$ 是一个群,$a \in G$,使 $a^n = e$ 的最小正整数 n 称为 a 的阶。如果不存在如此的正整数,则称 a 的阶为无穷大。

定理 12.2.9 有限群的每个元素的阶不超过该有限群的阶。

〔证〕 设群 G 的阶为 $N, a \in G$。如果 a 为 G 的单位元 e,则 a 的阶为 1。如果 $a \neq e$,则 a 的阶为有穷。实际上,$a^0, a, a^2, \cdots, a^N$ 是 G 的 $N+1$ 个元素,所以必有两个是相同的,设 $a^k = a^l, k < l \leqslant N$。于是,$a^{l-k} = e, l - k \leqslant N$。从而 a 的阶有穷且不超过 N。 〔证毕〕

例 12.2.1 3 阶群是交换群。

〔证〕 设 G 是 3 阶群,则可设 $G = \{e, a, b\}$。显然,$ea = ae = a, eb = be = b$。而如果 $ab = a$,则 $b = e$,这是不可能的,所以 $ab \neq a$。同理 $ab \neq b$。于是,$ab = e$。类似地,$ba = e$。因此,$ab = ba$。所以,G 是可交换群。

习 题

1. 设 a 和 b 是群 G 的两个元素。如果 $(ab)^2 = a^2 b^2$,试证:$ab =$

ba。

2．设 G 是群。如果 $\forall a \in G, a^2 = e$，试证：G 是交换群。

3．证明：四阶群是交换群。

4．证明：在任一阶大于 2 的非交换群里必有两个非单位元 a 和 b，使得 $ab = ba$。

5．有限群里阶大于 2 的元素的个数必为偶数。

6．证明：偶数阶群里，阶为 2 的元素的个数必为奇数。

7．设 a 为群 G 中的一个元素，a 的阶为 n 且 $a^m = e$，试证：n 能整除 m。

8．偶数阶群里至少有一个阶为 2 的元素。

9．设 $a_1, a_2, \cdots, a_n$ 为 n 阶群 G 中的 n 个元素（它们不一定各不相同）。证明：存在整数 p 和 $q(1 \leqslant p \leqslant q \leqslant n)$，使得

$$a_p a_{p+1} \cdots a_q = e。$$

10．设 a 和 b 为群 G 的两个元素，$ab = ba$，a 的阶为 m，b 的阶为 n。试证：乘积 ab 的阶为 m 与 n 的最小公倍数的约数。何时 ab 的阶为 mn？

12.3 子群、生成子群

子群是一个重要概念，群的全部内容大都与子群有关。因此，子群是研究群的重要工具。

定义 12.3.1 设 S 是群 G 的非空子集。如果 G 的乘法在 S 中封闭且 S 对此乘法也构成一个群，则称 S 是 G 的一个子群。

例 12.3.1   任何一个至少含有两个元素的群 G，至少有两个不同的子群。一个是群 G 本身，它是 G 的最大子群；另一个是只由 G 的单元 e 所形成的集合 $\{e\}$，子群 $\{e\}$ 是 G 的最小子群。

例 12.3.2   整数集 **Z** 的加法群是有理数集 **Q** 的加法群的子群。集合 $\{1, -1\}$ 对通常的乘法构成的群不是有理数加法群的子群，因为它们的代数运算不一样。

异于自身的子群称为真子群。任一阶大于或等于 2 的群都有真子群。

定理 12.3.1 设 G_1 是群 G 的子群,则 G_1 的单位元必是 G 的单位元; G_1 的元素 a 在 G_1 中逆元素也是 a 在 G 中的逆元素。

〔证〕 设 G 的单位元为 e , G_1 的单位元为 e_1 。由 $G_1 \subseteq G$ 知 $e_1 \in G$,所以 $e_1 e_1 = e_1 = e_1 e$,由消去律得 $e_1 = e$ 。于是,方程 $ya = e$ 在 G_1 中的唯一解也是在 G 中的唯一解。所以 a 在 G_1 中的逆元也是 a 在 G 中之逆元。 〔证毕〕

定理 12.3.2 群 G 的任意多个子群的交还是 G 的子群。

〔证〕 设 H 是 G 的一些子群的交,则 $e \in H$,从而 $H \neq \emptyset$ 。其次, $\forall a, b \in H$,则 ab 在每个参加交运算的子群中,从而 $ab \in H$ 。所以, G 的乘法在 H 中封闭。又 $\forall a \in H$, a 在每个参加交运算的子群中,从而 a^{-1} 也在其中,故 $a^{-1} \in H$ 。因此, H 是 G 的子群。 〔证毕〕

定理 12.3.3 任一群不能是其两个真子群的并。

〔证〕 设 G_1 和 G_2 是 G 的两个真子群,且 $G_1 \bigcup G_2 = G$ 。由于 $G_1 \subset G, G_2 \subset G$,所以 $\exists a, b \in G$ 使 $a \in G_1, b \in G_2$ 。于是, $a \in G_2, b \in G_1$ 。从而 $ab \in G$,但 $ab \in G_1$ 且 $ab \in G_2$ 。这与 $G = G_1 \bigcup G_2$ 相矛盾。因此, $G \neq G_1 \bigcup G_2$ 。 〔证毕〕

定理 12.3.3 群 G 的非空子集 S 为 G 的子群的充分必要条件是
$1°. \forall a, b \in S, ab \in S$,且
$2°. \forall a \in S, a^{-1} \in S$ 。

〔证〕 $\Rightarrow$ 显然。

$\Leftarrow$ 因 $1°$ 成立,所以 G 的乘法在 S 中封闭。结合律在 S 中显然成立。 $\forall a \in S$,由 $2°$ 知 $a^{-1} \in S$,再由 $1°$ 知 $aa^{-1} = e \in S$ 。由定义 12.1.1 知 S 是群,所以 S 是 G 的子群。 〔证毕〕

定理 12.3.4 群 G 的非空子集 S 是 G 的子群的充分必要条件是
$\forall a, b \in S$,总有 $ab^{-1} \in S$ 。

〔证〕 $\Rightarrow$ 显然。

$\Leftarrow$ 设 $a \in S$，则 $aa^{-1} = e \in S$。由 $e, a \in S$ 得到 $ea^{-1} = a^{-1} \in S$。$\forall a, b \in S$，则 $b^{-1} \in S$，所以 $a(b^{-1})^{-1} \in S$，即 $ab \in S$。由定理 12.3.3 即得 S 是 G 的子群。〔证毕〕

定理 12.3.5　群 G 的有限非空子集 F 是 G 的子群的充分必要条件是 $FF \subseteq F$，即 $\forall a, b \in F, ab \in F$。

〔证〕　$\Rightarrow$ 显然。

$\Leftarrow$ 因为 $FF \subseteq F$，所以 G 的乘法在 F 中封闭。结合律在 G 中成立，所以在 F 中也成立。又因为消去律在 G 中成立，所以在 F 中也成立。由定理 12.2.8 便知 F 是群。因此，F 是 G 的子群。〔证毕〕

定义 12.3.2　群 G 的元素 a 称为 G 的中心元素，如果 a 与 G 的每个元素可交换，即 $\forall x \in G$ 有 $ax = xa$。G 的中心元素所构成的集合 C 称为 G 的中心。

定理 12.3.6　群 G 的中心 C 是 G 的可交换子群。

〔证〕　因为 $\forall x \in G, ex = xe = x$，所以 $e \in C$，故 $C \neq \emptyset$。$\forall a, b \in C$，则 $\forall x \in G$ 有 $ax = xa, bx = xb$。于是，

$$(ab)x = a(bx) = a(xb) = (ax)b = (xa)b = x(ab),$$

从而 $ab \in C$。其次，$\forall x \in G, ax = xa$，故

$$a^{-1}(ax)a^{-1} = a^{-1}(xa)a^{-1}。$$

于是，$a^{-1}x = xa^{-1}$。因此，$a^{-1} \in C$。由定理 12.3.3 知 C 是 G 的子群。显然 C 是可交换的。〔证毕〕

由子群的定义可知，子群是群的一类特殊的子集。但并不是每个子集都能构成子群。在具体问题中，某种子集可能是我们最感兴趣的，但它不是子群。我们可以把不是子群的集扩大一点使之成为子群，当然了，扩大得应尽量地小。这就引出了生成子群的概念，从而提供了一种获得子群的方法。设 M 是群 G 的一个非空子集，首先把 M 的每个元素的逆元素加入到 M 中得到 $M' = M \cup \{a^{-1} \mid a \in M\}$。这时 M' 满足定理 12.3.3 的条件 2°，但未必满足条件 1°。然后，M' 的一切有限多个元素的乘积得到的集合记为 R，则 $M \subseteq R, R$ 是 G 的子群。R 称为由 M 生成的子群。

形式地，我们有

定义 12.3.3 设 M 是群 G 的子集，G 的包含 M 的所有子群的交称为由 M 生成的子群，记为 (M)。

例 12.3.2 设 G 是一个有限群，$a \in G$，$M = \{a\}$。由 $\{a\}$ 生成的子群简记为 (a)。显然，

$$(a) = \{e, a, a^2, a^3, \cdots\}。$$

例 12.3.3 设 G 是一个交换群，a 与 b 是 G 的两个无穷阶的元素，$M = \{a, b\}$。由 M 生成的子群 $(M) = \{a^m b^n \mid m, n$ 为任意整数$\}$。实际上，由于 $M = \{a, b\} \subseteq (M)$，所以 $a^{-1}, b^{-1} \in (M)$。于是，对任何的整数 m, n，a^m 与 b^n 在 (M) 中，从而 $a^m b^n \in (M)$。显然，$\{a^m b^n \mid m, n$ 为任意整数$\}$ 是群，所以，$(M) = \{a^m b^n \mid m$ 和 n 为任意整数$\}$。

在一个非交换群 G 中至少有两个元素 a 和 b，使得 $ab \neq ba$。但 G 是群，所以方程 $yba = ab$ 在 G 中有唯一解 $aba^{-1}b^{-1}$。于是，虽然 $ab \neq ba$，但乘上 $aba^{-1}b^{-1}$ 就相等了，即 $ab = (aba^{-1}b^{-1})ba$。所以有

定义 12.3.4 设 G 是一个群，a 和 b 是 G 的两个任意的元素，$aba^{-1}b^{-1}$ 称为 a 与 b 的换位子。G 的所有换位子的集合所生成的子群，称为 G 的换位子群。

显然，G 是交换群当且仅当单位元 e 是 G 的唯一换拉子。

习　　题

1. 举例说明两个子群的并可以不是子群。

2. 设 G_1 和 G_2 是群 G 的两个真子群。证明：$G_1 \bigcup G_2$ 是 G 的子群的充分必要条件是 $G_1 \subseteq G_2$ 或 $G_2 \subseteq G_1$。

3. 设 V 是实数域 R 上的一个线性空间。证明：V 永远不能表示成有限个真子空间的并。

4. 设 M_n 为一切可逆的 $n \times n$ 实矩阵之集。显然，M_n 对矩阵乘法构成一个群。试求 M_n 的中心。

5. 设 $(G_1, \circ)$ 和 $(G_2, *)$ 都是群，$\varphi: G_1 \to G_2$，φ 是满射且 $\forall a, b \in G_1$ 有

$$\varphi(a \circ b) = \varphi(a) * \varphi(b)。$$

证明:$\varphi^{-1}(e_2)$ 是 G_1 的子群,其中 e_2 为 G_2 的单位元素。

6. 找一个不可交换群 G 使得 G 的中心 C 里的每个非单位元均不是 G 的换位子。

7. 是否存在一个群 G,使得 G 的中心 C 里的每个非单位元均是 G 的换位子?

8. 找出 3 次对称群的所有子群。

9. 证明:n 次对称群 S_n 中一切偶置换之集 A_n 是 S_n 的子群,称为 n 次交代群。

12.4 变换群、同构

定义 12.4.1 设 $(G_1, \circ)$,$(G_2, *)$ 是群。如果存在一个一一对 $\varphi: G_1 \to G_2$,使得 $\forall a, b \in G_1$ 有

$$\varphi(a \circ b) = \varphi(a) * \varphi(b),$$

则称群 G_1 与 G_2 同构,记为 $G_1 \cong G_2$,而 φ 称为 G_1 到 G_2 上的一个同构。

同构的两个群,抽象地看是一样的,其性质完全一样,区别仅在其元素和代数运算的表示符号不同。

易见,对任意三个群 G_1, G_2, G_3 有

$1°$. $G_1 \cong G_1$。

$2°$. 如果 $G_1 \cong G_2$,则 $G_2 \cong G_1$。

$3°$. 如果 $G_1 \cong G_2$ 且 $G_2 \cong G_3$,则 $G_1 \cong G_3$。

有了同构的概念,就能把一个抽象群弄得更具体些。为此,我们先介绍变换群的概念。

设 S 是一个非空集合。从 S 到 S 的所有一一对应之集记为 $Sym(S)$,则 $Sym(S)$ 对映射的合成构成一个群,称为 S 上的对称群。当 $S = \{1, 2, \cdots, n\}$ 时,$Sym(S) = S_n$。

定义 12.4.2 $Sym(S)$ 的任一子群称为 S 上的一个变换群。S_n 的任一子群称为置换群。

定理 12.4.1(群的 $Caley$ 同构定理) 任何一个群都同构于某个变换群。

〔证〕 设$(G, \circ)$是一个群。$\forall a \in G$,令$f_a: G \to G, \forall x \in G$, $f_a(x) = a \circ x$,则f_a是G到G的一一对应。设$L(G) = \{f_a \mid f_a: G \to G, \forall x \in G, f_a(x) = a \circ x, a \in G\}$,则$L(G)$对映射的合成构成一个群。实际上,$\forall f_a, f_b \in L(G), f_a \circ f_b(x) = f_a(f_b(x)) = f_a(bx) = abx = f_{ab}(x)$,所以$f_{ab} = f_a \circ f_b$,即$f_a \circ f_b \in L(G)$。因此,合成运算在$L(G)$封闭。显然,合成运算满足结合律。$G$上的恒等映射$I_G = f_e \in L(G)$是$L(G)$中的单位元素。又因为 $\forall x \in G, a \in G$ 有

$$f_{a^{-1}} \circ f_a(x) = (a^{-1}a)x = x = f_e(x)$$

所以$f_{a^{-1}} \circ f_a = f_e, f_{a^{-1}}$是$f_a$的左逆元。因此,$L(G)$是一个群。

令$\varphi: G \to L(G), \forall a \in G$,定义$\varphi(a) = f_a$,易见 φ 是一一对应且 $\forall a, b \in G$

$$\varphi(a \circ b) = f_{a \circ b} = f_a \circ f_b = \varphi(a) \circ \varphi(b)。$$

因此,φ 是 G 到 $L(G)$ 的一个同构,即 $G \cong L(G)$。 〔证毕〕

设$(G, \circ)$是一个 n 阶群,$G = \{a_1, a_2, \cdots, a_n\}$,则由上面的证明可知 $G \cong L(G)$。在这里

$$L(G) = \left\{ \begin{pmatrix} a_1 & a_2 & \cdots & a_n \\ a_i a_1 & a_i a_2 & \cdots & a_i a_n \end{pmatrix} \middle| a_i \in G \right\}。$$

$L(G)$ 是一个置换群。

推论 12.4.1 任一 n 阶有限群同构于n次对称群S_n的一个 n 阶子群。亦即有限群同构于某个置换群。

Caley 定理告诉我们,任何一个抽象的群都可以在变换群中找到其模型,或具体实例。而 Caley 定理的推论告诉我们,任何一个抽象的有限群都可以在对称群中找到一个具体实例,即在对称群的子群中找到实例。而变换群与置换群比较具体,其元素是一一对应,代数运

算是——对应的合成,不但具体且容易计算。因此,用变换群给出抽象群的例子是方便和合理的。把置换群研究清楚,有限群也就研究清楚了。把变换群研究清了,所有抽象群也就清楚了。不过,近世代数的发展历史告诉我们,研究具体的群并不比研究抽象群容易。

定义 12.4.3 设 $(G, \circ)$ 是一个群,如果存在一个从 G 到 G 的——对应 φ 使得 $\forall a, b \in G$

$$\varphi(a \circ b) = \varphi(a) \circ \varphi(b),$$

则称 φ 是 G 的一个自同构。

例 12.4.1 群 G 上的映射 I_G 是 G 的一个自同构。

例 12.4.2 设 $(G, \circ)$ 是一个交换群,$\forall a \in G$,令 $\varphi(a) = a^{-1}$,则 φ 是 G 的一个自同构。

例 12.4.3 令 M_n 是一切可逆的 $n \times n$ 实矩阵之集,M_n 对矩阵乘法形成群。令 P 是 M_n 中一个特定矩阵,则 $\forall A \in M_n$,

$$\varphi(A) = P^{-1}AP$$

是 M_n 的一个自同构。

定理 12.4.2 设 G 是一个群,G 的所有自同构之集 $A(G)$ 对映射的合成运算构成一个群,称为 G 的自同构群。

〔证〕 设 $\varphi, \psi \in A(G)$,则 $\varphi \circ \psi$ 是 G 到 G 的——对应。又 $\forall a, b \in G$

$$
\begin{aligned}
\varphi \circ \psi(a \circ b) &= \varphi(\psi(a \circ b)) = \varphi(\psi(a) \circ \psi(b)) \\
&= \varphi(\psi(a)) \circ \varphi(\psi(b)) \\
&= (\varphi \circ \psi(a)) \circ (\varphi \circ \psi(b))
\end{aligned}
$$

所以 $\varphi \circ \psi \in A(G)$。由例 12.4.1 知 $I_G \in A(G)$。显然合成运算在 $A(G)$ 满足结合律。其次,$\forall \varphi \in A(G)$,$\forall a, b \in G$,φ 的逆 φ^{-1} 是 G 到 G 的——对应,且

$$
\begin{aligned}
\varphi^{-1}(a \circ b) &= \varphi^{-1}(I_G(a) \circ I_G(b)) \\
&= \varphi^{-1}((\varphi \cdot \varphi^{-1}(a)) \circ (\varphi \circ \varphi^{-1}(b))) \\
&= \varphi^{-1}(\varphi(\varphi^{-1}(a) \circ \varphi^{-1}(b))) \\
&= \varphi^{-1} \circ \varphi(\varphi^{-1}(a) \circ \varphi^{-1}(b))
\end{aligned}
$$

$$= \varphi^{-1}(a) \circ \varphi^{-1}(b)。$$

所以 φ^{-1} 是 G 的自同构,从而 $\varphi^{-1} \in A(G)$。因此,$A(G)$ 是群。

〔证毕〕

例 12.4.4 设 a 是 G 的一个固定元,$\forall x \in G$ 令
$$\varphi(x) = axa^{-1},$$
则 φ 是 G 的自同构。

实际上,$\forall x, y \in G$,若 $x \neq y$,则 $\varphi(x) \neq \varphi(y)$。否则 $axa^{-1} = aya^{-1}$,从而 $x = y$,矛盾。所以,φ 是单射。其次,$\forall x \in G$,由于
$$\varphi(a^{-1}xa) = a(a^{-1}xa)a^{-1} = x,$$
故 φ 是满射,从而 φ 是 G 到 G 的一一对应。最后,$\forall x, y \in G$ 有
$$\varphi(x \circ y) = a(x \circ y)a^{-1} = (axa^{-1}) \cdot (aya^{-1})$$
$$= \varphi(x) \circ \varphi(y)。$$
于是,φ 是 G 到 G 的同构。

定义 12.4.4 群 G 的由其元素 a 确定的自同构
$$\varphi(x) = axa^{-1}, \forall x \in G$$
称为 G 的内自同构。G 的其他自同构称为外自同构。

定理 12.4.3 群 G 的所有内自同构之集是 G 的自同构群的一个子群,称为内自同构群。

〔证〕 设 φ 和 ψ 分别是由 G 的元素 a 和 b 确定的 G 的内自同构:
$\forall x \in G$
$$\varphi(x) = axa^{-1}, \psi(x) = bxb^{-1}。$$
由
$$\varphi \circ \psi(x) = \varphi(\psi(x)) = \varphi(bxb^{-1})$$
$$= \varphi(b)\varphi(x)\varphi(b^{-1})$$
$$= (aba^{-1})(axa^{-1})(ab^{-1}a^{-1})$$
$$= (ab)x(ab)^{-1}$$
便知 $\varphi \circ \psi$ 是 G 的内自同构。再由 $\varphi^{-1}(x) = a^{-1}xa$ 便知 φ^{-1} 也是 G 的内自同构。因此,所有内自同构之集是 G 的自同构群的一个子群。

〔证毕〕

利用群的内自同构,可以定义一个二元关系,叫做共轭关系。

定义 12.4.5 设 $(G, \circ)$ 是一个群,在 G 上定义二元关系 R 如下:$\forall a, b \in G$,

aRb 当且仅当有 G 的内自同构 φ 使 $b = \varphi(a)$。称 R 为 G 的共轭关系。如果 aRb,则称 a 与 b 共轭。

若 R 是 G 上的共轭关系,则 $\forall a \in G, a = I_G(a)$ 所以 aRa,即 R 是自反的;其次,如果 aRb,则有内自同构 φ 使 $\varphi(a) = b$。由于 φ^{-1} 也是内自同构,所以 $a = \varphi^{-1}(b)$。于是,bRa,即 R 是对称的。最后,若 aRb 且 bRc,则有内自同构 φ, ψ 使之 $b = \varphi(a), c = \psi(b)$。于是 $c = \psi(b) = \psi(\varphi(a)) = \psi \circ \varphi(a)$。$\psi \circ \varphi$ 也是内自同构。所以 aRc,故 R 是传递的。因此,R 是群 G 上的一个等价关系。

于是,按共轭关系得到 G 的划分,即 G 的一个分类,每个类是一个等价类,称为共轭类。群 G 中的元素 a 所在的等价类就是 G 的子集 $[a] = \{b \mid a$ 与 b 共轭, $b \in G\}$。

习　　题

1. 设 R 是全体实数之集, $G = \{f \mid f: R \to R, f(x) = ax + b, \forall x \in R, a \neq 0, b \in R\}$。试证:$G$ 是一个变换群。

2. 设 H 是一切形如 $f(x) = x + b$ 的 R 到 R 的函数之集,$b \in R$。试证:H 是 G 的一个子群(见上题)。

3. 令 $P = \{(12), (123)\} \subseteq S_3$。写出由 P 生成的 S_3 的子群 (P)。

4. 设 R_+ 是一切正实数之集,R 为一切实数之集。$(R_+, \times), (R, +)$ 是群。令 $\varphi: R_+ \to R, \forall x \in R_+, \varphi(x) = \log_p x$,其中 P 是正数。证明:φ 是同构。

12.5　循环群

定义 12.5.1 群 G 称为循环群,如果 G 是由其中的某个元素 a 生成的,即 $(a) = G$。

如果循环群 G 是由 a 生的,则 $\forall b \in G$,存在一个整数 n 使得 b

$= a^n$。

循环群必是交换群。

例 12.5.1   整数加法群$(Z, +)$是循环群,其生成元为"1"。

例 12.5.2   整数集 Z 在模 n 同余关系下被划分成 n 个同余类 $[0], [1], \cdots, [n-1]$。令 $Z_n = \{[0], [1], \cdots, [n-1]\}$,则 Z_n 对同余类加法构成的群$(Z_n, +)$构成一个阶为 n 的有限循环群,称为模 n 同余类加群,其生成元为$[1]$。实际上,由例 11.3.4 知 Z_n 是一个幺半群。又 $\forall [i] \in Z_n$,显然,$[n-i]$ 是$[i]$的负元素。所以,Z_n 是群。

例 12.5.1 表明无限循环群是存在的。而例 12.5.2 表明,对任何正整数 n,n 阶循环群也是存在的。

下面研究循环群的结构。

首先研究无穷循环群的结构。设 $G = (a)$ 是一个无穷循环群。于是,对任何整数 n,$a^n \in G$。其次,$\forall b \in G$,有整数 m 使得 $b = a^m$。于是,a 的阶必为无穷大,否则 G 是一个有限群。从而
$$G = \{\cdots, a^{-n}, \cdots, a^{-2}, a^{-1}, e, a, a^2, \cdots, a^n, \cdots\}。$$

其次,设 G 是有限循环群,则 a 的阶有限,不妨设为 n。于是,
$$e, a, a^2, \cdots, a^{n-1}$$
是 G 中互不相同的元素。这是因为如果 $k, l, k \neq l, 1 \leqslant k < l \leqslant n - 1$,使得 $a^k = a^l$,则 $a^{l-k} = e$。于是,a 的阶 $< n$,矛盾。又 $\forall b \in G, b \neq e$,有整数 m 使 $b = a^m$。令
$$m = qn + r, 0 \leqslant r < n,$$
从而 $a^m = a^{qn+r} = (a^n)^q a^r = a^r$。因此,
$$G = (a) = \{e, a, \cdots, a^{n-1}\}。$$

定理 12.5.1   循环群 $G = (a)$ 是无穷循环群的充分必要条件是 a 的阶为无穷大。这时,
$$G = \{\cdots, a^{-n}, \cdots, a^{-2}, a^{-1}, e, a, a^2, \cdots, a^n, \cdots\}。$$
循环群 $G = (a)$ 是 n 阶循环群的充分必要条件是 a 的阶为 n。这时,
$$G = \{e, a, a^2, \cdots, a^{n-1}\}。$$

其次,研究不同构的循环群有多少个。

设 $G = (a)$ 是一个无穷循环群,由定理 12.5.1 知

$$G = \{\cdots, a^{-n}, \cdots, a^{-2}, a^{-1}, e, a, a^2, \cdots, a^n, \cdots\}。$$

$(Z, +)$ 是整数加群,令 $\varphi: Z \to G, \forall m \in Z,$

$$\varphi(m) = a^m。$$

于是,$\forall k, l \in Z,$

$$\varphi(k + l) = a^{k+l} = a^k \circ a^l = \varphi(k) \cdot \varphi(l)。$$

因此,φ 是 Z 到 G 的同构,所以 $Z \cong G$。

又如果 $G = (a)$ 是一个阶为 n 的有限循环群,则

$$G = \{e, a, a^2, \cdots, a^{n-1}\}。$$

$(Z_n, +)$ 是模 n 同余类加群。令 $\varphi: G \to Z_n, \forall a^i \in G, \varphi(a^i) = [i]$,则 φ 是一一对应。$\forall a^i, a^j \in G,$

$$\begin{aligned}
\varphi(a^i \circ a^j) = \varphi(a^{i+j}) &= [i+j] \\
&= [i] + [j] \\
&= \varphi(a^i) + \varphi(a^j)。
\end{aligned}$$

所以,φ 是 G 到 Z_n 的同构,$G \cong Z_n$。

于是,我们有

定理 12.5.2 (1) 无穷循环群同构于整数加群,即如果不计同构,则无穷循环群只有一个,就是整数加群 $(Z, +)$。

(2) 阶为 n 的有限循环群同构于模 n 同余类加群 $(Z_n, +)$,即如果不计同构,n 阶循环群只有一个,就是模 n 同余类加群。

下面研究循环群的子群。

设 $G = (a)$ 是一个无穷循环群,H 是 G 的一个子群。显然,$\{e\}$ 是 G 的一个子群。今设 $H \neq \{e\}$。于是,H 至少有一个非单位元素。又如果 $a^m \in H$,则 $a^{-m} \in H$,故可设 a^m 是 H 中具有最小正指数 m 的元素。$\forall a^s \in H$,令 $s = mq + r, 0 \leq r < m$。于是,

$$a^r = a^s a^{-qm} \in H,$$

从而 $r = 0$。这表明 $s = mq$。又因 $a^m \in H$,H 是子群,故对任何整数 $t, (a^m)^t = a^{mt} \in H$。所以,

$$H = (a^m)$$

于是，

$$H = \{\cdots, a^{-3m}, a^{-2m}, a^{-m}, e, a^m, a^{2m}, a^{3m}, \cdots\}。$$

设 $G = (a)$ 是一个 n 阶循环群，则 a 的阶为 n。这时，$\{e\}$ 仍是 G 的子群。今设 $H \neq \{e\}$ 是 G 的一个子群，a^m 为 H 中具有最小正指数 m 的元素。显然，$0 < m \leq n - 1$。令 $n = mq + r$，则

$$a^r = a^n a^{-mq} = a^{-mq} \in H$$

所以 $r = 0$，从而 $m \mid n$。于是，$(a^m)^q = e$，a^m 的阶必为 q。因此，

$$H = \{e, a^m, a^{2m}, \cdots, a^{(q-1)m}\}。$$

反之，若 m 为 n 的一个因子，则 (a^m) 显然是 G 的一个子群。

定理 12.5.3 设 $G = (a)$ 是由 a 生成的循环群，则

(1) 循环群的子群仍为循环群。

(2) 如果 G 是无限循环群，则 G 的子群或为 $H_0 = \{e\}$，或是某个具有最小正指数的元 a^m 生成的。于是，对 $m = 1, 2, \cdots$，

$$H_0 = \{e\}, H_m = (a^m)$$

是 G 的所有子群。

(3) 无穷循环群中，除了 $H_0 = \{e\}$ 之外，都是无穷循环子群，从而同构且都同构于 G。

(4) 阶为 n 的循环群中，每个子群的阶整除 n。对 n 的任一因子 q，必有一个阶为 q 的子群。于是，G 的全部子群为

$$H_0 = \{e\}, H_m = (a^m), m \mid n。$$

每个子群 H_m 的阶为 n/m。

至此，循环群已全部清楚了，即关于循环群的存在问题、数量问题、构造问题、子群的个数及构造问题均全部掌握了。于是，循环群的全部问题均已解决。

显然，循环群是交换群，但反之不真。不过我们有如下的定理：

定理 12.5.4 设 G 是一个有限 Abel 群，则 G 是循环群的充分必要条件是

$$|G| = \min\{n \mid \forall a \in G, a^n = e\}。$$

为了证明这个定理，需要以下两个引理：

引理 12.5.1　设 G 是一个 $Abel$ 群，a 和 b 是 G 的两个不同元素，其阶分别为 m 和 n 且 m 与 n 互素（即最大公因子为 1），则

（1）由 a 生成的子群 (a) 与由 b 生成的子群 (b) 的交为 $\{e\}$，即 $(a)\bigcap(b)=\{e\}$。

（2）ab 的阶为 mn。

（3）$(ab)=(\{a,b\})$，即由 ab 生成的子群等于由 $\{a,b\}$ 生成的子群。

〔证〕　（1）设 $d\in(a)\bigcap(b)$，则 $d\in(a)$，$d\in(b)$。于是，有非负整数 k 和 l，使得 $d=a^k$ 且 $d=b^l$。由

$$d^m=(a^k)^m=(a^m)^k=e^k=e$$

$$d^n=(a^l)^n=(a^n)^l=e^l=e,$$

便知 d 的阶是 m 与 n 的公因子。但 m 与 n 互素，故 d 的阶为 1。因此，$d=e$，即 $(a)\bigcap(b)=\{e\}$。

（2）设 ab 的阶为 r，则因 G 是 $Abel$ 群，所以 $(ab)^r=a^rb^r=e$，从而 $a^r=b^{-r}\in(a)\bigcap(b)$。于是，$a^r=e$，$b^r=e$。因此，$m\mid r$ 且 $n\mid r$。由此又有，m 与 n 的最小公倍数 $[m,n]$ 能整除 r。但

$$(m,n)[m,n]=mn,(m,n)=1,$$

所以 $[m,n]=mn$，故 $mn\mid r$。另一方面，由 $(ab)^{mn}=a^{mn}b^{mn}=e$ 便有 $r\mid mn$，从而 $r=mn$，即 ab 的阶为 mn。

（3）由（2）知 ab 的阶为 mn，所以 (ab) 的阶为 mn。又因 $ab\in(\{a,b\})$，所以 $(ab)\subseteq(\{a,b\})$。但 $(\{a,b\})$ 中元素的一般形式为 a^kb^l，$1\leq k\leq m$，$1\leq l\leq n$，故 $(\{a,b\})$ 的阶小于或等于 mn。因此，

$$(ab)=(\{a,b\})。$$
　　　　　　　　　　　　　　　　　　　　　　　　　〔证毕〕

下面的引理的证明需要用到算术基本定理（也称为素因子分解定理），现叙述如下：

算术基本定理　任一大于 1 的正整数 a 都能表示成素数的乘积，即

$$a=p_1p_2\cdots p_n,p_1\leq p_2\leq\cdots\leq p_n,$$

其中 $p_1,p_2\cdots,p_n$ 都是素数。其次，若

$$a = q_1 q_2 \cdots q_m, q_1 \leqslant q_2 \leqslant \cdots \leqslant q_m,$$

则 $m = n$ 且 $p_i = q_i, i = 1, 2, \cdots, n$，其中 q_i 为素数。

〔证〕 设 a 是大于 1 的整数，p_1 是 a 的最小素数因子，则 $a = p_1 a_1$。如果 $a_1 > 1$，则令 p_2 是 a_1 的最小素数因子，于是又有 $a_1 = p_2 a_2$。如此进行直到得到一个 $a_n = 1$ 为止。因此有 $a = p_1 p_2 \cdots p_n$。把 $p_1, \cdots, p_n$ 从小到大排列即得所要的结果。

假设还有分解式 $a = q_1 q_2 \cdots q_m$，则

$$p_1 p_2 \cdots p_n = q_1 q_2 \cdots q_m,$$

故等式右边能被 q_1 整除，所以 q_1 能整除左边。但 $p_1, \cdots, p_n$ 均为素数，所以必有 $p_1 = q_1$。类似地，$p_2 = q_2, \cdots$。于是，$m = n, p_i = q_i$。

〔证毕〕

a 的素因子分解式 $a = p_1 p_2 \cdots p_n$ 中的因子 $p_1, \cdots, p_n$ 有些可以相同。令 $p_1, \cdots, p_k$ 是不同的素数因子，用 $\alpha_1, \cdots, \alpha_k$ 分别表示它们在 a 的分解式中出现的次数，则

$$a = p_1^{\alpha_1} p_2^{\alpha_2} \cdots p_k^{\alpha_k},$$

上式称为 a 的标准分解式。

引理 12.5.2 设 G 是一个有限 Abel 群，则 G 中含有一个元素 g，g 的阶能被 G 的每一个元素的阶整除。

〔证〕 设 a 和 b 是 G 的阶分别为 m 和 n 的元素，我们来构造一个元素 $c \in G$，使得 c 的阶为 m 与 n 的最小公倍数 $[m, n]$。为此，令

$$m = p_1^{\alpha_1} p_2^{\alpha_2} \cdots p_k^{\alpha_k},$$
$$n = p_1^{\beta_1} p_2^{\beta_2} \cdots p_k^{\beta_k},$$

其中 $p_1, p_2, \cdots, p_k$ 是互不相同的素数，$\alpha_i, \beta_i \geqslant 0$，适当地排列 p_i，可以假设

$$\alpha_1 \leqslant \beta_1, \cdots, \alpha_j \leqslant \beta_j$$
$$\alpha_{j+1} \geqslant \beta_{j+1}, \cdots, \alpha_k \geqslant \beta_k。$$

于是，若 $r = p_1^{\alpha_1} p_2^{\alpha_2} \cdots p_j^{\alpha_j}, s = p_{j+1}^{\beta_{j+1}} \cdots p_k^{\beta_k}$，则

$$[m,n] = \frac{m}{r} \cdot \frac{n}{s} = p_1^{\beta_1} \cdots p_j^{\beta_j} p_{j+1}^{\alpha_{j+1}} \cdots p_k^{\alpha_k}$$

并且 $(\frac{m}{r}, \frac{n}{s}) = 1$。易见,$a^r$ 的阶为 $\frac{m}{r}$,b^s 的阶为 $\frac{n}{s}$。由引理 12.5.1,$c = a^r b^s$ 的阶为 $[m,n] = \frac{m}{r} \cdot \frac{n}{s}$。类似地,我们能构造一个元素,其阶为给定的三个元素的阶的最小公倍数。继续利用上法,由 G 是有限群便知,G 中有一个元素 g,g 的阶能被 G 的任一元素的阶整除。

〔证毕〕

[定理 12.5.4 的证明]

⇒ 设 $G = (g)$ 是一个有限循环群。由定理 12.5.1 知 G 的阶等于 g 的阶 n。从而

$$|G| = \min\{s \mid \forall a \in G, a^s = e\}.$$

⇐ 设 G 是有限 $Abel$ 群且 $|G| = \min\{n \mid \forall a \in G, a^n = e\}$。由引理 12.5.2,$G$ 中存在一个元素 g,g 的阶 r 能被 G 中每个元素的阶整除。于是,$|G| = r$,但 $(g) \subseteq G$ 且 $|(g)| = r$,所以 $G = (g)$。

〔证毕〕

习　　　题

1. 证明:n 次单位根之集对数的通常乘法构成一个循环群。

2. 找出模 12 的同余类加群的所有子群。

3. 设 $G = (a)$ 是一个 n 阶循环群。证明:如果 $(r,n) = 1$,则 $(a^r) = G$。

4. 假设 n 阶交换群 G 中元素的阶的最大值为 m,试证:G 中每个元素的阶均能整除 n。

5. 假定群 G 的元素 a 的阶为 n,$(r,n) = d$,证明:a^r 的阶为 n/d。

6. 设 $a_1, a_2, \cdots, a_n$ 为 n 个整数,p 是一个素数。试证:如果 p 能整除 $a_1 a_2 \cdots a_n$,则 p 一定能整除某个 a_i。

7. 船长的怪题:在刚刚进港的某友好国家的万顿船会客室里,全体船员正和某中学的学生们联欢。会上,船长说:你们看,我已经是

40开外的中年人了,我的儿子不止一个,我的女儿也不止一个。如果我的年纪、我的儿女数与你们所乘的这条船的长度(整数)相乘,其乘积为3 218。"同学们,你们能知道我的年纪是多少、共有几个儿女以及这条船的长度吗?

12.6 子群的陪集、拉格朗日定理

定义 12.6.1 设 H 是群 G 的一个子群,a 为 G 的任一元素。集合 aH 称为子群 H 的一个左陪集,Ha 称为 H 的一个右陪集。

定理 12.6.1 设 H 是群 G 的子群,$a \in G$,则 $aH = H$ 的充分必要条件是 $a \in H$。

〔证〕 $\Rightarrow$ 设 $aH = H$,则单位元 $e \in H$,所以 $ae = a \in H$。

$\Leftarrow$ 设 $a \in H$,则 $\forall h \in H$ 有 $ah \in H$,从而 $aH \subseteq H$。反之,设 $h \in H$,则方程 $ax = h$ 在 H 中有解 h',故 $h \in aH$。因此,$H \subseteq aH$。于是 $aH = H$。 〔证毕〕

定理 12.6.2 设 H 是群 G 的子群,则 $\forall a, b \in G$,$aH = bH$ 当且仅当 $a^{-1}b \in H$。

〔证〕 $\Rightarrow$ 设 $aH = bH$,则 $be = b \in aH$,从而有 $h \in H$ 使得 $ah = b$。于是,$a^{-1}b = h \in H$。

$\Leftarrow$ 设 $a^{-1}b \in H$,则 $\exists h \in H$ 使 $a^{-1}b = h$。于是 $b = ah$,从而 $bH = \{bh' \mid h' \in H\} = \{ahh' \mid h' \in H\} = aH$。 〔证毕〕

不难发现,对于右陪集,定理 12.6.1 及 12.6.2 的类似结论也成立。下面的几个定理对右陪集也有类似的结论。

定理 12.6.3 设 H 是 G 的子群,则 $\forall a, b \in G$,$aH = bH$ 或 $aH \bigcap bH = \emptyset$。

〔证〕 设 $f \in aH \bigcap bH$,则 $\exists h, h'$ 使 $f = ah = bh'$。于是,$a^{-1}b = hh'^{-1} \in H$,从而 $aH = bH$。 〔证毕〕

定理 12.6.4 设 H 是 G 的子群,$\forall a, b \in G$ 有 $|aH| = |bH|$。

〔证〕 令 $\varphi: aH \rightarrow bH$,$\forall h \in H$,$\varphi(ah) = bh$,则易验证 φ 为

一一对应。所以 $|aH| = |bH|$。 〔证毕〕

定理12.6.5 设 H 是群 G 的子群,则 H 的所有左陪集构成的集族是 G 的一个划分。

〔证〕 由定理12.6.3,不同的左陪集是不相交的。其次,$\forall a \in G, a \in aH$,所以 $G = \bigcup\limits_{a \in G} aH$。因此,$H$ 的所有左陪集构成的集族是 G 的一个划分。 〔证毕〕

定理12.6.6 令 H 是群 G 的子群,S_l 为 H 的所有左陪集构成的集族,S_r 为 H 的所有右陪集构成的集族,则 $|S_l| = |S_r|$。

〔证〕 令 $\varphi : S_l \to S_r$,$\forall aH \in S_l$,

$$\varphi(aH) = Ha^{-1}。$$

易见,φ 为一一对应。所以,$|S_l| = |S_r|$。 〔证毕〕

定义12.6.2 设 H 是群 G 的一个子群。如果 H 的所有不同的左陪集的个数为有限数 j,则称 j 为 H 在 G 中的指数,记为 $j = [G:H]$,否则说 H 在 G 中的指数为无穷大。

定理12.6.7(拉格朗日,Lagrange) 设 G 是一个阶为 N 的有限群,H 是 G 的一个 n 阶子群,则

$$N = n \cdot [G:H]。$$

〔证〕 由定理12.6.5,H 在 G 中的所有不同的左陪集构成的集族 S_l 是 G 的一个划分。再由定理12.6.4,每个左陪集均含有 n 个元素。因此,$|G| = n \cdot |S_l| = n \cdot [G:H]$。 〔证毕〕

于是,有限群的阶能被其每个子群的阶整除。

推论12.6.1 有限群中每个元素的阶能整除该有限群的阶。

〔证〕 设 G 是一个 N 阶群,a 是 G 的一个阶为 n 的元素,则由 a 生成的 G 的子群 (a) 的阶也为 n。由 Lagrange 定理,$n \mid N$。〔证毕〕

推论12.6.2 如果群 G 的阶 p 是素数,则 G 是一个循环群。

〔证〕 因为 p 为素数,所以 $p \geqslant 2$。于是,G 中至少有一个非单位元素 a。由推论12.6.1,a 的阶能整除 p。但 p 为素数,所以 a 的阶为 p。因此,$G = (a)$。 〔证毕〕

推论12.6.3 设 G 是一个 N 阶群,则对 G 的每个元素 a 都有 a^N

$= e$。

〔证〕 由推论 12.6.1 即得。 〔证毕〕

例 12.6.1 证明:阶小于或等于 5 的群是交换群。

〔证〕 设 G 是一个 p 阶群,$p \leqslant 5$。如果 $p = 1$,则 $G = \{e\}$,是一个交换群。当 $p = 2, 3, 5$ 时,p 是素数。由推论 12.6.2,G 是循环群,从而 G 是交换群。今证当 $p = 4$ 时,G 也是一个交换群。由推论 12.6.1,G 中每个元的阶整除 4,所以 G 的每个元的阶或为 1,或为 2,或为 4。如果 G 中有一个阶为 4 的元素 a,则 $G = (a)$,从而 G 是交换群。若 G 中每个元素的阶不为 4,则 G 的每个非单位元素的阶都是 2。于是,$\forall x, y \in G, x^2 = e, y^2 = e$。因此,$x = x^{-1}, y = y^{-1}$。所以,

$$xy = x^{-1}y^{-1} = (yx)^{-1} = yx,$$

故 G 是交换群。

由于三次对称群 S_3 是一个六阶不可交换群,所以不可交换群的阶大于或等于 6。

设 G 是一个 N 阶有限群,由 Lagrange 定理,G 的子群的阶必是 N 的一个因子。但反过来未必成立,即对 N 的任一因子 n,G 未必有一个 n 阶子群。例如,可以验证,在交代群 A_4 中就没有 6 阶子群。不过,在群论中已经证明,当 G 是一个有限可交换群时,Lagrange 定理的逆成立。

习 题

1. 证明:六阶群里必有一个三阶子群。

2. 设 p 是一个素数。证明:在阶为 p^m 的群里一定含有一个 p 阶子群,其中 $m \geqslant 1$。

3. 在三次对称群 S_3 中,找一个子群 H,使得 H 的左陪集不等于 H 的右陪集。

4. 设 H 是 G 的一个子群,如果左陪集 aH 等于右陪集 Ha,即 $aH = Ha$,则 $\forall h \in H, ah = ha$ 一定成立吗?

12.7 正规子群、商群

设 G 是一个群，G 的任意子集称为群子集。今在 2^G 中借助于 G 的乘法引入一个代数运算，称为群子集的乘法：$\forall A, B \in 2^G$，

$$AB = \{ab \mid a \in A \text{ 且 } b \in B\}。$$

易见，群子集的乘法确是 2^G 上的二元代数运算。其次，$\forall A \in 2^G$，定义

$$A^{-1} = \{a^{-1} \mid a \in A\}。$$

定理 12.7.1　设 G 是一个群，则 $\forall A, B, C \in 2^G$ 有 $(AB)C = A(BC)$。

其次，如果 H 是 G 的子群，则

$$HH = H, H^{-1} = H, HH^{-1} = H。$$

定理 12.7.2　设 A, B 是群 G 的子群，则 AB 是 G 的子群的充分必要条件是 $AB = BA$。

〔证〕 $\Rightarrow$ 设 AB 是 G 的子群，则 $\forall g \in AB$，有 $a \in A, b \in B$ 使 $g = ab$。但 A, B 是子群，所以 $a^{-1} \in A, b^{-1} \in B$。由于 $g^{-1} = (ab)^{-1} = b^{-1}a^{-1} \in AB$，故 $g^{-1} \in BA$，从而 $AB \subseteq BA$。反之，设 $c \in B, d \in A$，则 $cd \in BA, c^{-1} \in B, d^{-1} \in A$，从而 $d^{-1}c^{-1} \in AB$，即 $(cd)^{-1} \in AB$。但 AB 是子群，所以 $cd \in AB$。于是 $BA \subseteq AB$，故 $AB = BA$。

$\Leftarrow$ 设 $AB = BA$，往证 AB 是 G 的子群。由于 A, B 是子群，所以 $AA = A, BB = B$。于是，

$$(AB)(AB) = A(BA)B = A(AB)B = (AA)(BB) = AB,$$

故 G 中的乘法在 AB 中封闭。其次，$\forall a \in A, b \in B, a^{-1} \in A, b^{-1} \in B, (ab)^{-1} = b^{-1}a^{-1} \in BA = AB$。所以，$AB$ 是 G 的子群。　〔证毕〕

例 12.7.1　设 H 是 G 的一个子群且 $H \neq \{e\}$。如果存在一个元素 $x_0 \in G$，使得 $H(x_0^{-1}Hx_0) = G$，则

$$H \bigcap (x_0^{-1}Hx_0) \neq \{e\}。$$

〔证〕　因为 $x_0 \in G, H(x_0^{-1}Hx_0) = G$，所以存在 $h_1, h_2 \in H$，使

得 $x_0 = h_1 x_0^{-1} h_2 x_0$，从而 $h_1 x_0^{-1} h_2 = e$。于是，$x_0 \in H$，从而 $x_0^{-1} H x_0 = H$。因此，$H \bigcap (x_0^{-1} H x_0) = H \neq \{e\}$。

上节引进了子群 H 的左陪集、右陪集的概念。一般说来，aH 未必等于 Ha。例如，在 S_3 中，$H_1 = \{(1),(1\ 2)\}$ 是 S_3 的一个子群。显然，

$$(1\ 3)H_1 = \{(1\ 3),(1\ 3\ 2)\},$$
$$H_1(1\ 3) = \{(1\ 3),(1\ 2\ 3)\},$$

因此，$(1\ 3)H_1 \neq H_1(1\ 3)$。可是，对 S_3 的子群 $H_2 = \{(1),$ $(1\ 2\ 3),(1\ 3\ 2)\}$，有

$(1)H_2 = H_2(1)$,

$(1\ 2)H_2 = \{(1\ 2),(1\ 3),(2\ 3)\} = H_2(1\ 2)$

$(1\ 3)H_2 = \{(1\ 3),(2\ 3),(1\ 2)\} = H_2(1\ 3)$

$(2\ 3)H_2 = \{(2\ 3),(1\ 2),(1\ 3)\} = H_2(2\ 3)$

$(1\ 2\ 3)H_2 = H_2(1\ 2\ 3)$

$(1\ 3\ 2)H_2 = H_2(1\ 3\ 2)$,

即 $\forall \sigma \in S_3, \sigma H_2 = H_2 \sigma$。

于是，我们看到，对群的特殊子群 H，可能有：$\forall a \in G, aH = Ha$。鉴于陪集概念在推出 Lagrange 定理时所起的重要作用，可以想到上述这种特殊子群以及它的陪集将有重要的地位。

定义 12.7.1 设 H 是群 G 的子群。如果 $\forall a \in G$ 有 $aH = Ha$，则称 H 是 G 的正规子群。

于是，交换群的任一子群都是正规子群。群 G 的中心 C 必是正规子群。对任一群 $G,\{e\}$ 是 G 的正规子群。

应该注意的是，所谓 $aH = Ha$ 并不是说 a 与 H 中的每个元素 h 可交换，而是说集合 aH 与集合 Ha 相等。因此，$\forall h \in H, ah$ 未必等于 ha，而是说 $\exists h' \in H$ 使 $ah = h'a$。

定理 12.7.3 设 H 是群的一个子群，则下列三个命题等价：

(1) H 是 G 的正规子群。

(2) $\forall a \in G, aHa^{-1} = H$。

（3）$\forall a \in G, aHa^{-1} \subseteq H$。

〔证〕 （1）$\Rightarrow$（2）：因为 H 是 G 的正规子群，所以，$\forall a \in G, aH = Ha$。于是，

$$aHa^{-1} = (aH)a^{-1} = (Ha)a^{-1} = H(aa^{-1}) = He = H,$$

从而，$aHa^{-1} = H$。

（2）$\Rightarrow$（3）：显然。

（3）$\Rightarrow$（1）：设 $\forall a \in G$ 有 $aHa^{-1} \subseteq H$。于是，$\forall h \in H, \exists h_1 \in H$ 使 $aha^{-1} = h_1$，从而 $ah = h_1 a$。因此，$aH \subseteq Ha$。另一方面，$\forall h \in H$，$ha \in Ha$，于是 $a^{-1}ha \in H$。所以，$\exists h_1 \in H$ 使 $a^{-1}ha = h_1$，从而 $ha = ah_1 \in aH$，故 $Ha \subseteq Ha$。因此，$aH = Ha$。于是，$\forall a \in G$ 有 $aH = Ha$，即 H 是 G 的正规子群。 〔证毕〕

例 12.7.2 群 G 的换位子群 H 是 G 的正规子群。

〔证〕 因为 H 是 G 的换位子群，所以 $\forall h \in H, g \in G$ 有 $ghg^{-1}h^{-1} \in H$。于是，

$$ghg^{-1} = (ghg^{-1}h^{-1})h \in H,$$

从而 $\forall g \in G, ghg^{-1} \in H$。由定理 12.7.3 得 H 是 G 的正规子群。

正规子群也叫做不变子群，这个名字是基于以下的

定理 12.7.4 群 G 的子群 H 是 G 的正规子群当且仅当对 G 的任一内自同构 φ 有 $\varphi(H) = H$。

〔证〕 设 H 是 G 的一个正规子群，φ 是由元素 a 确定的内自同构，则 $\forall g \in G, \varphi(g) = aga^{-1}$。于是，$\varphi(H) = aHa^{-1} = H$。

反之，$\forall a \in G$，由 a 确定的 G 的内自同构为 φ_a，则由假定 $\varphi_a(H) = H$，所以 $aHa^{-1} = H$。由定理 12.7.3 知 H 是正规子群。

〔证毕〕

定义 12.7.2 设 H 是群的子群，如果对 G 的任一自同构 φ 有 $\varphi(H) \subseteq H$，则称 H 为 G 的特征子群。

于是，群 G 的特征子群是正规子群。

正规子群在群论占有重要的地位。正规子群之所以重要是它的陪集构成的集族对群子集的乘法又形成群。

定理 12.7.5　设 H 是 G 的正规子群，H 的所有左陪集构成的集族 S_l 对群子集乘法形成一个群。

〔证〕　首先证明群子集乘法在 S_l 上封闭，即是 S_l 上的二元代数运算。为此，设 aH, bH 是 S_l 的两个元，则

$$(aH)(bH) = a(Hb)H = a(bH)H = (ab)(HH)$$
$$= (ab)H \in S_l。$$

其次，我们还必须证明：如果 $aH = a'H, bH = b'H$，则

$$(ab)H = (a'b')H。$$

实际上，由 $aH = a'H, bH = b'H$ 知 $a \in a'H, b \in b'H$，所以 $\exists h_1, h_2 \in H$ 使 $a = a'h_1, b = b'h_2$。因此，$ab = a'h_1 b'h_2$。但 H 是正规子群，所以 $h_1 b' \in Hb' = b'H$。于是，$\exists h_3 \in H$ 使 $h_1 b' = b'h_3$，从而

$$ab = (a'b')(h_3 h_2)。$$

因此

$$(ab)H = (a'b')(h_3 h_2)H = (a'b')H。$$

由定理 12.7.1 知，群子集乘法满足结合律。又 $\forall aH \in S_l$，

$$H(aH) = (Ha)H = (aH)H = aH，$$

故 H 是乘法的左单位元。

其次，$\forall aH \in S_l$，

$$(a^{-1}H)(aH) = a^{-1}(Ha)H = a^{-1}(aH)H$$
$$= (a^{-1}a)(HH) = eH = H。$$

所以，$a^{-1}H$ 是 aH 的左逆元。因此，S_l 对群子集乘法构成一个群。

〔证毕〕

定义 12.7.3　群 G 的正规子群 H 的所有左陪集构成的集族，对群子集乘法构成的群称为 G 对 H 的商群，记为 G/H。

我们看到，每个正规子群，对应了一个商群。商群的乘法是借助于 G 的乘法定义的，而商群 G/H 与 G 有密切的联系。因此，对 G/H

的研究将有助于对 G 的性质的深刻认识。反过来,如果 G 的性质已经清楚了,那么也易于推知 G/H 的某些性质,从而得知与 G/H 同构的群的某些性质。因此,正规子群在群论中占有十分重要的地位。于是,商群又显得格外重要。

由于正规子群的左陪集等于相应的右陪集,所以就不必再区分左陪集与右陪集了,以后简称为陪集。又,对可交换群 G 中的代数运算若用加号"+"表示时,则子群 H 的陪集就相应记成 $a + H$,并称为同余类。

正规子群 H 的陪集构成的集族 G/H 是 G 的一个划分,从而确定了 G 上的一个等价关系 $\cong$。这个等价关系是这样的: $\forall\, a, b \in G$,

$$a \cong b \text{ 当且仅当 } ab^{-1} \in H。$$

可是,当子群 H 不是正规子群时,上述定义的二元关系也是一个等价关系。那么,这两个等价关系有些什么不同呢?不同点就是正规子群 H 的陪集之集之所以能形成商群的原因。设 $a \cong b$,则 $ab^{-1} \in H$。由 H 是正规子群知, $\forall\, x \in G$,

$$(ax)(bx)^{-1} = axx^{-1}b^{-1} = ab^{-1} \in H,$$

从而 $ax \cong bx$。其次,若 $a \cong b$,则 $ab^{-1} \in H$。由于 H 是正规子群,所以 $\forall\, x \in G$ 有 $xHx^{-1} = H$。于是, $x(ab^{-1})x^{-1} = (xa)(xb)^{-1} \in H$,所以又有 $xa \cong xb$。

定义 12.7.4 设 X 是一个集合,"$\circ$"是 X 上的二元代数运算, $\cong$ 是 X 上的一个等价关系。我们称 $\cong$ 是关于 X 的代数运算"$\circ$"是左不变的,如果 $a \cong b$,则 $\forall\, x \in X$ 有 $x \circ a \cong x \circ b$。类似地, $\cong$ 是对"$\circ$"右不变的,如果 $a \cong b$,则 $\forall\, x \in X$ 有 $a \circ x \cong b \circ x$。如果 $\cong$ 对"$\circ$"既是左不变的又是右不变的,则称 $\cong$ 对 X 上的代数运算"$\circ$"是不变的。

定理 12.7.6 设 H 是群 G 的子群,则 H 是正规子群的充分必要条件是 G 上的由 H 确定的等价关系"$\cong$":

$$a \cong b \text{ 当且仅当 } ab^{-1} \in H$$

对 G 中乘法是不变的。

〔证〕 ⇒ 上面已证过。

⇐ 由定理 12.7.3，只须证明，$\forall x \in G$ 有 $xHx^{-1} \subseteq H$。实际上，$\forall h \in H$ 及 G 的任一 a 有 $b \in G$ 使 $ab^{-1} = h$，从而 $a \cong b$。因此，$\forall x \in G$，$x \circ a \cong x \circ b$，从而 $xhx^{-1} = x(ab^{-1})x^{-1} = (xa)(xb)^{-1} \in H$。所以，$\forall x \in G, xHx^{-1} \subseteq H$，即 H 是 G 的正规子群。 〔证毕〕

定理 12.7.7 设 $\mathscr{S}$ 为群 G 的一个划分，对 G 的每个元素 x, y, x 与 y 所在类记为 $[x], [y]$。在 $\mathscr{S}$ 上定义乘法如下：

$$[x][y] = [x \circ y], \tag{1}$$

则这个乘法是 $\mathscr{S}$ 上的二元代数运算当且仅当由划分 $\mathscr{S}$ 所确定的 G 的等价关系 $\cong$ 是 G 上的同余关系（对乘法是不变的）。这时，G 的单位元所在的类 $[e]$ 是 G 的正规子群，$\mathscr{S}$ 中的其他类均是 $[e]$ 的陪集。

〔证〕 设由 $\mathscr{S}$ 确定的 G 上的等价关系 $\cong$ 对 G 的乘法是 G 上的同余关系，则若 $x \cong x', y \cong y'$，那么 $x \circ y \cong x' \circ y \cong x' \circ y'$。于是 $[x \circ y] = [x' \circ y']$，从而 $[x][y] = [x'][y'] = [x \circ y]$。这表明 (1) 是 $\mathscr{S}$ 上的代数运算。

其次，设 (1) 是 $\mathscr{S}$ 上的代数运算，往证 "$\cong$" 是同余关系。为此，设 $a \cong b$，则 $[a] = [b]$。于是，$\forall x \in G, [x][a] = [x][b]$，从而 $[x \circ a] = [x \circ b]$。因此，$x \circ a \cong x \circ b$。类似地，$a \circ x \cong b \circ x$。所以，$\cong$ 是同余关系。

设 $h_1, h_2 \in [e]$，则 $h_1 \cong e, h_2 \cong e$。由 $\cong$ 是同余关系知 $h_1 \circ h_2^{-1} \cong e \circ h_2^{-1} \cong e$，从而 $h_1 \circ h_2^{-1} \in [e]$，故 $[e]$ 是子群。又 $\forall x \in G$，$x[e]x^{-1} = [e]$，所以 $[e]$ 是正规子群。

最后，证明 $\mathscr{S}$ 的每个类（元素）必是 $[e]$ 的一个陪集。设 $[x] \in \mathscr{S}$，则 $\forall y \in [x]$ 有 $x \cong y$，从而 $x \circ y^{-1} \cong e$，故 $x \circ y^{-1} \in [e]$。所以，$\exists h \in [e]$ 使 $x \circ y^{-1} = h$，从而 $x = h \circ y$。因此，

$$[e]x = [e]hy = [e]y,$$

从而 $y \in [e]x$，即 $[x] \subseteq [e]x$。同理可证 $[e]x \subseteq [x]$。所以，$[x] = [e]x$，即 $[x]$ 是 $[e]$ 的一个陪集。 〔证毕〕

于是，要作商群非利用正规子群不可。这样，商群与正规子群的

关系就清楚了。

习　　题

1. 设 G 是一个 n^2 阶的群，H 是 G 的一个 n 阶子群。证明：$\forall x \in G$，$x^{-1}Hx \cap H \neq \{e\}$。

2. 设 A 和 B 是群 G 的两个有限子群。证明：

$$|AB| = \frac{|A||B|}{|A \cap B|}。$$

3. 利用上题的结论证明：六阶群中有唯一的一个三阶子群。

4. 证明：指数为 2 的子群是正规子群。

5. 证明：两个正规子群的交还是正规子群。

6. 设 H 是 G 的子群，N 是 G 的正规子群。试证：NH 是 G 的子群。

7. 如果 H 是 G 的正规群，N 是 H 的正规子群。问 N 是否是 G 的正规子群？

8. 设 G 是一个阶为 $2n$ 的交换群。试证 G 必有一个 n 阶商群。

9. 设 H 是群 G 的子群。证明：H 是 G 的正规子群的充分必要条件是 H 的任两个左陪集的乘积还是 H 的一个左陪集。

10. 设 H 是 G 的 2 阶正规子群，试证 G 的中心 C 包含 H。

11. 设 P 是 G 的换位子群。证明：

(1) G/P 是交换群。

(2) 若 N 是 G 的正规子群，G/N 是交换的，则 $P \subseteq N$。

12. 证明：包含换位子群的子群是正规子群。

13. 群的中心是特征子群。

14. 如果 C 是 B 的特征子群，B 又是 A 的特征子群，试证 C 是 A 的特征子群。

15. 设 G 是一个含 $2k$ 个元素的有限群，其中 k 是奇数。试证：G 中有一个指数为 2 的子群。

16. 令 G 是一个有限群，A 与 B 为 G 的非空子集。试证：如果 $|A| + |B| > |G|$，则 $G = AB$。

17. 设 p 是一个素数。试证：p^2 阶群是交换群。

18. 试证：非交换群与它的内自同构群同构。

19. 设 A 和 B 是 G 的子群，$(\mid A \mid, \mid B \mid) = 1$，试证：$\mid AB \mid = \mid A \mid \mid B \mid$。

20. 设 G 是循环群，A, B, C 是 G 的子群。证明：$A \bigcap (B \bigcup C) = (A \bigcap B) \bigcup (A \bigcap C)$。

12.8 同态基本定理

抽象地看，同构的群可视为一样的。因此，同构的概念是比较两个群是否一样的工具。可是，当两个群的性质不完全一样时，怎样比较呢？特别是怎样从一个已知的群去推知另一个群的某些性质呢？这要从它们之间的联系去研究，最简单的联系是函数依赖关系，即映射。要使这种联系有用，必须使两个群的代数运算也保持这种联系。于是，我们就推广了同构的概念，放弃了一一对应的要求，而得到同态的概念。同态是研究群及其他一些代数系的重要工具。

定义 12.8.1 设 $(G, \circ)$ 与 $(\overline{G}, \cdot)$ 是两个群，如果存在一个从 G 到 $\overline{G}$ 的映射 φ，使得 $\forall a, b \in G$ 有

$$\varphi(a \circ b) = \varphi(a) \cdot \varphi(b),$$

则称 φ 为 G 到 $\overline{G}$ 的一个同态，而称 G 与 $\overline{G}$ 同态。如果同态 φ 是满射，则称 φ 是从 G 到 $\overline{G}$ 的一个满同态，这时说 G 与 $\overline{G}$ 是满同态，并记为 $G \sim \overline{G}$。类似地，如果同态 φ 是单射，则称 φ 为单同态。

显然，同态 φ 是同构当且仅当 φ 是可逆的。

定理 12.8.1 设 $(G, \circ)$ 和 $(\overline{G}, \cdot)$ 是两个群，φ 是从 G 到 $\overline{G}$ 的同态，则 $\forall a \in G$ 有

$$\varphi(a^{-1}) = [\varphi(a)]^{-1}$$

$$\varphi(e) = \overline{e}$$

〔证〕 留为作业。

定理 12.8.2 设 $(G, \circ)$ 是一个群，$\overline{G}$ 是一个具有二元代数运算

"·"的代数系。如果存在一个满射 $\varphi : G \to \overline{G}$ 使 $\forall\, a, b \in G$ 有

$$\varphi(a \circ b) = \varphi(a) \cdot \varphi(b),$$

则 $(\overline{G}, \cdot)$ 是一个群。

〔证〕 由定理 11.5.3,$(\overline{G}, \cdot, \varphi(e))$ 是幺半群。再由定理 11.5.4 知,$\forall\, a \in G, \varphi(a^{-1}) = (\varphi(a))^{-1}$,故 $\overline{G}$ 的每个元是可逆的。所以 $(\overline{G}, \cdot)$ 是一个群。　　　　　　　　　　　　　　　　　　〔证毕〕

定理 12.8.3　设 φ 是从群 $(G, \circ)$ 到 $(\overline{G}, \cdot)$ 的满同态,则 $\overline{G}$ 的单位元 $\overline{e}$ 的完全原象 $\varphi^{-1}(\overline{e}) = \{x \mid x \in G, \varphi(x) = \overline{e}\}$ 是 G 的一个正规子群。

〔证〕 由定理 12.8.1 知 $e \in \varphi^{-1}(\overline{e})$,所以 $\varphi^{-1}(\overline{e}) \neq \varnothing$。

设 $x, y \in \varphi^{-1}(\overline{e})$,则 $\varphi(x) = \varphi(y) = \overline{e}$,

$$\varphi(x \circ y) = \varphi(x) \cdot \varphi(y) = \overline{e} \cdot \overline{e} = \overline{e},$$

故 $x \circ y \in \varphi^{-1}(\overline{e})$。于是,$G$ 中的乘法在 $\varphi^{-1}(\overline{e})$ 中封闭。

其次,$\forall\, x \in \varphi^{-1}(\overline{e})$ 有

$$\varphi(e) = \varphi(x^{-1} \circ x) = \varphi(x^{-1}) \cdot \varphi(x) = \overline{e}$$

故 $\varphi(x^{-1}) = \varphi(x)^{-1} = \overline{e}$,从而 $x^{-1} \in \varphi^{-1}(\overline{e})$。因此,$\varphi^{-1}(\overline{e})$ 是 G 的子群。

最后,证明 $\varphi^{-1}(\overline{e})$ 是正规子群。为此,设 x 是 G 的任一元,a 是 $\varphi^{-1}(\overline{e})$ 的任一元,则

$$\begin{aligned}
\varphi(x \circ a \circ x^{-1}) &= \varphi(x) \cdot \varphi(a) \cdot \varphi(x^{-1}) \\
&= \varphi(x) \cdot \overline{e} \cdot \varphi(x^{-1}) = \varphi(x) \cdot \varphi(x^{-1}) \\
&= \varphi(x \circ x^{-1}) = \varphi(e) = \overline{e}
\end{aligned}$$

从而 $x \circ a \circ x^{-1} \in \varphi^{-1}(\overline{e})$。故 $\forall\, x \in G, x\varphi^{-1}(\overline{e})x^{-1} \subseteq \varphi^{-1}(\overline{e})$。所以,$\varphi^{-1}(\overline{e})$ 是 G 的正规子群。　　　　　　　〔证毕〕

定义 12.8.2　设 φ 是群 $(G, \circ)$ 到群 $(\overline{G}, \cdot)$ 的满同态,$\overline{e}$ 是 $\overline{G}$ 的单位元,则 G 的正规子群 $\varphi^{-1}(\overline{e})$ 称为同态 φ 的核,记为 $Ker\, \varphi$。$\varphi(G)$ 称为在 φ 下 G 的同态象。

显然,当 φ 是同态(未必是满的)时,则 $G \sim \varphi(G)$。

定理 12.8.4　设 φ 是从群 G 到群 $\overline{G}$ 的满同态,则

(1) 如果 H 是 G 的子群,那么 $\varphi(H)$ 是 $\overline{G}$ 的子群;

(2) 如果 N 是 G 的正规子群,那么 $\varphi(N)$ 是 $\overline{G}$ 的正规子群;

(3) 如果 $\overline{H}$ 是 $\overline{G}$ 的子群,那么 $\varphi^{-1}(\overline{H})$ 是 G 的子群;

(4) 如果 $\overline{N}$ 是 $\overline{G}$ 的正规子群,那么 $\varphi^{-1}(\overline{N})$ 是 G 的正规子群。

〔证〕 留为作业。

定理 12.8.5 设 N 是 G 的正规子群,则 $G \sim G/N$。如果 φ 是 G 到 G/N 的同态,则 $Ker\,\varphi = N$。

〔证〕 令 $\varphi : G \to G/N, \forall g \in G$ 有

$$\varphi(g) = gN,$$

则易见 φ 是满射。又 $\forall g_1, g_2 \in G$,

$$\begin{aligned}
\varphi(g_1 \circ g_2) &= (g_1 \circ g_2)N = (g_1 \circ g_2)NN \\
&= g_1(g_2 N)N = g_1(N g_2)N = (g_1 N)(g_2 N) \\
&= \varphi(g_1)\varphi(g_2),
\end{aligned}$$

所以 φ 是从 G 到 G/N 的满同态,即 $G \sim G/N$。

由于 N 是 G/N 的单位元,所以 $\varphi^{-1}(N) = Ker\,\varphi = \{g \mid \varphi(g) = N\}$。但 $gN = N \Leftrightarrow g \in N$,所以 $\varphi^{-1}(N) = N$,故 $Ker\,\varphi = N$。

〔证毕〕

于是,每个群自然同态于它的每个商群。

定理 12.8.6(群的同态基本定理) 设 φ 是群 G 到群 $\overline{G}$ 的满同态,$E = Ker\,\varphi$,则

$$G/E \cong \overline{G}。$$

〔证〕 令 $f : G/E \to \overline{G}, \forall a \in G$,

$$f(aE) = \varphi(a)。$$

先证 f 是一个映射。为此,只须证明若 $aE = bE$,则 $f(aE) = f(bE)$ 即可,亦即必有 $\varphi(a) = \varphi(b)$。实际上,由 $aE = bE$ 知 $a^{-1}b \in E$,从而

$$\varphi(a^{-1}b) = \varphi(a^{-1})\varphi(b) = \varphi(a)^{-1}\varphi(b) = \overline{e}$$

故 $\varphi(a) = \varphi(b)$。于是,f 是 G/E 到 $\overline{G}$ 的映射。由于 φ 是满射,所以 f 是满射。

其次,证明 f 是一一对应。实际上,如果 $aE \neq bE$,则 $f(aE) \neq$

$f(bE)$。因为否则就有 $\varphi(a) = \varphi(b)$，从而 $\varphi(a^{-1}b) = \varphi(a)^{-1}\varphi(b)$ $= \varphi(a)^{-1}\varphi(a) = \bar{e}$，故 $a^{-1}b \in E$。因此，$aE = bE$，矛盾。所以，f 是 G/E 到 $\bar{G}$ 的一一对应。

最后，由

$$f((aE)(bE)) = f((ab)E) = \varphi(ab) = \varphi(a)\varphi(b)$$
$$= f(aE)f(bE)$$

得到 f 是 G/N 到 $\bar{G}$ 的同构。因此，

$$G/E \cong \bar{G}。 \qquad \qquad 〔证毕〕$$

当 φ 是群 G 到群 $\bar{G}$ 的满同态时，则由定理 12.8.3 知 $E = Ker\,\varphi$ 是 G 的正规子群，从而 G/E 是商群。由定理 12.8.5 知，从 G 到 G/E 的同态 $\gamma : \forall g \in G, \gamma(g) = gE$，是自然同态。再由定理 12.8.6，$G/E \cong \bar{G}$，从而有同构 $f : \forall aE \in G/E, f(aE) = \varphi(a)$。于是，$\forall a \in G$ 有

$$f \circ \gamma(a) = f(\gamma(a)) = f(aE) = \varphi(a)。$$

因此，$\varphi = f \circ \gamma$。由定理 3.7.2，f 是唯一的。

于是，我们有

定理 12.8.7　群 G 的任一满同态 φ 均可分解成一个自然同态 γ 与一个同构 f 的合成，即 $\varphi = f \circ \gamma$，并且 f 是唯一的。

于是，满同态与自然同态一一对应，从而满同态可视为自然同态。由定理 12.8.6，群 G 的任一同态象可以看成是 G 的商群，而 G 的每个商群对应唯一的正规子群，所以有多少个正规子群就有多少个商群，也就有多少满同态，因而有多少个同态象。这就是定理 12.8.3、12.8.5、12.8.6 之间的联系。

其次，我们来说明定理 12.8.6 的重要意义。设群 G 的性质已比较清楚，而群 $\bar{G}$ 的性质尚不大清楚。定理 12.8.6 告诉我们，如果能建立一个从 G 到 $\bar{G}$ 的满同态 φ，则 $\bar{G} \cong G/ker\varphi$，从而 $\bar{G}$ 与 $G/Ker\,\varphi$ 的性质完全一样。但 $G/Ker\,\varphi$ 的元素是正规子群 $Ker\,\varphi$ 的陪集，是 G 的特殊子集，而 $G/Ker\,\varphi$ 中的乘法是借助于 G 中的乘法定义的，因此，其性质容易从 G 的一些性质得到。这样，定理 12.8.6 为我们提供了一种从已知群推知另一个群的性质的方法。因此，这又一次表明正规子

群和商群的重要性。

作为群的同态基本定理的应用,我们有以下的同构定理:

定理 12.8.8 设 φ 是从群 G 到群 $\overline{G}$ 的满同态, $\overline{H}$ 是 $\overline{G}$ 的正规子群, $H = \varphi^{-1}(\overline{H})$,则

$$G/H \cong \overline{G}/\overline{H}。$$

〔证〕 由定理 12.8.4 知, H 是 G 的正规子群,所以有商群 G/H。由定理 12.8.5,有从 $\overline{G}$ 到 $\overline{G}/\overline{H}$ 的自然同态 ψ。于是, $\forall a, b \in G$ 有

$$\psi \circ \varphi(ab) = \psi(\varphi(ab)) = \psi(\varphi(a)\varphi(b))$$
$$= (\psi \circ \varphi(a))(\psi \circ \varphi(b))$$

从而 $\psi \circ \varphi$ 是从 G 到 $\overline{G}/\overline{H}$ 的满同态。又由

$$(\psi \circ \varphi)^{-1}(\overline{H}) = Ker(\psi \circ \varphi)$$
$$= \{x \mid x \in G, \psi(\varphi(x)) = \overline{H}\}$$
$$= \{x \mid x \in G, \varphi(x) \in \overline{H}\}$$
$$= H,$$

所以由定理 12.8.6 得

$$G/H \cong \overline{G}/\overline{H} \qquad 〔证毕〕$$

* **定理 12.8.9** 设 K 是 G 的正规子群, H 是 G 的任一子群,则 $K \bigcap H$ 是 H 的正规子群,并且

$$HK/K \cong H/(K \bigcap H)。$$

〔证〕 由 K 是正规子群,所以 $\forall h \in H, hK = Kh$。因为 $HK = \bigcup_{h \in H} hK = \bigcup_{h \in H} Kh = Kh$,所以

$$(HK)^2 = HKHK = H^2 K^2 = HK。$$

又 $e \in HK$,并且若 $h \in H, k \in K$,则

$$(hk)^{-1} = k^{-1}h^{-1} \in KH = HK。$$

所以, HK 是 G 的子群。显然, $eK = K \subseteq HK, K$ 是 HK 的正规子群,所以有商群 HK/K。

由定理 12.8.5,有自然同态 $\gamma: G \to G/K$。考虑 γ 在 H 上的限制 $\gamma' = \gamma \mid H: H \to G/K, \forall h \in H, \gamma'(h) = hK$。因为 $\forall h \in H, k \in$

$K, hkK = hK$，所以 $\gamma'(H) = HK/K$。易见 γ' 是 H 到 HK/K 的满同态且 K 是 HK/K 的单位元，

$$Ker \gamma' = \{ h \mid h \in H, \gamma'(h) = K \}$$
$$= \{ h \mid h \in H, hK = K \}$$
$$= \{ h \mid h \in H \bigcap K \} = K \bigcap H$$

所以 $K \bigcap H$ 是 H 的正规子群，从而有商群 $H/(K \bigcap H)$。由群的同态基本定理得 $HK/K \cong H/(K \bigcap H)$。 〔证毕〕

例 12.8.1 设 G 是个一个 mn 阶群，N 是 G 的一个 n 阶正规子群，m 与 n 互素。试证：N 是 G 的唯一的 n 阶正规子群。

〔证〕 设 H 是 G 的另一个 n 阶子群。如果商群 NH/N 的阶 $k \geqslant 2$，则由定理 12.8.9，$H/(N \bigcap H)$ 的阶也为 k，故 $k \mid n$。再由 NH/N 是 G/N 的子群得 $k \mid m$。于是，k 为 m 与 n 的一个不为 1 的公因子，这与 m 与 n 互素相矛盾。所以，$k = 1$，从而 $N = H$。

习 题

1. 设 G 为 m 阶循环群，$\overline{G}$ 为 n 阶循环群。试证：$G \sim \overline{G}$ 当且仅当 $n \mid m$。

2. 设 G 是一个循环群，H 是 G 的子群。试证：G/H 也是循环群。

3. 设 N 和 H 是群 G 的两个正规子群，$N \subseteq H$。试证：$G/H \cong (G/N)/(H/N)$。

4. 设 $G = (a)$ 为一个 12 阶的循环群，$\overline{G} = (a^2)$，于是 $G \sim \overline{G}$。设 $H = (a^4)$，H' 是 H 的同态象，验证 $G/H \cong \overline{G}/H'$ 不成立。

5. 试证：群 G 的内自同构群与 G 关于其中心 C 的商群 G/C 同构。

6. 设 φ 是 G 到 $\overline{G}$ 的满同态，H 和 $\overline{H}$ 分别是 G 和 $\overline{G}$ 的正规子群，$\varphi(H) \subseteq \overline{H}$。证明：$G/H \sim \overline{G}/\overline{H}$。

7. 设 φ 是 G 到 $\overline{G}$ 的满同态，H 是 G 的正规子群且 $Ker \varphi \subseteq H$，$\overline{H} = \varphi(H)$。证明 $\overline{H}$ 是 $\overline{G}$ 的正规子群且 $G/N \cong \overline{G}/\overline{H}$。

8. 设 f 和 g 都是 G 到 $\overline{G}$ 的满同态。令

$$B = \{ x \mid x \in G, f(x) = g(x) \}。$$

试证：B 是 G 的子群，B 是正规子群吗？

12.9 直 积

对于一个给定的群，可以得到与其有关的群：子群、正规子群、商群，利用这些有关的群来推断原来的群的某些性质。在这一节里，我们将利用一些已知的群来产生新的群。

定义 12.9.1 设 $(G_1, \circ)$ 和 $(G_2, \cdot)$ 是两个群。在 $G_1 \times G_2$ 上定义一个新的乘法如下：$\forall (a_1, b_1), (a_2, b_2) \in G_1 \times G_1$，

$$(a_1, b_1)(a_2, b_2) = (a_1 \circ a_2, b_1 \cdot b_2) 。$$

$G_1 \times G_2$ 对如此定义的乘法所形成的群称为群 G_1 与 G_2 的直积，仍记为 $G_1 \times G_2$。

群 G_1 与 G_2 的直积 $G_1 \times G_2$ 是群是容易验证的。如果 G_1 的单位元为 e_1，G_2 的单位元是 e_2，则 (e_1, e_2) 是直积 $G_1 \times G_2$ 的单位元。$G_1 \times G_2$ 的元素 (a_1, a_2) 的逆元就是 (a^{-1}, b^{-1})。

显然，如果 G_1 和 G_2 是有限群，则 $G_1 \times G_2$ 也是有限群，并且 $|G_1 \times G_2| = |G_1||G_2|$。

例 12.9.1 实数加群 $(R, +)$ 的直积 $(R \times R, +)$ 同构于平面上向量的加法群。

令 G_1 与 G_2 是群，$\varphi_1 : G_1 \to G_1 \times G_2$，$\forall a \in G_1$ 有 $\varphi_1(a) = (a, e_2)$，其中 e_2 为 G_2 的单位元。不难验证 φ_1 是 G_1 到 $G_1 \times G_2$ 的单同态，所以 G_1 同构于 $G_1 \times G_2$ 的子群 $\varphi_1(G_1)$。于是，抽象地看，G_1 和 G_2 都是 $G_1 \times G_2$ 的子群。若 $G = G_1 \times G_2$，则 G 可视为 G 的两个子群 G_1 与 G_2 的直积。由于对 $G_1 \times G_2$ 的任一元素 (a, b) 可唯一地分解成

$$(a, b) = (a, e_2)(e_1, b),$$

所以，当把 G_1 与 $\varphi_1(G_1)$ 等同，（G_2 与 $\varphi_2(G_2)$ 等同 $\varphi_2 : G_2 \to G_1 \times G_2$，$\forall b \in G_2, \varphi_2(b) = (e_1, b)$）时，便有 $G = G_1 G_2$，并且 G_1 与 G_2 都是 G 的正规子群。

反之，我们有

定理 12.9.1 设 G_1 和 G_2 是群 G 的两个正规子群，$G = G_1G_2$，并且 $\forall\, a \in G$ 有唯一的 $a_1 \in G_1$，$a_2 \in G_2$ 使得 $a = a_1a_2$，则 $G \cong G_1 \times G_2$。

〔证〕 令 $\varphi: G_1 \times G_2 \to G$，$\forall (x, y) \in G_1 \times G_2$ 有 $\varphi(x, y) = xy$。易见，φ 是 $G_1 \times G_2$ 到 G 的一个映射。由 $G = G_1G_2$ 知 φ 是满射。再由 G 的任一元素 a 可唯一地分解成 $a = a_1a_2$，$a_1 \in G_1$，$a_2 \in G_2$，便得 φ 是单射，从而 φ 是一一对应。

其次，$\forall (x_1, y_1), (x_2, y_2) \in G_1 \times G_2$，我们有

$$\varphi((x_1, y_1)(x_2, y_2)) = \varphi(x_1x_2, y_1y_2) = (x_1x_2)(y_1y_2)。$$

而

$$\varphi(x_1, y_1)\varphi(x_2, y_2) = (x_1y_1)(x_2y_2)，$$

所以，为了证明 φ 是同构，只须证明

$$x_1x_2y_1y_2 = x_1y_1x_2y_2$$

即可。亦即只须证明 $x_2y_1 = y_1x_2$ 即可，或等价地证明 $x_2y_1x_2^{-1}y_1^{-1} = e$。由 G_1 与 G_2 都是 G 的正规子群，以及

$$x_2y_1x_2^{-1}y_1^{-1} = (x_2y_1x_2^{-1})y_1^{-1} = x_2(y_1x_2^{-1}y_1^{-1})$$

便知 $x_2y_1x_2^{-1}y_1^{-1} \in G_1 \bigcap G_2$。因此，$x_2y_1x_2^{-1}y_1^{-1} = e$。否则，

$$x_2y_1x_2^{-1}y_1^{-1} = e(x_2y_1x_2^{-1}y_1^{-1}) = (x_2y_1x_2^{-1}y_1)e，$$

这表明 G 的元素 $x_2y_1x_2^{-1}y_1^{-1}$ 有两种不同的分解，这与假设相矛盾。于是，φ 是 G 到 $G_1 \times G_2$ 的同构。 〔证毕〕

于是，群 G 同构于 G 的两个子群 G_1 与 G_2 的直积 $G_1 \times G_2$ 的充分必要条件是 G_1 和 G_2 都是 G 的正规子群且 $G = G_1G_2$，并 $\forall\, a \in G$，a 可唯一地表成 G_1 和 G_2 中元素之乘积。

因此，如果群 G 存在正规子群 G_1 和 G_2 使之

(1) $G = G_1G_2$，且

(2) $\forall\, a \in G$，a 可唯一地表成 G_1 与 G_2 中元之积，

则称 G 是 G_1 与 G_2 的直积，记为 $G = G_1G_2$。

定理 12.9.2 群 G 是其子群 G_1 与 G_2 的直积的充分必要条件是如下的三个条同时成立:

(1) $G = G_1 G_2$;

(2) $G_1 \cap G_2 = \{e\}$;

(3) $\forall a \in G_1, b \in G_2$,有 $ab = ba$。

〔证〕 $\Rightarrow$ 显然。

$\Leftarrow$ 设(1)、(2)、(3)成立,则 $\forall x \in G$,有 $x_1 \in G_1, x_2 \in G_2$ 使 $x = x_1 x_2$。于是,$\forall a \in G_1$,

$$xax^{-1} = (x_1 x_2) a (x_1 x_2)^{-1} = x_1 (x_2 a x_2^{-1}) x_1^{-1}$$
$$= x_1 (a x_2 x_2^{-1}) x_1^{-1} = x_1 a x_1^{-1} \in G_1。$$

所以,G_1 是正规子群。同理,G_2 也是 G 的正规子群。其次,设 $a, a' \in G_1$ 且 $b, b' \in G_2$,并且 $ab = a'b'$,由 $a'^{-1}a = b'b^{-1} \in G_1 \cap G_2$。由 (2) 得 $a'^{-1}a = b'b^{-1} = e$。所以,$a = a', b = b'$。因此,G 的每个元素 a 可唯一地表示成 G_1 与 G_2 的元素的乘积。由定理 12.9.1 便知 G 是 G_1 与 G_2 的直积。 〔证毕〕

推论 12.9.1 可交换群 G 是其子群 G_1 与 G_2 的直积的充分必要条件是 $G = G_1 G_2$ 且 $G_1 \cap G_2 = \{e\}$。

推论 12.9.2 群 G 是其子群 G_1 与 G_2 的直积的充分必要条件是 G_1 与 G_2 是 G 的正规子群且 $G = G_1 G_2$,而 $G_1 \cap G_2 = \{e\}$。

读者可能已经发现,定理 12.9.2 及其推论的叙述形式与线性空间的直和的有关定理的叙述形式有某些相似之处。试比较之。

直积的概念可以推广到 n 个群的情形。

定义 12.9.2 设 $G_1, G_2, \cdots, G_n$ 是 n 个群,笛卡儿乘积 $G_1 \times G_2 \times \cdots \times G_n$ 对乘法

$$(a_1, a_2, \cdots, a_n)(b_1, b_2, \cdots, b_n) = (a_1 b_1, a_2 b_2, \cdots, a_n b_n)$$ 形成的群,称为 $G_1, G_2, \cdots, G_n$ 的直积,仍记为 $G_1 \times G_2 \times \cdots \times G_n$。

如果 $e_1, e_2, \cdots, e_n$ 分别为 $G_1, G_2, \cdots, G_n$ 的单位元,则 $(e_1, e_2, \cdots, e_n)$ 是 $G_1 \times G_2 \times \cdots \times G_n$ 的单位元。$G_1 \times G_2 + \cdots \times G_n$ 的元素 $(a_1,$

$a_2, \cdots, a_n)$ 的逆元素为 $(a_1^{-1}, a_2^{-1}, \cdots, a_n^{-1})$。其次,对 $i = 1, 2, \cdots, n$,有

$$G_i \cong \{(e_1, \cdots, e_{i-1}, a_i, e_{i+1}, \cdots, e_n) \mid a_i \in G_i\}。$$

于是,从同构的观点,G_i 是 $G_1 \times G_2 \times \cdots \times G_n$ 的正规子群。

与定理 12.9.1 类似,我们有

定理 12.9.3 设 $G_1, G_2, \cdots, G_n$ 是群 G 的 n 个正规子群。如果 $\forall a \in G, a$ 可以唯一地表示成 $G_1, G_2, \cdots, G_n$ 的元素的乘积,则

$$G \cong G_1 \times G_2 \times \cdots \times G_n$$

〔证〕 留为作业。

定理 12.9.4 设 $G_1, G_2 \cdots, G_n$ 是 G 的 n 个子群,则 G 是 $G_1, G_2, \cdots, G_n$ 的直和的充分必要条件是 $G = G_1 G_2 \cdots G_n, G_i \bigcap (G_1 \cdots G_{i-1} G_{i+1} \cdots G_n) = \{e\}, \forall a_i \in G_i$ 及 $a_j \in G_j$ 有 $a_i a_j = a_j a_i (i \neq j)$。

〔证〕 留为作业。

习　　题

1. 完成定理 12.9.3 与 12.9.4 的证明。

2. 设 G_1 与 G_2 是两个群。证明:$G_1 \times G_2$ 是交换群当且仅当 G_1 与 G_2 都是交换群。

3. 设 G_1 与 G_2 是两个群。证明:

$$G_1 \times G_2 \cong G_2 \times G_1。$$

4. 设 G_1, G_2 是 G 的子群且 G 是 G_1 与 G_2 的直积。证明:

$$G/G_1 \cong G_2, \quad G/G_2 \cong G_1。$$

第十三章　　环和域

前两章讨论了具有一个二元代数运算的代数系 —— 半群、幺半群和群。本章将讨论具两个代数运算的代数系。在这类代数系中,环和域是最基本的。

13.1　　定义及简单性质

定义 13.1.1　设 R 是一个非空集合,R 中有两个代数运算,一个叫做加法并用加号"$+$"表示,另一个叫做乘法并用"$\circ$"表示。如果

(1)$(R,+)$ 是一个 *Abel* 群;

(2)$(R,\circ)$ 是一个半群;

(3)乘法对加法满足左、右分配律:$\forall a,b,c \in R$ 有

$$a \circ (b + c) = (a \circ b) + (a \circ c)$$

$$(b + c) \circ a = (b \circ a) + (c \circ a),$$

则称代数系$(R,+,\circ)$ 为一个环。

在不引起误会的情况下,也简单地说 R 是一个环。在环 R 中,a 与 b 的积 $a \circ b$ 常简写成 ab。

定义 13.1.2　环$(R,+,\circ)$ 称为交换环或可换环,如果其中的乘法满足交换律,即 $\forall a,b \in R$ 有 $ab = ba$。

例 13.1.1　整数集合 Z 对通常数的加法和乘法构成一个环$(R,+,\cdot)$,称为整数环 Z。整数环 Z 是一个交换环。

环这类代数结构的原始模型是整数环 Z。从半群的观点看,它提供了两个幺半群$(Z,+)$ 和 $(Z,\cdot)$,它们之间用分配律联系起来。

例 13.1.2　有理数集 Q,实数集 R 以及复数集 C 对数的通常加法和乘法分别构成交换环$(Q,+,\cdot)$、$(R,+,\cdot)$ 和 $(C,+,\cdot)$。

例 13.1.3　设 M_n 为一切 $n \times n$ 实矩阵之集,则 M_n 对矩阵的加

法和乘法构成一个非交换环$(M_n, +, \cdot)$,称为 n 阶矩阵环。

例 13.1.4　文字 x 的整系数多项之集 $Z[x]$ 对多项式的加法和乘法构成一个交换环。

定义 13.1.3　环 $(R, +, \circ)$ 称为有限环,如果 R 是有限非空的集合。

例 13.1.5　令 $S = \{0\}$,则 S 对数的通常加法和乘法构成一个环,称为零环,它仅有一个元素。

例 13.1.6　有限环的一类重要例子是模 n 同余类环 $(Z_n, +, \cdot)$,其中 Z_n 是全体整数集 Z 对模 n 的同余类之集

$$Z_n = \{[0], [1], \cdots, [n-1]\},$$

n 为自然数。

由例 12.1.6 知,Z_n 对同余类加法

$$[i] + [j] = [i + j]$$

构成一个 *Abel* 群。Z_n 中的乘法定义为:$\forall [i], [j] \in Z_n$,有

$$[i] \circ [j] = [i \cdot j].$$

容易验证,这样定义的乘法与每个同余类的表示无关,从而是 Z_n 中的代数运算。显然,乘法满足结合律。实际上,$\forall [i], [j], [k] \in Z_n$,有

$$([i] \circ [j]) \circ [k] = [i \cdot j] \circ [k] = [i \cdot j \cdot k]$$

$$[i] \circ ([j] \circ [k]) = [i] \circ [j \cdot k] = [i \cdot j \cdot k],$$

所以结合律成立。于是,$(Z_n, \circ)$ 是半群。容易验证乘法对加法满足分配律。所以,$(Z_n, +, \circ)$ 是一个有限环,它也是交换环且恰有 n 个元素。

于是,对任何自然数 n,必有恰好含有 n 个元素的交换环。

在环 $(R, +, \circ)$ 中,加法的单位元用"0"表示,并称为 R 的零元(素)。$\forall a \in R$,a 对加法的逆元素记为 $-a$,并称为 a 的负元(素)。R 中加法的逆运算称为减法,并用"$-$"表示,$\forall a, b \in R$,$a - b$ 定义为 $a + (-b)$。其次,a 对加法的 m 次幂记为 ma,当 $m > 0$ 时,ma 定义为 m 个 a 相加,即

$1a = a, (m+1)a = ma + a$。而当 $m < 0$ 时，ma 定义为 $(-m)(-a)$。当 $m = 0$ 时，$0a = 0$，其中左边的"0"是数零，右边的"0"是 R 的零元素。

应该注意的是，按定义 13.1.1，环 $(R, +, \circ)$ 中的乘法未必满足交换律，乘法也未必有单位元素。

下面讨论环的简单性质。

由于环 $(R, +, \circ)$ 对加法构成一个 *Abel* 群，所以具有 *Abel* 群的一切性质。因此，$\forall a, b, c \in R, m, n \in Z$，有

$1^\circ. \ 0 + a = a + 0 = a$；

$2^\circ. \ a + b = b + a$；

$3^\circ. \ (a + b) + c = a + (b + c)$；

$4^\circ. \ -a + a = a + (-a) = 0$；

$5^\circ. \ -(a + b) = -a - b$；

$6^\circ. \ a + c = b \Leftrightarrow a = b - c$；

$7^\circ. \ -(-a) = a$；

$8^\circ. \ -(a - b) = -a + b$；

$9^\circ. \ ma + na = (m + n)a$；

$10^\circ. \ m(na) = (mn)a$；

$11^\circ. \ m(a + b) = ma + mb$；

$12^\circ. \ n(a - b) = na - nb$；

$13^\circ. \ $ 由于 $(R, \circ)$ 是半群，所以

$$(a \circ b) \circ c = a \circ (b \circ c);$$

$14^\circ. \ $ 加法与乘法由左、右分配律联系起来，即

$$a \circ (b + c) = (a \circ b) + (a \circ c),$$
$$(b + c) \circ a = (b \circ a) + (c \circ a)。$$

$15^\circ. \ \forall a \in R, 0 \circ a = a \circ 0 = 0$；

实际上，由 $0 \circ a = (0 + 0) \circ a = 0 \circ a + 0 \circ a$ 即得 $0 \circ a = 0$。类似地可得 $a \circ 0 = 0$。

$16^\circ. \ (-a) \circ b = -(a \circ b), a \circ (-b) = -(a \circ b)$；

这可由 $ab + a(-b) = a(b-b) = 0$ 及 $ab + (-ab) = (a + (-a))b = 0 \cdot b = 0$ 推得。

$17°.\ (-a)(-b) = ab$；

$18°.\ a(b-c) = ab - ac$；

$19°.\ \left(\sum\limits_{i=1}^{n} a_i\right)\left(\sum\limits_{i=1}^{m} b_i\right) = \sum\limits_{i=1}^{n}\sum\limits_{j=1}^{m} a_i b_j$；

$20°.\ (na)b = a(nb) = n(ab)$；

$21°.$ 如果 $ab = ba$，则二项式定理成立，即当 $n > 0$ 时有

$$(a + b)^n = \sum_{i=0}^{n} \binom{n}{i} a^i b^{n-i} \text{。}$$

环中的上述计算规则与初等代数中所熟知规则在形式上是一样的。然而，并不是初等代数中的所有计算规则在环里均成立。例如，在初等代数中，由 $ab = 0$ 可推知 $a = 0$ 或 $b = 0$。这条规则在环里未必总成立。

例 13.1.7 令 $C_{[-1,1]}$ 为区间 $[-1,1]$ 上的一切实值连续函数之集合。在 $C_{[-1,1]}$ 上定义加法和乘法如下：$\forall f, g \in C_{[-1,1]}, x \in [-1, 1]$

$$(f + g)(x) = f(x) + g(x)$$
$$(fg)(x) = f(x)g(x) \text{。}$$

易见，这就定义了 $C_{[-1,1]}$ 上的加法和乘法，它是代数运算。容易验证 $(C_{[-1,1]}, +, \cdot)$ 是对上述定义的加法和乘法构成一个环。显然，函数

$$f(x) = \begin{cases} x, & \text{当 } 0 \leqslant x \leqslant 1 \text{ 时}, \\ 0, & \text{当} -1 \leqslant x \leqslant 0, \end{cases}$$

$$g(x) = \begin{cases} 0, & \text{当 } 0 \leqslant x \leqslant 1 \text{ 时}, \\ x, & \text{当} -1 \leqslant x \leqslant 0, \end{cases}$$

是 $C_{[-1,1]}$ 中两个非 0 元素，即 $f \neq 0, g \neq 0$。但是，显然，$\forall x \in [-1, 1]$，有 $f(x)g(x) \equiv 0$，从而 $fg = 0$。这表明，确有这样的环，在其中计算规则 "$ab = 0$ 能推出 $a = 0$ 或 $b = 0$" 不成立。

又如，在环 $(M_2, +, \cdot)$ 中(见例 13.1.3)，$\begin{pmatrix} 0 & 0 \\ 0 & 2 \end{pmatrix}$ 和 $\begin{pmatrix} 3 & 0 \\ 0 & 0 \end{pmatrix}$ 是 M_2

中两个非 0 元素,但是 $\begin{pmatrix} 0 & 0 \\ 0 & 2 \end{pmatrix} \begin{pmatrix} 3 & 0 \\ 0 & 0 \end{pmatrix} = \begin{pmatrix} 0 & 0 \\ 0 & 0 \end{pmatrix}$。

定义 13.1.4 设 $(R, +, \circ)$ 是一个环,$a \in R$,如果存在一个元素 $b \in R, b \neq 0$,使得 $ab = 0$,则称 a 是 R 的一个左零因子。如果存在一个元素 $c \in R, c \neq 0$,使 $ca = 0$,则称 a 为 R 的一个右零因子。如果 a 既是 R 的左零因子,又是 R 的右零因子,则称 a 为 R 的零因子。

于是,环 R 的零元素必是一个零因子。一个非零环中除了零元素之外,可能有非零的零因子。由于把零元视为左零因子、右零因子和零因子意义不大,所以如无特殊声明,以后凡谈到左(右)零因子、零因子均指非零的左(右)零因子和非零的零因子。这样,若 R 有左零因子,则 R 必有右零因子。但这并不意味着 a 是 R 的左零因子时,a 必是 R 的右零因子。其次,若 b 是 R 的零因子,则按定义 b 必是左零因子,所以 $\exists c \in R, c \neq 0$ 使得 $bc = 0$,但未必有 $cb = 0$。

定义 13.1.5 没有非零的左零因子,也没有非零的右零因子的环称为无零因子环。可换无零因子环称为整环。

在无零因子环中,计算规则"由 $ab = 0$ 必能推出 $a = 0$ 或 $b = 0$"成立。

定理 13.1.1 环 R 是无零因子环的充分必要条件是在 R 中乘法满足消去律,即

如果 $a \neq 0, ab = ac$,则 $b = c$,

如果 $a \neq 0, ba = ca$,则 $b = c$。

〔证〕 $\Rightarrow$ 设 R 是无零因子环,$a \neq 0, ab = ac$,则 $a(b - c) = 0$。由于 $a \neq 0$,所以 $b - c = 0$,故有 $b = c$。

$\Leftarrow$ 设在 R 中消去律成立,a 与 b 是 R 的元素,并且 $a \neq 0, ab = 0$。由 $ab = a \circ 0$ 及消去律得 $b = 0$,从而 R 中没有非零零因子。因此,R 是无零因子环。 〔证毕〕

定义 13.1.6 一个环称为一个体,如果它满以下两个条件:

(1) 它至少含有一个非零元素;

（2）非零元素的全体对乘法构成一个群。

定义 13.1.7　可换体称为域。

如果$(F,+,\circ)$是一个体，则它是两部分组成的：加法群$(F,+)$、乘法群$(F\setminus\{0\},\circ)$，它们之间由乘法对加法的左、右分配律联系起来。因此，在体和域中，乘法有单位元素，非零元素对乘法有逆元素。

例 13.1.8　有理数环、实数环R和复数环C均是体，并且也是域。

显然，在体和域中没有零因子。

定理 13.1.2　至少有一个非零元素的无零因子有限环是体。

〔证〕　因为在无零因子环中消去律成立，故由有限群的性质便知此环为体。　　　　　　　　　　　　　　　　　　　　〔证毕〕

定义 13.1.8　仅有有限个元素的体（域）称为有限体（域）。

定理 13.1.3　环$(R,+,\circ)$是体的充分必要条件是$R\setminus\{0\}\neq\emptyset$且$\forall a,b\in R\setminus\{0\}$，方程$ax=b(xa=b)$在$R$中有解。

〔证〕　$\Rightarrow$ 显然。

$\Leftarrow$ 设$R\setminus\{0\}\neq\emptyset$，$a$和$b$为$R$中任两个非零元素。由方程$ax=b$及$by=x$在$R$中有解知$aby=b$，$ab\neq0$，故$R$为无零因子环。固定$a$，设$e$为$ax=a$的解，则$ae=a$，从而$ae^2=ae$，故$e^2=e$。于是，$\forall x\in R,e^2x=ex$。由消去律得$ex=x$，故$e$是左单位元。同理$e$也是右单位元，从而$e$是乘法的单位元。再由$\forall d\in R,d\neq0$，方程$dx=e$在$R$有解知其解$d'$是$d$的右逆元。由$dd'=e,d(d'd)=ed=d$得$d'd=e$，故$d'$是$d$的左逆元。因此，$d'$是$d$的逆元，从而$R\setminus\{0\}$对乘法构成群。所以，$R$是体。　　　　　　　〔证毕〕

例 13.1.9　设p是一个素数，则模p同余类环$(Z_p,+,\circ)$是一个有限域。

〔证〕　由定理 13.1.2，只须证Z_p是无零因子环即可。为此，设$[i]\neq0,[j]\neq0,[i],[j]\in Z_p$，则$[i][j]=[ij]\neq0$，否则$p\mid ij$。但$p$又是素数，$p\nmid i,p\nmid j$，所以，$p\nmid ij$，矛盾，故$Z_p$是域。

注意,如果 p 不是素数,则 Z_p 不是域,因为此时 Z_p 中有零因子。

由于域中乘法满足交换律,$a \neq 0$ 时方程 $ax = b$ 有唯一解 $a^{-1}b$,所以在域中可以引入除法。如果 $a, b \in F, a \neq 0$,则 b 被 a 除记为 $\dfrac{b}{a}$,$\dfrac{b}{a}$ 称为 b 被 a 除的商且 $\dfrac{b}{a} = a^{-1}b$。

在域 F 中,商有以下性质:

(1) 如果 $a, b, c, d \in F, b \neq 0, d \neq 0$,则

$$ad = bc \Leftrightarrow \frac{a}{b} = \frac{c}{d}。$$

(2) $\forall a, b, c, d \in F, b \neq 0, d \neq 0$,则

$$\frac{a}{b} \circ \frac{c}{d} = \frac{ac}{bd}, \frac{a}{b} \pm \frac{c}{d} = \frac{ad \pm bc}{bd}。$$

(3) $\forall a, b, c, d \in F, b \neq 0, d \neq 0, c \neq 0$ 则

$$\frac{\dfrac{a}{b}}{\dfrac{c}{d}} = \frac{ad}{bc}。$$

类似于子群的概念,在环、体和域中有子环、子体和子域的概念。

定义 13.1.9 环 $(R, +, \circ)$ 的非空子集 S 若对其中的加法和乘法也形成一个环,则 S 称为 R 的子环。

定义 13.1.10 设 $(F, +, \circ)$ 是体(域),$E \subseteq F$,如果 E 对 F 的加法和乘法也构成一个体(域),则称 E 为 F 的一个子体(域)。

定理 13.1.4 环 R 的非空子集 S 是 R 的子环的充分必要条件是

(1) $\forall a, b \in S$,有 $ab \in S$。

(2) $\forall a, b \in S, a - b \in S$。

体 F 的非空子集 E 是 F 的一个子体,当且仅当以下三个条件同时成立:

(1°) $\mid E \mid \geqslant 2$。

(2°) $\forall a, b \in E, a - b \in E$。

$(3°) \forall\, a, b \in E, a \neq 0, b \neq 0, ab^{-1} \in E$。

〔证〕 留作练习

应该注意的是,一个环中未必有单位元素。如果一个环中有单位元素,则它的子环中也未必有单位元素。例如,在整环$(Z, +, \cdot)$中有单位元素1,而Z中全体偶整数E构成Z的一个子环、$1 \in E$,故子环E没有单位元素。其次,有单位元的环,即使某个子环有单位元,则子环的单位元也未必是原环中的单位元。这是应该特别注意的。

习　　题

1. 设$Z(\sqrt{2}) = \{m + n\sqrt{2} \mid m, n \in Z\}$,其中$Z$是整数的全体之集。试证:$Z(\sqrt{2})$对数的通常加法和乘法构成一个环。

2. 设$Z(i) = \{m + ni \mid m, n \in Z\}$,试证:$Z(i)$对复数的加法和乘法构成一个环。

3. 仅$Q(\sqrt[3]{2}) = \{a + b\sqrt[3]{2} \mid a, b \in Q\}$,其中$Q$是全体有理数之集。试证:$Q(\sqrt[3]{2})$对数的通常加法和乘法不构成一个环。

4. 令$Q(\sqrt[3]{2}, \sqrt[3]{4}) = \{a + b\sqrt[3]{2} + c\sqrt[3]{4} \mid a, b, c \in Q\}$。试证$Q(\sqrt[3]{2}, \sqrt[3]{4})$对数的加法和乘法构成一个域。

5. 设R是全体实数之集,"+"是通常的加法,"$\circ$"是R上如下定义的乘法:$\forall\, a, b \in R$

$$a \circ b = |a| b。$$

R对加法及如上定义的乘法构成一个环吗?

6. 给出一个不可换体的例子。

7. 找一个环$(R, +, \circ)$使R有单位元,但R的某个子环的单位元与R的单位元不同。

8. 证明:对一个有单位元的环来讲,加法的交换律是环的定义里其他条件的结果。

9. 设e是环R的唯一左单位元。试证e是R的单位元。

10. 设$(R, +, \circ)$是一个有单位元1的环。如果R中的元素a, b及$ab - 1$均有逆元素,试证:$a - b^{-1}$及$(a - b^{-1})^{-1} - a^{-1}$也有逆元素,

并且
$$((a - b^{-1})^{-1} - a^{-1})^{-1} = aba - a_\circ$$

11. 证明:有单位元素的环 R 中零因子没有逆元素。

12. 证明:在交换环中二项式定理

$$(a + b)^n = a^n + C_n^1 a^{n-1} b + C_n^2 a^{n-2} b^2 + \cdots + C_n^n b^n$$

成立。

13. 设 R 是一个无零因子环。如果 R 中的元素 a 有左逆元,证明 a 必有右逆元,从而 a 有逆元。

14. 设 R 是一个环,R 中与所有元可交换的全部元素所构成的集合为 C,C 称为 R 的中心。证明:

(1) 环的中心 C 是 R 的子环;

(2) R 中的元 a 称为幂零元,如果存在正整数 n,使得 $a^n = 0$。如果 R 没有非零的幂零元,试证:R 的幂等元(即 $a^2 = a$)都在 R 的中心 C 里。

15. 设 R 是一个环,$a, b \in R$,$ab = ba$。试证:a 与 $-b$,a 与 $-ab$ 可交换。如果 a 与 b,c 可交换,试证 a 与 $b + c$,$a + c$ 也可交换。

16. 环 R 称为布尔环,如果 R 中任一非零元都是幂等的,即 $\forall a \in R$,$a^2 = a$。试证:

(1) $\forall a \in R$,$a + a = 0$;

(2) 布尔环是交换环;

(3) 找出一个布尔环的例子。

17. 举出具有以下性质之一的环的例子:

(1) R 没有单位元,但有无穷多个左单位元。

(2) R 有单位元,R 中有某个元 a,a 有无穷多个左逆元而无右逆元。

(3) R 有左单位元且该左单位元又是右零因子。

18. 证明:环 R 的两个子环 S_1 和 S_2 的交 $S_1 \bigcap S$ 也是子环。

19. 在模 15 的同余类环 Z_{15} 中,找出方程 $x^2 - 1 = 0$ 的全部根。

20. 证明商的性质(1)、(2)、(3)。

13.2　无零因子环的特征数

我们已经看到,初等代数的大部分计算在一般环里都成立。还指出,只有极少数的几个计算法则在一般环里不成立。例如,对乘法,交换律未必成立;特别,在有零因子的环中,初等代数的计算法则

$$从 ab = 0 能推出 a = 0 或 b = 0 \tag{1}$$

不成立。但在无零因子环中,这个计算法则还是成立的。可是,在一个域中,这些性质都成立。下面将指出另一个计算法则,不但在一般环中,就是在一个比较强的环 —— 域里也不一定成立。在初等代数中,我们有

$$若 a \neq 0,则 na = \underbrace{a + a + \cdots + a}_{n} \neq 0。 \tag{2}$$

但在一般环里,就是在域里也未必成立。为了弄清,请看下面的例子。

例 13.2.1　设 p 是一类素数,则模 p 同余类环 Z_p 是一个域。在域 Z_p 中,同余类 $[1] \neq [0]$,但

$$p[1] = \underbrace{[1] + [1] + \cdots + [1]}_{p 个 [1]} = [0]。$$

而且 $\forall [i] \in Z_p$,均有 $p[i] = [pi] = [0]$。我们知道 $[0]$ 是域 Z_p 中的零元素,在 Z_p 中任一非零元的 p 倍等于零元。这表明,初等代数中的计算法 (2) 在域 Z_p 中不成立。

现在来分析,(2) 在一个一般环中不成立的原因。设 $(R, +, \circ)$ 是一个环,于是 R 对加法构成一个 Abel 群 $(R, +)$。在群 $(R, +)$ 中 0 是加法的单位元素,称之为零元。在群 $(R, +)$ 中每个元素对加法有一个阶,在 Abel 群 $(R, +)$ 中,元素 a 的阶就是使 $na = 0$ 的最小正整数 n。$(R, +)$ 中每个元素的阶可能是有限的,也可能是无限的。若 $(R, +)$ 中某个元素 $a(a \neq 0)$ 的阶为有限数 n,则 $na = 0$,于是 (2) 就不成立了。而在初等代数中,计算规则 (2) 之所以成立,是因为在初等代数中所处理的运算对象是整数、有理数、实数或复数。而整数环 Z,

有理数环 Q，实数环 R 和复数环 C 中，任一非零的数对加法的阶均是无穷大，所以(2)才成立。因此，在环$(R, +, \circ)$ 中，如果每个非零元素对加法的阶均是无穷，那么(2) 在环$(R, +, \circ)$ 中也成立。

在一个一般环$(R, +, \circ)$ 中，对一个特定元 a，并不是对任何正整数 n，(2) 均不成立，而是仅当 n 是 a 的阶的倍数时(2) 才不成立。在一个一般环中，可能有的元素的阶为有限，有的元素对加法的阶为无限。于是，(2) 对某些元成立，而对另一些元不成立。下面是一个例子。

例 13.2.2　令 $G_1 = (b)$，$G_2 = (c)$ 是两个循环群。b 的阶为无穷，c 的阶为 n。如果用 $+$ 表示其中的代数运算，则

$$G_1 = \{mb \mid m \in Z\},$$
$$G_2 = \{0, c, 2c, \cdots, (n-1)c\}。$$

令 $R = G_1 \times G_2 = \{(mb, kc) \mid mb \in G_1, kc \in G_2\}$。在 R 中定义加法和乘法，并分别用"$+$"和 $\circ$。表示，具体定义如下：$\forall (m_1b, k_1c)$，$(m_2b, k_2c) \in R$，

$$(m_1b, k_1c) + (m_2b, k_2c) = ((m_1 + m_2)b, (k_1 + k_2)c),$$
$$(m_1b, k_1c) \circ (m_2b, k_2c) = (m_1m_2b, k_1k_2c)。$$

易验证$(R, +, \circ)$ 是一个环。$(0,0)$ 是 R 的零元素。现在看 R 中的元 $(b,0)$ 和$(0,c)$ 对加法的阶。不难发现，$(b,0)$ 的阶为无穷大，而$(0, c)$ 的阶为 n。

但是，在一个无零因子环中，情况就不同了。

定理 13.2.1　在一个无零因子环中，每个非零元素对加法的阶均相同。

〔证〕　设$(R, +, \circ)$ 是一个无零因子环。如果 R 中每个非零元素对加法的阶都是无穷大，则定理显然成立。

设 R 中有一个非零元素 a 的阶为某个正整数 n，而 b 为 R 的任一非零元素，则由 $na = 0$ 得到

$$(na)b = (a + a + \cdots + a)b = ab + ab + \cdots + ab$$

$$= a(b + b + \cdots + b) = a(nb) = 0。$$

但 $a \neq 0$,而 R 为无零因子环,所以 $a(nb) = 0$ 就推出 $nb = 0$。于是, b 对加法的阶 $\leq n$。设 b 的阶为 l,则 $lb = 0$。于是, $a(lb) = (la)b = 0$。由 $b \neq 0$ 及 R 为无零因子环,我们得到 $la = 0$,从而 $n \leq l$。因此, $l = n$。这样, R 中每个非零元对加法的阶均相同且均等于 a 的阶 n。

〔证毕〕

推论 13.2.1 体和域中每个非零元素对加法的阶均相同。

定义 13.2.1 无零因环中非零元素对加法的阶称为该环的特征数,简称为特征。域(体)中非零元素对加法的阶称为域(体)的特征数,简称为特征。

在无零因子环(体、域) R 中,如果 R 的特征数为无穷大,则 $\forall a \in R$,只要 $a \neq 0$,那么对任正整数 n, $na \neq 0$,即(2)成立。

特征数是一个重要概念,在无零因子环、体、特别是在域的构造中将起着重要的决定性作用。

定理 13.2.2 若无零因子环 R 的特征数为正整数 p,则 p 是素数。

〔证〕 设 p 不是素数,则 p 可以写成两个正整数 p_1, p_2 之积的形式,即 $p = p_1 p_2$,其中 $p_1, p_2 < p$。于是, $\forall a \in R, a \neq 0$,有 $p_1 a \neq 0$, $p_2 a \neq 0$。但

$$(p_1 a)(p_2 a) = (p_1 p_2) a^2 = p a^2 = 0,$$

这与 R 是零因子环相矛盾。因此, p 是素数。   〔证毕〕

推论 13.2.2 整环、体、域的特征数或是无穷大,或是一个素数。

在特征为有限数 p 的域中有些特殊的计算法则。

定理 13.2.3 在特征为 p 的域里

$$(a + b)^p = a^p + b^p$$

$$(a - b)^p = a^p - b^p。$$

〔证〕 因在域中二项式定理成立,所以

$$(a + b)^p = a^p + C_p^1 a^{p-1} b + C_p^2 a^{p-2} b^2 + \cdots + C_p^p b^p。$$

然而,对 $0 < i < p$,

$$C_p^i = \frac{p(p-1)\cdots(p-i+1)}{i!} \equiv 0(\bmod\ p)。$$

因此,C_p^i 是 p 的倍数,故 $C_p^i a^{p-i}b^i = 0$。所以,

$$(a+b)^p = a^p + b^p。$$

令 $a + b = a'$,则 $a = a' - b$,代入得

$$a'^p = (a' - b)^p + b^p$$

$$(a' - b)^p = a'^p - b^p。 \qquad 〔证毕〕$$

习　　题

1. 设 F 是一个域,它仅有四个元素。证明:

(1) F 的特征数是 2。

(2) F 中任一非零元或单位元 e 的元素 x 均满足方程 $x^2 = x + e$。

(c) 列出 F 的加法表和乘法表。

2. 如果不是素数,Z_p 是一个域吗?为什么?

3. 设域 F 的特征为有限数 p, a 与 b 及 a_i 均在 F 里。证明:

$$(a \pm b)^{p^n} = a^{p^n} \pm b^{p^n}$$

$$(a_1 + a_2 + \cdots + a_n)^p = a_1^p + a_2^p + \cdots + a_n^p。$$

13.3　同态、理想子环

在群里,为了说明两个群在何种条件下可以抽象地看成一样的,曾引入了"群的同构"的概念。同样地,同构的概念也是比较两个环、体和域是否一样的工具。

定义 13.3.1　设 $(R, +, \circ)$ 与 $(\overline{R}, \overline{+}, \overline{\circ})$ 是两个环(体、域),如果存在一个一一对应 $\varphi : R \to \overline{R}$,使得 $\forall a, b \in R$ 有

$$\varphi(a + b) = \varphi(a) \overline{+} \varphi(b), \qquad (1)$$

$$\varphi(a \circ b) = \varphi(a) \overline{\circ} \varphi(b), \qquad (2)$$

则称 R 与 $\overline{R}$ 同构,记为 $R \cong \overline{R}$, φ 称为 R 到 $\overline{R}$ 的一个同构。

同构的两个环(体、域),可以抽象地视为一样的。

定理 13.3.1 设 $(R, +, \circ)$ 是一个环(体或域), $(\overline{R}, \overline{+}, \overline{\circ})$ 是一个有两个二元代数运算的代数系,如果存在一个一一对应 $\varphi : R \to \overline{R}$ 使得(1)和(2)成立,则 $\overline{R}$ 是一个环(体或域)。

〔证〕 留为作业。

定义 13.3.2 设 $(R, +, \cdot)$ 和 $(\overline{R}, \overline{+}, \overline{\circ})$ 是两个环,如果存在一个映射 $\varphi : R \to \overline{R}$ 使得 $\forall a, b \in R$ 有

$$\varphi(a + b) = \varphi(a) \,\overline{+}\, \varphi(b),$$
$$\varphi(a \circ b) = \varphi(a) \,\overline{\circ}\, \varphi(b),$$

则 φ 是从 R 到 $\overline{R}$ 的一个同态,而 R 与 $\overline{R}$ 称为是同态的。如果同态 φ 还是满射,则称 φ 是一个满同态,并且称 R 与 $\overline{R}$ 是满同态,此时记为 $R \sim \overline{R}$。

显然,同态 φ 是同构当且仅当 φ 是可逆的。

由于满同态具有良好的性质,所以我们仅讨论满同态。因此,我们约定,以后谈到的同态均指满同态。

定理 13.3.2 设 φ 是从环 R 到环 $\overline{R}$ 的同态,则

(1) 如果 0 与 $\overline{0}$ 分别为 R 与 $\overline{R}$ 的零元素,则 $\varphi(0) = \overline{0}$。

(2) 如果 R 与 $\overline{R}$ 分别有单位元素 e 和 $\overline{e}$,则 $\varphi(e) = \overline{e}$。

(3) $\forall a \in R, \varphi(-a) = -\varphi(a)$。

(4) 如果 $a \in R$, a 有逆元素 a^{-1},则 $\varphi(a^{-1}) = (\varphi(a))^{-1}$。

(5) 如果 S 是 R 的一个子环,则 $\varphi(S)$ 是 $\overline{R}$ 的子环。

(6) 如果 $\overline{S}$ 是 $\overline{R}$ 的子环,则 $\varphi^{-1}(\overline{S})$ 是 R 的子环。

〔证〕 留为作业。

在上一章里,我们看到,群的同态基本定理在群里占有十分重要的地位。那么在环里,类似的定理成立吗?为此,必须把正规子群的概念推广到环里。那么什么样的子环与正规子群的作用类似呢?我们知道,商群是利用正规子群构成的。因此,我们来看看,什么样的子环才能构成商环。

因为环是具有两个二元代数运算的代数系,任一子环对环的加法群来说,一定是一个正规子群。因此,利用子环便可做出一个商群,习惯上称为同余类加群。但它未必是一个环,因为同余类乘法未必封闭。

设$(R,+,\circ)$是一个环,N是R的子环。N是加法群$(R,+)$的一个子群。$\forall\,a\in R$,a所在的陪集为$a+N$,陪集$a+N$称为模N的同余类,简记为$[a]$。N的所有不同陪集记为R/N。R/N中的加法为

$$[a]+[b]=[a+b],a,b\in R。 \tag{3}$$

R/N对如此的加法构成一个加法群,称为同余类加群。

要使R/N是一个环,还必须在R/N上定义乘法运算。为了使乘法运算发挥更大的作用,自然希望借助于R中的乘法"$\circ$"定义R/N中的乘法。即希望规定

$$[a][b]=[a\circ b],\forall[a],[b]\in R/N。$$

要想使上述的定义成为R/N中的代数运算,我们必须证明运算的结果与每个运算对象(同余类)的表示无关。即要求$\forall\,a'\in[a],b'\in[b]$,有$[a\circ b]=[a'\circ b']$。由$a'\in[a],b'\in[b]$知,存在$n_1,n_2\in N$,使得

$$a'=a+n_1,b'=b+n_2。$$

于是,

$$a'\circ b'=(a+n_1)(b+n_2)=ab+an_2+n_1b+n_1n_2$$
$$=a\circ b+(an_2+n_1b+n_1n_2)$$

要使$[a\circ b]=[a'\circ b']$等价于$a'\circ b'\in[a\circ b]$。因此,只要$an_2+n_1b+n_1n_2\in N$即可。由于$n_1n_2\in N$,所以这又等价于$an_2+n_1b\in N$。当$n_1=0$时有$an_2\in N$;当$n_2=0$时有$n_1b\in N$。由于a、b可以是R的任意元素,n_1和n_2是N中任意元,所以要使(3)成为R/N上的代数运算,必须要求N具有以下性质:$\forall\,r\in R$,

$$rN\subseteq N,Nr\subseteq N。 \tag{4}$$

如果子环N具有性质(4),则(3)式所规定的乘法是R/N中的二

元运算,反之亦真。显然,这时乘法满足结合律且对加法满足分配律。于是,R/N 是一个环,称为商环。于是,我们的希望实现了。因此,我们有

定义 13.3.3 环 R 的子环 N 称为的左(右)理想子环,如果 $\forall r \in R$ 有 $rN \subseteq N(Nr \subseteq N)$。左(右)理想子环简称左(右)理想。如果 N 既是 R 的左理想,也是 R 的右理想,则称 N 为 R 的理想。

如果 R 是一个可换环,则 R 的左理想与右理想便一致了。

由定义,环 R 的非空子集 N 是 R 的一个理想的充分必要条件是

(1) $\forall n_1, n_2 \in N, (n_1 - n_2) \in N$;

(2) $\forall r \in R, n \in N, rn \in N, nr \in N$。

显然,任一非零环 R 至少有两个理想:一个是 R 自身,另一个是 $\{0\}$。除了这两理想之外,如果 R 还有其他的理想,那么就把它称为 R 的真理想。

例 13.3.1 设 $N = \{2n \mid n \in Z\}$,则 N 是 Z 的一个子环。因为 $\forall m \in Z, mN \subseteq N, Nm \subseteq N$,所以 N 是 R 的理想。

例 13.3.2 设 a 是可换环 R 的一个元素,R 中一切形如

$$ra + na(r \in R, n \in Z)$$

的元素构成的集合是 R 的一个理想子环,记为 (a),(a) 称为由 a 生成的理想子理。实际上,设 $r_1 a + n_1 a, r_2 a + n_2 a \in (a)$,则

$$(r_1 a + n_1 a) - (r_2 a + n_2 a) = (r_1 - r_2)a + (n_1 - n_2)a \in (a)$$

又 $\forall r \in R$,有

$$r(r_1 a + n_1 a) = (r_1 r)a + (n_1 r)a$$
$$= (r_1 r + n_1 r)a \in (a)。$$

因此,(a) 是 R 的一个理想子环。

定理 13.3.2 设 $\{H_l\}_{l \in I}$ 是环 R 的一些理想构成的集族,则 $\bigcap_{l \in I} H_l$ 是 R 的理想。

〔证〕 显然,$0 \in \bigcap_{l \in I} H_l$,所以 $\bigcap_{l \in I} H_l \neq \varnothing$。又 $\forall a, b \in \bigcap_{l \in I} H_l$,则 $\forall l \in I$ 有 $a, b \in H_l$。由每个 H_l 均是理想,所以 $\forall l \in I$ 及 $\forall r \in R$ 有

$a - b \in H_l, ra \in H_l, ar \in H_l$。所以,$a - b \in \bigcap_{l \in I} H_l, ar \in \bigcap_{l \in I} H_l, ra \in \bigcap_{l \in I} H_l$。因此,$\bigcap_{l \in I} H_l$ 是 R 的理想。 〔证毕〕

推论 13.3.1 设 A 是环 R 的一个非空子集,则 R 中包含 A 的一切理想的交是 R 的一个理想。

定义 13.3.4 设 A 是环 R 的一个非空子集,R 中包含 A 的一切理想的交称为由 A 生成的理想,记为 (A)。如果 $A = \{a\}$,则 (A) 简记成 (a)。如果 $A = \{a_1, \cdots, a_n\}$,则 (A) 简记成 $(a_1, \cdots, a_n)$。环 R 中的由一个元素 a 生成的理想 (a) 称为 R 的主理想。

于是,如果 R 是一个可换环,$a \in R$,则

$$(a) = \{ra + na \mid r \in R, n \in Z\}。$$

如果 R 还有单位元素,则

$$(a) = \{ra \mid r \in R\}。$$

对任一环 R,零理想子环 $\{0\}$ 是主理想。如果 R 有单位元 e,则 R 也是主理想,且 $R = (e)$。

例 13.3.3 设 $a_1, a_2, \cdots, a_n$ 是可换环 R 的 n 个元素,则

$$(a_1, a_2, \cdots, a_n) = \{\sum_{i=1}^{n} r_i a_i + \sum_{i=1}^{n} n_i a_i \mid r_i \in R, n_i \in Z, i = 1, 2, \cdots, n\}。$$

一般地,如果 A 是可换环 R 的非空子集,则

$$(A) = \{\Sigma r_i a_i + \Sigma n_i a_i \mid r_i \in R, n_i \in Z, a_i \in A\}$$

其中 Σ 表示有限求和。

定理 13.3.4 体和域只有两个理想,它们是零理想 $\{0\}$ 及体和域自身。

因此,理想这个概念对体和域是无用处的。

〔证〕 设 F 是一个体,N 是 F 的一个非零理想,则 N 中至少有一个非零元素 a。于是,$a^{-1}a = e \in N$。所以,$\forall r \in R, re = r \in N$。因此,$N = R$。 〔证毕〕

习　题

1. 假设 E 是一切偶数之集。证明：

(1) E 是 Z 的一个子环。

(2) $N = \{4r \mid r \in E\}$ 是 E 的理想。

(3) $N = (4)$ 吗?为什么?

2. 设 Z 是整数环。证明：$(3,7) = Z$。又 $(13,10) = ?$。

3. 设 $(R, +, \circ)$ 是一个环，S 和 T 是 R 的两个非空子集。定义 S 与 T 的和 $S + T$ 为

$$S + T = \{s + t \mid s \in S, t \in T\}。$$

证明：如果 N 和 H 是 R 的理想，则 $N + H$ 也是 R 的理想。

4. 设 Q 为有理数环，$\overline{Q} = Q \setminus \{0\}$。试证：$(Q, +)$ 与 $(\overline{Q}, \times)$ 不同构。

5. 设 R 是实数域。证明：实数域 R 的任一子域均包含有理数域 Q。

6. 证明：整数环 Z 的任一子环均是主理想子环。

7. 令 $Z(i) = \{a + bi \mid a, b \in Z\}$，其中 $i^2 = -1$。试求商环 $Z(i)/(1 + i)$ 中元素的个数。

8. 设 R 为无零因子环。问商环 R/N 是否也是无零子环?

9. 设 $(F, +, \circ)$ 是一个域，群 $(F, +)$ 与 $(F \setminus \{0\}, \circ)$ 同构吗?

10. 令 $Q(i) = \{a + bi \mid a, b \in Q\}$，$Q(i)$ 有几个自同构?

13.4　环的同态基本定理

理想子环的作用类似于正规子群。由理想子环能做成商环。于是，我们有环的同态基本定理。这些结果与群的相应结果类似。

定理 13.4.1　设 φ 是从环 R 到环 $\overline{R}$ 的一个满同态，$\overline{0}$ 是 $\overline{R}$ 的零元素，则 $\varphi^{-1}(\overline{0})$ 是 R 的一个理想子环。

〔证〕　由于 $\varphi(0) = \overline{0}$，所以 $0 \in \varphi^{-1}(\overline{0})$，故 $\varphi^{-1}(\overline{0}) \neq \varnothing$。其次，

$\forall\, a, b \in \varphi^{-1}(\bar{0})$，有
$$\varphi(a - b) = \varphi(a) \mp \varphi(-b) = \varphi(a) - \varphi(b) = \bar{0}。$$
所以，$a - b \in \varphi^{-1}(\bar{0})$。

又 $\forall\, r \in R, a \in \varphi^{-1}(\bar{0})$ 有
$$\varphi(ra) = \varphi(r) \overset{-}{\circ} \varphi(a) = \bar{0}，$$
$$\varphi(ar) = \varphi(a) \overset{-}{\circ} \varphi(r) = \bar{0}。$$
所以，$ar \in \varphi^{-1}(\bar{0})$，$ra \in \varphi^{-1}(\bar{0})$。因此，$\varphi^{-1}(\bar{0})$ 是 R 的一个理想。

〔证毕〕

定义 13.4.1 设 φ 是从环 R 到 $\bar{R}$ 的满同态，$\bar{0}$ 是 $\bar{R}$ 的零元素。R 的理想子环 $\varphi^{-1}(\bar{0})$ 称为同态 φ 的核，记为 $Ker\,\varphi$。

于是，$Ker\,\varphi = \varphi^{-1}(\bar{0})$。

定理 13.4.1 告诉我们对环 R 的任一同态 φ 有一个理想子环 $Ker\,\varphi$ 与之对应。反之，我们还有

定理 13.4.2 若 N 是环 R 的一个理想子环，则 $R \sim R/N$，N 是这个同态的核。

〔证〕 令 $\varphi : R \to R/N, \forall\, a \in R$ 有
$$\varphi(a) = a + N。$$
易见，φ 是从 R 到 R/N 的满射，并且是自然映射。由于 $\forall\, a, b \in R$
$$\varphi(a + b) = [a + b] = [a] + [b] = \varphi(a) + \varphi(b)$$
$$\varphi(ab) = [ab] = \varphi(a)\varphi(b)$$
所以，φ 是从 R 到 R/N 的同态。

其次，$\varphi^{-1}(N) = \{x \mid \varphi(x) = N, x \in R\} = N$，
所以，$Ker\,\varphi = N$。

〔证毕〕

定理 13.4.3(环的同态基本定理) 设 φ 是从环 R 到环 $\bar{R}$ 的满同态，则
$$R/Ker\,\varphi \cong \bar{R}。$$

〔证〕 令 $\varphi' : R/Ker\,\varphi \to \bar{R}, \forall\, [a] \in R/Ker\,\varphi$，
$$\varphi'([a]) = \varphi(a)。$$
设 $[a] = [b]$，则 $b \in [a]$，所以 $\exists\, n \in \varphi^{-1}(\bar{0})$，使 $b = a + n$。于是，

$$\varphi(b) = \varphi(a + n) = \varphi(a) + \varphi(n) = \varphi(a)。$$

从而 $\varphi'([a]) = \varphi'([b])$。因此，$\varphi'$ 是 $R/Ker\ \varphi$ 到 $\overline{R}$ 的映射。因为 φ 是满的，所以 φ' 也是满射。其次，设 $[a] \neq [b]$，则 $\varphi'([a]) \neq \varphi'([b])$。否则 $\varphi(a) = \varphi(b)$，从而 $\varphi(a-b) = \overline{0}$，故 $a-b \in Ker\ \varphi$。因此，$[a] = [b]$，矛盾。于是，φ' 是 $R/Ker\ \varphi$ 到 $\overline{R}$ 的一一对应。又 $\forall [a], [b] \in R/Ker\ \varphi$，有

$$\varphi'([a] + [b]) = \varphi'([a + b]) = \varphi(a + b)$$
$$= \varphi(a) \mp \varphi(b) = \varphi'([a]) \mp \varphi'([b]),$$
$$\varphi'([a][b]) = \varphi'([ab]) = \varphi(ab)$$
$$= \varphi(a)\varphi(b) = \varphi'([a])\varphi'([b])。$$

所以，φ' 是 $R/Ker\ \varphi$ 到 $\overline{R}$ 的同构。因此，

$$R/Ker\ \varphi \cong \overline{R} \qquad\qquad 〔证毕〕$$

当把同构的环视为同一个环时，则 R 的理想子环与 R 的同态象是一一对应的。这表明同余类环基本上穷尽了所有的与已知环同态的环。由于同余类环中的代数运算与原来环中的代数运算有密切联系，所以同余类环中的某些性质容易从原来环中的某些性质推出。因此，同态基本定理具有十分重要的意义。由此可见理想和商环的重要性。关于上述三个定理的意义和作用，可从群的相应定理得知，在那里所解释的话在环里也适用。

定理 13.4.4 设 φ 是环 R 到 $\overline{R}$ 上的同态，$\overline{H}$ 是 $\overline{R}$ 的理想，则 $H = \varphi^{-1}(\overline{H})$ 也是 R 的理想，并且

$$R/H \cong \overline{R}/\overline{H}。$$

〔证〕 先证 H 是 R 的理想。显然，$0 \in H$，所以 $H \neq \varnothing$。又 $\forall a, b \in H$，则 $\varphi(a), \varphi(b) \in \overline{H}$，从而 $\varphi(a) - \varphi(b) \in \overline{H}$，故 $a - b \in H$。又 $\forall r \in R$，

$$\varphi(ra) = \varphi(r)\varphi(a) \in \overline{H},$$
$$\varphi(ar) = \varphi(a)\varphi(r) \in \overline{H}$$

所以 $ra \in H, ar \in H$。从而 $rH \subseteq H, Hr \subseteq H$，故 H 是 R 的理想。

由定理 13.4.2，$\overline{R}$ 到 $\overline{R}/\overline{H}$ 有一个自然同态 f。所以 $f \circ \varphi$ 是 R 到 $\overline{R}/\overline{H}$ 的满同态。由定理 13.4.3，只须再证 $Ker(f \circ \varphi) = H$ 即可。为此，设 $a \in Ker(f \circ \varphi)$，则 $f \circ \varphi(a) = f(\varphi(a)) = \varphi(a) + \overline{H} = \overline{H}$，所以，$\varphi(a) \in \overline{H}$，故 $a \in H$。从而 $Ker(f \circ \varphi) \subseteq H$。反之，设 $a \in H$，则 $\varphi(a) \in \overline{H}$。于是，$\varphi(a) + \overline{H} = \overline{H}$。因此，$f \circ \varphi(a) = f(\varphi(a)) = \varphi(a) + \overline{H} = \overline{H}$。所以，$a \in Ker(f \circ \varphi)$，故 $H \subseteq Ker(f \circ \varphi)$。从而 $H = Ker(f \circ \varphi)$。由环的同态基本定理得

$$R/H \cong \overline{R}/\overline{H}。$$

〔证毕〕

习　　题

1. 设 R 是一切二阶整数方阵之集，H 是一切具有偶数元素的二阶整数方阵之集。证明：H 是 R 的一个理想。问 R/H 有多少个元素？

2. 假如 S 是 R 的一个子环，H 是 R 的一个理想子环，并且 $S \bigcap H = \{0\}$。试证：R/H 中有与 S 同构的子环。

3. 设 H 和 N 是环 R 的两个理想，则 $H + N$ 也是理想，并且

$$(R/H)/((H + N)/H) \cong R/(H + N)。$$

4. 设 H 和 N 是 R 的两个理想，$N \subseteq H$。试证：H/N 是 R/N 的理想。

5. 设 φ 是环 R 到环 $\overline{R}$ 的同态，试证：φ 是同构的充分必要条件是 $Ker \varphi = \{0\}$。

13.5　极大理想、费马定理

引入理想的目的是要用它来形成商环。那么商环何时成为域呢？为此，我们引入极大理想的概念。

定义 13.5.1　环 R 的理想子环 H 称为 R 的极大理想子环，如果 H 是 R 的真理想且 R 不存在真理想 N 使得 $H \subset N$。

如果令 $\mathscr{S}$ 为 R 的一切真理想所构成的集族，则 $\mathscr{S}$ 在集合的包含关系"$\subseteq$"下形成一个偏序集。如果偏序集 $(\mathscr{S}, \subseteq)$ 中有极大元素，则

此极大元素就 R 的极大理想。

例 13.5.1 设 p 是一个素数,则由 p 生成的主理想 (p) 是整数环 Z 的极大理想。

因为若 Z 有一个理想 H 使得 $(p) \subset H$,则 H 中的最小正整数 n 必小于 p。如若不然,则 $p = n$。可是,这样一来,$H = (p)$,这与 $(p) \subset H$ 相矛盾。然而,当 $n < p$ 时,由于 p 是素数且 $p \in H$,所以 $n = 1$,从而 $H = (1) = Z$。于是,Z 中没有真理想 H 能真包含 (p)。所以,(p) 是 Z 的极大理想。

应该注意的是,如果环 R 有极大理想,则未必唯一,甚至可能有无穷多。例如,上例表明 Z 中就有无穷多个极大理想。其次,一个环也可能没有极大理想。例如体和域里就没有极大理想。特别是,没有真理想的环 —— 称为单环中,就没有极大理想。

定理 13.5.1 设 R 是一个有单位元 e 的可换环,H 是 R 的理想。R/H 是域当且仅当 H 是 R 的极大理想。

〔证〕 $\Rightarrow$ 设 R/H 是一个域,往证 H 是 R 的一个极大理想。如果 H 不是 R 的极大理想,则必有 R 的真理 N 使得 $H \subset N$。于是,$\exists a \in N$ 使得 $a \notin H$。这时 $a + H \neq H$。由于 R/H 是域,所以 $a + H$ 是可逆的,设其逆为 $x + H$,则

$$(a + H)(x + H) = e + H,$$

即 $ax + H = e + H$。因此,有 $h \in H$ 使得 $e = h + ax$。由于 $a \in N$,$H \subset N$,所以 $ax \in N$,$h \in H$。因此,$h + ax = e \in N$。所以,$N = (e) = R$。这与 N 是 R 的真理想相矛盾,故 H 是 R 的极大理想。

$\Leftarrow$ 设 H 是 R 的极大理想,往证 R/H 是域。因为 H 是 R/H 的零元素,$e + H$ 是 R/H 的单位元素,所以只须证明 R/H 中每个非 H 的同余类 $a + H$ 有逆即可。对给定的 $a + H \neq H$,就是要证明 $\exists x \in R$,使得

$$(a + H)(x + H) = e + H,$$

即 $ax + H = e + H$,亦即 $ax - e \in H$。考虑集合

$$N = \{h + ax \mid h \in H, x \in R\},$$

则 N 是 R 的理想且 $H \subseteq N$。由于 $a \in N, a \notin H$,所以 $H \subset N$。但 H 是极大理想,所以 $N = R$。于是有 $h \in H, x \in R$ 使 $e = h + ax$,从而 $ax - e \in H$。

〔证毕〕

定理 13.5.2(费马,Fermat) 设 $p > 2$ 是一个整数。如果存在正整数 $x, 1 < x < p$,使

(1) $x^{p-1} \equiv 1 (\mathrm{mod}\ p)$ 且

(2) $x^i \not\equiv 1 (\mathrm{mod}\ p), i = 1, 2, \cdots, p-2$,

则 p 是一个素数。又若 p 是一个素数,则对任何正整数 a 有

$$a^p \equiv a(\mathrm{mod}\ p)。$$

〔证〕 设 $p > 2$ 且存在一个正整数 $x, 1 < x < p$,使得(1)和(2)成立,今证 p 是一个素数。

因为对任何 i 和 $j, 1 \leqslant i, < j \leqslant p-1$,我们有 $x^i \not\equiv x^j(\mathrm{mod}\ p)$。如若不然,则有 i_0 和 j_0 使 $x^{i_0} \equiv x^{j_0}(\mathrm{mod}\ p)$,其中 $1 \leqslant i_0 < j_0 \leqslant p-1$,则

$$x^{p-(j_0-i_0)-1} \equiv 1 \quad (\mathrm{mod}\ p)。$$

但 $p - (j_0 - i_0) - 1 \geqslant 1$,这与(2)成立相矛盾。所以,

$$x, x^2, \cdots, x^{p-1}$$

是 $p-1$ 个两两不同余的整数,从而 $Z/(p)$ 是一个域。因此,p 是素数。

设 p 是素数,a 为任一正整数。由 p 是素数知 $Z/(p)$ 是一个域。于是,对任一整数 $x, 1 \leqslant x \leqslant p-1$,〔$x$〕的阶能整除 $p-1$,故 $x^{p-1} \equiv 1(\mathrm{mod}\ p)$。因此,对任一整数 a 有

$$a^p \equiv a(\mathrm{mod}\ p)。$$

〔证毕〕

第十四章　格

　　具有两个二元代数运算的代数系统,除了环、体、域外,还有格。本章先把格定义为某种特殊的偏序集,然后再把格定义为一种具有两种代数运算的代数系,并研究格的一些性质,特别是研究了分配格的一些性质。格在数学中,特别是在计算机科学中有重要的应用。例如,在开关电路的设计,故障诊断,软件可靠性评价理论中均有重要应用。一类特殊的格 —— 布尔代数,在计算机科学中的应用是大家熟悉的。

14.1　格的定义及其简单性质

　　第三章讨论偏序关系及偏序集。本节将把格(Lattice)定义为一类特殊的偏序集。为此,先回顾一下几个有关概念。

　　设$(S, \leqslant)$是一个偏序集,A是S的一个子集。如果存在一个元素$a \in S$,使得$\forall x \in A$均有$x \leqslant a$,则称a是A的一个上界。如果a是A的一个上界,并且对A的任一上界b均有$a \leqslant b$,则称a是A的上确界,记成$\sup A = a$。类似地,我们还曾定义集A的下界和下确界的概念。如果集A有下确界,则A的下确界记为$\inf A$。

　　应该注意的是,偏序集的任一子集未必有上确界和下确界,可能有上确界而无下确界,或相反。

　　定义 14.1.1　偏序集$(L, \leqslant)$称为格,如果对L的任两个元素a和b,$\sup\{a, b\}$和$\inf\{a, b\}$都存在。格$(L, \leqslant)$中元素a和b的上确界$\sup\{a, b\}$记为$a \vee b$,并称为a与b的并;a与b的下确界$\inf\{a, b\}$记为$a \wedge b$,并把$a \wedge b$称为a与b的交。

　　下面是格的一些例子。

　　例 14.1.1　设S是一个集合,则S的幂集2^S对集的包含关系$\subseteq$

构成的偏序集$(2^S, \subseteq)$是一个格。

于是,我们必须证明对 S 的任两个子集 M 与 N 关于包含关系 $\subseteq$ 有上确界和下确界。显然,M、$N \subseteq M \bigcup N$,所以 $M \bigcup N$ 是 M 与 N 的一个上界。若 P 是 M 与 N 的任一上界,则 $M \subseteq P$,$N \subseteq P$,从而 $M \bigcup N \subseteq P$。因此,$\sup\{M, N\} = M \bigcup N$,亦即 $M \vee N = M \bigcup P$。类似地,由 $M \bigcap N \subseteq M$、N,所以 $M \bigcap N$ 是 M 与 N 的一个界。又若 Q 是 M 与 N 的任一下界,则 $Q \subseteq M$ 且 $Q \subseteq N$,从而 $Q \subseteq M \bigcap N$。因此,$\inf\{M, N\} = M \bigcap N$,即 $M \wedge N = M \bigcap N$。于是,按定义 14.1.1,$(2^S, \subseteq)$ 是一个格。

例 14.1.2 区间$[0,1]$中全体实数之集对实数间通常的"小于或等于"关系 $\leqslant$ 构成的偏序集$([0,1], \leqslant)$是一个格。显然,$\forall \alpha, \beta \in [0,1]$ 有

$$\alpha \leqslant \beta \text{ 或 } \beta \leqslant \alpha。$$

所以,$\sup\{\alpha, \beta\}$ 与 $\inf\{\alpha, \beta\}$ 存在,故$([0,1], \leqslant)$是一个格。

例 14.1.3 全体自然数之集 N 对整除关系"|"构成的偏序集 $(N, |)$ 也是一个格。

实际上,$\forall m, n \in N$,m 与 n 的最大公因子记为(m, n),则$(m, n) \mid m$,$(m, n) \mid n$,所以(m, n)是 m 与 n 关于偏序关系"|"的一个下界。又若 l 是 m 与 n 的关于"|"的一个下界,则 $l \mid m$ 且 $l \mid n$,从而 $l \mid (m, n)$。所以,$\inf\{m, n\} = (m, n)$。其次,若令$[m, n]$表示 m 与 n 的最小公倍数,则 $m \mid [m, n]$,$n \mid [m, n]$,从而$[m, n]$是 m 与 n 的关于"|"的一个上界。令 s 是 m 与 n 的关于"|"的任一上界,则 $m \mid s$ 且 $n \mid s$,故 s 是 m 与 n 的一个公倍数。因此,$[m, n] \mid s$,故 $\sup\{m, n\} = [m, n]$。于是,$m \vee n = [m, n]$,$m \wedge n = (m, n)$。所以,$(N, |)$ 是一个格。

例 14.1.4 设 X 为任一非空集合,$F(X) = \{\mu \mid \mu: X \to [0, 1]\}$。在 $F(X)$ 上定义二元关系"$\leqslant$"如下:$\forall \mu_A, \mu_B \in F(X)$,$\mu_A \leqslant \mu_B$ 当且仅当 $\forall x \in X$ 有 $\mu_A(x) \leqslant \mu_B(x)$。容易验证"$\leqslant$"是 $F(X)$ 上的

一个偏序关系,从而$(F(X), \leqslant)$是一个偏序集。今证$(F(X), \leqslant)$是一个格。

设$\mu_1, \mu_2 \in F(X)$,令$\mu(x) = \max\{\mu_1(x), \mu_2(x)\}, x \in X$,则$\mu \in F(X)$。显然,

$$\mu_1 \leqslant \mu \text{ 且 } \mu_2 \leqslant \mu。$$

所以,μ是μ_1与μ_2的一个上界。设$\gamma \in F(X)$是μ_1与μ_2的任一上界,则$\mu_1 \leqslant \gamma, \mu_2 \leqslant \gamma$,即$\forall x \in X$有

$$\mu_1(x) \leqslant \gamma(x) \text{ 且 } \mu_2(x) \leqslant \gamma(x)。$$

所以$\max(\mu_1(x), \mu_2(x)) \leqslant \gamma(x)$,故$\mu(x) \leqslant \gamma(x)$。从而$\mu \leqslant \gamma$,所以$\sup\{\mu_1, \mu_2\} = \mu$。

类似地,令$\alpha(x) = \min(\mu_1(x), \mu_2(x)), x \in X$,则$\alpha \in F(X), \alpha \leqslant \mu_1, \alpha \leqslant \mu_2$,故$\alpha$是$\mu_1$与$\mu_2$的一个下界。若$\beta$是$\mu_1$与$\mu_2$的任一下界,则$\forall x \in X$,

$$\beta(x) \leqslant \mu_1(x), \beta(x) \leqslant \mu_2(x),$$

从而$\beta(x) \leqslant \alpha(x)$。因此,$\beta \leqslant \alpha, \inf(\mu_1, \mu_2) = \alpha$。于是,$(F(X), \leqslant)$是一个格。

例 14.1.5 任一全序集必是格。

例 14.1.6 设$S = \{a, b, c, d, e, f\}, S$上的偏序关系由图14.1.1的 Hasse 图确定。偏序集$(S, \leqslant)$不是格。

实际上,在$(S, \leqslant)$中,b和f没有上确界,而c和e没有下确界,所以$(S, \leqslant)$不是格。

由于在格中任两元素均有上确界和下确界,而上确界和下确界都是唯一的,所以格中求两个元素的上确界和下确界就是两个二元运算,即$\wedge$与$\vee$是二元运算。于是,格$(L, \leqslant)$就是一个代数系$(L, \vee, \wedge)$。

下面讨论格的性质。

定理 14.1.1 设$(L, \leqslant)$是一个格,则$\forall a, b, c \in L$,有

(L_1) $a \vee b = b \vee a, a \wedge b = b \wedge a$ (交换律);

(L_2)　$(a \vee b) \vee c = a \vee (b \vee c),$

　　　$(a \wedge b) \wedge c = a \wedge (b \wedge c);$ 　（结合律）

(L_3)　吸收律成立，即

　　　$a \vee (a \wedge b) = a,$

　　　$a \wedge (a \vee b) = a;$

(L_4)　幂成律成立，即

　　　$a \vee a = a, a \wedge a = a.$

〔证〕　(L_1) 和 (L_4) 显然成立。

对 (L_2)，由

$a \leqslant a \vee (b \vee c), b \leqslant b \vee c,$

$c \leqslant b \vee c$

而 $b \vee c \leqslant a \vee (b \vee c)$，所以，$a \vee$
$(b \vee c)$ 是 $a \vee b$ 与 c 的上界，故

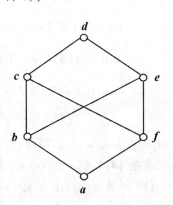

图 14.1.1　一个不是格的偏序集

　　　$(a \vee b) \vee c \leqslant a \vee (b \vee c).$

类似地，由 a、b、$c \leqslant (a \vee b) \vee c$ 得 $b \vee c \leqslant (a \vee b) \vee c$，故又有

　　　$a \vee (b \vee c) \leqslant (a \vee b) \vee c.$

由偏序关系"$\leqslant$"的反对称性得

　　　　　$(a \vee b) \vee c = a \vee (b \vee c).$

现在证 (L_3) 成立：显然，$a \leqslant a \vee (a \wedge b)$。又由 $a \wedge b \leqslant a, a$
$\leqslant a$，便知 a 是 a 与 $a \wedge b$ 的一个上界，所以有 $a \vee (a \wedge b) \leqslant a$。
因此，$a \vee (a \wedge b) = a$。

同理可证 $a \wedge (a \vee b) = a$。 　　　　　　　　　　〔证毕〕

命题 14.1.1　格中任一有限子集均有上确界和下确界。

命题 14.1.2　设 $(L, \leqslant)$ 是一个格，则 $\forall a, b \in L$ 有

　　　　　$a \leqslant b \Leftrightarrow a \vee b = b \Leftrightarrow a \wedge b = a.$

命题 14.1.3　设 $(L, \leqslant)$ 是一个格，b、$c \in L$。如果 $b \leqslant c$，则
$\forall a \in L$ 有

　　　　　$a \wedge b \leqslant a \wedge c, a \vee b \leqslant a \vee c.$

〔证〕　因为 $b \leqslant c$，所以

$$b \wedge c = b, b \vee c = c_{\circ} \qquad (1)$$

于是，由定理 14.1.1 有

$$(a \wedge b) \wedge (a \wedge c) \overset{L_2}{=} a \wedge (b \wedge (a \wedge c))$$

$$\overset{L_2}{=} a \wedge ((b \wedge a) \wedge c) \overset{L_1}{=} a \wedge ((a \wedge b) \wedge c)$$

$$\overset{L_2}{=} a \wedge (a \wedge (b \wedge c)) \overset{L_2}{=} (a \wedge a) \wedge (b \wedge c)$$

$$\overset{L_4}{=} a \wedge (b \wedge c) = a \wedge b$$

所以 $a \wedge b \leqslant a \wedge c_{\circ}$ 同理，$a \vee b \leqslant a \vee c_{\circ}$ 〔证毕〕

命题 14.1.4 设 $(L, \leqslant)$ 是一个格，a、b、$c \in L_{\circ}$

(1) 如果 $a \leqslant b$ 且 $a \leqslant c$，则 $a \leqslant b \vee c_{\circ}$

(2) 如果 $a \leqslant b$ 且 $a \leqslant c$，则 $a \leqslant b \wedge c_{\circ}$

命题 14.1.5 设 $(L, \leqslant)$ 是一个格，则 $\forall a, b, c, d \in L$，如果 $a \leqslant b$ 且 $c \leqslant d$，那么

$$a \wedge c \leqslant b \wedge d, a \vee c \leqslant b \vee d_{\circ}$$

命题 14.1.6 设 $(L, \leqslant)$ 是一个格，则 $\forall a, b, c \in L$ 有

$$a \vee (b \wedge c) \leqslant (a \vee b) \wedge (a \vee c)$$

$$(a \wedge b) \vee (a \wedge c) \leqslant a \wedge (b \vee c)$$

〔证〕 由 $a \leqslant a \vee b, a \leqslant a \vee c$ 便有

$$a \leqslant (a \vee b) \wedge (a \vee c)_{\circ}$$

但 $b \wedge c \leqslant b \leqslant a \vee b, b \wedge c \leqslant c \leqslant a \vee c$，所以又有

$$b \wedge c \leqslant (a \vee b) \wedge (a \vee c)_{\circ}$$

因此，$a \vee (b \wedge c) \leqslant (a \vee b) \wedge (a \vee c)_{\circ}$

类似地可证明

$$(a \vee b) \vee (a \wedge c) \leqslant a \wedge (b \vee c) \qquad 〔证毕〕$$

命题 14.1.7 设 $(L, \leqslant)$ 是一个格，a、b、$c \in L$，则

$$a \leqslant c \Leftrightarrow a \vee (b \wedge c) \leqslant (a \vee b) \wedge c_{\circ}$$

〔证〕 $\Rightarrow$ 设 $a \leqslant c$，则 $a \vee c = c_{\circ}$ 由命题 14.1.6，

$$a \vee (b \wedge c) \leqslant (a \vee b) \wedge (a \vee c) = (a \vee b) \wedge c_{\circ}$$

⇐ 设 $a \vee (b \wedge c) \leqslant (a \vee b) \wedge c$,则
$$a \leqslant a \vee (b \wedge c) \leqslant (a \vee b) \wedge c \leqslant c,$$
故 $a \leqslant c$。   〔证毕〕

习　　题

1. 设 $(L, \leqslant)$ 是一个格,a、b、$c \in L$。如果 $a \leqslant b \leqslant c$,证明
$$a \vee b = b \wedge c$$
$$(a \wedge b) \vee (b \wedge c) = (a \vee b) \wedge (a \vee c)。$$

2. 设 $(L, \leqslant)$ 是一个格,a、b、c、$d \in L$。证明
(1) $(a \wedge b) \vee (c \wedge d) \leqslant (a \vee c) \wedge (b \vee d)$。
(2) $(a \wedge b) \vee (b \wedge c) \vee (c \wedge a) \leqslant (a \vee b) \wedge (b \vee c) \wedge (c \vee a)$。

3. 证明:具有三个元素或少于三个元素的格是一个链。

4. 设 a, b, c 是格 $(L, \leqslant)$ 的任意三个元素,证明
$$(a \wedge b) \vee (a \wedge c) \leqslant a \wedge (b \vee (a \wedge c)),$$
$$(a \vee b) \wedge (a \vee c) \geqslant a \vee (b \wedge (a \vee c))。$$

5. 设 $S = \{a, b, c\}$,画出格 $(2^S, \subseteq)$ 的 Hasse 图。

6. 证明:在一个格里,如果 $a \vee b = a \wedge b$,则 $a = b$。

7. 证明:在一个格里,如果 $a \wedge b \wedge c = a \vee b \vee c$,则 $a = b = c$。

8. 设 $(L, \leqslant)$ 是一个格,$a, b, c \in L$,证明 $a \vee ((a \vee b) \wedge (a \vee c)) = (a \vee b) \wedge (a \vee c)$。

9. 设 $(L, \leqslant)$ 是一个格,a 和 b 是 L 中的两个不同元素。试证:$a \wedge b < a$ 且 $a \wedge b < b$ 的充分必要条件是 $a \leqslant b$ 且 $b \leqslant a$ 均不成立。

14.2　对偶原理、格作为一个代数系

格 $(L, \leqslant)$ 中的偏序关系"$\leqslant$"的逆"$\leqslant^{-1}$"也是一个偏序关系,所以 $(L, \leqslant^{-1})$ 也是一个偏序集。$\forall a, b \in L$,按定义
$$a \leqslant^{-1} b \text{ 当且仅当 } b \leqslant a。$$

所以,当 a 和 b 是格(L,$\leqslant$)中的元素时,就有
$$a,b \leqslant a \vee b,a \wedge b \leqslant a,b,$$
而且,$\forall s,l \in L$,只要 $a,b \leqslant s,l \leqslant a,b$ 就有
$$a \vee b \leqslant s,l \leqslant a \wedge b。$$
于是,按逆关系"$\leqslant^{-1}$"的定义就有
$$a \vee b \leqslant^{-1} a,b \text{ 且 } a,b \leqslant^{-1} a \wedge b$$
$$s \leqslant^{-1} a \vee b,a \wedge b \leqslant^{-1} l。$$
所以,在(L,$\leqslant^{-1}$)中 $a \vee b$ 是 a 与 b 关于 $\leqslant^{-1}$ 的下确界,$a \wedge b$ 是 a 与 b 关于 $\leqslant^{-1}$ 的上确界。因此,(L,$\leqslant^{-1}$)是一个格,(L,$\leqslant^{-1}$)称为格(L,$\leqslant$)的对偶格。显然,格(L,$\leqslant$)与(L,$\leqslant^{-1}$)是相互对偶的,(L,$\leqslant$)中的求两个元素的上(下)确界运算 $\vee$($\wedge$)就是格(L,$\leqslant^{-1}$)中求两个元的下(上)确界运算。以后用 $\geqslant$"表示"$\leqslant^{-1}$",并读为"大于或等于"。于是,

$$a \leqslant b \text{ 当且仅当 } b \leqslant a。$$

定义 14.2.1 设(L,$\leqslant$)是一个格,则

(1)$\forall a \in L$,a 是格(L,$\leqslant$)的一个表达式;

(2)如果 α,β 是格(L,$\leqslant$)中的表达式,则($\alpha \wedge \beta$)和($\alpha \vee \beta$)也是格(L,$\leqslant$)的表达式

(3)除了由(1)或(2)经有限次产生的符号串外,其他符号串均不是格(L,$\leqslant$)的表达式。

定义 14.2.2 设 α 是格(L,$\leqslant$)的一个表达式。如果把 α 中的"$\vee$"换成"$\wedge$",而把 α 中的"$\wedge$"换成"$\vee$"后所得到的表达式记为 α^*,则称 α^* 为 α 在对偶格(L,$\geqslant$)中的对偶表达式。

对偶原理:如果 α 和 β 是格(L,$\leqslant$)中的表达式且 $\alpha \leqslant \beta$,则 $\beta^* \geqslant \alpha^*$;如果格($L$,$\leqslant$)中有最大元素和最小元素,则把 α^*,β^* 中的最大元和最小元(如果有的话)分别换最小元和最大元后记为 $\overline{\alpha}$,$\overline{\beta}$,则 $\overline{\beta} \leqslant \overline{\alpha}$。

我们已把格定义为任两元素均有上确界和下确界的偏序集。于是,一个格确定了一个具有两个代数运算的代数系,这两二元代数运算分别称为并运算和交运算,分别记为"$\vee$"和"$\wedge$"。这两个运算分

别是格中的求两个元素的上确界和下确界运算,它们满足定理 14.1.1 的 (L_1) – (L_4) 四个性质。并且 $a \le b$ 当且仅当 $a \vee b = b$。

反之,我们还能把格定义成一种具有两种二元代数运算的代数系。

定义 14.2.3　设 $(L, \vee, \wedge)$ 是一个具有两个二元代数运算 "$\vee$" 和 "$\wedge$" 的代数系。如果 "$\vee$" 和 "$\wedge$" 同时满足

(L_1)　交换律成立,即 $\forall a, b \in L$ 有
$$a \vee b = b \vee a, a \wedge b = b \wedge a;$$

(L_2)　结合律成立,即 $\forall a, b, c \in L$ 有
$$(a \vee b) \vee c = a \vee (b \vee c),$$
$$(a \wedge b) \wedge c = a \wedge (b \wedge c),$$

(L_3)　吸收律成立,即 $\forall a, b \in L$ 有
$$a \wedge (a \vee b) = a, a \vee (a \wedge b) = a,$$

则称 $(L, \wedge, \vee)$ 是一个格。其中 $\wedge$ 称为交运算,$\vee$ 称为并运算。

定理 14.2.1　格的两种定义是等价的。

〔证〕　由定理 14.1.1 知,每个是定义 14.1.1 的格必是定义 14.2.3 定义的格。

今设 $(L, \wedge, \vee)$ 是定义 14.2.3 定义的格,我们必须证明,由 "$\wedge$" 和 "$\vee$" 能定义 L 上的一个偏序关系 R,使偏序集 (L, R) 为定义 14.1.1 定义的格,并且 "$\vee$" 和 "$\wedge$" 就是 (L, R) 中求两个元素的上确界和下确界运算。

令 R 是 L 上的如下的一个二元关系:$\forall a, b \in L$,
$$aRb \text{ 当且仅当 } a \wedge b = a。$$
由 (L_3),我们有 $\forall a \in L$
$$a \wedge (a \vee a) = a, a \vee (a \wedge a) = a$$
再由 (L_3) 得
$$a \wedge a = a \wedge (a \vee (a \wedge a)) = a,$$
$$a \vee a = a \vee (a \wedge (a \vee a)) = a。$$
从而,$\forall a \in L, aRa$,即 R 是自反的。现在设 a、$b \in L$ 且 aRb 且 bRa,则由 R 的定义有
$$a \wedge b = a, b \wedge a = b。$$

由 (L_1) 得 $a = b$,故 R 是反对称的。其次,设

$$aRb \text{ 且 } bRc, a, b, c \in L。$$

由 R 的定义得

$$a \wedge b = a \text{ 且 } b \wedge c = b。$$

于是,

$$a \wedge c = (a \wedge b) \wedge c \overset{L_2}{=} a \wedge (b \wedge c) = a \wedge b = a,$$

即 $a \wedge c = a$,故 aRc,从而 R 是传递的。因此,R 是一个偏序关系,(L, R) 是一个偏序集。

其次,若 $a \wedge b = a$,则 $a \vee b = (a \wedge b) \vee b \overset{L_3}{=} b$。反之,若 $a \vee b = b$,则 $a \wedge b = a \wedge (a \vee b) \overset{L_3}{=} a$。所以,$a \wedge b = a$ 当且仅当 $a \vee b = b$。于是,

$$aRb \text{ 当且仅当 } a \vee b = b。$$

下面证明偏序集 (L, R) 中任两元素有上确界和下确界,从而 (L, R) 是一个按定义 14.1.1 的格。

$$\forall a, b \in L,由(L_3)\text{ 有}$$

$$a \wedge (a \vee b) = a, b \wedge (b \vee a) = b。$$

于是,

$$aR(a \vee b), bR(b \vee a)。$$

这表明 $a \vee b$ 是 a 与 b 关于偏序关系 R 的一个上界。假设 c 是 a 与 b 的任一上界,则

$$aRc \text{ 且 } bRc。$$

从而 $a \vee c = c$ 且 $b \vee c = c$。于是,

$$(a \vee b) \vee c \overset{L_2}{=} a \vee (b \vee c) = a \vee c = c。$$

因此,$(a \vee b)Rc$。这表明,在 (L, R) 中

$$\sup\{a, b\} = a \vee b。$$

类似地可证明在 (L, R) 中有

$$\inf\{a, b\} = a \wedge b。$$

于是,(L, R) 是按定义 14.1.1 的格,而且 $\forall a, b \in L, \sup\{a, b\} = a \vee b, \inf\{a, b\} = a \wedge b。$ 〔证毕〕

以后,凡说格,可理解为是定义 14.1.1 所定义的格 —— 称为偏序格,或理解为定义 14.2.3 所定义的格 —— 称为代数格。把格看成一个具有两种代数运算的代数系时,其好处就在于可以把代数系中的一些有关概念引入格中。例如,类似于子群、子环,在格中可以引入子格的概念。类似于群、环的同构与同态,在格中也有格的同构与同态,等等。

定义 14.2.4 设 $(L, \wedge, \vee)$ 是一个格,S 是 L 的一个非空子集。如果 L 中的代数运算"$\wedge$"和"$\vee$"在 S 中封闭,则称代数系 $(S, \wedge, \vee)$ 是 $(L, \wedge, \vee)$ 的一个子格。

由于 $(L, \wedge, \vee)$ 是格,所以公理 L_1, L_2, L_3 成立,从而当 $(S, \wedge, \vee)$ 是子格时,公理 L_1, L_2, L_3 在 $(S, \wedge, \vee)$ 中也成立,故子格 $(S, \wedge, \vee)$ 必是格。因此,L 的非空子集 S 是 L 的子格当且仅当 S 对 L 中的运算"$\wedge$"和"$\vee$"与形成一个格。

例 14.2.1 设 $L = \{a_1, a_2, \cdots, a_8\}$,$(L, \leqslant)$ 是由图 14.2.1 所确定的格。L 的子集

$$S_1 = \{a_1, a_2, a_4, a_6\},$$

$$S_2 = \{a_3, a_5, a_7, a_8\}$$

均是 L 的子格。但子集

$$S_3 = \{a_1, a_2, a_4, a_8\}$$

不是 L 的子格。这是因为 $a_2, a_4 \in S_3$,但 $a_2 \wedge a_4 = a_6 \in S_3$,从而交运算"$\wedge$"在 S_3 中不封闭。   #

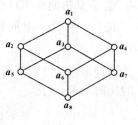

图 14.2.1

例 14.2.2 设 $(L, \wedge, \vee)$ 是一个格,$a, b \in L, a \leqslant b$。集合 $[a, b] = \{x \mid a \leqslant x \leqslant b, x \in L\}$ 是 L 的子格。又 L 中一切使 $a \leqslant x$ 的元 x 所构成的集合也是 L 的子格。   #

定义 14.2.5 设 $(L_1, \wedge, \vee)$ 与 $(L_2, \cap, \cup)$ 是两个格。如果存在一个映射 $\varphi: L_1 \rightarrow L_2$,使 $\forall a, b \in L$ 有

$$\varphi(a \wedge b) = \varphi(a) \cap \varphi(b)$$

$$\varphi(a \vee b) = \varphi(a) \cup \varphi(b)$$

则称 φ 是格 L_1 到 L_2 的一个格同态,格 L_1 同态于格 L_2。如果 φ 还是满射,则称 φ 为满同态,这时说格 L_1 与 L_2 满同态,并记为 $L_1 \sim L_2$。

如果格同态 φ 是可逆的,则称 φ 为从格 L_1 到格 L_2 的一个同构,这时还说格 L_1 同构于格 L_2,记之为 $L_1 \cong L_2$。

定理 14.2.2 设 φ 是格 $(L_1, \wedge, \vee)$ 到格 $(L_2, \cap, \cup)$ 的格同态。$\leqslant_1$ 是 L_1 中由 $\wedge$ 和 $\vee$ 确定的偏序关系,$\leqslant_2$ 是 L_2 中由 $\cap$ 和 $\cup$ 确定的偏序关系,则 φ 是保序的,即 $\forall a, b \in L_1$,如果 $a \leqslant_1 b$,则有 $\varphi(a) \leqslant_2 \varphi(b)$。

〔证〕 $\forall a, b \in L_1$,如果 $a \leqslant_1 b$,则

$$a \leqslant_1 b \Leftrightarrow a \wedge b = a。$$

所以,

$$\varphi(a \wedge b) = \varphi(a) \cap \varphi(b) = \varphi(a)。$$

因此,$\varphi(a) \leqslant_2 \varphi(b)$,即 φ 是保序的。 〔证毕〕

定理 14.2.3 设 φ 是格 $(L_1, \wedge, \vee)$ 到格 $(L_2, \cap, \cup)$ 的一一对应,则 φ 是格同构当且仅当 φ 与 φ^{-1} 是保序的。

〔证〕 $\Rightarrow$ 设 φ 是同构,则 φ^{-1} 也是同构。由定 14.2.2 知 φ^{-1} 是保序的。

$\Leftarrow$ 设 φ 和 φ^{-1} 都是保序的,往证 φ 是格同构。为此,设 a 和 b 是 L_1 的任两元素。显然,

$$a \leqslant_1 a \vee b, b \leqslant_1 a \vee b。$$

由 φ 的保序性有

$$\varphi(a) \leqslant_2 \varphi(a \vee b), \varphi(b) \leqslant_2 \varphi(a \vee b)。$$

于是,$\varphi(a \vee b)$ 是 $\varphi(a)$ 与 $\varphi(b)$ 在 L_2 中的一个上界。设 $e' \in L_2$,e' 是 $\varphi(a)$ 与 $\varphi(b)$ 在 L_2 中任一上界,则必有唯一的 $e \in L_1$ 使 $\varphi(e) = e'$。于是,$e = \varphi^{-1}(e')$。由 $\varphi(a) \leqslant_2 e'$ 且 $\varphi(b) \leqslant_2 e'$,以及 φ^{-1} 的保序性有

$$a \leqslant_1 e, b \leqslant_1 e。$$

因此,$a \vee b \leqslant_1 e$。于是,$\varphi(a \vee b) \leqslant e'$。所以,$\varphi(a \vee b)$ 是 $\varphi(a)$ 与

$\varphi(b)$ 的上确界,即

$$\varphi(a \vee b) = \varphi(a) \bigcup \varphi(b)$$

同理可证

$$\varphi(a \wedge b) = \varphi(a) \bigcap \varphi(b)。$$

因此,φ 是同构。   〔证毕〕

定义 14.2.6 设$(L_1, \wedge, \vee)$和$(L_2, \bigcap, \bigcup)$是两个格。$\forall (a_1, b_1), (a_2, b_2) \in L_1 \times L_2$,令

$$(a_1, b_1) \circ (a_2, b_2) = (a_1 \wedge a_2, b_1 \bigcap b_2),$$

$$(a_1, b_1) + (a_2, b_2) = (a_1 \vee a_2, b_1 \bigcup b_2),$$

则易证$(L_1 \times L_2, \circ, +)$是格,称为$(L_1, \wedge, \vee)$与$(L_2, \bigcap, \bigcup)$的直积。

例 14.2.3 设$L = \{0,1\}$,在L上定义偏序关系如下:$0 \leq 0, 0 \leq 1, 1 \leq 1$。易见$(L, \leq)$是格,在此格中,$0 \wedge 0 = 0 \wedge 1 = 1 \wedge 0 = 0$,$1 \wedge 1 = 1; 0 \vee 0 = 0, 0 \vee 1 = 1 \vee 0 = 1 \vee 1 = 1$。格$(L^2, \leq_2)$与格$(L^3, \leq_3)$的 Hasse 图如图 14.2.2 的$(a)$与$(b)$所示。

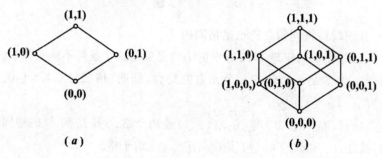

图 14.2.2

一般的, $\forall a, b \in L^n$,

$$a = (a_1, a_2, \cdots, a_n), b = (b_1, b_2, \cdots, b_n),$$

$a \leq_n b$,当且仅当 $a_i \leq b_i, i = 1, 2, \cdots, n$。格$(L^n, \leq_n) = (\{0, 1\}^n, \leq_n)$称为0和1的$n$元格,它在计算机科学中有重要的应用。

定理 14.2.4 设$(L_1, \wedge, \vee)$与$(L_2, \cap, \cup)$是两个格,则$(L_1, \wedge, \vee)$与$(L_1 \times L_2, \circ, +)$的一个子格同构。同样地,$(L_2, \cap, \cup)$也与$(L_1 \times L_2, \circ, +)$的一个子格同构。

〔证〕 令 b 是 L_2 的一个特定元素,令

$$S_b = \{(a, b) \mid a \in L_1\},$$

$\varphi: L_1 \to S_b$,其定义为 $\forall a \in L_1, \varphi(a) = (a, b)$。易见 φ 是 L_1 到 S_b 的一一对应。又 $\forall a_1, a_2 \in S_b$ 有

$$\varphi(a_1 \vee a_2) = (a_1 \vee a_2, b) = (a_1, b) + (a_2, b)$$
$$= \varphi(a_1) + \varphi(a_2),$$
$$\varphi(a_1 \wedge a_2) = (a_1 \wedge a_2, b) = (a_1, b) \circ (a_2, b)$$
$$= \varphi(a_1) \circ \varphi(a_2)。$$

所以,$(L_1, \wedge, \vee) \cong (S_b, \circ, +)$。至于 S_b 是子格是容易验证。类似可证定理的后半部分。 〔证毕〕

习 题

1. 试证:格同构之逆也是格同构。

2. 举例说明定理 14.2.3 中的 φ^{-1} 是保序这个条件不能去掉。

3. 设 S 是一个含有 n 个元素的集合。证明:格$(2^S, \subseteq) \cong (\{0, 1\}^n, \leqslant_n)$。

4. 设$(L_1, \wedge, \vee)$与$(L_2, \cap, \cup)$是两个格,φ 是 L_1 到 L_2 的格同态。试证:$(\varphi(L_1), \cap, \cup)$ 是$(L_2, \cap, \cup)$的子格。

5. 设$(L_1, \wedge, \vee)$是格,而$(L_2, \cap, \cup)$是一个具有两个二元代数运算的代数系。令 $\varphi: L_1 \to L_2$,并且 $\forall a, b \in L_1$ 有

$$\varphi(a \wedge b) = \varphi(a) \cap \varphi(b),$$
$$\varphi(a \vee b) = \varphi(a) \cup \varphi(b)。$$

问$(L_2, \cap, \cup)$是格吗?如果 φ 是满的,$(L_2, \cap, \cup)$是格吗?证明你的结论。

14.3 某些特殊的格

在格里,任两个元素都有上确界和下确界,因而格里的任一有限子集必有上确界和下确界。但并不是格里的任一子集均有上确界和下确界,例如,在例 14.1.3 中,对 N 的任一无穷子集就没有上确界。

定义 14.3.1 如果一个格里的任一非空子集均有上确界和下确界,则称此格为一个完备格。

于是,每个有限格是完备格。

例 14.3.1 设 S 是任一集合,则格$(2^S, \subseteq)$ 是一个完备格。

例 14.3.2 格$([0,1], \leqslant)$ 是一个完备格。

例 14.3.3 例 14.1.4 中的格$(F(X), \leqslant)$ 是完备格。实际上,设 $\{\mu_i\}_{i \in I} \subseteq F(X)$,则 $\forall x \in X$,

$$\bigvee_{i \in I} \mu_i(x) = \sup_{i \in I} \mu_i(x)$$

$$\bigwedge_{i \in I} \mu_i(x) = \inf_{i \in I} \mu_i(x)。$$

所以,$(F(X), \leqslant)$ 是一个完备格。

由完备格的定义可知,任一完备格中必有最大元素和最小元素。一个格里的最大元素称为格的单位元,并用"1"表示。一个格中若有最小元素,则称这个最小元素为零元素,并用"0"表示。

定义 14.3.2 格$(L, \leqslant)$ 称为有界格,如果 L 中有零元素"0"和单位元素"1"。

于是,完备格必是有界格,从而有限格都是有界格。若 $L = \{a_1, a_2, \cdots, a_n\}$,则格$(L, \leqslant)$ 中

$$0 = a_1 \wedge a_2 \wedge \cdots \wedge a_n$$

$$1 = a_1 \vee a_2 \vee \cdots \vee a_n。$$

有界格$(L, \leqslant)$ 中的零元素 0 和单位元素 1 有以下性质:$\forall a \in L$

$$a \vee 0 = a, a \vee 1 = 1$$
$$a \wedge 0 = 0, a \wedge 1 = a。$$

有界格$(L, \wedge, \vee)$常记为$(L, \wedge, \vee, 0, 1)$。

于是,在有界格$(L, \wedge, \vee, 0, 1)$中,0是并运算$\vee$的单位元,而1是交运算$\wedge$的单位元。

设S是一个非空集合,格$(2^S, \bigcap, \bigcup)$是一个有界格,其零元素是空集$\varnothing$,单位元素是S。在集合论中,$\forall A \in 2^S$,A关于S的余集(补集)$A^c \in 2^S$,并且

$$A \bigcup A^c = S, A \bigcap A^c = \varnothing。$$

于是,在有界格中也可引入类似于余集的概念。

定义 14.3.3 设$(L, \wedge, \vee, 0, 1)$是一个有界格,元素$b \in L$称为L中的元素a的补元素,如果

$$a \wedge b = 0 \text{且} a \vee b = 1。$$

显然,若b是a的补,则a也是b的补。

注意,在一个有界格中,并不是每个元素必有补元素,而且一个元素若有补元素,则其补元素未必唯一。例如,其Hasse图如图14.3.1的各个格,就说明了这些情况是可能的。

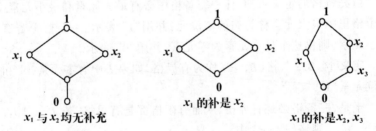

x_1与x_2均无补充　　　　x_1的补是x_2　　　　x_1的补是x_2, x_3

图 14.3.1

不过,在有界格$(L, \wedge, \vee, 0, 1)$中0是1的唯一的补元,1是0的唯一补元。实际上,由

$$0 \vee 1 = 1 \text{及} 0 \wedge 1 = 0$$

知0和1互为补元。若c是0的补,$c \neq 1$,则

$$0 \wedge c = 1 \ \text{及} \ 0 \wedge c = 0$$

但 $0 \vee c = c$,所以 $c = 1$,矛盾。因此,1 是 0 的唯一的补元。同理,0 是 1 的唯一补元。

定义 14.3.4　有界格(L,$\wedge$,$\vee$,0,1)称为有补格,如果 L 中每个元素至少有一个补元素。

例 14.3.4　0 和 1 的 n 元组格($\{0,1\}^n$, $\leqslant_n$)是有补格。$\forall (a_1, a_2,\cdots,a_n) \in \{0,1\}^n$,$(b_1,b_2,\cdots,b_n) \in \{0,1\}^n$ 是 $(a_1,a_2,\cdots,a_n)$ 的补元,如果

$$b_i = \begin{cases} 1, & \text{当 } a_i = 0, \\ 0, & \text{当 } a_i = 1, \end{cases} \quad i = 1,2,\cdots,n \text{。}$$

在这里,$0_n = (0,0,\cdots,0)$,$1_n = (1,1,\cdots,1)$ 分别是($\{0,1\}^n$, $\leqslant n$)的零元和单位元。

由于格可以视为具有两个二元运算的代数系,所以自然要考虑这两种运算间的联系,特别是要考虑分配律是否成立的问题。在格(2^S, $\subseteq$)中,交运算对并运算满足分配律,并且并运算对交运算也满足分配律。然而,并不是在任一格中分配律都成立。

例 14.3.5　格 M_5 和 N_5 的 Hasse 图如图 14.3.2 的(a)和(b)所示。M_5 和 N_5 均不满足分配律。

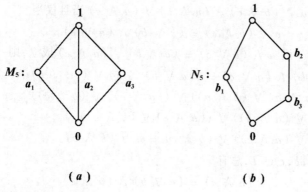

$$(a) \qquad\qquad\qquad (b)$$

实际上,在 M_5 中,

$$a_1 \wedge (a_2 \vee a_3) = a_1 \wedge 1 = a_1$$
$$(a_1 \wedge a_2) \vee (a_1 \wedge a_3) = 0 \vee 0 = 0 \neq a_1。$$

所以，
$$a_1 \wedge (a_2 \vee a_3) \neq (a_1 \wedge a_2) \vee (a_1 \wedge a_3)。$$

类似地可以验证在 N_5 中分配律也不成立。

定义 14.3.5　格 $(L, \wedge, \vee)$ 称为分配格，如果对任意的 $a, b, c \in L$，恒有
$$a \wedge (b \vee c) = (a \wedge b) \vee (a \wedge c),$$
$$a \vee (b \wedge c) = (a \vee b) \wedge (a \vee c)。$$

于是，对任一集合 S，$(2^S, \subseteq)$ 是分配格，而例 14.3.5 中的 M_5 和 N_5 不是分配格。

例 14.3.6　设 $(L, \wedge, \vee)$ 是一个分配格，试证：$\forall x, y, z \in L$ 有
$$x \vee (y \wedge (x \vee z)) = (x \vee y) \wedge (x \vee z)。$$

〔证〕　$x \vee (y \wedge (x \vee z)) = x \vee ((x \wedge y) \vee (y \wedge z))$
$$= (x \vee (x \wedge y)) \vee (y \wedge z)$$
$$= x \vee (y \wedge z) = (x \vee y) \wedge (x \vee z)。$$

定理 14.3.1　设 $(L, \wedge, \vee)$ 是一个格，则 $\forall a, b, c \in L$ 有
$$a \wedge (b \vee c) = (a \wedge b) \vee (a \wedge c) \text{ 当且仅当}$$
$$a \vee (b \wedge c) = (a \vee b) \wedge (a \vee c)。$$

〔证〕　设 $a \wedge (b \vee c) = (a \wedge b) \vee (a \wedge c)$ 成立，则
$(a \vee b) \wedge (a \vee c) = ((a \vee b) \wedge a) \vee ((a \vee b) \wedge c)$
$$= ((a \wedge a) \vee (b \wedge a)) \vee ((a \wedge c) \vee (b \wedge c))$$
$$= (a \vee (a \wedge b)) \vee ((a \wedge c) \vee (b \wedge c))$$
$$= (a \vee (a \wedge c)) \vee (b \wedge c) = a \vee (b \wedge c)。$$

因此，$\forall a, b, c \in L$，总有
$$a \vee (b \wedge c) = (a \vee b) \wedge (a \vee c)。$$

反之，设 $\forall a, b, c \in L$ 有

$$a \vee (b \wedge c) = (a \vee b) \wedge (a \vee c)。$$
则同理可证 $a \wedge (b \vee c) = (a \wedge b) \vee (a \wedge c)$。   〔证毕〕

习   题

1. 设 1 是偏序集 $(L, \leqslant)$ 中的最大元素。如果对 L 的任一非空子集均有下确界,试证:$(L, \leqslant)$ 是一个完备格。

2. 设 $(L, \wedge, \vee)$ 是一个有界格。证明:如果 $x, y \in L, x \vee y = 0$,则 $x = y = 0$;如果 $x \wedge y = 1$,则 $x = y = 1$。

3. 如果格 $(L, \leqslant)$ 中不存在最小元素 0,试证:L 中存在递减的无穷序列

$$x_0 > x_1 > x_2 > \cdots > x_n > \cdots。$$

4. 举出两个仅含 6 个元素的格,其中一个是分配格,另一个不是分配格。

14.4   分配格的一些性质

定理 14.4.1   设 $(L, \wedge, \vee)$ 是一个分配格,$a, x, y \in L$。如果
$$a \wedge x = a \wedge y \text{ 且 } a \vee x = a \vee y,$$
则 $x = y$。

〔证〕 $x = x \vee (x \wedge a) = x \vee (a \wedge y)$

$\qquad = (x \vee a) \wedge (x \vee y) = (a \vee y) \wedge (x \vee y)$

$\qquad = (a \wedge x) \vee y = (a \wedge y) \vee y = y。$ 〔证毕〕

推论 14.4.1   如果分配格 $(L, \wedge, \vee)$ 中的元素 a 有补元素,则 a 的补元素是唯一的。

〔证〕 设 b 和 c 是 a 的两个补,则
$$a \wedge b = a \wedge c = 0 \text{ 且 } a \vee b = a \vee c = 1,$$
由定理 14.4.1 得 $b = c$。因此,a 的补是唯一的。   〔证毕〕

一个格如果既是分配格又是有补格,则称此格为有补分配格。

由推论 14.4.1 得到,有补分配格中的每个元素 a 均有唯一的补元素,a 的唯一补元素记为 a'。于是,在有补分配格中,"$'$"是格中的一元运算,称为求补运算。

定理 14.4.2　任两个分配格的直积是分配格。

〔证〕　由直积的定义即得。　　　　　　　　　　　〔证毕〕

定理 14.4.3　每个全序集都是分配格。

〔证〕　设 $(L, \leqslant)$ 是一个全序集,则 $(L, \leqslant)$ 是一个格。于是,$\forall a, b, c \in L$ 有

$1°$. 如果 $a \leqslant b$ 或 $a \leqslant c$,则

$$a \wedge (b \vee c) = a \text{ 且} (a \wedge b) \vee (a \wedge c) = a$$

所以,这时有

$$a \wedge (b \vee c) = (a \wedge b) \vee (a \wedge c)。$$

$2°$. 如果 $a \leqslant b$ 与 $a \leqslant c$ 均不成立,则由于 $(L, \leqslant)$ 是全序集便知 $b \leqslant a$ 且 $c \leqslant a$。于是,

$$a \wedge (b \vee c) = b \vee c \text{ 且} (a \wedge b) \vee (a \wedge c) = b \vee c。$$

从而,这时也有

$$a \wedge (b \vee c) = (a \wedge b) \vee (a \wedge c)。$$

总之,$\forall a, b, c \in L$,恒有

$$a \wedge (b \vee c) = (a \wedge c) \vee (a \wedge c)。\qquad〔证毕〕$$

定理 14.4.4　有界分配格中,一切有补元的集合构成一个子格。

〔证〕　设 $(L, \wedge, \vee)$ 是一个有界分配格,S 是 L 中有补元的集合,则显然 $0 \in S, 1 \in S$,从而 $S \neq \varnothing$。又 $\forall a, b \in S$,则 $a', b' \in S$。再由

$$(a \wedge b) \wedge (a' \vee b') = ((a \wedge b) \wedge a') \vee ((a \wedge b) \wedge b')$$
$$= ((a \wedge a') \wedge b) \vee (a \wedge (b \wedge b')) = 0 \vee 0 = 0$$
$$(a \wedge b) \vee (a' \vee b') = (a \vee (a' \vee b')) \wedge (b \vee (a' \vee b'))$$
$$= ((a \vee a') \vee b') \wedge ((b \vee b') \vee a') = (1 \vee b') \wedge (1 \vee a')$$
$$= 1 \wedge 1 = 1。$$

因此,$(a \wedge b)' = a' \vee b'$,从而 $a \wedge b \in S$。类似地可证明$(a \vee b)'$ $= a' \wedge b'$,故 $a \vee b \in S$。因此,$(S, \wedge, \vee)$ 是子格。

定理 14.4.5 在有补分配格$(L, \wedge, \vee)$中,De Morgan 公式成立,即 $\forall a, b \in L$

$$(a \vee b)' = a' \wedge b', (a \wedge b)' = a' \vee b'。$$

定理 14.4.6 设$(L, \wedge, \vee)$是一个具有两个代数运算的代数系。如果 $\forall a, b, c \in L$ 有

$1°. a \wedge a = a$;

$2°.$ 在 L 中存在一个元素 1 使
$$a \vee 1 = 1 \vee a = 1,$$
$$a \wedge 1 = 1 \wedge a = a;$$

$3°. a \wedge (b \vee c) = (a \wedge b) \vee (a \wedge c),$
$$(b \vee c) \wedge a = (b \wedge a) \vee (c \wedge a)$$
则$(L, \wedge, \vee)$是一个具有单位元 1 的分配格。

〔证〕 首先证明:$\forall a \in L$ 有 $a \vee a = a$。实际上,
$$a = a \wedge 1 = a \wedge (a \vee 1) = (a \wedge a) \vee (a \wedge 1)$$
$$= a \vee a。$$

下面证明吸收律成立:$\forall a, b \in L$ 有
$$(a \wedge b) \vee a \overset{2°}{=} (a \wedge b) \vee (a \wedge 1) \overset{3°}{=} a \wedge (b \vee 1)$$
$$\overset{2°}{=} a \wedge 1 \overset{2°}{=} a,$$
$$a \vee (a \wedge b) = (a \wedge 1) \vee (a \wedge b) = a \wedge (1 \vee b)$$

$$= a \wedge 1 = a。$$

类似地还有

$$a \vee (b \wedge a) = (b \wedge a) \vee a = a。$$

其次,我们有

$$a \wedge (a \vee b) \overset{3^\circ}{=} (a \wedge a) \vee (a \wedge b) = a \vee (a \wedge b) = a,$$
$$a \wedge (b \vee a) = (a \wedge b) \vee (a \wedge a) = (a \wedge b) \vee a = a,$$
$$(a \vee b) \wedge a = (a \wedge a) \vee (b \wedge a) = a \vee (b \wedge a) = a,$$
$$(b \vee a) \wedge a = (b \wedge a) \vee (a \wedge a) = (b \wedge a) \vee a = a。$$

现在来证明交换律成立,即 $a \vee b = b \vee a$:

$$a \vee b = (a \wedge (b \vee a)) \vee (b \wedge (b \vee a))$$
$$\overset{3^\circ}{=} (a \vee b) \wedge (b \vee a) = ((a \vee b) \wedge b) \vee ((a \vee b) \wedge a)$$
$$= b \vee a。$$

$$a \wedge ((a \vee b) \vee c) = (a \wedge (a \vee b)) \vee (a \wedge c)$$
$$= a \vee (a \wedge c) = a$$

所以,$a \wedge ((a \vee b) \vee c) = a。$同理可证

$$b \wedge ((a \vee b) \vee c) = b, c \wedge ((a \vee b) \vee c) = c。$$

下面证明并的结合律成立。

$$a \vee (b \vee c) = (a \wedge ((a \vee b) \vee c)) \vee ((b \wedge ((a \vee b) \vee c))$$
$$\vee (c \wedge ((a \vee b) \vee c)) \overset{3^\circ}{=} (a \wedge ((a \vee b) \vee c)) \vee$$
$$((b \vee c) \wedge ((a \vee b) \vee c)) \overset{3^\circ}{=} (a \vee (b \vee c)) \wedge$$
$$((a \vee b) \vee c)。$$

其次,注意到

$$(a \vee (b \vee c)) \wedge a = (a \wedge a) \vee ((b \vee c) \wedge a)$$
$$= a \vee ((b \vee c) \wedge a) = a,$$

以及类似地有

$$(a \lor (b \lor c)) \land b = b,$$
$$(a \lor (b \lor c)) \land c = c,$$

从而
$$a \lor b = ((a \lor (b \lor c)) \land a) \lor ((a \lor (b \lor c)) \land b)$$
$$= (a \lor (b \lor c)) \land (a \lor b)。$$

于是,
$$(a \lor b) \lor c = ((a \lor (b \lor c)) \land (a \lor b))$$
$$\lor ((a \lor (b \lor c)) \land c)$$
$$= (a \lor (b \lor c)) \land ((a \lor b) \lor c)。$$

因此,并的结合律成立,即
$$a \lor (b \lor c) = (a \lor b) \lor c。$$

又因为
$$(a \lor b) \land (a \lor c) \overset{3°}{=} (a \land (a \lor c)) \lor (b \land (a \lor c))$$
$$= a \lor (b \land (a \lor c))$$
$$\overset{3°}{=} a \lor ((b \land a) \lor (b \land c))$$
$$= (a \lor (b \land a)) \lor (b \land c)$$
$$= a \lor (b \land c),$$

所以并对交的分配律成立。

由并对交的分配律得
$$(b \land c) \lor a = (b \lor a) \land (c \lor a)。$$

再由
$$a \land b = (a \lor (b \land a)) \land (b \lor (b \land a))$$
$$= (a \land b) \lor (b \land a)$$
$$= ((a \land b) \lor b) \land ((a \land b) \lor a)$$
$$= b \land a$$

便知交的交换律成立。

至于交的结合律可以在并的结合律中简单地交换"∨"与"∧"而得到。于是,$(L, \wedge, \vee)$是一个具有单位元 1 的分配格。 〔证毕〕

习　　题

1. 试证:格$(L, \wedge, \vee)$是分配格的充分必要条件是 $\forall a, b, c \in L$

$$(a \wedge b) \vee (b \wedge c) \vee (c \wedge a) = (a \vee b) \wedge (b \vee c) \wedge (c \vee a)。$$

2. 设 J 是格$(L, \wedge, \vee)$的非空子集。如果 $\forall a, b \in J, a \vee b \in J$ 且 $\forall a \in J, x \in L$ 有 $a \wedge x \in J$,则称 J 是 L 的一个理想。试证:理想 J 是 L 的一个子格。

*14.5　模　　格

定义 14.5.1　格$(L, \wedge, \vee)$称为模格,如果 $\forall a, b, c \in L$ 恒有

L_4. 只要 $a \leqslant c$,就有 $a \vee (b \wedge c) = (a \vee b) \wedge c$。模格也称为 Dedekind 格。

定理 14.5.1　任一群的一切正规子群构成的集族对集合的包含关系下形成一个模格。

〔证〕 设 G 是一个群,G 的所有正规子群构成的集族记成 $N(G)$。显然,集合间的包含关系"$\subseteq$"是 $N(G)$ 上的一个偏序关系,所以$(N(G), \subseteq)$是一个偏序集。

若 $N_1, N_2 \in N(G)$,则 $N_1 \cap N_2 \in N(G)$,而且 $N_1 \cap N_2 = \inf\{N_1, N_2\}$。又显然有 $\sup\{N_1, N_2\} = N_1 N_2 \in N(G)$。

所以,

$$N_1 \wedge N_2 = N_1 \cap N_2, N_1 \vee N_2 = N_1 N_2,$$

从而$(N(G), \subseteq)$是一个格。

今证在格$(N(G), \subseteq)$中L_4成立。为此,设$N_1, N_2, N_3 \in N(G)$,需证明当$N_1 \subseteq N_3$时有

$$N_1 \vee (N_2 \wedge N_3) = (N_1 \vee N_2) \wedge N_3。$$

亦即

$$N_1(N_2 \bigcap N_3) = (N_1 N_2) \bigcap N_3。$$

由于

$$N_1 \subseteq N_1 N_2, \quad N_1 \subseteq N_3$$

$$N_2 \bigcap N_3 \subseteq N_2 \subseteq N_1 N_2, \quad N_2 \bigcap N_3 \subseteq N_3,$$

所以,

$$N_1 \subseteq (N_1 N_2) \bigcap N_3, \quad N_2 \bigcap N_3 \subseteq (N_1 N_2) \bigcap N_3$$

因此,

$$N_1(N_2 \bigcap N_3) \subseteq (N_1 N_2) \bigcap N_3。$$

其次,设$x \in (N_1 N_2) \bigcap N_3$,则$\exists n_1 \in N_1, n_2 \in N_2, n_3 \in N_3$,使$x = n_1 n_2 = n_3$。但$N_1 \subseteq N_3$,所以$n_1 \in N_3$。于是,$n_2 = n_1^{-1} n_3$,从而$n_2 \in N_2 \bigcap N_3$。因此,$x = n_1 n_2 \in N_1(N_2 \bigcap N_3)$,故

$$(N_1 N_2) \bigcap N_3 \subseteq N_1(N_2 \bigcap N_3)。$$

所以当$N_1 \subseteq N_3$时,

$$N_1(N_2 \bigcap N_3) = (N_1 N_2) \bigcap N_3。$$

即$(N(G), \subseteq)$是模格。 〔证毕〕

这个定理不但给出模格的例子,而且说明了模格在代数上的重要意义。

定理 14.5.2 每个分配格都是模格。

〔证〕 设$(L, \wedge, \vee)$是一个分配格,则$\forall a, b, c \in L$有

$$a \vee (b \wedge c) = (a \vee b) \wedge (a \vee c)。$$

如果$a \leqslant c$,则$a \vee c = c$,所以

$$a \vee (b \wedge c) = (a \vee b) \wedge (a \vee c) = (a \vee b) \wedge c。$$

因此,当 $a \leqslant c$ 时 L_4 成立。所以,$(L, \wedge, \vee)$ 是模格。　　〔证毕〕

定理 14.5.3　格 $(L, \wedge, \vee)$ 是模格的充分必要条件是,如果 $b \leqslant a$ 且 $\exists c \in L$ 使 $a \wedge c = b \wedge c, a \vee c = b \vee c$,则 $a = b$。

〔证〕　设 $(L, \wedge, \vee)$ 是模格,$a, b, c \in L, b \leqslant a$ 且 $a \wedge c = b \wedge c, a \vee c = b \vee c$,则

$$a = a \wedge (a \vee c) = a \wedge (b \vee c) = b \vee (a \wedge c)$$
$$= b \vee (b \wedge c) = b$$

反之,设在格 $(L, \wedge, \vee)$ 中,$a, b, c \in L$,若 $b \leqslant a$ 且 $a \wedge c = b \wedge c, a \vee c = b \vee c$,则有 $a = b$。我们要证 $(L, \wedge, \vee)$ 是模格,即 L_4 成立。

实际上,

$$b \vee (a \wedge c) \leqslant a \wedge (b \vee c) \tag{1}$$
$$(a \wedge (b \vee c)) \wedge c = a \wedge ((b \vee c)) \wedge c = a \wedge c$$

及

$$a \wedge c = (a \wedge c) \wedge c \leqslant (b \vee (a \wedge c)) \wedge c \leqslant a \wedge c,$$

所以有

$$(b \vee (a \wedge c)) \wedge c = a \wedge c,$$

从而

$$(a \wedge (b \vee c)) \wedge c = (b \vee (a \wedge c)) \wedge c。 \tag{2}$$

又显然有

$$(b \vee (a \wedge c)) \vee c = b \vee ((a \wedge c) \vee c) = b \vee c。$$

但 $b \leqslant a, b \leqslant b \vee c$,所以 $b \leqslant a \wedge (b \vee c)$,故

$$b \vee c \leqslant (a \vee (b \vee c)) \vee c \leqslant (b \vee c) \vee c = b \vee c,$$

从而有

$$(a \wedge (b \vee c)) \vee c = b \vee c。$$

于是,

$$(a \wedge (b \vee c)) \vee c = (b \vee (a \wedge c)) \vee c。 \qquad (3)$$

由假设及等式(2)、(3)及不等式(1)得到

$$a \wedge (b \vee c) = b \vee (a \wedge c) \qquad 〔证毕〕$$

类似于群的同构定理,我们有

定理 14.5.4   如果 a 与 b 是模格 $(L, \wedge, \vee)$ 的两个元素,则映射 $\varphi(x) = x \wedge b$ 是区间 $〔a, a \vee b〕$ 到区 $〔a \wedge b, b〕$ 上的同构映射而且 $\varphi^{-1}(y) = y \vee a$。

〔证〕   显然,$a \wedge b \leqslant b, a \leqslant a \vee b$,所以 $〔a \wedge b, b〕$ 与 $〔a, a \vee b〕$ 是 L 的子格,从而是格。又 $\forall x \in 〔a, a \vee b〕, y \in 〔a \wedge b, b〕$,由于 $a \leqslant x \leqslant a \vee b, a \wedge b \leqslant y \leqslant b$,所以

$$a \wedge b \leqslant x \wedge b \leqslant b, a \leqslant y \vee a \leqslant a \vee b。$$

因此,$\varphi(x) = x \wedge b$ 与 $\Psi(y) = y \vee a$ 分别是从 $〔a, a \vee b〕$ $〔a \wedge b, b〕$ 与从 $〔a \wedge b, b〕$ 到 $〔a, a \vee b〕$ 的映射。又由 $(L, \wedge, \vee)$ 是模格,所以

$$\Psi \circ \varphi(x) = \Psi(\varphi(x)) = (x \wedge b) \vee a = x \wedge (a \vee b) = x$$

$$\varphi \circ \Psi(y) = \varphi(\Psi(y)) = (y \vee a) \wedge b = y \vee (a \wedge b) = y$$

故 φ 是一一对应,并且 $\varphi^{-1} = \Psi$。

最后若 $\forall x_1, x_2 \in 〔a, a \vee b〕, x_1 \leqslant x_2$,则 $x_1 \wedge b \leqslant x_2 \wedge b$,从而 φ 是保序的。又 $\forall y_1, y_2 \in 〔a \wedge b, b〕$,若 $y_1 \leqslant y_2$,则 $y_1 \vee a \leqslant y_2 \vee a$,所以 φ^{-1} 是保序的。由定理 14.2.3 便知 φ 是格 $〔a, a \vee b〕$ 到格 $〔a \wedge b, b〕$ 的同构。   〔证毕〕

注意,当 $(L, \wedge, \vee)$ 不是模格时,$〔a, a \vee b〕$ 与 $〔a \wedge b, b〕$ 未必同构。例如,对于图 14.3.2 中格 N_5,由于 $b_3 \leqslant b_2, b_2 \vee b_1 = b_3 \vee b_1$, $b_2 \wedge b_1 = b_3 \wedge b_1$,但 $b_2 \neq b_3$,故由定理 14.5.3 知 N_5 不是模格。令 $a = b_1, b = b_2$,则子格 $〔a, a \vee b〕 = 〔a, 1〕 = \{b_1, 1\}$,$〔a \wedge b, b〕$ $= 〔0, b〕 = \{0, b_3, b_2\}$。由于它们的元素的个数不同,所以这两个子格不同构。

1. 试证：格$(L,\wedge,\vee)$是模格$\Leftrightarrow \forall x,y,z \in L, x \wedge (y \vee (x \wedge z)) = (x \wedge y) \vee (x \wedge z) \Leftrightarrow \forall x,y,z \in L, x \vee (y \wedge (x \vee z)) = (x \vee y) \wedge (x \vee z)$

2. 试证：所有元数 $\leqslant 4$ 的格都是分配格，从而是模格。

3. 如果$(L,\wedge,\vee)$不是模格，则必有子格 S 使 S 与 N_5 同构（N_5 为图 14.3.2 中的格）。

第十五章　　布尔代数

布尔代数在自动化技术与电子计算机的逻辑设计中有广泛的应用。

本章主要讨论布尔代数的初等理论:布尔代数的基本概念及若干例子,布尔代数的基本性质,子布尔代数及布尔代数的直积,布尔代数的同构与同态。特别是证明了布尔代数与有单位元的布尔环等价以及有限布尔代数同构于某个集合的幂集所形成的布尔代数。最后,讨论了布尔表达式,布尔函数,并简略地说明了它们在计算机的逻辑设计中的应用。读者将在开关电路、计算机原理等有关课程中找到具体的应用。

布尔代数是人们利用数学方法研究人类思维规律所得到的一项重大成就,它与数理逻辑有着极其密切的联系。

15.1　定义及简单性质

定义 15.1.1　一个有补分配格称为布尔代数。

于是,一个布尔代数必是一个格,并且还是一个有补格和分配格。设$(B, \wedge, \vee)$是一个布尔代数,则B中有最小元素0和最大元素1。B中的每个元素a有唯一的补元素a'。于是,"$'$"是B中的求补运算。以后,把布尔代数记成$(B, \wedge, \vee, ', 0, 1)$,其中$\wedge$和$\vee$分别是格中的交运算和并运算。

例 15.1.1　令$B = \{0, 1\}$,在B上定义交运算$\wedge$和并运算$\vee$如下表所示:

$\wedge$	0	1
0	0	0
1	0	1

$\vee$	0	1
0	0	1
1	1	1

容易验证$(B,\wedge,\vee)$是一个格,0是最小元素,1是最大元素,从而$(B,\wedge,\vee)$是一个有界格。其次,$0'=1,1'=0$,于是,$(B,\wedge,\vee)$是一个有补格。通过直接计算可以验证,分配律成立,所以又是一个分配格。因此,$(B,\wedge,\vee,',0,1)$是一个布尔代数,它只含两个元素。这是数字电路和计算机中常用的布尔代数,也是最简单的布尔代数。

例 15.1.2 设 S 是一个非空集合,则 S 的幂集 2^S 对集合的交运算和并运算构成的格$(2^S,\cap,\cup)$是一个布尔代数。在这里最小元素为空集 $\emptyset$,最大元素为 S,所以它是一个有界格。在 2^S 中每个元素有补元,$A\in 2^S$,A 的补就是 $A^c=S\setminus A$,故 2^S 是有补格。在集合论中我们证明了交对并运算满足分配律,并运算对交运算也满足分配律,所以它又是个分配格。因此,$(2^S,\cap,\cup,{}^c,\emptyset,S)$是一个布尔代数。

令 $|S|=n$,则得到了含有 2^n 个元素的布尔代数。布尔代数$(2^S,\cap,\cup,{}^c,\emptyset,S)$在布尔代数的理论中具有重要的意义。以后,我们将证明,任一有限布尔代数同构于某个有限集 S 的幂集形成的布尔代数。

例 15.1.3 令 $B_n=\{0,1\}^n,n\geqslant 1$。于是,$B_n$ 中的元素是 0,1 的 n 元组,即$(a_1,a_2,\cdots,a_n)\in B$ 当且仅当 $a_i\in\{0,1\}$,$i=1,2,\cdots,n$。设 $\alpha,\beta\in B_n$,

$$\alpha=(a_1,a_2,\cdots,a_n),\beta=(b_1,b_2,\cdots,b_n),$$

$\alpha\leqslant_n\beta$ 当且仅当 $a_i\leqslant b_i,i=1,2,\cdots,n$。在例 14.3.4 中,我们证明了$(B_n,\leqslant_n)$是一个格。在这个格中交运算及并运算仍记为 $\wedge$ 与 $\vee$,其定义为

$$\alpha\wedge\beta=(a_1\wedge b_1,a_2\wedge b_2,\cdots,a_n\wedge b_n)$$

$$\alpha\vee\beta=(a_1\vee b_1,a_2\vee b_2,\cdots,a_n\vee b_n)。$$

显然,最小元 $0_n=(0,0,\cdots,0)$,最大元 $1_n=(1,1,\cdots,1)$。所以,$(B_n,$

$\leqslant_n$）是有界格。元 α 的补

$$\alpha' = (\alpha'_1, \alpha'_2, \cdots, \alpha'_n)。$$

于是，$(B_n, \leqslant_n)$ 是一个有补格，写成代数形式为 $(B_n, \wedge, \vee, ', 0_n, 1_n)$。容易验证它又是分配格，故 $(B_n, \wedge, \vee, ', 0_n, 1_n)$ 是布尔代数。

下面讨论布尔代数的性质：

设 $B = (B, \wedge, \vee, ', 0, 1)$ 是任一布尔代数，则由定义知

（1）$(B, \wedge, \vee)$ 是格。

（2）$(B, \wedge, \vee)$ 是一个有界格，0 是最小元素，1 是最大元素。

（3）$(B, \leqslant)$ 是偏序集，$\forall a, b \in B$

$$a \leqslant b \Leftrightarrow a \wedge b = a。$$

（4）$(B, \wedge, \vee)$ 是分配格，所以分配律成立。

（5）$(B, \wedge, \vee)$ 是有补格，由（4）知，$\forall a \in B, a$ 有唯一的补元素，求补运算 "'" 是 B 中的一元运算。

由（1），$\forall a, b, c \in B$ 有

$B - 1.\ a \wedge a = a, a \vee a = a$；

$B - 2.\ (a \wedge b) \wedge c = a \wedge (b \wedge c)$

$\quad\quad (a \vee b) \vee c = a \vee (b \vee c)$；

$B - 3.\ a \wedge b = b \wedge a, a \vee b = b \vee a$；

$B - 4.\ a \wedge (a \vee b) = a, a \vee (a \wedge b) = a$；

由（2）及（3）有

$B - 5.\ \forall a \in B, 0 \leqslant a \leqslant 1$；

$B - 6.\ \forall a \in B, a \wedge 0 = 0, a \vee 0 = a$；

$B - 7.\ \forall a \in B, a \wedge 1 = a, a \vee 1 = 1$；

由（4）有：$\forall a, b, c \in B$

$B - 8.\ a \wedge (b \vee c) = (a \wedge b) \vee (a \wedge c)$，

$\quad\quad a \vee (b \wedge c) = (a \vee b) \wedge (a \vee c)$；

$B - 9.\ (a \wedge b) \vee (b \wedge c) \vee (c \wedge a)$

$\quad\quad = (a \vee b) \wedge (b \vee c) \wedge (c \vee a)。$

〔证〕 $(a \land b) \lor (b \land c) \lor (c \land a) = (a \land b) \lor (a \land c)$
$\lor (b \land c)$

$= (a \land (b \lor c)) \lor ((b \land c) \land (b \lor c)) = (a \lor (b \land c)) \land$
$(b \lor c)$

$= (a \lor b) \land (b \lor c) \land (c \lor a)$ 〔证毕〕

$B - 10.$ 如果 $a \land b = a \land c$ 且 $a \lor b = a \lor c$,则 $b = c$。

由(5), $\forall a,b \in B$ 有

$B - 11. a \land a' = 0, a \lor a' = 1;$

$B - 12. 0' = 1, 1' = 0;$

$B - 13.$ De Morgan 公式成立,即

$(a \land b)' = a' \lor b',$

$(a \lor b)' = a' \land b';$

〔证〕 因为 $(B, \land, \lor, ', 0, 1)$ 是有补分配格,所以由 $B - 11$,
$\forall a,b \in B$ 有

$(a \land b) \land (a \land b)' = 0,$

再由

$(a \land b) \land (a' \lor b') = ((a \land b) \land a') \lor ((a \land b) \land b')$
$= ((a \land a') \land b) \lor (a \land (b \land b')) = 0 \lor 0 = 0$

便得到

$(a \land b) \land (a \land b)' = (a \land b) \land (a' \lor b')。$ (1°)

其次,由 $B - 11, \forall a,b \in B$ 还有

$(a \land b) \lor (a \land b)' = 1,$

并且

$(a \land b) \lor (a' \lor b') = (a \lor (a' \lor b')) \land (b \lor (a' \lor b'))$
$= 1 \lor 1 = 1,$

所以又有

$(a \land b) \lor (a \land b)' = (a \land b) \lor (a' \lor b')$ (2°)

由(1°)与(2°)及 $B - 10$ 便得

$(a \land b)' = a' \lor b'。$

同理可证$(a \vee b)' = a' \wedge b'$ 〔证毕〕

由(3) 还有

$B - 14.$ $a \wedge b = \inf\{a, b\}$, $a \vee b = \sup\{a, b\}$;

$B - 15.$ $a \leqslant b \Leftrightarrow a \wedge b = a \Leftrightarrow a \vee b = b$;

$B - 16.$ $a \leqslant b \Leftrightarrow a \wedge b' = 0 \Leftrightarrow b' \leqslant a' \Leftrightarrow a' \vee b = 1$。

设 m 和 n 是两个任意的正整数。$a_i, b_j \in B$, $i = 1, 2, \cdots, m$, $j = 1, 2, \cdots, n$。应用数学归纳法可以证明 $B - 17$ 中各等式成立。

$B - 17.$ $\left(\bigwedge\limits_{i=1}^{m} a_i\right) \vee \left(\bigwedge\limits_{j=1}^{n} b_j\right) = \bigwedge\limits_{j=1}^{n}\left(\bigwedge\limits_{i=1}^{m}(a_i \vee b_j)\right)$,

$\left(\bigwedge\limits_{i=1}^{m} a_i\right)' = \bigvee\limits_{i=1}^{m} a'_i$, $\left(\bigvee\limits_{i=1}^{m} a_i\right)' = \bigwedge\limits_{i=1}^{m} a'_i$,

$\left(\left(\bigwedge\limits_{i=1}^{m} a_i\right) \vee \left(\bigwedge\limits_{j=1}^{n} b_j\right)\right)' = \bigvee\limits_{i=1}^{m}\left(\bigwedge\limits_{j=1}^{m}(a'_i \wedge b'_j)\right)$,

$\left(\bigvee\limits_{i=1}^{m} a_i\right) \wedge \left(\bigwedge\limits_{j=1}^{n} b_j\right) = \bigwedge\limits_{i=1}^{m}\left(\bigvee\limits_{j=1}^{n}(a'_i \vee b'_j)\right)$。

一个布尔代数必定满足上述各性质,但这些性质并不是互相独立的。那么,这些性质中哪些是独立的呢?Huntington 给出布尔代数的一个公理系统。

定理 15.1.1   设 B 是一个至少含有两个元素的集合,"$\wedge$"和"$\vee$"是 B 上的两个二元代数运算。如果 $\forall a, b, c \in B$,以下公理成立:

$H_1 \cdot$ $a \wedge b = b \wedge a$, $a \vee b = b \vee a$;

$H_2 \cdot$ $a \wedge (b \vee c) = (a \wedge b) \vee (a \wedge c)$,

$a \vee (b \wedge c) = (a \vee b) \wedge (a \vee c)$;

$H_3 \cdot$ B 中有元素 0 和 1 使 $\forall a \in B$ 有

$a \vee 0 = a$, $a \wedge 1 = a$;

$H_4 \cdot$ $\forall a \in B$,在 B 中存在一个相应的 a' 使得

$a \wedge a' = 0$, $a \vee a' = 1$,

则$(B, \wedge, \vee)$ 是一个布尔代数,a' 称为 a 的补。而且公理 H_1, H_2, H_3 和 H_4 是相互独立的,即任一公理 H_i,不能从其余的公理推出。

这个定理的证明很长，在这里略去它的证明。有兴趣的读者请参看 $R.L.$ 古德斯坦因著《布尔代数》，刘文、李忠侯译，科学出版社出版，1975。

习　　题

1. 设 $(B, \wedge, \vee, ', 0, 1)$ 是一个布尔代数，a, b, c 是 B 的任意元素。试证：

$(a)\, a \vee (a' \wedge b) = a \vee b$；

$(b)\, a \wedge (a' \vee b) = a \wedge b$；

$(c)\, (a \wedge b \wedge c) \vee (a \wedge b) = a \wedge b$。

2. 设 $(B, \wedge, \vee, ', 0, 1)$ 是一个布尔代数，a, b, c 是 B 的任意元素。试证：

$(a)\, a = b \Leftrightarrow (a \wedge b') \vee (a' \wedge b) = 0$；

$(b)\, (a \vee b') \wedge (b \vee c') \wedge (c \vee a') = (a' \vee b) \wedge (b' \vee c) \wedge (c' \vee a)$；

$(c)\, (a \vee b) \wedge (a' \vee c) = (a \wedge c) \vee (a' \wedge b) \vee (b \wedge c)$；

$(d)\, a \leqslant b \Leftrightarrow a \vee (b \wedge c) = b \wedge (a \vee c)$。

3. 化简下列各式：

$(a)\, (a \wedge b') \vee (a \wedge b)'$；

$(b)\, (a' \wedge b' \wedge c') \vee (a \wedge b' \wedge c) \wedge (a \wedge b' \wedge c')$；

$(c)\, (a \wedge c) \vee (c \wedge (b \vee a')) \vee c$。

4. 若 $a \vee c = b, a \wedge c = 0$ 且 $d \vee a = b, d \wedge a = 0$，证明 $b \wedge a = a, b \wedge c = c, c = d$。

5. 设 $(B, \wedge, \vee, ', 0, 1)$ 是一个布尔代数，a 和 b 是 B 的元素且 $a \wedge b = a$。试在此布尔代数中解方程组

$$\begin{cases} x \vee a = b \\ x \wedge a = 0 \end{cases}$$

6. 如果 a 和 b 是布尔代数中的两个元素，试证方程组

$$\begin{cases} x \wedge (a \vee b) = x \\ a \wedge (b \vee x) = a \\ b \wedge (a \vee x) = b \\ x \wedge a \wedge b = 0 \end{cases}$$

有唯一解 $x = (a \wedge b') \vee (b \wedge a')$。

7. 化简下列各式:

$(a)(a \wedge b) \vee (a \wedge b \wedge c) \vee (b \wedge c)$;

$(b)(a \wedge b') \vee (a \wedge b' \wedge c) \vee (b \wedge c)$;

$(c)(a \wedge b) \vee (a' \wedge b \wedge c) \vee (b \wedge c)$;

$(d)((a \wedge b') \vee c) \wedge (a \vee b') \wedge c$。

15.2 布尔代数与布尔环的等价性

设 $B = (B, \wedge, \vee, ', 0, 1)$ 是一个布尔代数。今借助于 B 中的运算 $\wedge$, $\vee$ 和 $'$, 在 B 中定义一新的运算, 称为对称差, 并用加号"+"表示:$\forall a, b \in B$,

$$a + b = (a \wedge b') \vee (a' \wedge b)。$$

易见, + 是 B 上的一个二元代数运算。由于

$$(a \vee b) \wedge (a \wedge b') = (a \vee b) \wedge (a' \vee b')$$

$$= ((a \vee b) \wedge a') \vee ((a \vee b) \wedge b')$$

$$= (a \wedge b') \vee (a' \wedge b)$$

所以, $a + b = (a \vee b) \wedge (a \wedge b)'$。

其次, 在 B 中定义乘法运算"。":$a \circ b = a \wedge b$。

下面证明 $(B, +, \circ)$ 是一个环, B 中的0是加法的零元素, B 中的1是乘法的单位元素。

显然, 加法满足交换律。其次, 因为

$$(a + b)' = (a \vee b)' \vee (a \wedge b) = (a \wedge b) \vee (a' \wedge b'),$$

所以

$$(a + b) + c = (((a \wedge b') \vee (a' \wedge b)) \wedge c')$$

$\vee (((a \wedge b) \vee (a' \wedge b') \wedge c)$

$= (a \wedge b' \wedge c') \vee (a' \wedge b \wedge c') \vee (a \wedge b \wedge c) \vee (a' \wedge b' \wedge c)$

$= (a \wedge b' \wedge c') \vee (a' \wedge b \wedge c') \vee (a \wedge b \wedge c) \vee (a' \wedge b' \wedge c)$

上式关于 a, b, c 是对称的,所以

$(a + b) + c = a + (b + c)。$

从而加法满足结合律。

显然, $\forall a \in B$

$a + 0 = 0 + a = (a \wedge 1) \vee (a' \wedge 0) = a,$

所以 0 是加法的单位元(零元)。又

$a + a = (a \wedge a') \vee (a' \wedge a) = 0,$

所以 a 对加法的负元仍为 a,于是, $(B, +)$ 是一个交换群。

由乘法的定义知,乘法满足交换律和结合律。所以, $(B, \circ)$ 是一个半群。由于 $\forall a \in B,$

$a \circ 1 = 1 \circ a = a,$

故 1 是乘法的单位元素。

下面证明乘法对加法适合分配律: $\forall a, b, c \in B$,我们有

$(a + b) \circ c = ((a \wedge b') \vee (a' \wedge b)) \wedge c$

$\qquad = (a \wedge b' \wedge c) \vee (a' \wedge b \wedge c)$

$a \circ c + b \circ c = (a \wedge c) + (b \wedge c)$

$\qquad = ((a \wedge c) \wedge (b \wedge c)') \vee ((a \wedge c)' \wedge (b \wedge c))$

$\qquad = ((a \wedge c) \wedge (b' \vee c')) \vee ((a' \vee c') \wedge (b \wedge c))$

$\qquad = (a \wedge b' \wedge c) \vee (a' \wedge b \wedge c)$

因此, $(a + b) \circ c = a \circ c + b \circ c$。于是, $(B, +, \circ)$ 是一个有单元素的环。

由于 $\forall a \in B$ 有 $a + a = 0$,所以这个环中每个非零元素对加法 + 的阶为 2。对于乘法" $\circ$ ",每个元都是幂等元,即 $\forall a \in B, a \circ a = a$。这两个性质不是独立的。事实上,如果一个环中每个元对乘法都

是幂等元,则这个环是交换环,而且对环中任一元 a 有 $2a = 0$。这是因为对环中的任两个元素 a 和 b,有

$$a + b + ab + ba = a^2 + b^2 + ab + ba$$
$$= (a + b)^2 = a + b$$

所以 $ab + ba = 0$。于是,

$$2a = 2a^2 = a \circ a + a \circ a = 0,$$

所以 $a = -a$,故 $ab = -ba = ba$。

一个环称为布尔环,如果此环中每个元素都是幂等元素。

于是,我们得到:任一布尔代数都定义了一个有单位元素的布尔环。

反过来,我们可以证明:任一有单位元素的布尔环都定义了一个布尔代数。为此,设 $(B, +, \circ)$ 是一个有单位元素 1 的布尔环。在 B 上定义二元运算 $\vee : \forall a, b \in B$,

$$a \vee b = a + b - a \circ b = 1 - (1 - a) \circ (1 - b)$$

不难验证 $\vee$ 确是 B 上的二元代数运算。显然,$\vee$ 满足交换律。又 $\forall a, b, c \in B$ 有

$$(a \vee b) \vee c = (a \vee b) + c - (a \vee b) \circ c$$
$$= (a + b - a \circ b) + c - (a + b - ab) \circ c$$
$$= a + b + c - a \circ b - a \circ c - b \circ c + a \circ b \circ c$$
$$a \vee (b \vee c) = a + (b \vee c) - a \circ (b \vee c)$$
$$= a + (b + c - b \circ c) - a \circ (b + c - b \circ c)$$
$$= a + b + c - a \circ b - a \circ c - b \circ c + a \circ b \circ c$$

所以,

$$(a \vee b) \vee c = a \vee (b \vee c),$$

即 $\vee$ 满足结合律。

显然,$a \vee a = a$。

其次,在 B 上定义二元运算 “$\wedge$” 如下:

$\forall a, b \in B, a \wedge b = a \circ b$。于是,$\forall a, b, c \in B$ 有

$$a \wedge b = b \wedge a, (a \wedge b) \wedge c = a \wedge (b \wedge c),$$

$a \wedge a = a$。

再由

$$a \wedge (a \vee b) = a \circ (a + b - a \circ b) = a^2 + a \circ b - a^2 \circ b$$
$$= a + a \circ b - a \circ b = a,$$

$a \vee (a \wedge b) = a + a \circ b - a \circ (a \circ b) = a + a \circ b - a^2 \circ b = a,$

便得到$(B, \wedge, \vee)$是一个格。

设在格$(B, \wedge, \vee)$中由$\wedge$和$\vee$确定的B中的偏序关系记为$\leqslant$,则$\forall a \in B$有$a \wedge 1 = a \circ 1 = a$,所以$a \leqslant 1$,故$1$是$B$中最大元素。其次,由$a \vee 0 = a + 0 - a \circ 0 = a$,知$0 \leqslant a$,从而$0$是$B$中的最小元素。于是,$(B, \wedge, \vee, 0, 1)$是有界格。

下面证明$(B, \wedge, \vee, 0, 1)$是分配格:$\forall a, b, c \in B$,

$$(a \vee b) \wedge c = (a + b - a \circ b) \circ c = a \circ c + b \circ c - a \circ b \circ c$$
$$= a \circ c + b \circ c - (a \circ c) \circ (b \circ c)$$
$$= (a \wedge c) \vee (b \wedge c),$$

所以,$(a \vee b) \wedge c = (a \wedge c) \vee (b \wedge c)$。于是,分配律成立,从而$(B, \wedge, \vee, 0, 1)$是一个有界分配格。

再由,

$$a \vee (1 - a) = a + (1 - a) - a \circ (1 - a)$$
$$= a + (1 - a) - (a - a^2) = 1$$
$$a \wedge (1 - a) = a \circ (1 - a) = 0$$

便知,$\forall a \in B$,$1 - a$是a的补,故$a' = 1 - a$。于是,$(B, \wedge, \vee, ', 0, 1)$是一个布尔代数。

定理 15.2.1(stone) 布尔代数与具有单位元的布尔环是两种等价的代数结构。

〔证〕 上面已证明了每个布尔代数确定了一个具有单位元的布尔环,反过来,每个具有单位元的布尔环确定了一个布尔代数。

于是,只须再证明这两个过程是互逆的即可。所以,首先设$(B, \wedge, \vee, ', 0, 1)$是一个布尔代数。按上面的方法得到一个具有单位元$1$的布尔环$(B, +, \circ, 0, 1)$,其中$a + b = (a \wedge b') \vee (a' \wedge b)$,

$a \circ b = a \wedge b$。现在对布尔环应用上面的第二个过程,得一个布尔代数$(B, \bar{\wedge}, \bar{\vee}, \bar{}, 0, 1)$,其中 0 是最小元,1 是最大元。$\forall a, b \in B$,

$$a \bar{\vee} b = a + b - a \circ b = 1 - (1 - a) \circ (1 - b)$$
$$= 1 - (a' \wedge b') = (a' \wedge b')' = a \vee b,$$

$$a \bar{\wedge} b = a \circ b = a \wedge b。$$

所以,$\bar{\wedge} = \wedge$,$\bar{\vee} = \vee$。而求补运算$\bar{}$显然与$'$相同,从而$(B, \wedge, \vee, ', 0, 1)$与$(B, \bar{\wedge}, \bar{\vee}, \bar{}, 0, 1)$相同。

另一方面,如果$(B, +, \circ, 0, 1)$是一个具有单位 1 的布尔环,则利用上述的第二个过程可以得到一个布尔代数$(B, \wedge, \vee, ', 0, 1)$,其中

$$a \vee b = a + b - a \circ b, a \wedge b = a \circ b, a' = 1 - a。$$

现在从$(B, \wedge, \vee, ', 0, 1)$应用上面的第一个过程得到一个具有单位 1 的布尔环$(B, \circ, \oplus)$,0 是$\oplus$的零元素。$\forall a, b \in B$,

$$a \oplus b = (a \wedge b') \vee (a' \wedge b)$$
$$= (a \wedge (1 - b)) \vee ((1 - a) \wedge b)$$
$$= a \circ (1 - b) \vee (1 - a) \circ b$$
$$= (a - a \circ b) \vee (b - a \circ b)$$
$$= a - a \circ b + b - a \circ b - (a - a \circ b) \circ (b - a \circ b)$$
$$= a - a \circ b + b - a \circ b - a \circ b + a \circ b + a \circ b - a \circ b$$
$$= a + b$$

$$a \cdot b = a \wedge b = a \circ b$$

所以,$\oplus = +$,$\cdot = \circ$。于是布尔环$(B, +, \circ, 0, 1)$与$(B, \oplus, \cdot, 0, 1)$相同。

这样,便证明了这个过程是互逆,从而这两个代数结构是等价的。   〔证毕〕

Stone 定理的意义在于,它指出了布尔代数可以看成一类特殊的环 —— 具有单位元的布尔环。一般环所具有的特性在布尔代数中应

有所反映,在布尔代数中还可引入类似于环中的一些重要概念,特别是理想的概念,从而深入地研究布尔代数。由于布尔代数是一种特殊的环,所以它有不同于一般环的性质。这就使布尔代数的内容更加丰富。

15.3 布尔代数的理想与同构

定义 15.3.1 设 $(B, \wedge, \vee, ', 0, 1)$ 是一个布尔代数,S 是 B 的非空子集。如果,

(1) $0, 1 \in B$ 且

(2) $\forall x, y \in S, x \wedge y, x \vee y, x' \in S,$

则称 $(S, \wedge, \vee, ', 0, 1)$ 是 $(B, \wedge, \vee, ', 0, 1)$ 的子布尔代数,简称子代数。

显然,子布尔代数也是布尔代数,而且 B 的一个含 0 和 1 的子集 S 如果对布尔代数 $(B, \wedge, \vee, ', 0, 1)$ 的运算 $\wedge$ 与 $\vee$ 及 $'$ 仍形成一个布尔代数,则 $(S, \wedge, \vee, ', 0, 1)$ 就是 $(B, \wedge, \vee, ', 0, 1)$ 的子布尔代数。

定理 15.3.1 设 $(B, \wedge, \vee, ', 0, 1)$ 是一个布尔代数,S 是 B 的一个非空子集,则 $(S, \wedge, \vee, ', 0, 1)$ 是 $(B, \wedge, \vee, ', 0, 1)$ 的子布尔代数,当且仅当下面的两个条件同时成立:

1°. $\forall x \in S$ 有 $x' \in S$。

2°. $\forall x, y \in S$ 有 $x \wedge y \in S$。

〔证〕 $\Rightarrow$ 显然。

$\Leftarrow \forall x, y \in S$,由 1° 得 $x', y' \in S$。由 2° 得 $x' \wedge y' \in S$,再由 1° 得 $x \vee y = (x' \wedge y')' \in S$。

其次,$1 = x \vee x', 0 = x \wedge x'$,所以 $0, 1 \in S$。因此,$(S, \wedge, \vee, ', 0, 1)$ 是一个子布尔代数。 〔证毕〕

类似地,把定理 15.3.1 中的 2° 换成

3°. $\forall x, y \in S$ 有 $x \vee y \in S$。

则所得到的命题也成立。

定理 15.3.2 设 $B = (B, \wedge, \vee, ', 0, 1)$ 是任一布尔代数，则 $(\{0, 1\}, \wedge, \vee, ', 0, 1)$ 是 B 的一个子布尔代数。又如果 $a \in B, a \neq 0, a \neq 1$，则 $(\{0, a, a', 1\}, \wedge, \vee, ', 0, 1)$ 是 B 的一个子布尔代数。

〔证〕 留为作业。

例 15.3.1 设 B 是一个布尔代数，其 Hasse(图如图 15.3.1) 所示。由定理 15.3.2 知

$$S_1 = \{0, a, a', 1\}$$

及

$$S_2 = \{0, b, b', 1\}$$

是 B 的子布尔代数。子集

$$S_3 = \{a \wedge b', b', a, 1\}$$

$$S_4 = \{b', a \wedge b', a', 0\}$$

都是布尔代数，但不是 B 的子布尔代数。这是因为 $0 \bar{\in} S_3, 1 \bar{\in} S_4$。

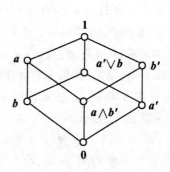

图 15.3.1

例 15.3.2 设 $B = (B, \wedge, \vee, ', 0, 1)$ 是一个布尔代数，$a, b \in B$ 且 $a \leqslant b$，则 $[a, b]$ 在 B 的运算下是一个分配格。当 $a \neq 0$ 或 $b \neq 1$ 时，$[a, b]$ 就不是 B 的子布尔代数。

实际上，若 $x, y \in [a, b]$，则 $a \leqslant x \leqslant b, a \leqslant y \leqslant b$。于是，$a \leqslant x \leqslant x \vee y \leqslant b, a \leqslant x \wedge y \leqslant y \leqslant b$，故 $x \wedge y, x \vee y \in [a, b]$。所以 $([a, b], \wedge, \vee)$ 是 B 的子格，至于分配律，当然仍成立，从而是一个分配格。

由于当 $a \neq 0$ 时，$0 \bar{\in} [a, b]$。所以，$[a, b]$ 不是 B 的子布尔代数。同样地，当 $b \neq 1$ 时，$1 \bar{\in} [a, b]$，故这时 $[a, b]$ 也不是 B 的子布尔代数。

在上节中证明了布尔代数与具有单位元的布尔环等价。于是，可

以把环的理想的概念引入到布尔代数中。

设$(B, \wedge, \vee, ', 0, 1)$是一个布尔代数,与其对应的布尔环为$(B, +, \circ, 0, 1)$,其中的 + 与。定义为:$\forall x, y \in B$,

$$x + y = (x \wedge y') \vee (x' \wedge y)$$

$$x \circ y = x \wedge y$$

设非空子集$S \subseteq B$是布尔环$(B, +, \circ, 0, 1)$的一个理想,则由于布尔环中每个元的负元是其本身,所以S是理想子环当且仅当$\forall x, y \in S, x + y \in S$且$\forall a \in B, a \circ x \in S$。条件"$\forall x \in S, a \in B$有$a \circ x \in S$"等价于条件"如果$x \in S$,则对每个$a \leqslant x$有$a \in S$。"实际上,如果$\forall x \in S, a \in B$,有$a \circ x \in S$,则若$a \leqslant x$,那么$a \circ x = a \wedge x = a \in S$。反之,如果$x \in S$,则对每个$a \leqslant x$有$a \in S$,那么$\forall x \in S, a \in S$有$a \circ x \leqslant x$,从而$a \circ x \in S$。又条件:$\forall x, y \in S, x + y \in S$若成立,那么因

$$x \vee y = x + y - x \circ y \in S$$

所以$\vee$在S中封闭。反之,若$x, y \in S$有$x \vee y \in S$,并且若$a \leqslant x$,则$a \in S$,那么由于$x \wedge y' \leqslant x, x' \wedge y \leqslant y$,所以$x \wedge y', x' \wedge y \in S$,从而$x + y = (x \wedge y') \vee (x' \wedge y) \in S$,故$S$为理想。

定义 15.3.2 设S是布尔代数$(B, \wedge, \vee, ', 0, 1)$的非空子集。如果并运算$\vee$在$S$中封闭且对$S$中的任何元素$x$,只要$a \leqslant x$就有$a \in S$,则称$S$是布尔代数$(B, \wedge, \vee, ', 0, 1)$的理想。如果理想$S \neq B$,则称$S$为真理想。

显然,S为$(B, \wedge, \vee, ', 0, 1)$的真理想,则$1 \overset{\sim}{\in} S$。

设$a \in B$,令$(a) = \{x \mid x \in B$且$x \leqslant a\}$,则(a)是$(B, \wedge, \vee, ', 0, 1)$的理想。实际上,若$x, y \in (a)$,则$x \leqslant a, y \leqslant a$,从而$x \vee y \in (a)$。又若$u \in (a), x \leqslant u$,则$x = x \wedge u \leqslant u \leqslant a$,所以$x \in (a)$。

定义 15.3.3 设a是布尔代数$(B, \wedge, \vee, ', 0, 1)$的任一元素,则称理想$(a) = \{x \mid x \in B$且$x \leqslant a\}$为由$a$生成的主理想。

定义 15.3.4 布尔代数$(B, \wedge, \vee, ', 0, 1)$的理想$I$称为极大理

想,如果 I 是真理想且不存在真理想 J 使 $I \subset J$。

定理 15.3.3 布尔代数 $(B, \wedge, \vee, ', 0, 1)$ 的理想是极大理想当且仅当 I 是真理想且 $\forall a \in B$,有 $a \in I$ 或 $a' \in I$。

〔证〕 $\Rightarrow$ 设 I 是极大理想。于是,I 必是真理想。设 $a \in B$,如果 $a \bar{\in} I$,则令 $J = \{u + b \mid u \in I, b \leqslant a, b \in B\}$。显然,$I \subset J$。不难验证 J 是理想。由 I 是极大理想知 $J = B$。于是,$\exists u \in I, b \leqslant a$ 使 $1 = u + b$。故 $b = 1 - u = u', b' \in I$。但 $b \leqslant a$,所以 $a' \leqslant b'$,故 $a' \in I$。

$\Leftarrow$ 设 I 是真理想且 $\forall a \in B$,不是 $a \in I$ 就是 $a' \in I$,往证 I 是极大理想。为此,令 J 是一个理想且 $I \subset J$。于是 $\exists a \in J$ 使 $a \bar{\in} I$。由假设,这时 $a' \in I$。于是,$a \vee a' = 1 \in J$,故 J 不是真理想。因此,$J = B$,所以 I 是极大理想。   〔证毕〕

定义 15.3.5 设 B $= (B, \wedge, \vee, ', 0, 1)$ 和 P $= (P, \cap, \cup, \bar{}, \theta, I)$ 是两个布尔代数。一个从 B 到 P 的满足以条件的满映射 φ 称为从 B 到 P 的一个满同态:$\forall a, b \in B$

$1°. \varphi(a \wedge b) = \varphi(a) \cap \varphi(b)$;

$2°. \varphi(a \vee b) = \varphi(a) \cup \varphi(b)$;

$3°. \varphi(a') = \overline{\varphi(a)}$;

$4°. \varphi(0) = \theta, \varphi(1) = I$。

这时说 B 是 P 满同态,记为 B $\sim$ P。如果满同态 φ 还是可逆的,则称 φ 是同构,这时说 B 与 P 同构,记为 B $\cong$ P。

定理 15.3.4 设 φ 是布尔代数 B 到布尔代数 P 的满射。如果 $\forall x, y, z \in B$,定义 15.3.5 中的 $1°$ 和 $3°$ 成立,则 φ 是满同态。

〔证〕 $\forall x, y \in B$,则

$$\begin{aligned}
\varphi(x \vee y) &= \varphi((x' \wedge y')') = \overline{\varphi(x' \wedge y')} \\
&= \overline{\varphi(x') \cap \varphi(y')} = \overline{\overline{\varphi(x)} \cap \overline{\varphi(y)}} \\
&= \varphi(x) \cup \varphi(y)。
\end{aligned}$$

因此,定义 15.3.5 中的条件 $2°$ 成立。又因为

$$\varphi(0) = \varphi(x \wedge x') = \varphi(x) \bigcap \overline{\varphi(x)} = \theta,$$

$$\varphi(1) = \varphi(x \vee x') = \varphi(x) \bigcup \overline{\varphi(x)} = I$$

所以定义 15.3.5 中的条件 4° 成立。于是,φ 是满同态。　　　　〔证毕〕

类似地,如果定理 15.3.4 中的 φ 满足定义 15.3.5 中的 2° 和 3°,则 φ 是满态。

定理 15.3.5　设 B = $(B, \wedge, \vee, ', 0, 1)$ 是一个布尔代数,P = $(P, \bigcap, \bigcup)$ 是一个具有两个代数运算的代数系,φ 是从 B 到 P 的一个满足定义 15.3.5 的映射,则 φ 是 B 到 $(\varphi(B), \bigcap, \bigcup, ^-, \varphi(0),$ $\varphi(1))$ 的满同态,其中“$^-$”定义如下:$\forall p \in \varphi(B), \exists a \in B$ 使 $\varphi(a)$ $= p, \bar{p} = \varphi(a')$。

〔**证**〕　显然,易证 $(\varphi(B), \bigcap, \bigcup)$ 是一个分配格。

今证 $\varphi(0)$ 是 $\varphi(B)$ 中的最小元,$\varphi(1)$ 是 $\varphi(B)$ 中的最大元。由于 φ 是格同态,所以是保序的,故 $\forall a \in B$ 有 $0 \leqslant a \leqslant 1$,从而 $\varphi(0)$ $\leqslant \varphi(a) \leqslant \varphi(1)$。因此,$\varphi(0)$ 是 $\varphi(B)$ 中的最小元,而 $\varphi(1)$ 是 $\varphi(B)$ 中的最大元。

其次,证明“$^-$”是 $\varphi(B)$ 中的求补运算。$\forall p \in \varphi(B), \exists a \in B$ 使 $\varphi(a) = p$,由

$$\varphi(a \wedge a') = \varphi(a) \bigcap \varphi(a') = p \bigcap \bar{p} = \varphi(0)$$

$$\varphi(a \vee a') = \varphi(a) \bigcup \varphi(a') = p \bigcup \bar{p} = \varphi(1)$$

得知“$^-$”是 $\varphi(B)$ 中的求补运算。于是,$(\varphi(B), \bigcap, \bigcup, ^-, \varphi(0),$ $\varphi(1))$ 是布尔代数。由“$^-$”的定义知 $\forall a \in B, \varphi(a') = \overline{\varphi(a)}$。所以,$\varphi$ 是从 B 到布尔代数 $(\varphi(B), \bigcap, \bigcup, ^-, \varphi(0), \varphi(1))$ 的满同态。

　　　　　　　　　　　　　　　　　　　　　　　　　　　〔证毕〕

类似地,还可定义从一个布尔代数到另一个布尔代数内的同态,这时,定理 15.3.4 仍成立。

习　　　题

1. 设 B = $(B, \wedge, \vee, ', 0, 1)$ 和 P = $(P, \bigcap, \bigcup, ^-, \theta, I)$ 是两个布尔代数。在 $B \times P$ 上定义二元运算 $+$ 和 $\cdot$ 以及一元运^c 如下:

$\forall (a_1,b_1),(a_2,b_2) \in B \times P,$

$(a_1,b_1) \cdot (a_2,b_2) = (a_1 \wedge a_2, b_1 \bigcap b_2),$

$(a_1,b_1) + (a_2,b_2) = (a_1 \vee a_2, b_1 \bigcup b_2),$

$(a_1,b_1)^c = (a'_1, \overline{b_1})。$

如果令 $\alpha = (0,\theta), \beta = (1,I)$,试证:$(B \times P, +, \cdot, {}^c, \alpha, \beta)$ 是一个布尔代数,称为 B 与 P 的直积,记成 $B \times P$。

2. 如果 $(B, \wedge, \vee, ', 0, 1)$ 是一个布尔代数,在 $B \times B$ 上定义二元运算。和 + 及一元运算 ‾ 如下:

$\forall (a_1,b_1),(a_2,b_2) \in B \times B,$

$(a_1,b_1) \circ (a_2,b_2) = (a_1 \wedge a_2, b_1 \vee b_2)。$

$(a_1,b_1) + (a_2,b_2) = (a_1 \vee a_2, b_1 \wedge b_2),$

$\overline{(a_1,b_1)} = (a'_1, b'_1)。$

若令 $\theta = (0,1), I = (1,0)$,试证:$(B \times B, \circ, +, {}^-, \theta, I)$ 是一个布尔代数。

3. 被 $B = (B, \wedge, \vee, ', 0, 1)$ 和 $P = (P, \bigcap, \bigcup, {}^-, \theta, I)$ 是两个布尔代数。如果 f 是从 B 到 P 的满映射,且 $\forall a,b \in B,$

$f(a \wedge b) = f(a) \bigcap f(b),$

$f(a \vee b) = f(a) \bigcup f(b),$

则 f 是从 B 到 P 的满同态。

4. 设 $S = \{a,b,c\}, \varphi : 2^S \rightarrow \{0,1\}, \forall X \in 2^S,$

$$\varphi(X) = \begin{cases} 1, \text{如果 } b \in X, \\ 0, \text{如果 } b \bar{\in} X。 \end{cases}$$

证明:φ 是布尔代数 $(2^S, \bigcap, \bigcup, {}^c, \emptyset, S)$ 到布尔代数 $(\{0,1\}, \wedge, \vee, ', 0, 1)$ 的同态。

5. 布尔代数的理想是否是子布尔代数?为什么?

15.4　有限布尔代数的表示定理

定义 15.4.1　设 $B = (B, \wedge, \vee, ', 0, 1)$ 是一个布尔代数。B 中

的非零元素 a 称为 B 的一个原子,如果在 B 中不存在元素 x , $x \neq 0$,

$x \neq a$,使得 $0 \leqslant x \leqslant a$ 。

例如,若 $S = \{a_1, a_2, \cdots, a_n\}$,则 $a_1, a_2, \cdots, a_n$ 都是 $(2^S, \bigcap,$

$\bigcup, {}^c, \varnothing, S)$ 的原子。1 是布尔代数 $(\{0,1\}, \wedge, \vee, ', 0, 1)$ 的唯一原

子。

定理 15.4.1 布尔代数 $(B, \wedge, \vee, ', 0, 1)$ 中的非零元元素 a

是原子的充分必要条件是 $\forall x \in B, a \wedge x = 0$ 或 $a \wedge x = a$ 。

〔证〕 $\Rightarrow$ 设 a 是原子,则 $\forall x \in B, 0 \leqslant a \wedge x \leqslant a$ 。但 a 是原

子,所以 $a \wedge x = 0$ 或 $a \wedge x = a$ 。

$\Leftarrow$ 设 $a \in B, a \neq 0, \forall x \in B, a \wedge x = 0$ 或 $a \wedge x = a$,则必

不存在元素 y 使 $y \neq 0, y \neq a$ 且 $0 \leqslant y \leqslant a$ 。因为若存在这样的 y ,

则由 $a \wedge y = y$ 知 $y = 0$ 或 $y = a$,这与关于 y 的假设矛盾。所以, 是原子。 〔证毕〕

推论 15.4.1 布尔代数中任两个不同原子 a 与 b 的交 $a \wedge b = 0$ 。

定理 15.4.2 对有限布尔代数 $(B, \wedge, \vee, ', 0, 1)$ 中任一非零

元 b ,必有原子 a 使 $a \leqslant b$ 。

〔证〕 如果 b 是原子,则取 $a = b$,于是有原子 a 使 $a \leqslant b$,从而

定理成立。如果 b 不是原子,则必有非零元 $b_1 = b$ 使 $0 \leqslant b_1 \leqslant b$ 。对

b_1 而言,也有两种情况:若 b_1 是原子,这时取 $a = b_1$,定理成立;若 b_1

不是原子,则又有非零元 b_2 使 $0 \leqslant b_2 \leqslant b_1, b_2 \neq b_1$ 。如此进行,假如

已经得到了 $b_1 \geqslant b_2 \geqslant \cdots \geqslant b_k$,则若 b_k 是原子,那么取 $a = b_k$,定理

得证;若 b_k 不是原子,则又有 b_{k+1} 使 $0 \leqslant b_{k+1} \leqslant b_k, b_{k+1} \neq 0, b_{k+1} \neq$

b_k 。如此进行。由于 B 是有限集,所以必有 b_e 使 $0 \leqslant b_l \leqslant b, b_l \neq 0$,

$b_l \neq a, b_l$ 是原子。取 $a = b_e$ 即可。 〔证毕〕

推论 15.4.2 任一至少含有两个元素的有限布尔代数必有原

子。

引理 15.4.1 设 $(B, \wedge, \vee, ', 0, 1)$ 是一个布尔代数, a 是一个

原子,则 $\forall b \in B, a \leqslant b$ 与 $a \leqslant b'$ 有且仅有一个成立。

〔证〕 因为 a 是一个原子,由定理 15.4.1,。$\forall\, b \in B$ 有 $a \wedge b = 0$ 或 $a \wedge b = a$。如果 $a \wedge b = a$,则 $a \leqslant b$。如果 $a \wedge b = 0$,则由布尔代数的性质 $B - 16$ 有 $a \leqslant b'$,于是,$a \leqslant b$ 与 $a \leqslant b'$ 至少有一个成立。

如果 $a \leqslant b$ 且 $a \leqslant b'$ 均成立,则 $a \leqslant b \wedge b' = 0$,从而 $a = 0$,这与 a 为原子相矛盾。因此,$a \leqslant b$ 与 $a \leqslant b'$ 中仅有一个成立。

〔证毕〕

引理 15.4.2 设 $(B, \wedge, \vee, ', 0, 1)$ 是一个布尔代数。$\forall\, b \in B$,令 $A(b) = \{a \mid a \leqslant b, a$ 是原子$\}$,则 $\forall\, b, c \in B$ 有

$$A(b \vee c) = A(b) \bigcup A(c)。$$

〔证〕 显然,如果 $d \leqslant b$,则 $A(d) \subseteq A(b)$。所以,$\forall\, b, c \in B$ 有 $A(b) \bigcup A(c) \subseteq A(b \vee c)$。

又若 $a \in A(b \vee c)$,则 $a \leqslant b \vee c$。由引理 15.4.1,$a \leqslant b$ 或 $a \leqslant c$,因为否则 $a \leqslant b'$ 且 $a \leqslant c'$,从而 $a \leqslant b' \wedge c' = (b \vee c)'$,矛盾。于是,$a \in A(b)$ 或 $a \in A(c)$。所以,$A(b \vee c) \subseteq A(b) \bigcup A(c)$。因此,

$$A(b \vee c) = A(b) \bigcup A(c)$$

〔证毕〕

引理 15.4.3 设 A 是有限布尔代数 $(B, \wedge, \vee, ', 0, 1)$ 的所有原子之集,则 $\forall\, P \in 2^A, \exists\, b \in B$ 使得 $A(b) = P$。

〔证〕 $\forall\, a \in A$,显然 $A(a) = \{a\}$。设 $P \in 2^A, P = \{a_{i_1}, a_{i_2}, \cdots, a_{i_k}\}, k \geqslant 0$,令

$$b = a_{i_1} \vee a_{i_2} \vee \cdots \vee a_{i_k},$$

则

$$A(b) = A(a_{i_1}) \bigcup A(a_{i_2}) \bigcup \cdots \bigcup A(a_{i_k}) = P。 \qquad 〔证毕〕$$

引理 15.4.4 $\forall\, b, c \in B$,如果 $b \neq c$,则 $A(b) \neq A(c)$。

〔证〕 因为 $\forall\, b, c \in B$,如果 $b \neq c$,则 $b \wedge c'$ 与 $b' \wedge c$ 必有一个不为 0,否则由 $B - 16$ 知

$$b \leqslant c \text{ 且 } c \leqslant b,$$

从而 $b = c$，这与假设 $b \neq c$ 相矛盾。若 $b \wedge c' \neq 0$，则由定理 15.4.2 知，有原子 a 使 $a \leqslant b \wedge c'$，从而 $a \leqslant b$ 且 $a \leqslant c'$。由引理 15.4.1，$a \leqslant c$ 不成立。于是，$a \in A(b)$ 且 $a \bar{\in} A(c)$，所以 $A(b) \neq A(c)$。如果 $b' \wedge c \neq 0$，则类似可证 $A(b) \neq A(c)$。因此，$\forall\, b, c \in B$，若 $b \neq c$，则 $A(b) \neq A(c)$。 〔证毕〕

定理 15.4.3 任何有限布尔代数 $(B, \wedge, \vee, ', 0, 1)$ 均同构于 B 的所有原子集合 A 的幂集构成的布尔代数 $(2^A, \cap, \cup, {}^c, \emptyset, A)$。

〔证〕 显然 $\varphi : B \to 2^A$，$\forall\, b \in B$，$\varphi(b) = A(b)$ 是一个一一对应（见引理 15.4.3 及 15.4.4）。由引理 15.4.2 知，$\forall\, b, c \in B$ 有
$$\varphi(b \vee c) = \varphi(b) \cup \varphi(c)。$$

今证 $\varphi(b') = \varphi(b)^c$。设 $a \in \varphi(b')$，则 $a \leqslant b'$。由引理 15.4.1，$a \leqslant b$ 不成立，所以 $a \bar{\in} A(b)$，故 $a \in \varphi(b)^c$。于是，$\varphi(b') \subseteq \varphi(b)^c$。其次，设 $a \in \varphi(b)^c$，则 $a \bar{\in} \varphi(b)$，从而 $a \leqslant b$ 不成立。由引理 15.4.1，$a \leqslant b'$ 成立。于是，$a \in \varphi(b')$。所以，$\varphi(b)^c \subseteq \varphi(b')$。因此，$\varphi(b') = \varphi(b)^c$。由定理 15.3.4 即得 φ 是一个同构。因此，
$$(B, \wedge, \vee, ', 0, 1) \cong (2^A, \cap, \cup, {}^c, \emptyset, A)。 〔证毕〕$$

推论 15.4.3 任一有限布尔代数所含的元素的个数必是 2 的某一正整数次幂。

于是，在不计同构的情况下，对任一自然数 n，有且仅有一个含 2^n 个元素的布尔代数。

推论 15.4.4 设 $A = \{a_1, a_2, \cdots, a_n\}$ 是布尔代数 $(B, \wedge, \vee, ', 0, 1)$ 的所有原子的集合，则 $\forall\, b \in B$，b 可唯一地表示成
$$b = (\beta_1 \wedge a_1) \vee (\beta_2 \wedge a_2) \vee \cdots \vee (\beta_n \wedge a_n)，$$
其中每个 β_i 或为 0 或为 1。

注意，定理 15.4.2 对无限布尔代数不成立。无限布尔代数可以没有原子。定理 15.4.3 对无限布尔代数也不成立。

定理 15.4.4(Stone) 一个无限布尔代数同构于某个集合的幂集的子族构成的布尔代数。

这个定理的证明长且用到集合论中较深的结果,故不在此介绍。有兴趣的读者可参看右德斯坦因著的《布尔代数》。

15.5　布尔表达式

设 $B = (B, \wedge, \vee, ', 0, 1)$ 是一个布尔代数,其中 $\wedge$ 是 B 上的交运算,$\vee$ 是 B 上的并运算,$'$ 是求补运算,0 是 B 中最小元素,1 是最大元素。在 15.1 节中,我们得到了 $B-1 \sim B-17$ 诸性质。设 $x_1, x_2, \cdots, x_n$ 为 n 个变元或字母。由变元 $x_1, x_2, \cdots, x_n$ 及运算符 $\wedge, \vee, '$ 按下面的定义形成的符号行称为布尔表达式。

定义 15.5.1　n 个变元 $x_1, x_2, \cdots, x_n$ 的布尔表达式递归地定义为

1)0 和 1 是布尔表达式;

2)每个字母 $x_i (i = 1, 2, \cdots, n)$ 是布尔表达式;

3)如果 α 和 β 是布尔表达式,则

$$(\alpha) \wedge (\beta) \text{ 与 } (\alpha) \vee (\beta)$$

也是布尔表达式;

4)如果 α 是布尔表达式,则 $(\alpha)'$ 也是布尔表达式;

5)除了有限次地运用 1)~ 4)的规则产生的符号行外,其他的符号行都不是布尔表达式。

形式地,用 Backus 范式描述上述定义如下:

〈布尔表达式〉:: = 0 | 1 | 〈字母〉| (〈布尔表达式〉)' | (〈布尔表达式〉) $\vee$ (〈布尔表达式〉) | (〈布尔表达式〉) $\wedge$ (〈布尔表达式〉),

〈字母〉:: = x_1 | x_2 | $\cdots$ | x_n。

在这里,符号"::="意为"…　由 … 组成"或表示"… 被定义为 …"。符号"|"代表"或"的意思。而圆括号"("与")"的加入是为了避免混淆,在不会发生混淆时可以省去。例如,$(x_1) \vee (x_2)$ 中的括号可省去写成 $x_1 \vee x_2$,但 $((x_1) \vee (x_2))'$ 中的括号不能全省去,写成 $(x_1$

$\vee\ x_2)'$ 是可以的。

例 15.5.1　符号行 $((x_2)' \vee x_1)' \wedge (x_2 \vee x_4)$ 中有些括号省去了，它是四个变元 x_1, x_2, x_3, x_4 的表达式。它是不是定义 15.5.1 定义的布尔表达式呢？这就要看它能否用定义的方法生成。实际上，它是一个布尔表达式，产生这个表达式的步骤如下（某些步的括号被省去了）：

步骤	布尔表达式	使用的规则
(1°)	x_2	2)
(2°)	$(x_2)'$	由(1° 及 4)
(3°)	x_1	2)
(4°)	$(x_2)' \vee x_1$	(2°),(3°),3)
(5°)	x_2	2)
(6°)	x_4	2)
(7°)	$x_2 \vee x_4$	3)
(8°)	$((x_2)' \vee x_1)'$	(4°),4)
(9°)	$((x_2)' \vee x_1)' \wedge (x_2 \wedge x_4)$	(8°),(7°),3)

在这个表中，后面标明使用定义的哪条规则（记为 i）及前面的某步产生的布尔表达式（引用第 j 步的表达式时，后标以 $(j°)$）。

n 个变元 $x_1, x_2, \cdots, x_n$ 的布尔表达式，以后常简记为 $\alpha(x_1, x_2, \cdots, x_n), \beta(x_1, x_2, \cdots, x_n), \cdots$，或就记为 $\alpha, \beta, \cdots$。其次，n 个变元的布尔表达式中，变元 $x_1, x_2, \cdots, x_n$ 未必都出现。

令 BE_n 为 n 个变量 $x_1, x_2, \cdots, x_n$ 的一切布尔表达式之集，则显然 BE_n 是一个无穷集。由于布尔表达式中的运算符 $\wedge$ 和 $\vee$ 及 $'$ 是布尔代数中的交和并及求补运算，所以可以假定它们满足 $B-1 \sim B-17$ 各恒等式。

定义 15.5.2　设 $\alpha(x_1, \cdots, x_n)$ 与 $\beta(x_1, \cdots, x_n)$ 是 BE_n 中任两个布尔表达式。如果经有限次运用布尔恒等式从 α 可得到 β，则称 α 与 β 等价并记为 $\alpha \equiv \beta$。

显然，$\equiv$ 是 BE_n 上的一个等价关系。于是，BE_n 在等价关系 $\equiv$ 下

被分成若干个等价类,从而产生以下几个问题:

1. BE_n 在等价关系 $\equiv$ 下,共分成多少个不同的等价类?

2. 同一个等价类中各布尔表达式都互相等价,那么相互等价的充要条件是什么?或者说同一等价类中各布尔表达式有什么共同特征?

3. 每一个等价类中各布尔表达式有怎的标准形?又怎去求它?

4. 上述的标准形是最简单的吗?

为了回答上述各问题,首先引入下面的定义:

定义 15.5.3 n 个变元 $x_1, x_2, \cdots, x_n$ 的形如

$$x_1^{a_1} \wedge x_2^{a_2} \wedge \cdots \wedge x_n^{a_n}$$

的布尔表达式称为 n 个变元的基本积或最小项。在这里,每个 a_i 或为 0 或为 1。若 $a_i = 0$,则规定 $x_i^{a_i} = x_i^0 = x_i'$;若 $a_i = 1$,则规定 $x_i^{a_i} = x_i^1 = x_i$。

显然,n 个变元的基本积共有 2^n 个。那么两个基本积是否等价呢?基本积有些什么性质?

设 $B = (B, \wedge, \vee, ', 0, 1)$ 是一个布尔代数,$\alpha(x_1, \cdots, x_n)$ 是一个布尔表达式,$(a_1, a_2, \cdots, a_n) \in B^n$。如果在布尔表达式 $\alpha(x_1, \cdots, x_n)$ 中把 x_1 换成 a_1,x_2 换成 a_2,$\cdots$,x_n 换成 a_n,这样就得到 B 中的一个元素,记成 $\alpha(a_1, \cdots, a_n)$。B 的元素 $\alpha(a_1, \cdots, a_n)$ 称为表达式 $\alpha(x_1, \cdots, x_n)$ 在 $(a_1, \cdots, a_n)$ 的值。这种求值的过程称为在布尔代数 $(B, \wedge, \vee, ', 0, 1)$ 上的赋值过程。这时,$\wedge$ 及 $\vee$ 和 $'$ 解释为 B 中的相应运算。

显然,任一布尔表达式可在任一布尔代数上赋值。

由布尔表达式等价的定义,立即得

定理 15.5.1 如果 $\alpha(x_1, \cdots, x_n)$ 与 $\beta(x_1, \cdots, x_n)$ 等价,则在任一布尔代数 $(B, \wedge, \vee, ', 0, 1)$ 上赋值时,α 与 β 的对应值相等,即 $\forall (a_1, \cdots, a_n) \in B^n$ 有

$$\alpha(a_1, \cdots, a_n) = \beta(a_1, \cdots, a_n)。$$

定理 15.5.2   任一基本积不与 0 等价,也不与 1 等价。

〔证〕设 $\alpha = x_1{}^{a_1} \wedge x_2{}^{a_2} \wedge \cdots \wedge x_n{}^{a_n}$ 是任一基本积。若 $a_i = 0$,则用 0 代入 x_i 中;若 $a_i = 1$,则用 1 代替 x_i,$i = 1, 2, \cdots, n$。这时基本积 α 有值 1,从而 α 不与 0 等价,同理可证 α 不与 1 等价。   〔证毕〕

定理 15.5.3   两个不同的基本积不等价。

〔证〕   设 $\alpha = x_1{}^{a_1} \wedge x_2{}^{a_2} \wedge \cdots \wedge x_n{}^{a_n}$,$\beta = x_1{}^{b_1} \wedge x_2{}^{b_2} \wedge \cdots \wedge x_n{}^{b_n}$。若 $\alpha \neq \beta$,则存在某个 i 使 $a_i \neq b_i$。从而有

$$1 \leq i_1 < i_2 < \cdots < i_k \leq n$$

使 $a_{i_t} \neq b_{i_t}$,$t = 1, 2, \cdots, t$。对其他的 $j (\neq i_t)$,$a_j = b_j$。如果 $a_{i_t} = 0$,则把 x_{i_t} 换成 0;如果 $a_{i_t} = 1$,则把 x_{i_t} 换成 1。对 α 中的其他变元按此法赋值,则 α 取值为 1,β 取值为 0。因此,α 与 β 不等价。   〔证毕〕

于是,我们有

定理 15.5.4 n 个变元 $x_1, x_2, \cdots, x_n$ 的 2^n 个基本积互不等价。

定理 15.5.5   设 P_n 为 n 个变元的所有基本积之集,则 $\bigvee\limits_{\alpha \in P_n} \alpha \equiv 1$。即所有基本积之并等价于 1。

〔证〕   施归纳于 n:

当 $n = 1$ 时,只有一个变元 x_1,基本积只有 x_1 和 x'_1 两个。显然有 $x_1 \vee x'_1 \equiv 1$。因此,当 $n = 1$ 时定理成立。

假设当 $n = k \geq 1$ 时定理成立,即 2^k 个基本积 $\alpha_1, \alpha_2, \cdots, \alpha_{2^k}$ 之并

$$\alpha_1 \vee \alpha_2 \vee \cdots \vee \alpha_{2^k} \equiv 1。$$

我们来证明当 $n = k + 1$ 时定理也成立:因为 $k + 1$ 个变元 $x_1, \cdots, x_k$, x_{k+1} 的 2^{k+1} 个基本积的每个或形如

$$x_1{}^{a_1} \wedge \cdots \wedge x_k{}^{a_k} \wedge x_{k+1} \qquad\qquad (A)$$

或形如

$$x_1{}^{a_1} \wedge \cdots \wedge x_k{}^{a_k} \wedge x_{k+1}' \qquad\qquad (B)$$

每种类型各 2^k 个。于是,(A) 型的基本积和 (B) 型基本积可用 k 个变元的基本积 $\alpha_1, \cdots, \alpha_{2^k}$ 分别表为

$$\alpha_1 \wedge x_{k+1}, \cdots, \alpha_{2^k} \wedge x_{k+1}$$

$$\alpha_1 \wedge x_{k+1}', \cdots, \alpha_{2^k} \wedge x_{k+1}'。$$

所以

$$\bigvee_{a \in P_{k+1}} \alpha \equiv \left(\bigvee_{i=1}^{2^k} (\alpha_i \wedge x_{k+1}) \right) \vee \left(\bigvee_{i=1}^{2^k} (\alpha_i \wedge x'_{k+1}) \right)$$

$$= \left(\left(\bigvee_{i=1}^{2^k} \alpha_i \right) \wedge x_{k+1} \right) \vee \left(\left(\bigvee_{i=1}^{2^k} \alpha_i \right) \wedge x'_{k+1} \right)$$

$$\equiv (1 \wedge x_{k+1}) \vee (1 \wedge x'_{k+1}) = x_{k+1} \vee x'_{k+1} \equiv 1。$$

由数学归纳法原理,对任何正整数 n 有 $\bigvee\limits_{a \in P_n} \alpha \equiv 1$。 〔证毕〕

定理 15.5.6 每个变元 $x_i (i = 1, 2, \cdots, n)$ 等价于某些基本积之并。

〔证〕 因为

$$x_i = 1 \wedge \cdots \wedge 1 \wedge x_i \wedge 1 \wedge \cdots \wedge 1$$

$$\equiv (x_1 \vee x'_1) \wedge \cdots \wedge (x_{i-1} \vee x'_{i-1}) \wedge x_i \wedge$$

$$(x_{i+1} \vee x'_{i+1}) \wedge \cdots \wedge (x_n \vee x'_n),$$

按分配律展开即得 x_i 所等价的某些基本积之并。 〔证毕〕

定理 15.5.7 n 个变元 $x_1, \cdots, x_n$ 的每个布尔表达式都等价于某些基本积的并。

〔证〕 由定理 15.5.5,0 和 1 等价于某些基本积之并。由定理 15.5.6,每个变元 x_i 等价于某些基本积之并。

如果 α 与 β 等价于某些基本积之并,则 $\alpha \vee \beta$ 也等价于某些基本积之并,$\alpha \wedge \beta$ 亦然。利用求补运算的恒等式及分配律便知,$(\alpha)'$ 也等于某些基本积之并。 〔证毕〕

设 $(B, \wedge, \vee, ', 0, 1)$ 是一个布尔代数,$\alpha(x_1, \cdots, x_n)$ 是 n 个变元 $x_1, \cdots, x_n$ 的布尔表达式,则 α 在 B 上赋值时,α 可视为 B^n 到 B 的一映射。特别是当 $B = \{0, 1\}$ 时,α 可视为 $\{0, 1\}^n$ 到 $\{0, 1\}$ 的函数。这样的函数共有 2^{2^n} 个。

定理 15.5.8 从 $\{0, 1\}^n$ 到 $\{0, 1\}$ 的每个函数都可表示成若干个

基本积之并。

〔证〕 设 $v = (v_1, \cdots, v_n) \in \{0,1\}^n$，令
$$P_v(x_1, x_2, \cdots, x_n) = x_1^{v_1} \wedge x_2^{v_2} \wedge \cdots \wedge x_n^{v_n}。$$
显然，$P_v(v) = P_v(v_1, v_2, , v_n) = 1$。如果 $w \in \{0,1\}^n$ 且 $w \neq v$，则
$P_v(w) = 0$。

设 $\varphi: \{0,1\}^n \to \{0,1\}$。令
$$S = \{v \mid \varphi(v) = 1, v \in \{0,1\}^n\},$$
则
$$\varphi(x_1, \cdots, x_n) = \bigvee_{v \in S} P_v(x_1, \cdots, x_n)。$$

实际上，$\forall v \in \{0,1\}^n$，如果 $v \overline{\in} S$，则 $\varphi(v) = 0$，并且 $\bigvee_{w \in S} P_w(v) = 0$；

如果 $v \in S$，则 $\varphi(v) = 1$ 且由于 $P_v(v) = 1$ 知 $\bigvee_{w \in S} P_w(v) = 1$。

于是，$\forall v \in \{0,1\}^n$，$\varphi(v) = \bigvee_{w \in S} P_w(v)$。从而 φ 可表示成若干个
基本积之并。 〔证毕〕

推论 15.5.1 设 $\varphi: \{0,1\}^n \to \{0,1\}$，则可以用若干个"与门"、
"非门"、"或门"组成的有 n 个输入端一个输出端的逻辑电路实现 φ
的功能。

推论 15.5.2 互不等价的 n 个变元的若干个基本积之并共有
2^{2^n} 个。

推论 15.5.3 如果不计基本积的顺序，则 n 个变元的任一布尔
表达式都唯一地等价于若干个基本积之并。

定义 15.5.4 n 个变元 $x_1, \cdots, x_n$ 的若干个不同的基本积之并称
为它等价的布尔表达式的交并范式。

定理 15.5.9 n 个变元的布尔表达式 $\alpha(x_1, \cdots, x_n)$ 与 $\beta(x_1, \cdots, x_n)$ 等价的充要条件是，在布尔代数 $(\{0,1\}, \wedge, \vee, ', 0, 1)$ 上赋值
时，α 与 β 有相同的对应值，即 $\forall (v_1, \cdots, v_n) \in \{0,1\}^n$ 有
$$\alpha(v_1, \cdots, v_n) = \beta(v_1, \cdots, v_n)。$$

〔证〕 $\Rightarrow$ 由定理 15.5.1 即得。

$\Leftarrow$ 假设 $\forall (v_1, \cdots, v_n) \in \{0,1\}^n$ 有

$$\alpha(v_1, \cdots, v_n) = \beta(v_1, \cdots, v_n),$$

则由定理 15.5.8,当把 α 与 β 视为 $\{0,1\}^n$ 到 $\{0,1\}$ 的映射时,它们是同一个映射,所以有一个交并范式。因此,$\alpha \equiv \beta$。   〔证毕〕

现在我们可以回答前面提的那些问题:

1. n 个变元 $x_1, \cdots, x_n$ 的一切布尔表达式之集 BE_n 在等价关系 $\equiv$ 下被划分为 2^{2^n} 个等价类。这是因为仅有 2^n 个基本积,从而有 2^{2^n} 个交并范式。由定理 15.5.8,这些交并范式互不等价,再由定理 15.5.7 即得共有 2^{2^n} 个等价类。

2. 由定理 15.5.9,同一等价类中各布尔表达式在 $(\{0,1\}, \wedge, \vee, ', 0, 1)$ 上赋值时,其对应值相同,反之亦真。这是它们的共性,即等价的充要条件。

3. 每个等价类中有唯一的一个交并范式。交并范式并不是最简单的,但是唯一的。

4. 定理 15.5.8 的证明过程给出求交并范式的一个方法:设要求 α 的交并范式,则

第一步:列出 $\{0,1\}^n$ 的全部元素。

第二步:求集合

$$S = \{v \mid \alpha(v) = 1, v \in \{0,1\}^n\}。$$

第三步:形成交并范式

$$\bigvee_{v \in S} P_v(x_1, \cdots, x_n) = \bigvee_{v \in S} (x_1^{v_1} \wedge x_2^{v_2} \wedge \cdots \wedge x_n^{v_n})。$$

例 15.5.2　求 3 个变元 x_1, x_2, x_3 的布尔表达式 $x_1 \wedge x_2$ 的交并范式。

解　$\{0,1\}^3$ 的 8 个元素列在下面:

由具体计算可知,上方表中有"$\checkmark$"号者能使 $x_1 \wedge x_2$ 的值为 1。于是,$x_1 \wedge x_2$ 的交并范式为 $(x_1 \wedge x_2 \wedge x'_3) \vee (x_1 \wedge x_2 \wedge x_3)$。

在此例中,交并范式要比 $x_1 \wedge x_2$ 复杂得多。

$$
\begin{array}{ccccc}
0 & 0 & 0 \\
0 & 0 & 1 \\
0 & 1 & 0 \\
0 & 1 & 1 \\
1 & 0 & 0 \\
1 & 0 & 1 \\
1 & 1 & 0 & \checkmark \\
1 & 1 & 1 & \checkmark
\end{array}
$$

这样,可机械地完成求一个布尔表达式的交并范式。不过,当 n 较大时,这个方法的工作量与 n 的指数 2^n 成比例,实际上不是有效的方法。

另一种方法是对所给的布尔表达式,用分配律展开化成若干项之并,每一项是若干变量或其补的交。若某一项不是基本积,例如 $x'_1 \wedge x'_2$ 不是三个变元之基本积,则通过在缺少变元位置交上该变元与其补之并,然后展开。如此进行即得所要的交并范式。

例 15.5.3 求三个变元 x_1, x_2, x_3 的布尔表达式 $(x_1 \wedge x_2)'$ 的交并范式。

解 $(x_1 \wedge x_2) \equiv x'_1 \vee x'_2 \equiv (x'_1 \wedge (x_2 \vee x'_2) \wedge (x_3 \vee x'_3))$ $\vee ((x_1 \vee x'_1) \wedge x'_2 \wedge (x_3 \wedge x'_3)) \equiv (x'_1 \wedge x'_2 \wedge x'_3) \vee (x'_1 \wedge x'_2 \wedge x_3) \vee (x'_1 \wedge x_2 \wedge x'_3) \vee (x'_1 \wedge x_2 \wedge x_3) \vee (x_1 \wedge x'_2 \wedge x'_3) \vee (x_1 \wedge x'_2 \wedge x_3)$

类似地,n 个变元 $x_1, x_2, \cdots, x_n$ 的形如

$$x_1^{a_1} \vee x_2^{a_2} \vee \cdots \vee x_n^{a_n}$$

的表达式称为基本并或最大项,其中 $(a_1, \cdots, a_n) \in \{0,1\}^n$。类似地讨论,我们可以得到结论:$n$ 个变元 $x_1, \cdots, x_n$ 的任一布尔表达式均等价于某些基本并之交所构成的布尔表达式。由若干个基本并之交组成的布尔表达式,称为与它等价的布尔表达式的并交范式。

求一个布尔表达式的并交范式的方法类似于求交并范式的方法。也可按上述方法求出交并范式,然后再由 De Morgan 公式得出并

交范式。

习　　题

1. 化简下列布尔表达式

$(x_1 \wedge x_2 \wedge x_3) \vee (x'_1 \wedge x_2 \wedge x_3) \vee (x_1 \wedge x'_2 \wedge x_3) \vee (x_1 \wedge x_2 \wedge x'_3) \vee (x_1 \wedge x'_2 \wedge x'_3) \vee (x'_1 \wedge x'_2 \wedge x_3) \vee (x'_1 \wedge x_2 \wedge x'_3)$。

2. 设 $\varphi:\{0,1\}^m \to \{0,1\}^n$。证明：可以用若干个"与门"、"非门"组成的逻辑电路来实现 φ 的功能。

3. 证明

$(x_1 \wedge (x'_2 \vee x_3))' \wedge (x'_2 \vee (x_1 \wedge x'_3))'$

与 $x_1 \wedge x_2 \wedge x'_3$ 等价。

4. 证明

$(x'_1 \wedge ((x'_2 \vee x'_3) \vee (x_2 \wedge x_3))) \vee ((x_1 \vee x'_2) \wedge x_3)$

与 $x'_1 \wedge x_2$ 等价。

5. 求 4 个变元 x_1, x_2, x_3, x_4 的下列各布尔表达式的交并范式：

$(a) x_1 \vee (x_2 \wedge x'_3)$；

$(b)(x_1 \vee x_2)' \vee (x'_1 \wedge x_2)$；

$(c)(x_1 \wedge x'_2) \vee x_4$。

6. 下面是 3 个变元的布尔表达式，求与它们等价的并交范式：

$(a) x_1 \vee x_2$；

$(b)(x_1 \wedge x_2) \vee x_3$；

$(c) x_1 \wedge (x_2 \vee x'_3)$。

15.6　布尔函数

两个等价的 n 元布尔表达式 $\alpha(x_1, \cdots, x_n)$ 与 $(x_1, x_2, \cdots, x_n)$ 在任一布尔代数 $(B, \wedge, \vee, ', 0, 1)$ 上赋值时，其对应值相等，并且反过

来也成立.于是,当把两个等价的 n 个变量的布尔表达式看成是 B^n 到 B 的映射时,α 与 β 就是两个相等的映射.反过来,某些从 B^n 到 B 的映射能用 n 个变化的布尔表达式来表示.这种能用布尔表达式表示出来的映射 $\varphi: B^n \rightarrow B$ 称为 B 上的 n 元布尔函数.

定义 15.6.1 设 $(B, \wedge, \vee, ', 0, 1)$ 是一个布尔代数.一个从 B^n 到 B 的映射 f 称为一个 n 元布尔函数,如果存在一个 n 元布尔表达式 $\alpha(x_1, x_2, \cdots, x_n)$,使得 $\forall (a_1, a_2, \cdots, a_n) \in B^n$ 都有

$$f(a_1, a_2, \cdots, a_n) = \alpha(a_1, a_2, \cdots, a_n).$$

于是,一个 B^n 到 B 的映射 f 是一个 n 元布尔函数,当且仅当 f 能被表示成一个 n 元布尔表达式,即 f 可以对变元 $x_1, \cdots, x_n$ 通过布尔代数的运算符 $\wedge$ 和 $\vee$ 及 $'$ 表示成一个"多项式"形式.

由定理 15.5.8,从 $\{0,1\}^n$ 到 $\{0,1\}$ 的任一映射均是 n 元布尔函数.但当布尔代数 B 中含有两个以上的元素时,则从 B^n 到 B 的映射并不都是 n 元布尔函数.事实上,若 $|B| = 2^m, m > 1$,则从 B^n 到 B 共有 $(2^m)^{2^{mn}} = 2^{m2^{mn}}$ 个映射.而 n 个变元的布尔表达式仅有 2^{2^n} 个互不等的,显然 $2^{m2^{mn}} > 2^{2^n}$($m > 1$ 时).因此,布尔函数仅仅是其中的一类特殊的映射.于是,n 元布尔函数对应于 n 个变元的布尔表达式的等价类.所以,研究布尔函数,实际上就是研究对应的等价类.

一个布尔函数除了用布尔表达式表示外,还可用其他形式表示.布尔函数在逻辑电路的设计和分析中有重要的应用.用布尔函数来表达逻辑电路,使我们不必画线路图就能分析其功能,并且提供了迅速实现这一功能的各种不同线路的途径.一个逻辑电路的功能,反映在它的输入与输出的关系上,描述这个关系的就是布尔函数,输出是输入的函数.而逻辑电路的设计,就在于已知要设计的线路的工作条件和要完成的逻辑功能,求出描述它的逻辑函数 —— 布尔函数,并设计出最简单、最经济的线路.然而,必须指出,用布尔代数的方法设计出来的逻辑电路未必是最佳的.因为真正的最佳的逻辑线路,应该在逻辑功能和技术性能两个方面都是最好的.尽管如此,它仍是计算

机逻辑设计的强有力的工具。

　　一个布尔函数可以用许多不同的但等价的布尔表达式来表示，这些等价的布尔表达式有繁有简，但表示同一逻辑功能（输入与输出的关系）。于是，从经济效益（节省元件）的角度来说，能用简单的或最简单的布尔表达式来表示相应的布尔函数就显得十分重要。一个布尔表达式怎样才算最简单呢？这要看实际线路的具体需要，有时需要使信号在线路中传送的级数（通过的门电路的个数）最少，以获得较高的工作速度；有时需要使线路所使用的逻辑元件（与门、或门、非门等）的数目最少，以达到降低成本的目的。